U0151152

一本书讲透数据治理

战略、方法、工具与实践

用友平台与数据智能团队◎ 著

DATA GOVERNANCE

Strategies, Methods, Tools and Practice

图书在版编目（CIP）数据

一本书讲透数据治理：战略、方法、工具与实践 / 用友平台与数据智能团队著 . —北京：机械工业出版社，2024.1

ISBN 978-7-111-75031-4

Ⅰ. ①一…　Ⅱ. ①用…　Ⅲ. ①数据管理　Ⅳ. ① TP274

中国国家版本馆 CIP 数据核字（2024）第 024615 号

机械工业出版社（北京市百万庄大街 22 号　邮政编码 100037）
策划编辑：杨福川　　责任编辑：杨福川　罗词亮
责任校对：张亚楠　　责任印制：郜　敏
三河市宏达印刷有限公司印刷
2024 年 3 月第 1 版第 1 次印刷
186mm × 240mm・27 印张・1 插页・586 千字
标准书号：ISBN 978-7-111-75031-4
定价：119.00 元

电话服务
客服电话：010-88361066
010-88379833
010-68326294

网络服务
机　工　官　网：www.cmpbook.com
机　工　官　博：weibo.com/cmp1952
金　书　网：www.golden-book.com
机工教育服务网：www.cmpedu.com

Authors 作者名单

罗小江 石秀峰

陈忠宝 岳　昆

刘师萍 车先泽

陈　楠 陈　辉

吴二山 马妙红

王艳龙 李　超

赞誉 Praise

数据质量不好会犯法吗？还真有可能。数据治理越来越重要，甚至已经远远超出一家企业对自身应用的关注范围，成为一个社会问题，更是“数字中国”的建设基础。高质量发展离不开高质量的数据和在高度责任感驱使下的数据治理。本书作者之一石秀峰是数据领域的“老法师”，这本书凝结了他及他所在团队丰富的专业经验。如果你想全面了解数据治理并学以致用，那就赶快翻开这本书吧！

——付晓岩　资深业务架构师 /《企业级业务架构设计》《银行数字化转型》《聚合架构》等畅销书作者

数字化转型已经成为业界共识。数字化转型的实质是数据驱动的业务创新增长和商业模式创新，数据治理是数字化转型成功的前提与基石。本书在多个行业典型案例实践的基础上，对数据治理的理论、路径和方法进行了全面、系统的归纳和总结，有很多独到的见解。本书源于实践、基于案例、理论联系实际、内容翔实、案例丰富、深入浅出，具有很强的实操性和指导性，是每位数字化转型从业人员必备的案头书。

——陈新河　中关村大数据产业联盟副秘书长 / 中数智汇独立董事 / 聚合数据独立董事

本书从不同视角对数据治理的价值、现状、问题、挑战进行阐述，涵盖了数据治理的方方面面，可以指导企业从无到有建立并健全数据治理体系，全面支撑高质量的数据分析与应用，对企业数据治理具有指导作用。

——蔡春久　腾讯云数据治理专家

加快推进数字化转型，是建设网络强国、数字中国的重要战略任务，而数据作为核心生产要素，对数字化转型有着极其重要的价值和意义。本书作者之一石秀峰的公众号文章干货满满，我一直在跟随阅读并经常转发给相关的学员和客户、合作伙伴。这本由石老师主笔的著作真正体系化地讲清楚了数据治理，非常值得阅读。

——郭兰英　青藤时代创始人

正如本书所讲的，数据治理是企业数字化转型的必经之路，但各行各业的信息化、数字化发展并不均衡，对数据治理的认知程度、重视程度参差不齐。我有幸主导翻译了*DAMA-DMBOK1*和*DAMA-DMBOK2*，深刻感受到这两本书的内容相对基础，在面对复杂的数据治理环境时，我们需要贴近一线、理论联系实际的图书来指导实践，需要更多具有实战经验的专家贡献力量。这本书深入浅出地讲解了数据治理的方法和技术，可为企业数据治理提供参考和指导。

——马欢　数据治理资深专家 / *DAMA-DMBOK* 主要译者

前　言 Preface

为什么要写本书

在大数据时代，“数据治理”对所有拥有大量数据的公司来说都是一个挑战。业内还流传着“数字转型，治理先行”的说法。越来越多的企业将数据治理作为数字化战略的一项必要举措，并将其列入企业的战略行动计划。

“数据治理”的重点在于“治理”，它是一个涉及企业战略、组织架构、数据标准、管理规范、数据文化、技术工具的综合体。没有数据治理实践经验的人一定会认为：“哇，数据治理好高端！又是战略，又是标准，又是文化，听起来很高深嘛！”然而，真正做过数据治理的人会告诉你：“数据治理不仅是苦活、累活，还是个受累不讨好、经常背锅、不容易让领导看见价值的活。”

“数据治理，说起来容易，做起来难。”这是业界的共识。在数字化转型过程中，数据治理不得不做，但又难以做好，这成了企业的一个“魔咒”。破解这个“魔咒”是我们写本书的初衷。我们希望通过本书回答以下问题：

- 什么是数据治理？
- 数据治理治的是数据吗？
- 为什么要实施数据治理？
- 数据治理会遇到哪些挑战？
- 数据治理的关键要素是什么？
- 数据治理有哪些常见误区？
- 数据治理在哪里治，源头系统还是数据中台？
- 数据治理的实施方法论是什么？
- 数据治理的关键技术有哪些？如何应用这些技术？
- 数据治理需要哪些工具？
- 如何保证企业数据质量的“长治久安”？

在本书中，我们结合自身多年的数据项目经验，总结出了企业数据治理规划和落地的“3个机制、8项举措、7种能力、7把利剑”，分别对应企业数据治理之道、数据治理之法、数据治理之术和数据治理之器四部分内容，希望能够为企业数据治理工作的规划和落地提供一些思路和启发。

读者对象

本书适合正在或希望从事数据治理、数据管理工作的相关人员阅读。本书为正在寻求数字化转型的企业提供了数据治理的思路和框架，因此特别适合这些企业的CIO、CDO、IT总监、IT经理、项目经理、业务主管、业务骨干、数据管理员、数仓开发工程师、数据分析师等阅读。

本书希望：

- 帮助那些想学习数据治理的新手建立对数据治理的整体认识；
- 帮助那些了解数据治理零散知识的人建立起数据治理知识体系；
- 为那些正在或计划进行数据治理的相关人员提供一定的方法和参考案例；
- 帮助那些正在从事数据治理却屡碰难题、饱受挫折的人找到新的思路和方法。

本书特色

本书不仅包含业界主流的数据治理理论框架，还包含用友平台与数据智能团队多年的数据项目实战经验总结；不仅涉及数据治理在战略层面的顶层设计，还囊括数据治理在落地执行层面的实施方法；不仅可以作为配合企业数据治理的纲领性指南，还可以作为数据管理人员开展数据治理的实操手册。

如何阅读本书

本书分为六部分，共31章，全面阐述数据治理是什么，数据治理为什么重要，数据治理治什么，以及数据治理如何实施。

第一部分　数据治理概述（第1～3章）

主要介绍数据治理的概念，数据治理对企业的重要性，企业数据治理的背景、目标、价值，以及国内外数据治理的参考框架，并阐明为什么数据治理是企业数字化转型的必经之路。第3章非常关键，不仅起着承上启下的作用，还是全书的总纲，对企业数据治理的“道、法、术、器”进行概括和说明。

第二部分　数据治理之道（第4～6章）

重点介绍数据治理的3个机制——数据战略、组织机制和数据文化，以及如何通过这3个机制形成自我驱动、自我进化、可持续发展和长效运营的数据治理体系。

第三部分　数据治理之法（第7～14章）

重点介绍数据治理的8项举措，即理现状与定目标、能力成熟度评估、路线图规划、保障体系建设、技术体系建设、策略执行与监控、绩效考核、长效运营。这8项举措构成了企业数据治理的完整实施方法论。

第四部分　数据治理之术（第15～21章）

数据治理是一个很宽泛的概念，涉及的技术非常多，本部分重点总结了数据治理的7种能力，即数据梳理与建模、元数据管理、数据标准管理、主数据管理、数据质量管理、数据安全治理、数据集成与共享。

第五部分　数据治理之器（第22～29章）

“术”需要“器”来承载，这一部分将重点介绍数据治理所需的7个主要工具，笔者称之为企业数据治理的7把利剑。它们分别是什么，有哪些特点，相信你都能在本部分中找到答案。

第六部分　数据治理实践与总结（第30、31章）

重点介绍数据治理的实践案例，并总结开展数据治理工作应做好的6项准备、应避免的6个误区。最后，再次阐明数据治理是企业数字化转型的必经之路，并对数据治理的技术发展进行展望。

勘误和支持

由于作者能力有限，写作时间仓促，以及技术不断更新和迭代，书中难免会出现一些错误或者不准确的地方，恳请读者批评指正。如果你有任何关于本书的意见或建议，欢迎发送邮件至 shixiufeng_88@163.com。期待你的反馈。

致谢

本书为用友平台与数据智能团队共同努力的成果，在写作过程中，我们得到了多位公司领导和同事的支持与帮助，在此一并表示感谢。

感谢我们的客户，他们一直以来对用友的信任、支持与鼓励让我们不断成长。

感谢机械工业出版社的编辑，在过去的一年多时间里他们的支持与帮助使本书得以顺利出版。

谨以此书献给数据治理行业的关注者和建设者！

石秀峰

Contents 目　录

第二部分　数据治理之道

第三部分　数据治理之法

第四部分　数据治理之术

第一部分 Part 1

数据治理概述

数字化时代，数据正在以超凡的速度渗透到每个行业的业务领域，成为重要的生产要素。合理利用数据不仅能够提升企业竞争力，甚至还可以再造企业的商业模式。然而，拥有了数据并不等于就拥有了数据价值，只有实施有效的数据治理策略，才能持续输出高质量数据，释放数据价值。

本部分将主要探讨以下问题。

- 数据治理到底是什么？
- 数据治理治的是数据吗？
- 数据治理的价值、现状、问题和挑战分别是什么？
- 国内外有哪些可供参考的数据治理框架？
- 企业数据到底该怎么治？

Chapter 1 第 1 章

全面认识数据治理

人们越来越关注数据，这是因为数据不仅可以记录历史，还能预测未来。企业越来越重视数据治理，本质上其关注的是数据背后蕴藏着的巨大商业价值。

本章重点介绍什么是数据治理，它为什么重要，以及企业数据治理的价值、问题和挑战。

1.1 数据治理是什么

关于数据治理，笔者曾向多家企业不同层级的领导及员工做过调研。大家都是站在自己的角度理解“数据治理是什么”，无法给出一个准确的答案。

1.1.1 从管理者视角看数据治理

某化工集团的 CEO 在一次工作报告中指出：“数据治理是企业发展战略的组成部分，是指导整个集团进行数字化变革的基石，要将数据治理纳入企业的顶层规划，各分 / 子公司、各业务部门都需要按照企业的顶层战略要求进行工作部署，以实现企业数字驱动的转型的目标。”

某银行将数据战略正式纳入董事会议程，有关数据治理的重大事项直接由董事会审批或授权。该银行希望通过数据赋能，让数据服务于银行的业务，为客户提供更好的金融服务，基于数据治理策略控制银行数据的确权和使用，保障银行用数安全和符合监管要求。

基于此，我们姑且把数据治理理解为与企业战略相关、指导企业数字化转型的策略。

1.1.2 从业务人员视角看数据治理

关于数据治理，某企业市场部领导曾经向笔者抱怨：“数据治理不是信息部门的事情吗？我们只是做一些配合工作。当然，我也知道数据的重要性，我们想通过数据进行客户分析，增加销量。但现在我连我们企业有哪些数据都不知道，更别说使用了。”

在谈到对于企业数据治理的期待时，这位领导直言：“希望数据治理能够将企业的数据开放出来，让我们知道有哪些数据，这些数据是怎么定义的、有什么作用，让我们在用数据的时候能够方便地获取，并且数据质量是有保障的。”

这位市场部领导的需求不是个例，而是很多企业数据治理的痛点所在。这个痛点需求恰好击中了数据治理的三大要害：

第一，要定义数据，让抽象的数据变成可读、可理解的信息；

第二，要有一个完整的数据地图或数据资源目录，盘活企业的数据资产，方便用户随时找到想要的数据；

第三，要做好数据质量管理，提升数据质量并提升数据的使用率。

1.1.3　从技术人员视角看数据治理

在有多年数据仓库领域工作经验的小李看来，数据治理应包含三部分：一是 ETL，即数据的抽取、转换、加载，保障数据仓库内有数据可用；二是对数据的处理、转换和融合，保障数据仓库内的数据准确、可用；三是元数据管理，保障数据仓库内的数据可进行血统溯源和影响分析。

来自系统运维部的小王认为：“企业数据治理的重点是对数据源中数据的治理，也就是需要对业务系统实施治理，而数据仓库只是数据的应用端，只有业务系统的数据质量高了，数据仓库才能获得高质量的数据，进而获得高质量的洞察。”

而数据平台部小赵的观点则是：“数据治理还得看数据湖的，从源头治理虽然好，但是操作起来太复杂，周期长，成本高。而我们在数据湖中治理就不一样了，我们的数据湖已经接入企业 90% 以上的数据，数据统一在‘湖’中管理。所有的用数需求都需要通过数据湖调取，因此我们只需要将数据湖中的数据治理好，就什么问题都没有了。”

可见，即使都从技术角度出发，不同技术方向的人对数据治理的理解也是不同的。小李、小王和小赵都是从自身专业角度思考数据治理，各有各的道理。在不同的数据治理应用场景中，数据治理的内涵各有侧重。

1.1.4　数据治理的定义

数据治理的定义有很多。国际数据管理协会（DAMA）给出的定义是：“数据治理是对数据资产管理行使权力和控制的活动集合。”

国际数据治理研究所（DGI）给出的定义是：“数据治理是一个通过一系列与信息相关的过程来实现决策权和职责分工的系统，这些过程按照达成共识的模型来执行，该模型描述了谁（Who）能根据什么信息，在什么时间（When）和情况（Where）下，用什么方法（How），采取什么行动（What）。”

在笔者看来，所有为提高数据质量而展开的技术、业务和管理活动都属于数据治理范畴。数据治理的最终目标是提升数据利用率和数据价值，通过有效的数据资源管控手段，实现数据的看得见、找得到、管得住、用得好，提升数据质量和数据价值。

企业数据治理非常必要，它是企业实现数字化转型的基础，是企业的一个顶层策略，一个管理体系，也是一个技术体系，涵盖战略、组织、文化、方法、制度、流程、技术和工具等多个层面的内容。

1.2　数据治理相关术语和名词

在开始学习数据治理之前，我们有必要先了解与数据治理有关的名词和概念，以免混淆。当然，与数据治理相关的概念非常多，以下仅罗列几个常见的。

1. 数据元

（1）名词解释

国标 [GB/T 18391.1—2002] 对数据元的定义为："用一组属性描述定义、标识、表示和允许值的数据单元。"

数据元由三部分组成：对象、特性和表示。数据元是组成实体数据的最小单元，或称原子数据。例如个人信息中，手机号为数据元，"135********"为数据元的值；性别为数据元，"男"和"女"为数据元的值。

（2）主要作用

作为最小颗粒度的数据，数据元是对数据进行标准化定义的基础，也是构建统一、集成、稳定的行业数据模型的基础。在企业数据治理中，数据元是需要标准化的对象，一个数据元对象有且只有一个数据特性，每个数据特性对应一个数据表示。例如：人员的性别中的"男"是一个数据元对象，用数字"1"来表示。

（3）应用举例

数据元早期在金融、医疗等领域应用非常广泛，国家相关单位发布了关于数据元管理的一系列技术标准和行业标准，如《CFDAB/T 0301.3—2014 食品药品监管信息基础数据元 第 3 部分：药品》。图 1-1 所示为食品药品监管信息基础数据元标准。

标 识 符	DE03.01.001
中文名称	药品通用名称
短　　名	YPTYMC
定　　义	国家药品标准或者国家药典委员会《中国药品通用名称》或其增补本收载的药品通用名称。
数据类型	字符型
表示格式	an..100

图 1-1　食品药品监管信息基础数据元标准

2. 元数据

（1）名词解释

元数据是描述数据的数据或关于数据的结构化数据。

你是不是看了这个定义依然一头雾水？那我们来举个例子。一本书的封面和目录向我们展示了这样的元数据信息：图书名称、作者姓名、出版商和版权细节、图书的提纲、标题、页码等。

（2）主要作用

在数据治理中，元数据是对数据的描述，存储着数据的描述信息。我们可以通过元数据管理和检索我们想要的“书”。可见元数据是用来描述数据的数据，让数据更容易理解、查找、管理和使用。

（3）应用举例

元数据是业界公认的数据治理中的核心要素，做好元数据管理，能够更容易地对数据进行检索、定位、管理和评估。用哲学的思维理解元数据的话，元数据其实解决的是我是谁、我在哪里、我从哪里来、我要到哪里去的问题。元数据是建设数据仓库的基础，是构建企业数据资源全景视图的基础，清晰的血缘分析、影响分析、差异分析、关联分析、指标一致性分析等是数据资产管理的重要一环。

如果说数据是物料，那么元数据就是仓库里的物料卡片；如果说数据是文件夹，那么元数据就是夹子的标签；如果说数据是书，那么元数据就是图书馆中的图书卡。

3. 主数据

（1）名词解释

主数据是企业内需要在多个部门、多个信息系统之间共享的数据，如客户、供应商、组织、人员、项目、物料等。与记录业务活动、波动较大的交易数据相比，主数据（也称“基准数据”）变化较慢。主数据是企业开展业务的基础，只有得到正确维护，才能保证业务系统的参照完整性。

主数据具有 3 大特性、4 个超越。

- 3 大特性：高价值性、高共享性、相对稳定性。
- 4 个超越：超越业务，超越部门，超越系统，超越技术。

关于主数据的特征描述详见第 18 章。

（2）主要作用

在数据治理中，主数据用来解决企业异构系统之间核心数据不一致、不正确、不完整等问题。主数据是信息系统建设和大数据分析的基础，被认为是企业数字化转型的基石。

（3）应用举例

不同行业、不同领域的主数据的内容不同。例如：在制造型企业中，核心主数据有物料、BOM、设备、客户、供应商、人员等；在金融行业中，客户、客户关系是主数据管理的核心；在政府各部门，人口、法人、证照等是主要的主数据。

4. 业务数据

（1）名词解释

业务数据是业务活动过程或系统自动产生的既定事实的数据，也称交易数据。业务数据来自三个方面。

第一，业务交易过程中产生的数据，例如计划单、销售单、生产单、采购单等，这类数据多数是手动生成的。

第二，系统产生的数据，包括硬件运行状况、软件运行状况、资源消耗状况、应用使用状况、接口调用状况、服务健康状况等。

第三，自动化设备所产生的数据，如各类物联网设备的运行数据、生产采集数据等。

不论源自何处，业务数据的共同特点是：时效性强，数据量大。

（2）主要作用

业务数据主要面向应用，为业务应用提供服务，例如生产、销售、采购、设备管理、系统管理等。

（3）应用举例

表 1-1 是某企业的产品销售记录，这是一种非常重要的业务数据。

表 1-1 某企业的产品销售记录

交易号	商品	数量	价格	销售日期
1	G1	10	3.00	1999-5-1
1	G2	5	2.00	1999-5-1
1	G3	2	4.00	1999-5-1
1	G4	5	2.00	1999-5-1
1	G5	2	3.00	1999-5-1
2	G1	15	3.00	1999-5-1

5. 主题数据

（1）名词解释

主题数据是根据数据分析的需要，按照业务主题对数据所做的一种组织和管理方式，其本质是为了进行面向主题的分析或加速主题应用的数据。主题数据是分析型数据，是按照一定的业务主题域组织的，服务于人们在决策时所关心的重点方面。一个主题数据可以由多个主数据和交易数据组成。主题数据一般是汇总的、不可更新的、用于读的数据。

（2）主要作用

主题数据是按照一定的业务主题域组织的，服务于各种数据分析或应用开发。

（3）应用举例

主题数据与行业或领域有较大的关系，不同行业关注的主题是不一样的。即使是同一行业，不同企业也有不同的主题数据定义。例如，某生产制造企业定义了 12 大主题数据，包括综合服务、人力资源、财务管理、质量管理、生产管理、工艺管理、库存管理、销售管理、采购管理、设备管理、能源管理和安全环保。

6. 数据仓库

（1）名词解释

数据仓库（Data Warehouse，DW）是一个面向主题的、集成的、相对稳定的、反映历史变化的数据集合，用于支持管理决策。数据仓库是数据库的一种概念上的升级，可以说是为满足新需求而设计的一种新数据库，需要容纳更加庞大的数据集。本质上，数据仓库与数据库并没有什么区别。

（2）主要作用

数据仓库是为企业所有级别的决策制定过程提供所有类型数据支撑的战略集合，有以下三个主要作用。

- 数据仓库是对企业数据的汇聚和集成，数据仓库内的数据来源于不同的业务处理系统，包含主数据和业务数据。数据仓库的作用就是帮助我们利用这些宝贵的数据做出最明智的商业决策。
- 数据仓库支持多维分析。多维分析通过把一个实体的属性定义成维度，使用户能方便地从多个维度汇总、计算数据，增强了用户的数据分析处理能力，而通过对不同维度数据的比较和分析，用户的数据处理能力得到进一步增强。
- 数据仓库是数据挖掘技术的关键和基础。数据挖掘技术是在已有数据的基础上，帮助用户理解现有的信息，并对未来的企业状况做出预测。在数据仓库的基础上进行数据挖掘，可以对整个企业的发展状况和未来前景做出较为完整、合理、准确的分析和预测。

（3）应用举例

数据仓库是数据分析和数据可视化的基础，通过将来自不同业务系统的数据汇集到一起，并按照一定的主题进行编号、归类、分组，方便用户快速定位数据源，为数据分析提供支撑。

为了提升数据仓库的数据质量，确保数据分析的准确性，数据仓库的建设需要实施数据治理的策略。很多企业的数据治理项目实施的动因都是解决数据仓库中的数据质量问题，以便获得更准确的分析决策。

7. 数据湖

（1）名词解释

根据维基百科的定义，数据湖是一个以原始格式存储数据的存储库或系统。它按原样存储数据，而无须事先对数据进行结构化处理。数据湖可以存储结构化数据（如关系型数据库中的表）、半结构化数据（如 CSV、日志、XML、JSON）、非结构化数据（如电子邮件、文档、PDF）和二进制数据（如图形、音频、视频）。

数据湖可以更方便、以更低的成本解决不同数据结构的统一存储问题，同时还能够为机器学习提供全局数据。我们可以将数据湖理解为一个融合了大数据集成、存储、处理、机器学习、数据挖掘的解决方案。

（2）主要作用

关于数据湖的作用，AWS 将它与数据仓库进行了类比，如表 1-2 所示。

表 1-2 来自 AWS 的数据仓库与数据湖的对比

特性	数据仓库	数据湖
数据	来自事务系统、运营数据库和业务线应用程序的关系数据	来自 IoT 设备、网站、移动应用程序、社交媒体和企业应用程序的非关系和关系数据
Schema	设计在数据仓库实施之前（写入型 Schema）	写入在分析时（读取型 Schema）
性价比	更快查询结果会带来较高存储成本	更快查询结果只需较低存储成本
数据质量	可作为重要事实依据的高度监管数据	任何可以或无法进行监管的数据（例如原始数据）
用户	业务分析师	数据科学家、数据开发人员和业务分析师（使用监管数据）
分析	批处理报告、BI 和可视化	机器学习、预测分析、数据发现和分析

（3）应用举例

数据湖不是一个产品或工具，它是融合了数据采集、数据处理、数据存储、机器学习、数据挖掘等技术和工具的解决方案。数据湖支持处理不同类型的数据和分析方法，以获得更深层次的洞见所必需的扩展性、敏捷性和灵活性。亚马逊 AWS、Informatica、阿里云、华为云、用友等都推出了数据湖解决方案。

数据湖的出现给数据治理带来了一定的挑战。数据湖将数据全部集中存储，那数据治理是在“湖中”治理还是在“湖外”治理，这是个需要企业研究和探索的问题。

1.3 数据治理治什么

在我们的生活和工作当中，数据无处不在。在企业的数据中混杂着很多脏数据，这些脏数据是无关企业任何利益的数据，没有治理的必要。数据治理的对象必须是重要的数据资源，是关乎企业商业利益的数据资源，这样的数据资源方可称为“数据资产”。

北京大学教授王汉生先生说过：“数据治理不是对‘数据’的治理，而是对‘数据资产’的治理，是对数据资产所有利益相关方的协调与规范。”

我们分三部分来理解王教授的这句话：

- ❑ 什么是数据资产？
- ❑ 数据资产的利益相关方是谁？
- ❑ 协调与规范的对象是什么？

1.3.1　什么是数据资产

并非所有数据都是数据资产，那到底什么才是数据资产呢？

目前，关于如何将企业的数据作为一项资产来计量、管理尚未形成一个明确的标准。《企业会计准则——基本准则》第 20 条规定："资产是指企业过去的交易或者事项形成的、由企业拥有或者控制的、预期会给企业带来经济利益的资源。"其中，"由企业拥有或者控制"是指企业享有某种资源的拥有权或者控制权，"预期会给企业带来经济利益"是指直接或者间接导致现金和现金等价物流入企业的潜力。

由资产的概念引申到数据资产，可以得到："数据资产是指企业过去的交易或者事项形成的，由企业拥有或者控制的，预期会给企业带来经济利益的数据资源，并且其价值和成本是可计量的。"

由此可见，数据要成为数据资产，至少要满足 4 个核心条件。

（1）数据资产是企业的交易或者事项形成的

这一条很好理解，数据资产要是企业日常的生产经营活动中积累的数据，或者由于业务需要而被企业实际控制的数据。例如，互联网公司的各种网站、电商平台、社交平台每天产生的大量数据实际都是被这些互联网公司控制的。另外，企业从第三方交换或者购买来的数据也是符合这个定义的。目前有一些组织专门做数据交易的生意，例如数据堂、贵州数据交易所、华中数据交易所等。

（2）由企业拥有或者控制

这一条涉及数据的确权问题。对于数据的归属权、控制权、使用权的问题，目前我国还没有完善的法律法规。对于传统企业来说，这个问题不是很明显，这里主要谈互联网平台。互联网平台上产生的数据主要来自广大用户的上网行为，例如浏览、购买、支付、评论、发帖、发微博、发微信等。这些数据的产权方是谁？这不是一个容易回答的问题。实际上，互联网平台提供了数据存储和管理服务，拥有了数据的实际控制权。在笔者看来，数据在谁那里能够发挥出最大的价值，能够最好地服务于人类和社会，数据就应该归谁所有。当然，利用收集的数据做一些侵犯个人隐私或其他违法犯罪的事情是绝对不允许的。

（3）预期会给企业带来经济利益

企业运营中可能会产生大量的数据，数据在被有效整合、利用后会产生巨大的价值。数据要成为资产，首先要具备可利用性，这样才能给企业带来可预期的经济收益，否则就不是资产。另外，如果数据的获取、管理和维护成本大于其实际产生的收益，或者企业无法通过自用或外部商业化对数据进行有效的变现，那么这些数据也不能视为资产。

（4）成本或价值可衡量

数据成本一般包括采集、存储和计算的费用（人工费用、IT 设备等直接费用和间接费用等）以及运维费用（业务操作费、技术操作费等），这是相对容易计量的。数据价值主要从数据资产的分类、使用频次、使用对象、使用效果和共享流通等维度计量。基于数据价值度量的维度，选择各维度下有效的衡量指标，对数据的活跃性、数据质量、数据稀缺性和时效性、数据应用场景的经济性等多方面进行评估，并优化数据服务应用的方式，最大限度地提高数据的应用价值。所以，数据的价值取决于数据的应用场景，同样的数据在不同的应用场景中产生的价值是不一样的，这也是数据资产价值难以计量的重要原因。

1.3.2 数据资产的利益相关方

根据数据资产的定义，数据资产的利益相关方包括以下几类。

- ❑ 数据的生产者，即通过业务交易或事项产生数据的人或组织。
- ❑ 数据的拥有者或控制者。生产数据的人不一定拥有数据，例如我们上网产生的各种数据都不归我们自己所有，而是落在了各个互联网公司的数据库中。
- ❑ 数据价值和经济利益的受益者。

数据治理就是对数据生产者、拥有者或控制者、数据价值受益者进行规范和协调，让数据能够规范化、高质量输出。

1.3.3 对利益相关方的协调和规范

（1）数据的标准化

定义统一的数据标准，比如“写中国字，说普通话”，让数据资产的利益相关方用同一种“语言”沟通。数据的标准化包含几个层面：数据模型标准化，主数据和参考数据的标准化，指标体系的标准化。对于这些内容，我们将在后续章节中详细展开。

（2）数据的确权

数据一旦成为资产，就一定有拥有方或者实际控制人，可以把他们统称为产权人。实物产品的产权是比较明确的，而数据的产权则比较复杂。对于实物产品，在生产制造过程中，在消费者购买之前，制造商拥有完全产权；在实物产品生产出来后，消费者通过支付一定金额的货币便拥有了其产权。

而数据的生产过程不一样，我们每天的各种上网行为，例如网上购物、浏览网页、使用地图、评论 / 评价等都会产生大量的数据，这些数据到底归谁所有？控制权该如何治理？互联网数据的确权目前已经是一个世界级难题！近几年一些不良商家滥用用户的上网数据，导致安全隐私泄露事件层出不穷。希望随着技术的进步和法律的完善，人们能够尽快找到解决方案。

（3）流程的优化

数据治理有两个目标：一个是提升质量，另一个是控制安全。做好企业业务流程的优化可能会对隐私保护起到一定的作用。通过业务流程优化，规范数据从产生、处理、使用到销毁的整个生命周期，以使数据在各阶段、各流程环节中安全可控、合规地使用。

另外，通过一定的流程优化，通过对相关流程进行监管，按照数据的质量规则进行数据校验，并采用符合“垃圾进，垃圾出”的数据采集、处理、存储原则，以提升数据质量，赋能业务应用。

让数据成为资产就是要让数据为企业创造价值，而做好数据治理才能更加方便、放心地使用数据，这是一个基本前提。数据治理是一个非常复杂的系统工程：

- 管理上，数据治理是企业战略层面的策略，而不是战术层面的方法；
- 业务上，通过数据治理要让数据能够管得住、看得见、找得到、用得好；
- 技术上，涉及数据建模、数据集成、数据交换、数据清洗、数据处理、数据质量管理的方方面面。

最后再次强调，数据治理不是对“数据”的治理，而是对“数据资产”的治理。数据治理可以有效盘活企业的数据资产。

1.4　数据治理的 6 个价值

随着大数据的发展，各行各业都面临越来越庞大且复杂的数据，这些数据如果不能有效管理起来，不但不能成为企业的资产，反而可能成为拖累企业的“包袱”。数据治理是有效管理企业数据的重要举措，是实现数字化转型的必经之路，对提升企业业务运营效率和创新企业商业模式具有重要意义。

对于企业来讲，实施数据治理有 6 个价值，如图 1-2 所示。

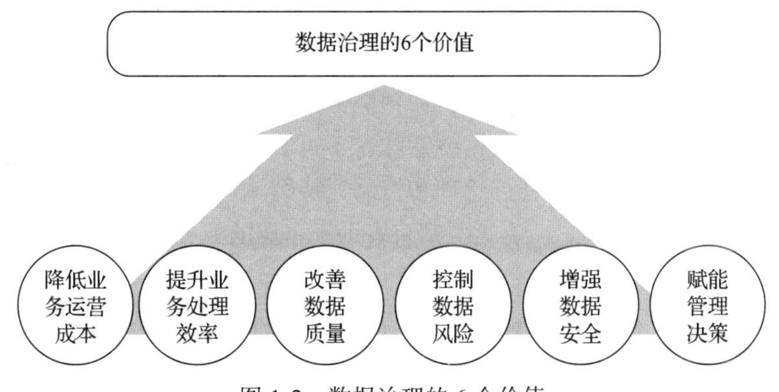

图 1-2　数据治理的 6 个价值

1. 降低业务运营成本

有效的数据治理能够降低企业 IT 和业务运营成本。一致性的数据环境让系统应用集成、数据清理变得更加自动化，减少过程中的人工成本；标准化的数据定义让业务部门之间的沟通保持顺畅，降低由于数据不标准、定义不明确引发的各种沟通成本。

2. 提升业务处理效率

有效的数据治理可以提高企业的运营效率。高质量的数据环境和高效的数据服务让企业员工可以方便、及时地查询到所需的数据，然后即可展开自己的工作，而无须在部门与部门之间进行协调、汇报等，从而有效提高工作效率。

3. 改善数据质量

有效的数据治理对企业数据质量的提升是不言而喻的，数据质量的提升本就是数据治理的核心目的之一。高质量的数据有利于提升应用集成的效率和质量，提高数据分析的可信度，改善的数据质量意味着改善的产品和服务质量。数据质量直接影响品牌声誉。正如麦当劳创始人 Ray Kroc 所说："我们的品牌需要市场上的可预测性——我们的消费者期望可预测性，起点是数据完整性。"

4. 控制数据风险

有效的数据治理有利于建立基于知识图谱的数据分析服务，例如 360° 客户画像、全息数据地图、企业关系图谱等，帮助企业实现供应链、投融资的风险控制。良好的数据可以帮助企业更好地管理公共领域的风险，如食品的来源风险、食品成分、制作方式等。企业拥有可靠的数据就意味着拥有了更好的风险控制和应对能力。

5. 增强数据安全

有效的数据治理可以更好地保证数据的安全防护、敏感数据保护和数据的合规使用。通过数据梳理识别敏感数据，再通过实施相应的数据安全处理技术，例如数据加密 / 解密、数据脱敏 / 脱密、数据安全传输、数据访问控制、数据分级授权等手段，实现数据的安全防护和使用合规。

6. 赋能管理决策

有效的数据治理有利于提升数据分析和预测的准确性，从而改善决策水平。良好的决策是基于经验和事实的，不可靠的数据就意味着不可靠的决策。通过数据治理对企业数据收集、融合、清洗、处理等过程进行管理和控制，持续输出高质量数据，从而制定出更好的决策和提供一流的客户体验，所有这些都将有助于企业的业务发展和管理创新。

1.5 数据治理的 3 个现状

对企业而言，不同的行业、不同的业务特点、不同的信息化水平，决定了企业数据治理目标和数据管理的现状存在差异，不可一概而论。

近年来，由于工作关系，笔者走访了很多企业，也查阅了一些行业的数字化报告，发现：由于经济实力不同，行业特点不同，信息化程度不同，不同行业、不同企业的数据管理和数据治理情况也不尽相同，有的行业甚至才刚刚起步。不过，各行业的企业信息化的总体发展趋势基本遵循了诺兰模型。

扩展阅读：诺兰模型给我们的启示

美国管理信息系统专家理查德·诺兰通过总结 200 多家企业发展信息系统的实践和经验，提出了著名的信息系统进化的阶段模型，即诺兰模型。诺兰模型分析了信息化发展的一般规律，对于我们认识数据治理的必要性有深刻的意义。

诺兰认为，任何组织在从手工信息系统向以计算机为基础的信息系统发展的过程中，都存在着一定的客观发展道路和规律。他将这个规律分为 6 个阶段：起步阶段、扩展阶段、控制阶段、集成阶段、数据管理阶段和成熟阶段（见图 1-3）。

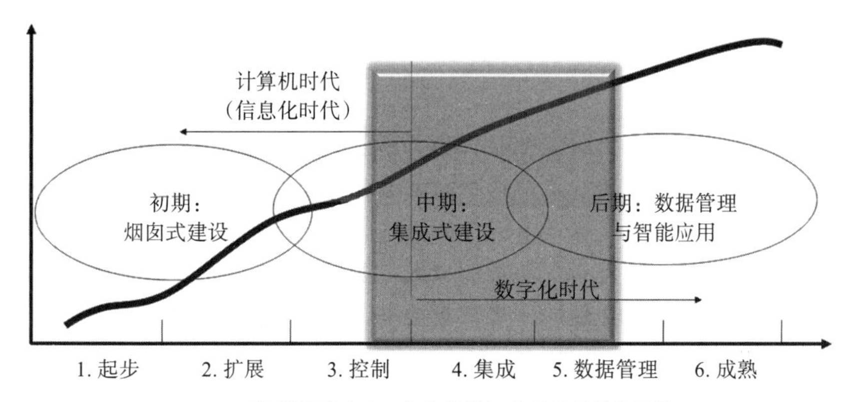

图 1-3　诺兰模型给我们的启示

（1）起步阶段

初期引入的计算机主要起宣传、启蒙的作用，不要求有实际的效益。在这一阶段，IT 需求只被当成改善办公设施的简单需求来对待，采购量少，只有少数人使用，在企业内没有普及。

（2）扩展阶段

在这一阶段，计算机开始普及，企业对计算机有了一定了解，想利用计算机解决工作中的问题，比如进行更多的数据处理，为管理工作和业务带来便利。企业对 IT 应用开始产生兴趣，出现了盲目购机、盲目定制开发软件的现象，但由于缺少计划和规划，因而应用水平不高，IT 的整体效用无法凸现，这也标志着社会正在向信息化时代迈进。

（3）控制阶段

投入使用的应用系统多了，计算机在企业经营过程中开始发挥作用。在这一阶段，一些职能部门内部实现了网络化和电子化，如财务系统、人事系统、库存系统等，但各软件系统之间还存在“部门壁垒”和“信息孤岛”。信息系统呈现单点、分散的特点，系统和数据资源利用率不高。企业对于数据的重要性及数据管理的认知处于萌芽阶段。

（4）集成阶段

企业开始重新进行规划设计，建立统一的信息管理系统，企业的 IT 建设开始由分散和单点发展到成体系。ERP 系统、SOA 体系开始流行，企业将不同的 IT 系统统一到一个系统中进行管理，使人、财、物等资源信息能够在企业中集成共享。在这一阶段，数据资源的集成共享成为企业数据管理的核心诉求，信息化发展较快的企业开始建设数据仓库、数据分析等系统，开始探索数据背后的价值。

（5）数据管理阶段

企业高层意识到数据战略的重要性，数据成为企业的重要资源，企业的信息化建设真正进入数据处理阶段。在这一阶段，企业的业务和管理决策开始以数据为重要依据，企业的数据管理从关注数据整合到关注数据质量和安全，社会进入以数据治理为基础的数字化时代。

（6）成熟阶段

信息系统已经可以满足企业各个层次的需求，从简单的事务处理到支持高效管理的决策，IT的作用被充分发挥出来。在这一阶段，数据在企业管理决策、业务创新中不仅起着支撑和参考的作用，而且还是驱动要素。数据不仅被作为企业的重要生产资料，用来提升企业竞争力，甚至还可以重塑企业的商业模式。**到了这一阶段，企业的数据治理不再被视为信息化的支撑体系，而是企业的一项常规业务，就如同企业的生产、营销、服务等业务一样。**

诺兰模型在信息化建设发展中具有十分重要的指导意义。目前国内有少部分企业进入第四阶段晚期或第五阶段早期，中小企业有1%～2%进入第四阶段，约40%进入第三阶段，大多数中小企业还处在第一或第二阶段。诺兰模型说明，**数据资源整合是信息化建设的必经途径，是数据资源充分利用的基础。**

国内各行业的企业数据治理发展情况并不均衡，企业数据治理现状可以大致分为以下3类。

第一类，企业拥有雄厚的经济实力，信息化起步较早，企业的业务对信息化和数据的依赖程度较高。例如，BAT等互联网企业、金融业的各大银行、三大电信公司、国家电网等企业，该类企业大约在10年前就开始实施数据治理，目前已形成较为完善的数据治理体系。

第二类，企业有一定的经济实力，建设的信息系统较多，在单业务条线上信息化的应用程度较高。这类企业数据治理的普遍现状是：早期的信息化缺乏整体规划，建设了多个信息系统，沉淀了大量的数据，但缺乏统一的数据标准，系统之间的数据没有打通，形成了一个个“信息孤岛”。该类企业对数据价值的认识度很高，迫切希望通过发挥数据的价值，驱动企业管理和经营模式的创新。它们开始对数据进行大规模的整合，并基于此进行一些数据治理和应用方面的探索。目前国内的大型生产制造企业普遍存在“信息孤岛”的问题。

第三类，企业的经济实力相对薄弱，信息化刚刚起步，部分企业使用了财务软件、OA系统、ERP系统，数据存放在部门的系统中，甚至有些数据存放在个人电脑中，数据的共享程度较低。该类企业的战略目标是以生存为主，更关注业务和财务，在信息化上的投入较少。我国的中小企业多数属于这一类。当然，其中不乏意识超前的企业家和领导者，他们将数据视为重要的生产资料，希望通过数据的利用实现企业质的飞跃。

目前多数企业已经意识到企业要转型，要发展，就必须紧跟时代的步伐，而数据治理是企业实现数字化转型的必经之路。然而让很多企业感到困惑的是，如何选择企业数据治理的时机？是先有了数据再治理，还是先建设好数据治理体系再进行应用系统建设？不同类型企业的数据治理策略绝对不能一概而论，而应根据企业的阶段特点来制定。

对于第一类企业，企业已经有了相对完善的数据治理体系，需要注重加强数据应用，加快数据驱动的创新步伐，稳固提升数据质量和数据变现能力。

对于第二类企业，企业的信息系统多，"信息孤岛"问题严重，数据不能互联互通，不能按照用户的指令进行有意义的交流，数据的价值不能充分发挥，其数据治理已迫在眉睫。这类企业应加强数据资源的整合和治理，充分释放数据的价值。

对于第三类企业，在数字化浪潮下，企业的信息化虽然薄弱，但如果打好数据基础，未必不是企业改革创新、实现"弯道超车"的最佳时机。

虽然目前我国多数企业仍处于中期的数据集成阶段，但是在云计算、大数据等新技术的推动下，很多企业开始迈开步伐，已走进以数据管理为标志的数字化时代。

1.6　数据治理的 5 类问题

伴随着大数据时代的来临，人们对数据的重视达到了前所未有的高度。

全球知名咨询公司麦肯锡称："数据已经渗透到当今每一个行业和业务职能领域，成为重要的生产要素。人们对于海量数据的挖掘和运用预示着新一波生产率增长和消费者盈余浪潮的到来。"

世界经济论坛报告认为："大数据为新财富，价值堪比石油。"

维克托·迈尔－舍恩伯格在《大数据时代》一书中提到："虽然数据还没有被列入企业的资产负债表，但这只是一个时间问题。"

"数据是企业的重要资产"已经成为各行各业的共识，但是**拥有了数据就等于拥有了数据资产吗？事实上，并非如此。**

企业数据的管理和使用还存在很多问题，致使数据不能很好地利用起来，从而让企业的数据没能成为数据资产，反而变成了拖累企业的包袱。

企业数据管理的问题主要有以下 5 类，如图 1-4 所示。

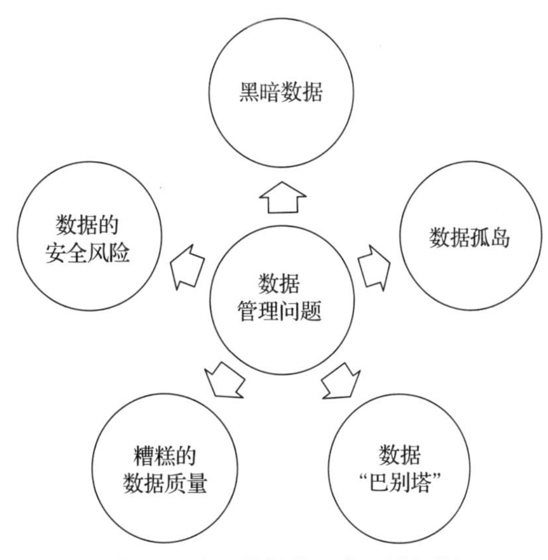

图 1-4　企业数据管理的 5 类问题

1. 黑暗数据

黑暗数据也叫睡眠数据，是指被收集和处理但又不用于任何用途的数据。有数据而不用，甚至业务部门和领导都不知道其存在，这些数据可能永远被埋没。很多企业其实除了黑暗数据问题，还有数据尾气问题。数据尾气是指那些针对单一目标而收集的数据，通常用过之后就被归档闲置，其真正价值未能被充分挖掘。

之所以会产生黑暗数据和数据尾气，主要是因为企业内很多系统的设计对于业务人员不够友好，操作功能复杂，可视化效果差，甚至系统采集的数据指标与业务需求脱节，并不能为业务分析提供有效的数据，或者不能及时提供数据，这就不可能驱动业务人员使用数据。部分 IT 人员虽然知道有哪些数据，但是由于缺乏业务需求的驱动，也不去用或不会用。

据统计，企业的数据中有 50%～80% 可能是睡眠数据，始终无人知晓。

数据是具备复用性的资源，我们不应用完即舍弃，它的再利用价值也许你现在不清楚，但在未来的某一刻，它会迸发出来，变“废”为宝。

2. 数据孤岛

很多企业在信息化建设的早期，由于缺乏信息化的整体规划，业务系统都是基于业务部门需求建设的，各业务部门都有自己的信息系统，这些系统都是各自定义、各自存储的，彼此间相互独立，数据之间没有关联，而形成了一个个数据孤岛。所谓数据孤岛，简单来说，就是企业发展到一定阶段时，各个部门各自存储数据，部门之间的数据无法共通，这导致数据像一个个孤岛一样缺乏关联性。

企业想利用好数据，就必须打通数据孤岛。然而打通数据孤岛是一项复杂的工程，其困难不仅在于技术，还来自业务。数据本身是因业务和流程而产生的，只有对企业业务和流程进行细致梳理和深度理解，才能真正实现数据的打通。由于打通数据孤岛的成本高，难度大，周期长，众多企业望而却步。

3. 数据“巴别塔”

巴别塔是《圣经》中的一个故事。这个故事有很多隐喻，其中一个是在协作的过程中顺畅沟通的重要性。顺畅沟通的前提是彼此之间有一套共同认可的对话标准。

在很多企业中存在着数据“巴别塔”。不同部门、不同员工之间因为数据定义不清、口径不同、缺乏规范而无法顺畅交流和沟通。例如：某个大型集团对于“在职员工”指标的定义五花八门，有的部门是按照是否与企业签订劳务合同来统计的，有的部门是按照企业发放工资的人数来统计的，还有的部门是按照在本单位的人数进行统计的，等等。不同部门对“在职员工”的定义和统计口径都不一样，这种情况下，谁也不知道集团到底有多少员工。

4. 糟糕的数据质量

数据对企业来说是一个“福音”，然而，糟糕的数据质量可能是一个大问题。数据的可信性是影响数据分析和管理决策的重要因素，然而企业数据普遍存在着不一致、不完整、不准确、不正确、不及时等问题。数据质量问题得不到有效解决，数据价值化、数据业务化就无从谈起了。

如果说数据是“石油”，那么原始数据也只能算“原油”，其本身没有太大的价值。原油只有经过加热、催化、蒸馏、分馏等一系列淬炼、提纯的过程，才能产出不同型号、规格的产品。数据其实也一样。原始数据并没有什么作用，只有经过采集、存储、处理、清洗等一系列加工处理过程，才能形成可信的、高质量的、可被利用的数据资产。

5. 数据的安全风险

数据的应用与数据的安全密切相关。数据收集和提取的合法性、数据隐私的保护与数据隐私应用之间的权衡正成为当前制约大数据发展和应用的一大瓶颈。没有人不重视数据安全，但是数据缺乏有效管理，一定会产生数据安全问题。比如缺少数据的采集、存储、访问和传输的规范制度，没有设定必要的数据使用权限，这就必然会导致数据遗失、篡改与泄密。

可见，只有管得住、用得好，数据才是企业的资产，否则就会成为拖累企业的包袱。

1.7　数据治理的6个挑战

企业越大，需要的数据和产生的数据也就越多，而数据越多则意味着就越需要定制适合企业自身的正式且有效的数据质量策略。在向着数字化快速迈进的同时，当前企业数据治理面临着各种挑战，主要表现为以下6个方面。

1. 对数据治理的业务价值认识不足

“数据为什么重要？”“数据治理到底能解决什么问题？”“数据治理能实现哪些价值？”这是数据治理经常被企业领导和业务部门质疑的三大问题。传统数据治理是以技术为导向的，注重底层数据的标准化和操作过程的规范化。尽管以技术驱动的数据治理能够显示数据的缺陷，提升数据的质量，但是管理层和业务人员似乎对此并不满足。

由于传统以技术驱动的数据治理模式没有从解决业务的实际问题出发，企业对数据治理的业务价值普遍认识不足。为了快速实现数据价值和成效，最直接的方式就是以业务价值为导向，从企业实际面临的数据应用需求和数据痛点需求出发，满足管理层和业务人员的数据需求，以实现数据的业务价值、解决具体的数据痛点和难点为驱动来推动治理工作。

正如前文所述，企业数据治理的业务价值主要体现在降低成本、提升效率、提高质量、控制风险、增强安全和赋能决策。不同企业所面对的业务需求、数据问题是不同的，企业数据治理的业务价值不要求在以上6个方面面面俱到（也不要局限于这6个方面）。企业应该从管理层和业务部门的痛点需求出发，将数据治理的业务价值量化，以增强管理层和业务人员对数据治理的认知和信心。想要理解数据造成的业务痛点，最好的方法是询问和观察。数据治理必须着重于业务需求，并着重于解决让业务人员感到痛苦或他们无法解决的问题。

2. 缺乏企业级数据治理的顶层设计

当前企业普遍都认识到了数据的重要性，很多企业也开始了探索数据治理。然而我们看到，目前企业大量的数据治理活动都是项目级、部门级的，缺乏企业级数据治理的顶层设计以及数据治理工作和资源的统筹协调。

数据治理涉及业务的梳理、标准的制定、业务流程的优化、数据的监控、数据的集成和融合等工作，复杂度高，探索性强，如果缺乏顶层设计的指导，那么在治理过程中出现偏离或失误的概率较大，而一旦出现偏离或失误又不能及时纠正，其不良影响将难以估计。

数据治理的顶层设计属于战略层面的策略，它关注全局性和体系性。在全局性方面，站在全局视角进行设计，突破单一项目型治理的局限，促进企业主价值链的各业务环节的协同，自上而下统筹规划，以点带面实施推进。在体系性方面，从组织部门、岗位设置（用户权限）、流程优化、管理方法、技术工具等入手，构建企业数据治理的组织体系、管理体系和技术体系。

企业数据治理的顶层设计应站在企业战略的高度，以全局视角对所涉及的各方面、各层次、各要素进行统筹考虑，协调各种资源和关系，确定数据治理目标，并为其制定正确的策略和路径。顶层设计主要是抓牵一发而动全身的关键问题，抓长期以来导致各种矛盾的核心问题，抓严重影响企业信息化健康稳定发展的重大问题。唯有如此，才能纲举目张，为解决其他问题铺平道路。

3. 高层领导对数据治理不够重视

数据治理是企业战略层的策略，而企业高层领导是战略制定的直接参与者，也是战略落实的执行者。数据治理的成功实施不是一个人或一个部门就能完成的，需要企业各级领导、各业务部门核心人员、信息技术骨干的共同关注和通力合作，其中高层领导无疑是数据治理项目实施的核心干系人。

企业高层领导对数据治理的支持不仅在于财务资金方面（当然这必不可少），其对数据战略的细化和实施充分授权、所能提供的资源是决定数据治理成败的关键因素。

为了保证数据治理的成功实施，企业一般需要成立专门的组织机构，例如数据治理委员会。尽管很多企业的数据治理委员会是一个虚拟组织，但是必须为这个组织安排一名德高望重的高管，我们姑且将这个岗位命名为“首席数据官”（CDO）。数据治理委员会由CDO、关键业务人员、财务负责人、数据科学家、数据分析师、IT 技术人员等角色组成，负责制定企业数据治理目标、方法及一致的沟通策略和计划。

在数据治理项目的实施过程中，CDO 不仅需要负责统筹数据定义、数据标准、治理策略、过程控制、体系结构、工具和技术等数据治理工作，还需要关注如何为业务增加价值以及是否获得关键业务负责人的支持。CDO 经常关注数据的业务价值，并利用数据科学家、分析师和管理人员的更多技能，向 CEO 报告以获得持续的资金、政策和资源支持。

4. 数据标准不统一，数据整合困难

第一，企业内部的数据标准不统一。我国各行业的企业信息化水平不均衡，数据缺乏行业层面的标准和规范定义。在信息化早期，信息系统的建设是由业务部门驱动的，由于缺乏统一的规划，形成了一个个信息孤岛。而随着大数据的发展，企业数据呈现出多样化、多源化的发展趋势，企业必须将不同来源、不同形式的数据集成与整合到一起，才能合理有效地利用数据，充分发挥出数据的价值。然而由于缺乏统一的数据标准定义，数据集成、融合困难重重。

第二，企业之间的数据标准不统一。各行业、各企业之间都倾向于依照自己的标准采集、存储和处理数据，这虽然在一定程度上起到了保护商业秘密的作用，但阻碍了企业（尤其是位于同一产业链上的上下游企业）之间的协同发展，不利于企业“走出去”加强企业间的交流和合作。

5. 业务人员普遍认为数据治理是 IT 部门的事

在很多企业中，业务人员普遍认为数据治理是 IT 部门的事，而他们自己只是数据的用户，因而对数据治理是“事不关己，高高挂起”的态度。但笔者要强调，这个认识是错误的，IT 部门的确对数据负有很大责任，但不包括数据的定义、输入和使用。数据的定义、业务规则、数据输入及控制、数据的使用都是业务人员的职责，而这些恰恰是数据治理的关键。

大多数业务部门对 IT 部门的感情是复杂而矛盾的：一方面感觉到 IT 越来越重要，业务的发展离不开 IT 部门的支持；而另一方面却对 IT 部门不是很了解，对 IT 的价值还心存疑虑。

数据质量问题到底应该由谁来负责？这也是 IT 部门和业务部门经常互相推诿的问题。难道 IT 和业务真的是两个不可调和的矛盾体吗？事实并非如此。离开业务的 IT 并不会产生价值，而离开 IT 的业务会失去数字化时代的竞争力。

因此，在数字化时代，IT 和业务更应当紧密融合在一起，朝着共同的目标努力。有效的数据治理策略是实现数据驱动业务、业务融入 IT 的重要举措，这些举措包括数据治理的规划应与业务需求相匹配，数据治理的目标应围绕业务目标的实现而展开。建立数据治理委员会，将业务人员与 IT 人员融入同一个组织，让他们为了一致的目标而努力，荣辱与共。让业务人员与 IT 人员一起定义数据标准、规范数据质量及合理使用数据。

在企业数字化转型过程中，IT 即业务，IT 即管理，业务人员的目标是“在正确的时间、正确的地点获得正确的数据，以达到服务客户、做出决策、制定计划的目的”，而 IT 人员的目标则是“在正确的时间、正确的地点将正确的数据送达业务人员”，成为业务部门的可

靠供应者。

6. 缺乏数据治理组织和专业的人才

数据治理实施的一个重要步骤是建立数据治理的组织并选拔合适的人才，这看起来容易，但真正执行起来却存在很大的挑战。成立实体的数据治理组织还是建立一个虚拟的组织？人员安排是专职还是兼职？到底哪种性质的组织和岗位设置更好？这些是经常被企业管理层问及的问题。笔者通常的回答是：根据企业的组织、管理现状而定；没有最好的组织模型，只有更合适企业的组织模式。

1.8 本章小结

本章介绍了数据治理的定义，企业数据治理的价值，以及数据治理的现状、存在的问题、面临的挑战，让读者对数据治理的概念有一个初步的了解。同时，本章还指出，企业拥有了数据并不代表就拥有了数据资产，而数据治理是实现数据资源向数据资产转化的过程。

数据作为数字经济时代的新型生产要素，是企业的重要资产。“无治理，不数据。”没有高效的数据治理，何来有价值的生产要素？毋庸置疑，数据治理变得越来越重要，已成为推动数字化转型的重要基石。

第 2 章 Chapter 2

数据治理框架和标准

"数据治理"并不是一个新概念，国内外有很多组织专注于数据治理理论和实践的研究，并形成了卓有成效的研究成果，推动了数据治理理论和技术的发展。这些数据治理框架和标准对于企业数据治理体系的建设和数据治理实践有着重要的参考意义。

"他山之石，可以攻玉。"本章将重点介绍国内外的主流数据治理框架和标准。

2.1 国际数据治理框架

国际上，主流的数据治理框架主要有 ISO 数据治理标准、GDI 数据治理框架、DAMA 数据管理框架等。对国际主流数据治理框架的理解有助于我们建立符合企业自身业务需求的数据治理体系。

2.1.1 ISO 数据治理标准

ISO（国际标准化组织）于 2008 年推出第一个 IT 治理国际标准——ISO/IEC 38500。2015 年，ISO 发布 ISO/IEC 38505 标准，该标准阐述了数据治理的目标、基本原则和数据治理模型，是一套完整的数据治理方法论。

ISO/IEC 38505 标准的数据治理方法论的核心内容如下。

- 数据治理的目标：促进组织高效、合理地利用组织数据资源。
- 数据治理的 6 个基本原则：职责、策略、采购、绩效、符合和人员行为。这些原则阐述了指导决策的推荐行为，每个原则描述了应该采取的措施，但并未说明如何、何时及由谁来实施。
- 数据治理模型：提出了数据治理的"E（评估）- D（指导）- M（监督）"方法论，通过评估现状和将来的数据利用情况，编制和执行数据战略和政策，以确保数据的使用服务于业务目标，指导数据治理的准备和实施，并监督数据治理实施的符合性等。

ISO/IEC 38505 数据治理标准的架构如图 2-1 所示。

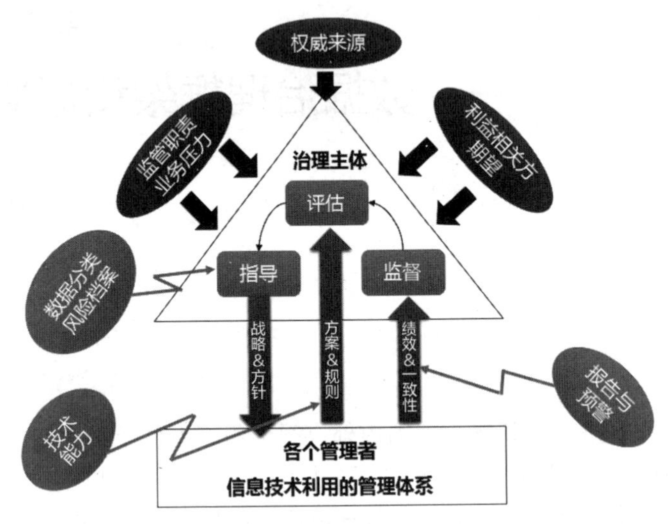

图 2-1 ISO/IEC 38505 数据治理标准的架构

（1）内部需求

企业将围绕组织的战略目标塑造数据文化，以确保数据治理策略达到其总体目标。由于数据与决策一样有价值，因此这种数据文化需要的数据访问、良好数据相关的组织行为处理依赖于相关环境中的所有做法和决策过程。

（2）外部压力

企业可能需要调整其数据治理战略和政策，以确保其符合外部市场的压力对其的作用。外部市场的压力主要包括：

- 客户及利益相关方对可用数据的可用性、治理和交互的期望；
- 竞争对手使用数据来改进或扩展其产品、服务或流程；
- 数据保留和处置要求；
- 适当处理偏见、歧视和定性的决策义务；
- 有关共享或重用数据的自身产权问题。

（3）评估

在评估企业数据治理时，理事机构（数据治理委员会）应考虑到组织的内部要求和外部压力。此外，理事机构应审查和判断目前和未来数据的管理和使用情况，例如：

- 数据和相关技术与流程的内部使用情况；
- 竞争对手、其他组织、政府和个人使用的数据；

- ❑ 评估不断发展的一系列立法、法规、社会期望；
- ❑ 控制并影响数据使用的其他因素。

（4）指导

指导数据战略和政策的制定与执行，旨在：

- ❑ 最大化企业对数据的投资的价值；
- ❑ 根据数据风险偏好管理与数据相关的风险；
- ❑ 确保组织的数据管理水平。

（5）监督

通过适当的系统测量，监测数据的使用情况，旨在：

- ❑ 确保数据被放到企业战略的实施中；
- ❑ 确保数据的使用和管理符合内部管理和外部法规监管要求；
- ❑ 确保数据安全及隐私问题，保证数据使用的透明度；
- ❑ 确保数据的存档或处置符合数据管理流程；
- ❑ 确保数据合规使用，包括数据共享、出售的相关权利和许可；
- ❑ 确保数据使用符合规范，并避免偏见或歧视。

2.1.2　DGI数据治理框架

DGI（数据治理研究所）是业内最早、最知名的研究数据治理的专业机构。DGI于2004年推出DGI数据治理框架，为企业根据数据做出决策和采取行动的复杂活动提供新方法。该框架认为，企业决策层、数据治理专业人员、业务利益干系人和IT领导者可以共同制定决策和管理数据，从而实现数据的价值，最小化成本和复杂性，管理风险并确保数据管理和使用遵守法律法规与其他要求。

DGI数据治理框架的设计采用“5W1H”法则，将数据治理分为人员与治理组织、规则、流程3个层次，共10个组件：数据利益干系人、数据治理办公室和数据管理员；数据治理的愿景，数据治理的目标、评估标准和推动策略，数据规则与定义，数据的决策权，数据的职责，数据的控制；数据治理流程。

其数据治理框架如图2-2所示。

1. Why：为什么要做数据治理

对应于DGI框架中的第1～2个组件：数据治理的愿景和数据治理的目标。

（1）数据治理的愿景

对于企业“为什么要做数据治理”这个问题的回答是对数据治理的最高指引。

DGI认为最高级的数据治理方案一般都具有三大终极目标：

- ❑ 主动的规则定义与一致性调整；
- ❑ 为数据的利益干系人提供持续的、跨职能的保护和服务；
- ❑ 解决因违反规则而产生的问题。

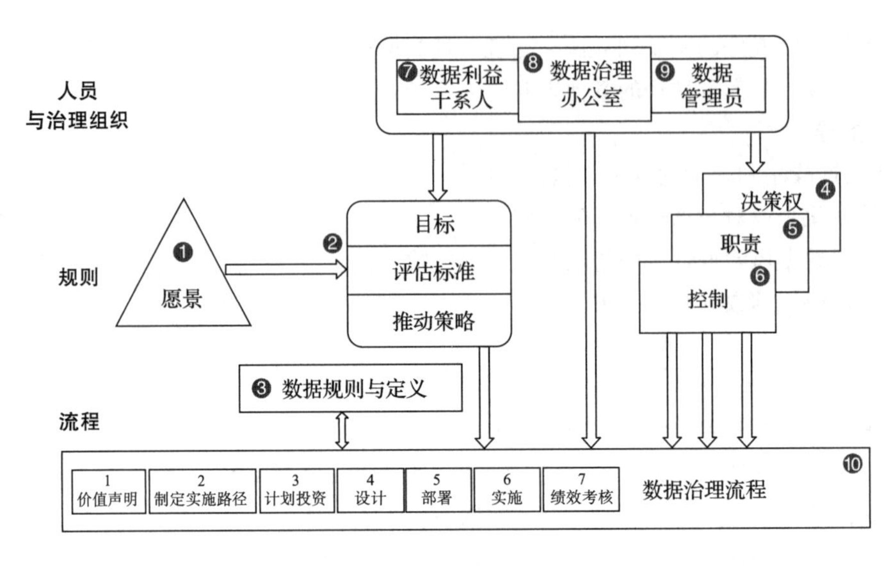

图 2-2 DGI 数据治理框架

相比于数据治理的其他部分，如 What、Who、How，Why 更加重要，它为企业数据治理指明了方向，是其他数据治理活动的总体策略。

（2）数据治理的目标

DGI 认为数据治理目标的定义应可量化、可衡量、可操作，且要服务于企业的业务和管理目标，例如：增加利润，提升价值；管控成本的复杂性；控制企业的运营风险等。

同时，DGI 强调不同组织的数据治理方案应有所侧重，一般企业的数据治理涵盖以下一个或多个侧重点：

- 致力于政策、标准、战略制定的数据治理；
- 致力于数据质量的数据治理；
- 致力于隐私、合规、安全的数据治理；
- 致力于架构、集成的数据治理；
- 致力于数据仓库与商业智能的数据治理；
- 致力于支持管理活动的数据治理。

2. What：数据治理治什么

对应于 DGI 框架中的第 3～6 个组件：数据规则与定义、数据的决策权、数据的职责、数据的控制。这 4 个组件回答了数据治理治什么的问题。

- 数据规则与定义，侧重业务规则和数据标准的定义，例如数据治理相关政策、数据标准、合规性要求等。
- 数据的决策权，侧重数据的确权，明确数据归口和产权，为数据标准的定义、数据管理制度、数据管理流程的制定奠定基础。
- 数据的职责，侧重数据治理职责和分工的定义，明确谁应该在什么时候做什么。

- 数据的控制，侧重采用什么样的措施来保障数据的质量和安全，以及数据的合规使用。

3. Who：谁参与数据治理

对应于 DGI 框架中的第 7～9 个组件：数据利益干系人、数据治理办公室和数据管理员。这 3 个组件对数据治理的主导、参与者的职责分工给出了相关参考，回答了谁参与数据治理的问题。

（1）数据利益干系人

数据利益干系人是可能会影响或受到所讨论数据影响的个人或团体，例如某些业务组、IT 团队、数据架构师、DBA 等，他们对数据治理会有更加准确的目标定位。

（2）数据治理办公室

数据治理办公室的职责是促进并支持数据治理的相关活动，例如阐明数据治理的价值，执行数据治理程序，收集及调整政策、标准和指南，支持和协调数据治理的相关会议，为数据利益干系人开展数据治理政策的培训、宣贯等活动，等等。

（3）数据管理员

很多企业的数据治理委员会可能会分为几个数据管理小组，以解决特定的数据问题。数据管理员负责特定业务域（如营销域、用户域、产品域等）的数据质量监控和数据的安全合规使用，并根据数据的一致性、正确性和完整性等质量标准检查数据集，发现并解决问题。

4. How：如何开展数据治理

DGI 框架中的第 10 个组件——数据治理流程——描述了数据治理项目的全生命周期中的重要活动。DGI 将数据治理项目的生命周期划分为如下 7 个阶段：

1）数据治理价值声明；

2）数据治理确定路径；

3）数据治理计划与资金准备；

4）数据治理策略设计；

5）数据治理策略部署；

6）数据治理策略实施；

7）数据治理监控、评估和报告。

5. When：什么时候开展数据治理

这一条包含在 DGI 框架的第 10 个组件中，用来定义数据治理的实施路径，回答数据治理的时机和优先级等问题。

6. Where：数据治理位于何处

这一条包含在 DGI 框架的第 10 个组件中，强调明确当前企业数据治理的成熟度级别、找到企业与先进标杆的差距是确定数据治理目标和策略的基础。

DGI 框架是一个强调主动性、持续化的数据治理模型，对实际治理实施的指导性很强。DGI 框架可以普遍应用于企业的数据治理中，它具有良好的扩展性，框架中的 10 个组件都将出现在最小的数据治理项目中，并可以随着参与者数量的增加或数据系统复杂性的提高灵活扩展。

2.1.3 DAMA数据管理框架

DAMA（国际数据管理协会）是一个由全球性数据管理和业务专业的志愿人士组成的非营利协会，致力于数据管理的研究和实践。其出版的《DAMA数据管理知识体系指南》（简称*DAMA-DMBOK*）一书被业界奉为“数据管理的圣经”，目前已出版第2版，即*DAMA-DMBOK2*。

*DAMA-DMBOK2*中介绍的数据治理框架如图2-3所示。

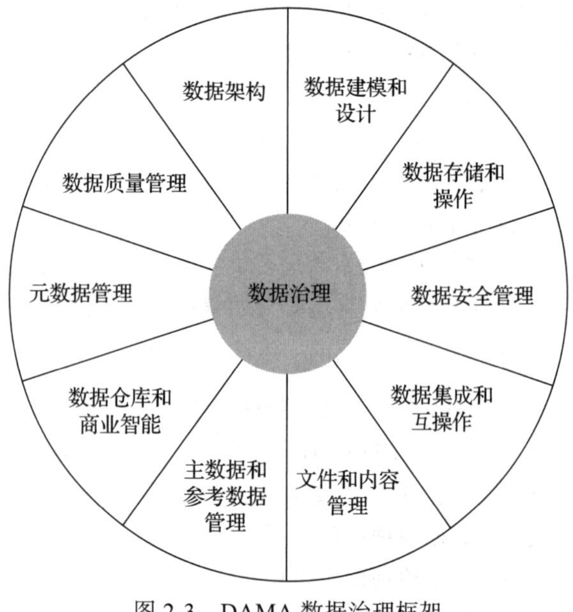

图2-3 DAMA数据治理框架

*DAMA-DMBOK2*用一个“车轮图”定义了数据管理的11个知识领域，即数据治理、数据架构、数据建模和设计、数据存储和操作、元数据管理、数据质量管理、主数据和参考数据管理、数据安全管理、数据集成和互操作、文件和内容管理、数据仓库和商业智能。

（1）数据治理

数据治理位于“车轮图”中央。在数据管理的11个知识领域中，数据治理是数据资产管理的权威性和控制性活动（规划、监视和强制执行），是对数据管理的高层计划与控制，其他10个知识领域是在数据治理这个高层战略框架下执行的数据管理流程。

（2）数据架构

数据架构定义了与组织业务战略相协调的数据资产蓝图，以建立战略性的数据需求，并满足需求的总体设计，包括数据技术架构、数据集成架构、数据仓库和商业智能架构及元数据架构。数据架构要求在不同抽象层级、不同角度上描述组织的数据，以便更好地了解数据，帮助管理者做出决策。

（3）数据建模和设计

数据建模和设计是最早出现的数据管理知识领域之一。数据模型一般分为概念模型、逻辑模型和物料模型。建模的方法有维度建模法、面向对象的建模法、基于事实的建模法、基于时间的建模法及非关系型数据建模方法等。

数据建模不是近年来的热点，但它却是数据治理中的一个关键领域，并且随着列式数据库、文档数据库、图数据库等NoSQL数据库的发展，新型的建模技术不断涌现。

（4）数据存储和操作

数据存储和操作以业务连续性为目标，包括存储数据的设计、实现和支持活动，以及在整个数据的全生命周期中从计划到销毁的各种活动。为 IT 运营提供可靠的数据存储基础设施可以最大限度地降低业务中断的风险。

（5）元数据管理

元数据是描述数据的数据，可分为业务元数据、技术元数据和操作元数据。元数据是定位和查找数据的基础。元数据管理包括规划、实施和控制活动，以便访问高质量的集成元数据，包括定义、模型、数据流以及其他至关重要的信息。

（6）数据质量管理

数据质量管理包括规划和实施质量管理技术，以测量、评估和提高数据在组织内的适用性。大家都认识到数据有价值，但实现数据价值的前提是数据本身是可靠和可信的，换句话说，质量好的数据才有价值。

（7）主数据和参考数据管理

主数据是企业关键业务实体的核心共享数据，例如组织、人员、客户、供应商、物料等。参考数据是用于描述或分类其他数据，或者将数据与企业外部信息联系起来的任何数据，例如货币代码、地区代码、证件类型等。

主数据和参考数据管理是对企业核心共享数据的持续协调和维护，使关键业务实体的真实信息以准确、及时、相关联的方式在各系统之间得到持续使用。它为企业交易活动和数据分析提供了上下文，是企业业务协同和决策分析的基础。

（8）数据安全管理

数据安全管理的目的是确保数据隐私和机密性得到保护，数据不被破坏，并得到适当的访问，确保企业数据安全。降低风险和促进业务增长是数据安全管理活动的主要驱动因素。良好的数据安全管理能力不仅能节约成本，而且是核心竞争力。

（9）数据集成和互操作

数据集成和互操作的主要目的是对数据移动进行有效的管理，包括数据存储、应用程序以及与不同组织之间的数据移动和整合相关的过程。

数据集成的传输方法经历了从最初的文件批处理到实时流式数据传输等多种技术的演变过程。无论是数据治理还是数据应用，都需要关注如何将数据有效地集成并融合到一起，以提升数据资产的价值。

（10）文件和内容管理

文件和内容管理用于管理非结构化数据和信息的全生命周期，包括计划、实施和控制活动，尤其是支持法律法规遵从性要求所需的文档，例如各种纸质或电子档案、图片、音视频等多媒体文件等。

对于非结构化数据的管理一直是一个比较独立的领域，但是随着业务和技术的发展，尤其是各种大数据技术的出现，结构和非结构化数据的融合管理越来越明显。

（11）数据仓库和商业智能

数据仓库和商业智能包括计划、实施和控制等流程，用来管理决策支持数据，并使业务和管理人员通过分析报告从数据中获得价值。该技术赋能企业将不同来源的数据整合到公共数据模型中，整合后的数据模型为业务运营提供洞察，为企业决策支持和创造组织价值带来新的可能性，提高组织决策的成功率。*DAMA-DMBOK2* 认为，数据仓库和商业智能是数据价值的提供者，而要提供数据价值离不开数据治理的支撑。

2.2 国内数据治理框架

在数据治理框架和标准体系的研究方面，国内起步相对较晚，目前主要有 GB/T 34960 和 DCMM 两个标准。

2.2.1 GB/T 34960 规定的数据治理规范

我国发布的信息化标准 GB/T34960《信息技术服务治理》中包含五部分内容。

- 第 1 部分：通用要求。
- 第 2 部分：实施指南。
- 第 3 部分：绩效评价。
- 第 4 部分：审计导则。
- 第 5 部分：数据治理规范。

其中，第 5 部分《数据治理规范》（GB/T 34960.5—2018）中提出了数据治理的总则和要求，为企业数据治理体系的建设提供了参考。

该标准给出的数据治理架构如图 2-4 所示。

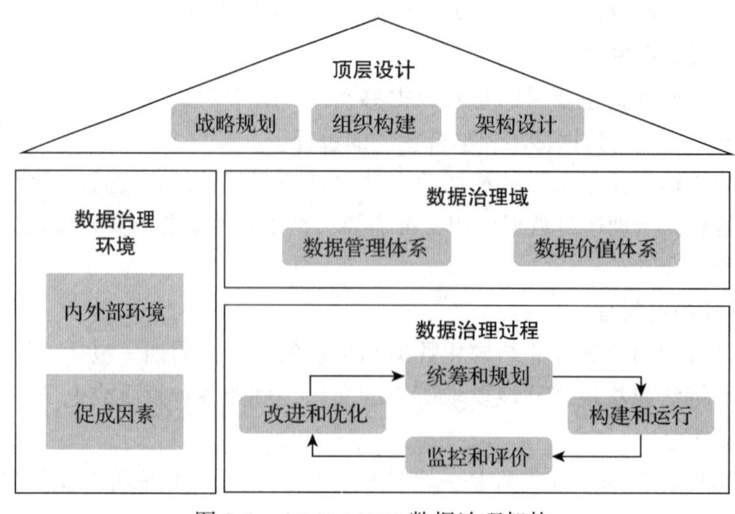

图 2-4 GB/T 34960 数据治理架构

《数据治理规范》包括顶层设计、数据治理环境、数据治理域和数据治理过程四大部分。

1）**顶层设计**包含数据相关的战略规划、组织构建和架构设计，是数据治理的基础。

- **战略规划**：应保持与业务规划、信息技术规划一致，并明确战略规划的实施策略。战略规划包含但不限于愿景、目标、任务、内容、边界、环境和蓝图等。
- **组织构建**：应聚焦责任主体及责权利，通过完善组织机制，获得利益相关方的理解和支持，制定数据管理的流程和制度，以支持数据治理的实施。
- **架构设计**：应关注技术架构、应用架构和管理体系等，通过持续的评估、改进和优化，以支撑数据的应用和服务。建立与战略一致性的数据架构，明确技术方向、管理策略和支撑体系，以满足数据管理、数据流通和数据洞察的应用需求。

2）**数据治理环境**包含内外部环境和促成因素，是数据治理实施的保障。

- **内外部环境**：组织应分析业务、市场和利益相关方的需求，适应内外部环境变化，支撑数据治理实施。内外部环境包括：遵守法律法规；满足利益相关方的需求；识别并评估市场发展、竞争地位和技术变革的变化等。
- **促成因素**：包括获得数据治理决策机构的授权和支持；明确人员的业务技能和职业发展路径；关注技术发展趋势和技术体系建设；制定数据治理实施流程和制度；营造数据驱动的创新文化；评估数据资产管理能力和数据运营的水平。

3）**数据治理域**包含数据管理体系和数据价值体系，是数据治理实施的对象。

- **数据管理体系**：围绕数据标准、数据质量、数据安全、元数据管理和数据生命周期管理开展数据管理体系的治理。数据管理体系的治理包括：评估数据管理的现状和能力；指导数据管理体系的建设和数据治理方案的实施；监控数据管理的绩效和符合性，并持续改进和优化。
- **数据价值体系**：围绕数据流通、数据服务和数据洞察等，开展数据资产运营和应用的治理。数据资产运营和应用的治理包括：评估数据资产的运营和应用能力；指导数据价值体系建设和数据治理方案的实施；监督数据价值实现的绩效和符合性，并持续改进和优化。

4）**数据治理过程**包含统筹和规划、构建和运行、监控和评价以及改进和优化，是数据治理实施的方法。

- **统筹和规划**：明确数据治理目标和任务，营造必要的治理环境，做好数据治理实施的准备。这一环节的工作包括：评估数据治理的资源、环境和人员能力等现状；指导数据治理方案的制定；监督数据治理的统筹和规划过程，保证现状评估客观、组织机构设计合理、数据治理方案可行。
- **构建和运行**：构建数据治理实施的机制和路径，确保数据治理实施的有序运行。这一环节的工作包括：评估数据治理方案与现有资源、环境和能力的匹配程度；制定数据治理的实施方案；监督数据治理的构建和运行过程，保证数据实施过程与方案的符合性和治理活动的可持续性。
- ❑ **监控和评价**：监控数据治理的过程，评价数据治理的绩效、风险与合规，保证数据治理目标的实施。这一环节的工作包括：构建必要的绩效评估体系、内控体系或审计体系，制定评价机制、流程和制度；评估数据治理成效与目标的符合性；定期评价数据治理实施的有效性、合规性。
- ❑ **改进和优化**：改进数据治理方案，优化数据治理实施策略、方法和流程，促进数据治理体系的完善。这一环节的工作包括：持续评估数据治理相关的资源、环境、能力、实施和绩效等；指导数据治理方案的改进，优化数据治理的实施策略、方法、流程和制度，促进数据管理体系和数据价值体系的完善。

《数据治理规范》在以下方面有着重要意义：促进组织有效开展数据治理的自我评估，建立数据治理体系，明确数据治理域和过程，建立数据治理能力和绩效的内外部评价，以及指导数据治理的落地实施。

2.2.2 数据管理能力成熟度评估模型

GB/T 36073—2018《数据管理能力成熟度评估模型》（Data Management Capability Maturity Assessment Model，DCMM）是在国家标准化管理委员会指导下，由全国信息技术标准化技术委员会编制的一份国家标准，于2018年发布并实施。

DCMM按照组织、制度、流程、技术对数据管理能力进行了分析和总结，提炼出组织数据管理的8个过程域，即数据战略、数据治理、数据架构、数据应用、数据安全、数据质量、数据标准、数据生存周期（见图2-5）。这8个过程域共包含28个过程项。

- ❑ **数据战略**：数据战略规划、数据战略实施、数据战略评估。
- ❑ **数据治理**：数据治理组织、数据制度建设、数据治理沟通。
- ❑ **数据架构**：数据模型、数据分布、数据集成与共享、元数据管理。
- ❑ **数据应用**：数据分析、数据开放共享、数据服务。
- ❑ **数据安全**：数据安全策略、数据安全管理、数据安全审计。
- ❑ **数据质量**：数据质量需求、数据质量检查、数据质量分析、数据质量提升。
- ❑ **数据标准**：业务术语、参考数据和主数据、数据元、指标数据。
- ❑ **数据生存周期**：数据需求、数据设计和开放、数据运维、数据退役。

DCMM将组织的数据能力成熟度划分为初始级、受管理级、稳健级、量化管理级和优化级共5个发展等级，以帮助组织进行数据管理能力成熟度的评价，如图2-6所示。

DCMM是我国首个正式发布的数据管理国家标准，旨在帮助企业利用先进的数据管理理念和方法，评估企业数据管理的现状和能力，持续完善数据管理组织、流程和制度，充分发挥数据的价值，促进企业向信息化、数字化、智能化方向发展。

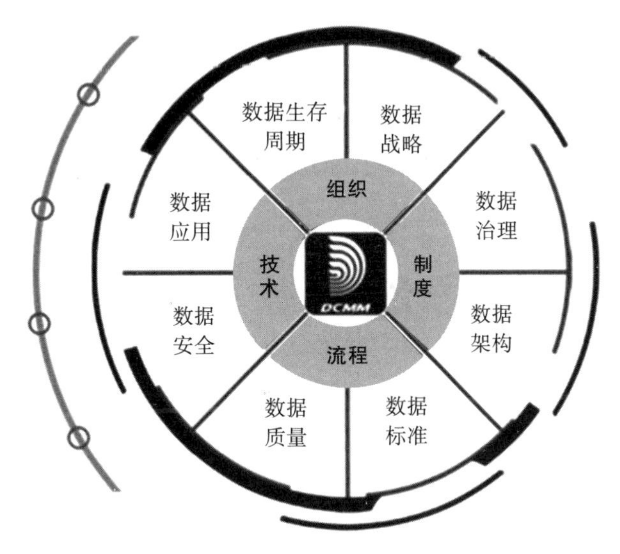

图 2-5　数据管理能力成熟度评估模型

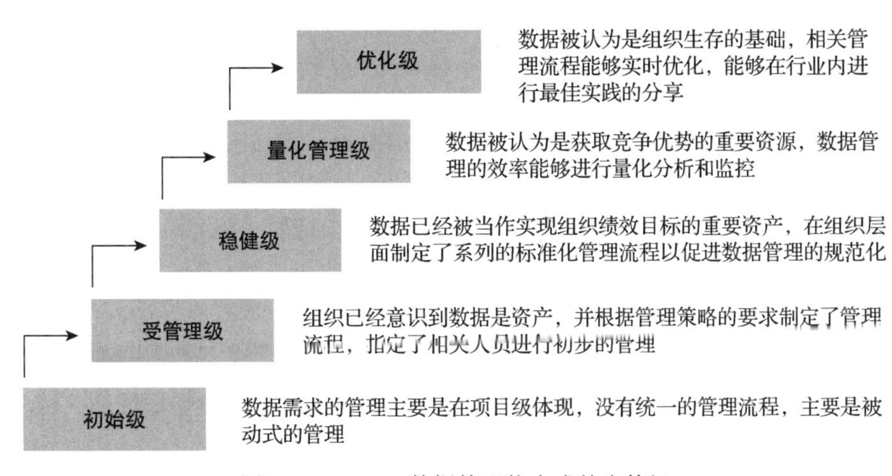

图 2-6　DCMM 数据管理能力成熟度等级

2.3　本章小结

本章主要介绍了国内外的主流数据治理框架和标准。这些框架和标准为企业数据治理提供了方法和实践上的指导，对于企业开展数据治理具有重要意义。同时，企业在开展数据治理时要充分考虑自身的现状和需求，建立适合自己的数据治理关键促成要素和关键域，进行符合自身业务发展要求的数据治理实践。企业通过对数据的管理和利用进行评估、指导和监督，不断创新数据服务，创造价值。

Chapter 3 第3章

企业数据怎么治

数据治理是企业数字化转型的基础，是针对企业数据的管理和使用所实施的一套完整体系。笔者将这个体系分成战略、管理、技术、工具4个层面，每家企业的数据治理都应围绕这4个层面来推进。在内容上，这4个层面涵盖了数据治理成功实施的9个要素，分别是数据战略、组织机制、数据文化、管理流程、管理制度、数据、人才、技术和工具。

本章是全书的一个缩影，整本书都将围绕企业数据治理的9个要素、4个层面展开。

3.1 企业数据治理体系的内涵

数据治理、数据管理与数据管控三者之间是什么关系？影响数据治理的关键因素有哪些？一个科学、完善的数据治理体系应包含几个层面？

这几个问题看似毫不相干，但却环环相扣。只有厘清数据治理、数据管理与数据管控之间的关系，才能规划出科学的数据治理体系。只有识别出影响数据治理的关键因素，才能针对这些因素设计出合理的策略，以推进数据治理的有效实施。

3.1.1 数据治理、数据管理与数据管控

数据治理、数据管理、数据管控三者的确有重叠的地方，容易混为一谈，这就造成了在实际使用中人们经常将这三个词混着用、随机用的现象。

关于数据治理与数据管理的区别的讨论有很多。有人认为数据治理是包含在数据管理中的，数据管理的范围更广，例如*DAMA-DMBOK*一书就明确提出数据管理包含数据治理；也有人认为数据治理高于数据管理，是企业的顶层策略。

以上观点各有道理，这里笔者用一个“金字塔”模型来描述数据治理、数据管理、数据管控之间的关系，如图3-1所示。

1. 数据治理

金字塔的最顶层是数据治理，与治理相关。我们还会经常看到“国家治理”和“公司治理”的说法，从某种意义上讲，治理是一种自顶向下的策略或活动。

因此，数据治理应该是企业顶层设计、战略规划方面的内容，是数据管理活动的总纲和指导，它指明数据管理过程中有哪些决策要制定、由谁负责，更强调组织模式、职责分工和标准规范。

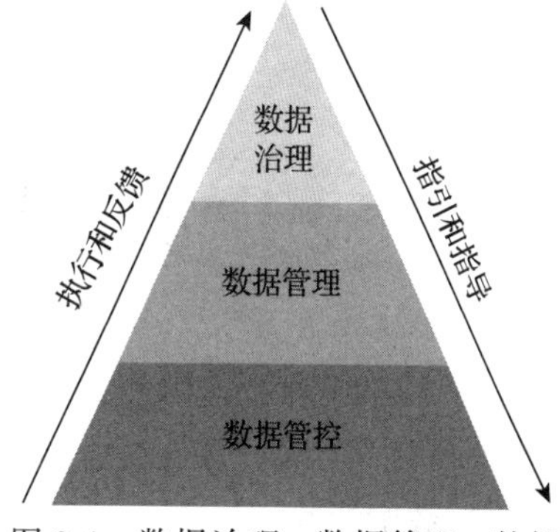

图3-1 数据治理、数据管理、数据管控的关系

2. 数据管理

数据管理是为实现数据和信息资产价值的获取、控制、保护、交付及提升，对政策、实践和项目所做的计划、执行和监督。

笔者认为，数据管理是执行和落实数据治理策略并在过程中给予反馈，强调管理流程和制度，涵盖不同的管理领域，比如元数据管理、主数据管理、数据标准管理、数据质量管理、数据安全管理、数据服务管理、数据集成等。

3. 数据管控

数据管控侧重于执行层面，是具体落地执行所涉及的各种措施，例如数据建模、数据抽取、数据处理、数据加工、数据分析等。数据管控的目的是确保数据被管理和监控，从而让数据得到更好的利用。

综上所述，数据治理强调顶层的策略，数据管理侧重于流程和机制，而数据管控侧重于具体的措施和手段，三者是相辅相成的。

现在我们听得最多的是“数据治理”，似乎只要是涉及数据管理的项目，都会被说成数据治理。之所以会出现这个现象，主要是因为企业越来越意识到传统IT驱动或者说技术驱动的专项数据管理项目在实施过程中很难推进，并且很难解决业务和管理上用数难的问题。而从战略、组织入手的数据治理顶层设计更有利于实现数据管理的目标。

3.1.2 企业数据治理的9个要素

知名咨询公司Gartner的调研显示，在实施数据治理的企业中，有34%的企业数据治理处于良性建设阶段，有近50%的企业数据治理并未取得理想的效果，仅有16%的企业数据治理效果显著，处于行业领先水平。

影响企业数据治理建设成效的因素很多，主要有9个要素，如图3-2所示。

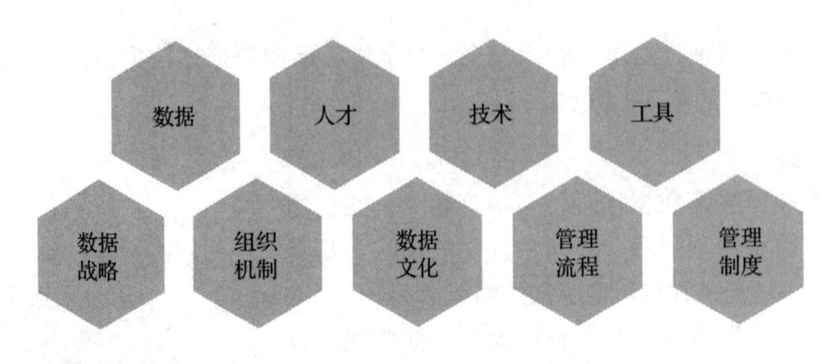

图 3-2 企业数据治理的 9 个要素

1. 数据战略

很多企业都说自己重视数据，但是能规划出明确的目标、范围、实施路径并具备可执行数据战略的企业却很少。企业的数据战略应当与业务战略保持一致，指明数据治理的方向。

2. 组织机制

传统的企业管理思路是“火车跑得快，全靠车头带”，这是在工业时代最优的管理信条。而在数字时代，我们需要的是“动力分散在各节车厢的高铁”，每节“车厢”都有驱动力。企业需要进行组织机制转型，追求精简和灵活，明确各部门在企业数据治理中的角色、定位、职责和分工，以满足数字时代企业数据治理组织建设的要求。

3. 数据文化

数据文化是企业所有人员对数据价值的一致认同，具体表现为：用数据说话，用数据管理，用数据决策，用数据创新。

4. 管理流程

数据治理的目标是提升数据质量，让数据源于业务，回馈业务。

与传统的数据管理不同的是，数据治理作为一项驱动企业创新的工作，应当与企业的业务流程进行深度融合，通过优化业务流程，实现业务效率提升，创造数据价值。应当将数据治理作为一项能为企业创造价值的重要业务，而不只是一项支撑性的工作。

5. 管理制度

很多数据治理不理想的企业有一个共同特点：要么没有建立起数据治理相应的管理流程和制度，要么制度流于形式，没有得到很好的贯彻执行。这些企业管理层面缺乏制度体系的建设，执行层面没有标准可依，很容易出现违规情况。

6. 数据

数据是企业数字化转型的基础要素，但往往并不能在企业数字化转型中发挥出应有的价值。许多企业拥有大量数据，但其中大部分数据缺乏统一的数据标准，信息孤岛问题严重，碎片化的数据在信息系统的数据库中“沉睡”，为数据治理带来困难。

7. 人才

人才是推进企业数字化转型的核心动力，而当前市场上的高端数据治理人才非常匮乏，导致企业数据治理所需要的业务专家、技术专家长期缺位，企业招不到合适的人才。此外，很多企业还有招聘框架和人才竞争机制限制，进一步减少了其引入高端数据治理人才的机会。

8. 技术

传统数据治理更多是“头痛医头，脚痛医脚”的局部治理。数据治理只在某些项目或部门中进行，缺乏对数据标准的整体规划，不能全面展开，无法为企业带来更多的价值。

要让数据治理发挥价值，必须战略性地使用数据治理技术，将数据治理贯穿于数据的“采、存、管、用”整个生命周期中。涉及的数据治理技术主要包括数据建模、数据标准、数据质量、数据安全、数据集成、数据处理、数据使用等。

企业的数据治理应做好全面规划，结合企业实际业务需求选择合适的技术路线，有条不紊地推进。

9. 工具

数据治理包含元数据管理系统、数据标准化管理系统、数据清洗与加工工具、数据质量管理系统、数据安全管理系统、数据集成与共享系统等。

“器以载道”，企业应根据自身业务需求，基于企业现状和数据战略目标选择合适的数据治理工具，才能达到事半功倍的效果。

3.1.3　企业数据治理的 4 个层面

笔者借鉴国内外的数据治理标准和框架体系，并结合自身的企业数据治理实践经验，将企业数据治理体系划分为 4 个层面，如图 3-3 所示。

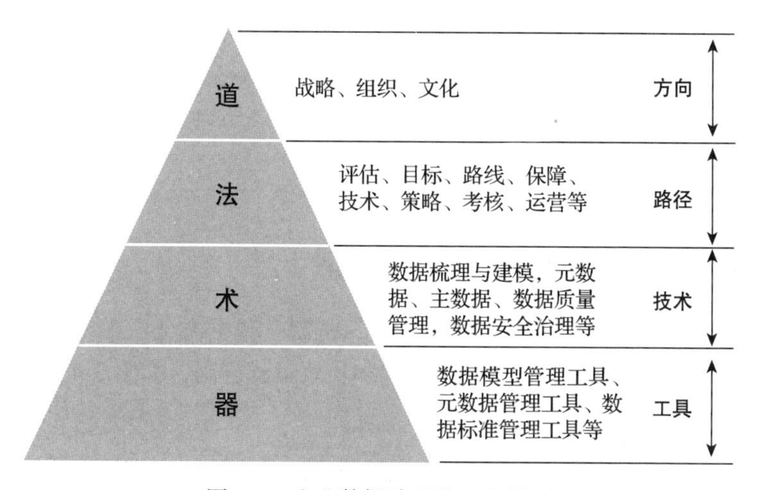

图 3-3　企业数据治理的 4 个层面

1. 战略层面（道）

战略层面包括数据战略、组织机制、数据文化，重点在于指明哪些决策要制定，由谁来负责。数据战略是顶层的策略，为数据治理指明方向。这是企业数据治理之“道”。

2. 管理层面（法）

管理层面包括理现状与定目标、数据治理能力成熟度评估、数据治理路线图规划、数据治理保障体系建设、数据治理技术体系建设、数据治理策略执行与监控、数据治理绩效考核、数据治理长效运营等，强调数据治理的流程、制度和方法。这是企业数据治理之“法”。

3. 执行层面（术）

执行层面包括建立数据治理各项技术能力，实现对各项数据资源的有效管理和控制，强调数据治理的具体操作和技术，例如数据梳理与建模、元数据管理、数据标准管理、主数据管理、数据质量管理、数据安全治理、数据集成与共享等。这是企业数据治理之“术”。

4. 工具层面（器）

为了全面提升数据治理的效能，工具层面强调对于技术和工具的使用。企业数据治理涉及的工具有数据模型管理工具、元数据管理工具、数据标准管理工具、主数据管理工具、数据质量管理工具、数据安全治理工具、数据集成与共享工具等。这是企业数据治理之“器”。

说到道、法、术、器，很多人觉得很玄。这里要说明的是，本书不是在摆弄玄学，也不是在传播道家思想文化，而是将道家的思想精髓融入我们的数据治理体系中，将其融会贯通。本书将从“道、法、术、器”四个层面来对企业数据治理的理念、制度、流程、技术、方法、工具进行系统性说明。

扩展阅读：道家文化中的“道、法、术、器”

在道家文化中，“道”是指天道、自然规律。“道”也指核心思想、本质规律，它是方向性的指引，也就是“做正确的事”。“法”是人定的规则、制度、流程，用来指导人们按照“天道”做事，即“正确地做事”。“术”是指技术层面上的操作方法，即“正确做事所需要的技术和方法”。“器”是指工具。“工欲善其事，必先利其器。”有了“器”，就能够“更加高效地做事”。

3.2 企业数据治理之道——3个机制

企业数据治理之道是构筑“数据战略 + 组织机制 + 数据文化”的数据治理生态，形成数据治理的自我驱动、自我进化、可持续发展和长效运营机制，如图 3-4 所示。

1. 数据战略：数字化转型的灯塔

在数字时代，企业面临的是时刻变化、高度不确定性的外部环境，因而企业需要不断保持创新活力，以适应变化，动态成长。

数据战略是指导企业数字化转型的方略，是为企业数字化转型照明道路的灯塔。数据战略是为企业的业务战略而生的，数据治理、数据应用活动以及组织与人员体系、制度与流程体系、技术与工具体系的建设都是为了实现企业数据战略目标而开展的。

数据战略主要包括战略目标、范围和内容、实施策略、实施路径和行动计划。

企业数据战略是方向层面的核心策略。笔者认为，数据治理的方向比手段重要。方向对了，走一些弯路，当前痛一点没什么；而方向错了，哪怕方法再好，技术再强，工具再全，都是枉然。

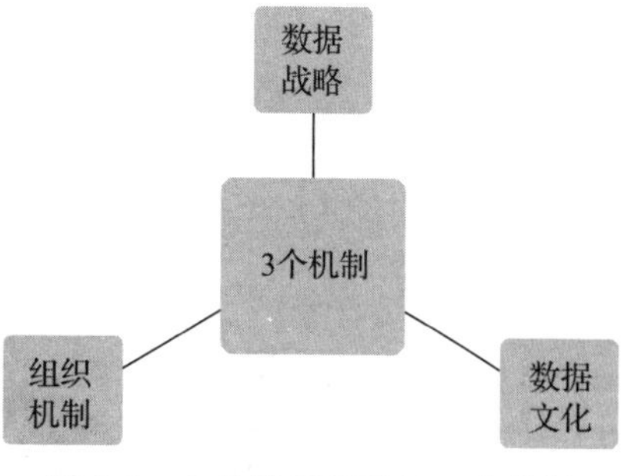

图 3-4 企业数据治理的 3 个机制

2. 组织机制：敏捷的治理组织

企业数字化转型成功的关键在于企业自身。企业要自我驱动转型，识别和聚焦核心能力，构建架构灵活、员工能动、数据驱动的敏捷组织机制，以应对灵活多变的市场环境。

在敏捷的组织机制中，企业各部门的工作导向不是“以职能为中心”，而是“以客户为中心”，更加强调数据的作用；IT 与业务的边界将模糊化，IT 不再作为企业的支撑部门（成本中心），而是能够持续赋能业务、创造价值的能力中心（利润中心）。关于如何打造敏捷组织的内容将在第 5 章详述。

3. 数据文化：数据思维融入企业文化

企业数字化转型需要将企业文化融入转型、管理、经营，而企业文化建设的目标是将数据文化“内化于心，外化于行，固化于制”。

数据文化是重视数据，将数据作为企业重要的生产要素；践行数据驱动，企业各层级领导和员工都能够使用数据做出更好、更科学的决策。

“内化于心”是指建立起员工的数据思维，即用数据思考，用数据说话，用数据管理，用数据决策，将数据思维、数据意识融入企业的血液里。

“外化于行”是指数据驱动业务，数据驱动管理，用数据思维指导业务执行和管理决策。

“固化于制”是指建立数据治理的规章制度、管理流程，通过培训、绩效激励等方式来巩固数据文化。企业数据文化的形成不仅是一个行为过程，还是一个量化过程，通过将企业数字化建设主体的行为和结果进行量化分析，为组织绩效的考核与评价奠定科学基础。

3.3 企业数据治理之法——8 项举措

“法”是指战术层面的方法。企业数据治理之法是一套完整的数据治理实施方法论，包括理现状与定目标、能力成熟度评估、路线图规划、保障体系建设、技术体系建设、策略执行与监控、绩效考核以及长效运营。笔者将其记为数据治理的 8 项举措，如图 3-5 所示。通过落实这 8 项举措，构建数据治理的核心能力，铺平企业数字化转型之路。

图 3-5 企业数据治理的 8 项举措

1. 理现状，定目标

企业实施数据治理的第一步是厘清企业数据治理的现状，明确数据治理的目标。

- 理现状：从组织、人员、流程、制度、数据、系统等多个方面进行需求调研和现状分析，以便对企业的数据治理现状有个全面的认识。
- 定目标：企业不会为了治理数据而治理数据，其背后是管理和业务需求在驱动。数据治理目标应紧紧围绕企业的管理和业务目标而展开。

2. 数据治理能力成熟度评估

很多企业想进行数据治理，但是不知道该如何入手，数据治理能力成熟度评估为企业数据治理提供了一个切入点。

数据治理能力成熟度评估是利用标准的成熟度评估工具，结合行业最佳实践，针对企业的数据治理现状进行客观评价和打分，从而找到企业数据治理的短板，制定切实可行的行动路线和方案。

可参考的数据治理能力成熟度评估模型有 CMMI 的 DMM 模型、EDM 的 DCAM 模型、国标 DCMM 模型（GB/T 36073—2018）、IBM 数据治理成熟度模型、MD3M 主数据管理成熟度模型等。

3. 数据治理路线图规划

企业数据治理路线图是以企业数据战略——愿景和使命为纲领、以急用优先为原则、以分步实施为策略进行的整体设计和规划。

治理路线图主要分几个阶段实施，每个阶段的治理目标、时间节点、资源投入、输入输出和预期收益等。数据治理路线图的重点是给出具体的阶段性目标，以及实现这些目标所需的步骤、方法、资源、技术、工具等。

治理路线图是对企业数据治理的全方面、全链路的体系化规划，解决企业数据治理“头痛医头，脚痛医脚”的问题。

4. 数据治理保障体系建设

企业数据治理的保障体系包含组织和人员、制度和流程等方面的内容。

通过建立专业负责、分工协作的数据治理组织体系，落实各数据管理组织和支持部门的权责，实现数据治理从项目型组织管理向专业实体组织管理的转变。

通过建立并健全数据治理制度和流程，落实各级数据管理部门和提报人的岗位和职责，规范数据的新增、变更、使用流程，从而最大限度地提升数据质量。

5. 数据治理技术体系建设

企业数据治理的技术体系包括但不限于：数据梳理与建模、元数据管理、数据标准管理、主数据管理、数据质量管理、数据安全治理、数据集成与共享。不同的行业、不同的业务场景，应使用与其相适应的数据治理技术。

6. 数据治理策略执行与监控

该过程控制是指合理协调与利用企业各项资源的各种措施和策略，主要包括事前预防策略、事中控制策略和事后补救策略。

7. 数据治理绩效考核

数据治理绩效考核是为了更好地检验数据治理目标而进行的绩效评估和改进活动。在数据治理方面，企业需要建立一套奖惩分明的绩效考核体系，通过合理有效的激励和问责机制，规范数据管理流程，落实各参与方职责，从而提升企业数据质量，确保数据的合规使用，以推动数据战略目标的最终实现。

绩效考核是一个闭环管理的过程，主要包括制定考核方案、明确考核对象、建立考核指标、执行考核结果、促进优化改进等。

8. 数据治理长效运营

在数字时代，业务、技术都变化非常快，企业应紧跟时代脉搏，采用“小步快跑，迭代优化”的方式进行数据治理，以实现数据治理的长效运营。

迭代并不意味着完全颠覆，而是业务、技术、管理经验的不断累积与传承，持续改善与优化。

3.4 企业数据治理之术——7种能力

“术”是指操作层面上的技术。企业数据治理之术就是有效推进企业数据治理所采用的各项举措和技术。“术”源于“法”，“法”源于“道”，一切数据治理所使用的技术和方法都是为实现数据治理的目标和需求而服务的。数据治理的目标和需求不同，其所使用的技术也不同。

在操作层面，企业数据治理的技术有很多，常用的有数据梳理与建模、元数据管理、数据标准管理、主数据管理、数据质量管理、数据安全治理、数据集成与共享等 7 种核心技术能力，如图 3-6 所示。

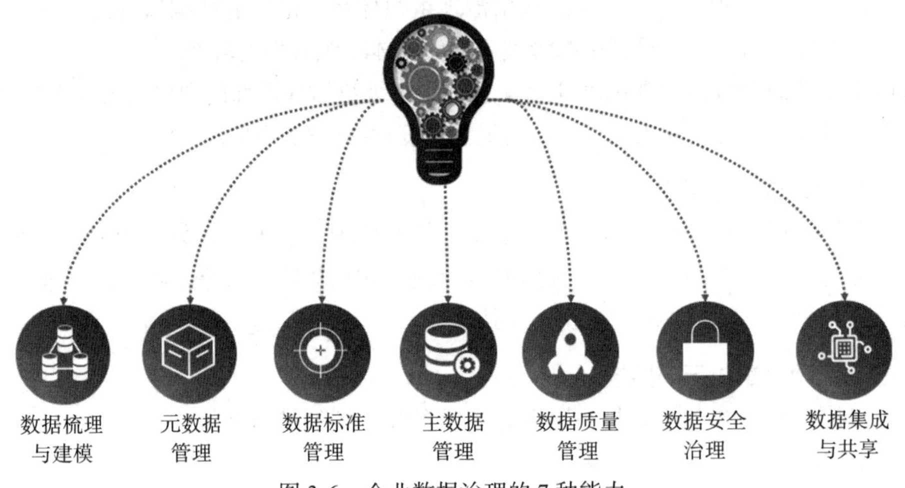

图 3-6　企业数据治理的 7 种能力

1. 数据梳理与建模

数据梳理即对数据资产的梳理。数据资产梳理是企业数据治理的基础，通过对数据资产的梳理，企业可以知道自己到底有哪些数据，这些数据都存在哪里，数据的质量如何，从而摸清“数据家底”并为数据建模提供支撑。而数据模型是帮助企业梳理数据、理解数据的关键技术。

数据模型在数据治理中起到向上承接数据战略，向下对接数据和应用的作用。如果把企业数字化比作人体的话，那么数据模型就是骨架，数据之间的关系和流向是血管和脉络，数据是血液。数据模型的标准化是数据血液能够正常流动和运行的根本。数据建模是数据治理的开端。

2. 元数据管理

元数据管理是指与确保正确创建、存储和控制元数据，以便在整个企业中一致地定义数据有关的活动。在元数据管理中，对业务元数据、技术元数据与操作元数据的盘点、集成和管理是企业数据治理实践中的基本活动。

- 从技术维度讲，元数据管理管理的是数据资产所涉及的源系统、数据平台、数据仓库、数据模型、数据库、表、字段及字段和字段间的数据关系。
- 从业务维度讲，元数据管理管理着企业的业务术语表、业务规则、质量规则、安全策略以及表的加工策略、表的生命周期信息等。
- 从应用维度讲，元数据管理为数据提供了完整的审计跟踪，这对于数据的合规使用越来越重要。通过数据血缘分析，可以追溯发生数据质量问题以及其他问题的根本原因，并对更改后的元数据执行影响分析。

3. 数据标准管理

“无标准，不治理；无治理，不数据。”这句话强调了数据标准在数据治理中的重要性，它是企业开展数据治理的重要技术手段。

数据标准管理涉及数据标准的制定、发布、宣贯、执行、验证和优化，它是一个将数据标准在企业各部门之间、各系统之间进行交换和共享的过程，也是使不同参与者就数据标准达成共识，并积极参与定义和管理数据标准的过程。

4. 主数据管理

主数据被誉为企业的“黄金数据”，具有高价值性、高共享性、相对稳定性。主数据管理是企业数据治理的核心内容，包含主数据梳理与识别、主数据分类与编码、主数据清洗、主数据集成等过程。

有效的主数据管理是实现企业内部各信息系统之间、企业与企业之间互联互通的基石，是企业数字化转型的重要基础。

5. 数据质量管理

数据治理的目标是提升数据质量并赋能业务，以实现企业的业务和管理目标。数据质量管理是对数据从计划到获取、存储、共享、维护、应用、消亡的生命周期里可能出现的数据质量问题进行识别、测量、监控和预警等一系列管理活动，并通过提高组织的管理水平来进一步提升数据质量。

数据质量管理的最终目的不是获得高质量数据，而是利用高质量数据取得业务成果，为企业创造收益。

6. 数据安全治理

数据安全的治理贯穿于数据采集、传输、存储、处理、交换和销毁的整个生命周期中，每个阶段都需要企业人员具备数据安全的意识，合理、合规地使用数据，防止数据泄露，保护数据安全。

7. 数据集成与共享

数据集成与共享是为了更好地使用数据而提供的技术能力和手段。各种类型的数据应用项目，如数据分析挖掘、数据仓库、主数据管理、应用集成、数据资产管理等，都离不开数据集成。

建立良好的数据集成架构，设计清晰的数据集成模式，定义明确的数据集成策略，这是企业数据治理和应用的重要保障。

这7种能力覆盖了企业数据治理的7个关键领域，每个领域都包含组织、人员、制度、流程、策略、技术、工具的建设。这里并不是要求企业具备所有这7种能力，或者把数据治理的每个领域逐一实施，而是希望企业将这7种能力作为参考，并结合自身的业务目标和现状来构建适合自己的数据治理能力。

3.5 企业数据治理之器——7把“利剑”

正所谓“工欲善其事，必先利其器”，一套好的数据治理工具能让企业的数据治理工作事半功倍。

数据治理的本质是管理数据资产，改善数据质量，防护数据安全和个人隐私，以及促进数据应用。不同的企业由于需求特点不同，会用到不同的技术平台和工具。一般来说，数据治理平台和工具主要包含以下组件：数据模型管理工具、元数据管理工具、数据标准管理工具、主数据管理工具、数据质量管理工具、数据安全治理工具、数据集成与共享工具。笔者称之为企业数据治理的7把“利剑”，如图3-7所示。

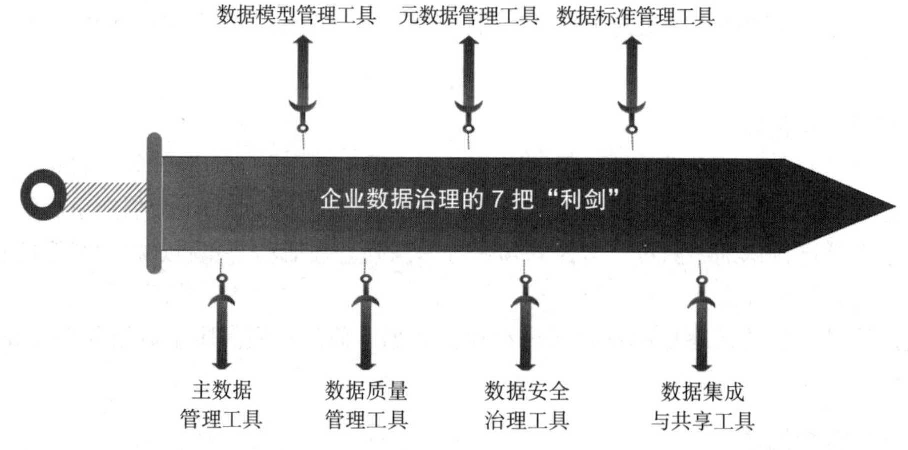

图3-7 企业数据治理的7把“利剑”

1. 数据模型管理

在企业信息化建设过程中，数据模型“藏”于数据库底层，业务人员和管理人员对其是无感知的，因而往往会忽视它。然而数据模型却是企业数据治理中最核心的那把“利剑”。数据模型对上是承载业务需求的元数据，对下是数据标准管理的内容。同时，数据模型是数据质量指标和规则定义的起点，是主数据和参照数据设计的根本，是数据仓库和BI的核心，也是数据安全管控的对象。

数据模型管理工具的功能主要有可视化建模、模型版本管理、数据模型管理、数据模型查询、数据模型浏览、数据模型分析等。

2. 元数据管理

元数据管理统一管控分布在企业各个角落的数据资源（包括业务元数据、技术元数据和管理元数据），按照科学、有效的机制对元数据进行管理，并面向开发人员、最终用户提供元数据服务，以满足用户的业务需求，支持企业业务系统和数据分析平台的开发和维护。元数据管理是企业数据治理的基础。

元数据管理工具的功能主要有元数据采集服务、应用开发支持服务、元数据访问服务、元数据管理服务和元数据分析服务。

3. 数据标准管理

从字面上理解，数据标准就是数据的既定规则，这个规则一旦定义，就必须执行。数据标准管理就是研究、制定和推广应用统一的数据分类分级、记录格式以及转换、编码等技术标准的过程。

从管理的对象上来看，数据标准主要包含三个方面的标准：

- ❑ 数据模型标准，即元数据的标准化；
- ❑ 主数据和参考数据标准；
- ❑ 指标数据标准，如指标的统计维度、计算方式、分析规则等。

数据标准管理工具的功能主要有数据标准的编制、审批、发布和使用。

4. 主数据管理

主数据是企业最基础、最核心的数据，是企业最重要的数据资产，企业的一切业务基本都是基于主数据来开展的。

如果说大数据是一座矿山，那么主数据就是这座矿山中的金子。通过主数据可以解决各异构系统的数据不标准、不一致的问题，保障业务连贯性以及数据的一致性、完整性和准确性，提升业务条线之间的协同能力。同时，高质量的主数据能为领导的管理决策提供支撑。

主数据管理工具是企业数据治理中的核心实践之一。主数据管理工具的功能主要有主数据的建模、编码、管理、清洗、集成等。

5. 数据质量管理

持续提升数据质量是企业数据治理的核心目标。数据质量管理既可以是企业级的全面数据质量管理，也可以是面向某一特定业务主题的主题级数据质量管理。

在不同的数据治理项目中，对数据质量管理工具的使用各不相同，有时会单独使用，有时配合元数据使用，有时又配合主数据使用。数据质量管理的范围往往需要根据业务的需求和目标进行定制。

数据质量管理工具的功能主要有数据质量指标管理、数据质量规则管理、数据质量评估任务和数据质量评估报告。

6. 数据安全治理

在企业数据治理中，数据安全一般作为企业数据治理的一道“红线”，任何人、任何应用都不可逾越。不过数据安全也不能随意使用，否则就会影响业务效率，因此需要在安全和效率之间找到一个平衡点。

数据安全涵盖操作系统安全、网络安全、数据库安全、软件应用安全等。数据安全治理的侧重点是控制数据的使用过程，以保证数据被安全合法地使用，因此管理的重点在应用上。

数据安全治理工具的主要功能一般包括身份认证、访问控制、分类分级、数据授权、安全审计、数据脱敏、数据加密等。

7. 数据集成与共享

数据本身并没有价值，被合理使用的数据才会产生价值。数据的集成与共享有多种方式，比如数据集成、数据交换、数据开放等。数据集成与共享工具是用于促进数据高效集成和共享的一系列工具。

主流的数据集成工具主要有企业服务总线（ESB）、ETL 工具、流数据集成工具等，不同的集成场景使用的工具不同。

3.6 本章小结

以技术工具的 7 把“利剑”为承载，提升数据质量，防护数据安全，洞察数据价值；以 8 项举措为行动计划，铺平企业数字化转型之路；以 7 种能力为依托，实现企业数据的集中治理和合规应用；以推动企业业务战略为目标，打造“数据战略 + 组织机制 + 数据文化”的数据治理生态，形成数据治理的自我驱动、自我进化、可持续发展和长效运营机制。这就是本书所推崇的企业数据治理的“道、法、术、器”。

第二部分 Part 2

数据治理之道

企业数据治理之道是建立“数据战略＋组织机制＋数据文化”的数据治理生态，形成数据治理的自我驱动、自我进化、可持续发展和长效运营机制。

数据战略是企业数据治理活动的最高指引，应与企业的业务战略一致。

组织机制是企业数据治理有效实施的保证，企业需要建立一个敏捷的、自驱的数据治理组织，以应对不断变化的内外部环境。

数据文化是理解数据、重视数据、用好数据的基础。不理解数据，就不会拥有数据；不重视数据，有了数据也不会用；缺乏数据思维和数据文化，谈企业数字化转型只会是空谈！

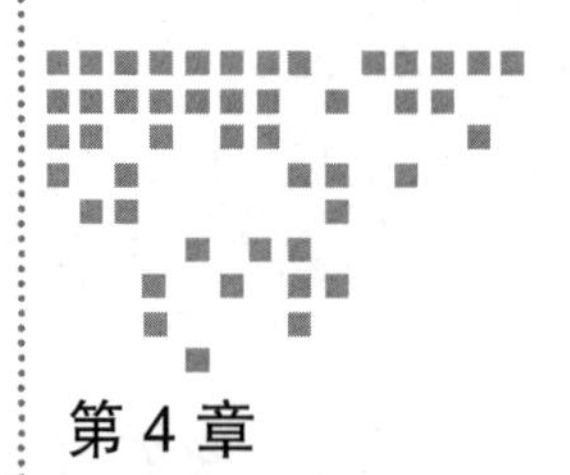

Chapter 4 第4章

数据战略：数字化转型的灯塔

数据战略是企业数据管理的高层策略，决定了企业数据治理和数据应用的方向。本章重点介绍数据战略的定义、数据战略与企业战略和数据架构的关系、数据战略的3个要素、实施数据战略的5个步骤以及制定数据战略的参考工具。

4.1 数据战略的定义

战略是指导行动的方案。在国际组织DAMA的著作*DAMA-DMBOK2*和中国国家标准DCMM中都对数据战略进行了定义和描述。

4.1.1 DAMA对数据战略的定义

对于“数据战略”，DAMA在*DAMA-DMBOK2*一书中是这样定义的：“一组选择和决定，这些选择和决定共同制定了实现高级目标的高级行动方案。”

根据*DAMA-DMBOK2*，数据战略由以下几部分组成：

- 激动人心的数据管理愿景；
- 数据管理商业案例摘要，附带精选案例；
- 指导原则、价值观和管理远景；
- 数据管理的使命和长远目标；
- 数据管理成功的关键措施；
- 短期（1～2年，具体、可度量、可操作、可实现、有时限）的数据管理方案目标；
- 数据管理的组织和角色及其职责；
- 数据管理的实施路线图；

- 数据管理的项目章程；
- 数据管理的范围说明。

DAMA 明确指出，数据战略不仅包含数据管理的愿景、长期目标和短期目标，还包括实现上述目标应遵守的原则，以及管理措施、组织分工和行动路线等。

4.1.2　DCMM 对数据战略的定义

《数据管理能力成熟度评估模型（GB/T 36073—2018）》（DCMM）对数据战略的定义是："数据战略是组织开展数据工作的愿景、目的、目标和原则。它包含数据战略规划、数据战略实施和数据战略评估。"

- **数据战略规划**：数据战略规划为组织的数据管理工作定义愿景、目的、目标和原则，并使其在所有利益干系人之间达成共识；从宏观及微观两个层面确定开展数据管理及应用的动因，并综合反映数据提供方和消费方的需求。
- **数据战略实施**：组织完成数据战略规划并逐渐实现数据职能框架的过程。在实施过程中，应评估组织数据管理和数据应用的现状，确定现状与愿景、目标之间的差距；依据数据职能框架制定阶段性数据任务目标，并确定实施步骤。
- **数据战略评估**：在数据战略评估过程中，应建立对应的业务案例和投资模型，并在整个数据战略实施过程中跟踪进度，同时做好记录，以供审计和评估使用。

DCMM 重点描述了数据战略从规划、实施到评估的闭环管理过程，为企业数据战略的制定和实施提供了指引和参考。

4.1.3　本书对数据战略的理解

以笔者的理解，数据战略必须来自对业务战略中固有数据需求的理解，这些需求驱动了企业的数据战略。数据战略是一个用数据驱动业务，为了实现企业业务目标而制定的一系列高层次数据管理策略的组合，它指导企业开展数据治理工作，指明了企业数据应用的方向。

数据战略不仅包括企业发展和运营的业务目标，还包括对实现这一目标所需的组织与人员、制度与流程、技术与工具的支撑和保障，如图 4-1 所示。

1. 数据战略与业务战略相一致

数据战略规划应充分考虑利益干系人的业务诉求，充分理解企业发展和业务运营过程中的固有数据需求和衍生数据需求，确保数据战略与业务战略相一致。

2. 数据战略是数据治理和应用的指导

数据战略是数据管理和应用的高层策略，它规定了数据管理的愿景和价值定位、长中短各阶段的实施目标，以及实施数据战略的行动路线和具体措施，用于指导为实现数据驱动的业务目标而开展的一系列数据管理和数据应用活动。

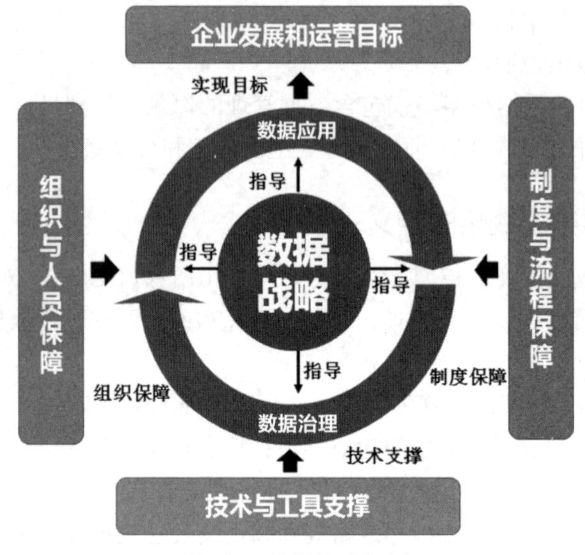

图 4-1 数据战略规划

3. 数据战略的组织与人员保障

数据战略规划应对数据管理的组织以及组织角色分工、职责和决策权给出指导性方案，以保证数据战略的有效实施。

4. 数据战略的制度与流程保障

数据战略规划应对数据管理的制度和流程给出指导性方案，以便在战略实施过程中进一步落实制度和流程细则，保证数据战略的有效实施。

5. 数据战略的技术与工具支撑

数据战略规划应对数据管理所使用的技术和工具给出指导性方案或选型建议。在数据战略的实施过程中，使用合适的工具能够事半功倍。

4.2 数据战略与企业战略、数据架构的关系

提到“战略”，有人第一时间想到企业战略；提到“数据战略”，有人会联想到数据架构。那么，企业的数据战略与企业战略、数据架构是什么关系？

4.2.1 数据战略与企业战略

企业战略是对企业经营活动预期的成果的期望值，例如，阿里巴巴集团的企业战略为：“为全世界创造 1000 万家小企业的电子商务平台；为全世界创造 1 亿个就业机会；为全世界 10 亿人提供消费平台。”

可见，企业战略不同于相对“缥缈”的愿景，它是相对稳定、可实现、可分解、可验证，并且具有一定挑战性的目标。

数字化时代，数据是企业重要的生产要素，企业战略的最终实现离不开对数据的有效利用。而所谓数据战略就是指战略性地使用数据，以推动企业战略的实现。

因此，数据战略目标应与企业战略目标一致，通过有效的数据治理让数据得到更加合理、有效、充分的使用，驱动业务目标的实现。脱离了使用，数据治理就没有了意义；脱离了业务目标，数据资产就没有了价值。

4.2.2　数据战略与数据架构

数据架构用于定义数据需求，指导对数据资产的整合和控制，是数据投资和业务战略相匹配的一套完整的数据构建规范。数据架构定义了与组织战略相协调的管理数据资产的框架，用于描述现状，定义数据需求，指导数据集成，控制数据策略。

- **描述现状**：描述企业数据管理的现状，包括数据资产的分布、数据存储和管理情况、数据管理能力的成熟度等。
- **定义数据需求**：通过数据模型、数据目录和元数据等技术，对企业的数据现状、数据分布、数据流向、数据应用等需求进行完整描述。
- **指导数据集成**：规划数据分布和数据流向，明确数据流转的环境和技术条件。
- **控制数据策略**：控制数据全生命周期中的数据管理策略，包括数据的收集、存储、安排、使用和删除的标准。

数据战略与企业战略、数据架构的关系如图 4-2 所示。

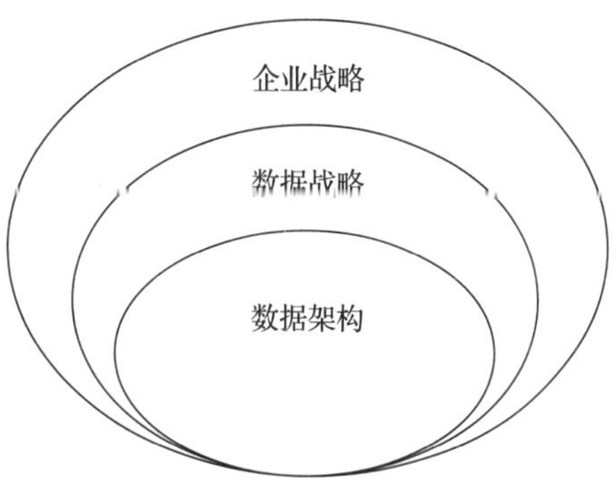

图 4-2　数据战略与企业战略、数据架构的关系

数据架构是数据战略的一部分，实施数据架构的决策是战略决策，数据架构是企业策略和技术执行之间的桥梁。当数据架构能完全支持整个企业的需求时，它是最有价值的。

数据架构侧重于技术，是企业数据管理的战术范畴。数据架构能让整个企业实现一致的数据标准化和集成，而数据战略会影响到数据架构的设计；反过来，数据架构支持数据战略的实现，并指导其决策。

数据战略对上承接企业的业务战略目标，对下连通数据架构的实施计划。它的落地既需要数据架构的技术支撑，也需要企业战略的方向指引。

4.3　数据战略的 3 个要素

数据战略是企业为实现企业发展和运营目标而做出的数据规划和部署，它主要包含 3

个要素：战略定位、实施策略和行动计划（见图 4-3）。

4.3.1 战略定位

战略定位回答了“做什么”“不做什么”的根本问题，用来定义战略目标。企业数据战略的规划设计不仅要有对齐企业战略的“长期目标”，还要兼顾解决当前问题的“短期目标”。

图 4-3 数据战略的 3 个要素

在进行数据战略定位时要重点考虑以下几个核心问题：

- 企业的痛点需求是什么？
- 企业的业务目标有哪些？它们与数据需求是什么关系？
- 企业确定数据管理业务目标的依据是什么？
- 为确保数据管理能实现业务目标，可以采用哪些衡量标准或关键绩效指标？
- 数据管理的组成部分是如何实施的？如何测量其有效性？
- 如何确定长期和阶段性成果？
- 数据治理的投资计划（人力和资金）如何？期望的投资回报率是多少？

先来看一个案例。

案例：某商业银行制定数字化转型的数据战略

过去几年，某商业银行受到来自互联网公司和数字金融公司的挑战。而 2020 年年初席卷全球的新冠肺炎疫情让银行客户的行为从线下转到了线上，这对该商业银行的数字化转型起到了巨大的推动作用。

该商业银行以“实现数字化转型”为数据战略愿景，并确定了支撑这一战略愿景的 4 个业务目标。

- 数字化营销：建立完整的用户画像，进行全渠道触达，以实现金融数字业务的完整闭环。
- 数字化智能风控：基于商业银行积累的大量数据，更准确地预测客户的风险，实现风险和收益的平衡。
- 金融产品的精细化管理：包括差异化定价、产品组合管理、产品创新。
- 银行的内部控制：规避操作风险，进行风险预测预警和员工行为监控等，以确保银行数据的安全合规使用。

企业数据战略可分为三个层次，这三个层次并不是不同企业的不同数据管理目标，而是同一企业在不同阶段、不同成熟度条件下的三个具体形态（见图 4-4）。

- 短期目标：实现基本的管理目标和业务目标。
- 中期目标：促进业务创新与转型。
- 长期目标：定义企业在数字化竞争生态中的角色和地位。

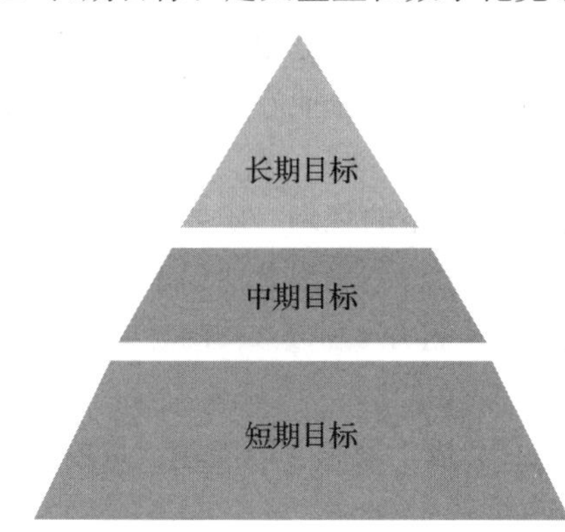

图 4-4　数据战略的 3 个层次

（1）短期目标

这个层次是满足基本的管理决策和业务协同。通过解决企业数据管理中的各类问题，满足决策分析和业务协同的需要。在笔者看来，该层次的战略目标是企业最基础、最迫切需要、最能击中痛点的目标。

经过多年的信息化建设，企业上了多套业务系统，而这些业务系统是由业务部门驱动建设的，缺乏信息化的顶层规划，各系统各自为政、各成体系，形成信息孤岛，系统之间的数据不标准、不一致，导致应用集成困难，数据分析不准确。目前国内绝大部分企业还处于这个状态，而信息技术的发展速度太快，已逐步形成技术倒逼企业数字化转型的趋势，高质量的数据资产无疑是企业数字化转型的基石。

（2）中期目标

这个层次是创新与转型。基于数据实现企业管理升级和业务创新，利用数据拓展新业务、构建新业态、探索新模式。数据战略不再是企业战略的支撑，而是其引导，或者说二者相互作用。在这个阶段，“IT 即业务”。

传统制造企业利用数据治理和融合，以加速管理、产品和销售模式的创新。例如，利用数据治理加强集团管控，基于客户偏好进行个性化定制，利用数据进行供应链协同和优化，基于市场预测创新产品的设计与快速上市，等等。

服务型企业利用大数据探索服务的新模式，可以拓宽服务的视野，实现模式领域的横向拓展和服务深度的纵向延伸。例如，某酒店通过对消费者需求的数据分析，推出了定制化的主题房、酒店新零售的服务模式，这些酒店服务业在业务创新方面的尝试大大提升了消费者的黏性，增加了酒店的盈利点。

在金融、餐饮、医疗、教育等服务行业，这样的案例每天都在上演。未来服务业的竞争将更加白热化，而数据资产的利用价值将愈发明显。

（3）长期目标

这个层次是定义企业在数字化竞争生态中的角色和地位。这是企业数据战略的最高奥义。用友董事长王文京曾预言："未来所有企业都将是数字化企业。"笔者对此深以为然。科技的变革将改变企业的业务形态和竞争模式。在未来的数字化竞争中，数字化将是不容忽视的核心因素，企业数据战略的部署和实施是否成功将决定企业在未来的数字化竞争和生态中是领导者、挑战者、特定领域者还是被淘汰者。

"什么样的战略，决定了什么样的未来。"企业数据战略的规划一定要有未来的"诗和远方"。将数据战略融入企业行动方针和核心价值观中，可以勾勒出企业的未来图景。

4.3.2 实施策略

实施策略解决的是"怎么做""由谁做""做的条件""成功原因"等问题，是战略落地的"制胜逻辑"。

（1）怎么做

"怎么做"是指采用什么策略保证目标的达成。DAMA 给出的数据管理知识体系中有 11 个专业数据管理领域，如数据架构、数据建模和设计、数据安全管理、数据存储和操作、主数据和参考数据管理、元数据管理、数据质量管理等，难道企业需要把这 11 个专业领域全部都做一遍吗？显然不是。企业应根据自身现状和业务目标，选择合适的数据治理策略，或全域治理，或选择个别亟待治理的领域进行治理。

（2）由谁做

"由谁做"是指要明确数据治理的组织、角色分工、职责及决策权。

（3）做的条件

数据战略的实施必须明确数据管理和应用所需的条件，如企业内、外部数据管理和使用环境如何，企业的数据管理能力成熟度情况怎样。

（4）成功原因

影响数据治理的因素有很多，主要包括战略、组织、文化、流程、制度、数据、人才、技术和工具 9 个方面。每个因素都可能会影响到数据战略的成功或失败，企业应设计每一个实施策略。

根据笔者多年的所见所闻及亲身参与数据项目的经验，一个数据战略的成败很大程度上是由制胜逻辑决定的。

数据治理的成功总是相似的，但失败各有原因。数据治理失败的原因主要有目标不明确、范围不清晰、主导人员分量不足、参与人员不够积极、过度迷信平台和工具、过度依赖外部资源等。

案例：某大型装备制造企业的"五统一"数据战略

这是国内的一家大型装备制造企业。经过多年的信息化建设，企业已经建立了 PDM、

ERP、MES、CRM 等多个业务系统，但由于系统之间缺乏统一的数据标准，“一物多码”的问题十分严重，对企业上下游之间的业务协同造成了较大影响。于是，该企业在 2014 年启动了“五统一”的数据战略，目标是实现企业核心主数据的标准化。

该策略是由公司总经理挂帅、CIO 主导、IT 部门与业务部门协同推进的。“五统一”包括统一数据定义、统一数据编码、统一数据口径、统一数据来源及统一参照数据。通过对分散在各部门、各系统中的主数据进行统一，为企业的应用集成和业务协同提供了基础。

该企业的数据战略定位非常清晰：以主数据为基础，夯实企业数字化根基。这项举措为该企业后来的集团管控、财务共享、业财融合奠定了坚实的基础，取得的成效十分明显。

以上是一个成功的数据治理案例。有成功的，自然也有失败的。同样是主数据治理，同样是制造企业，另一家企业的数据治理效果就不尽如人意。

案例：某工业制造企业的数据治理和运营策略

这是一家大型的工业制造集团型企业，集团为主数据治理成立了“数据标准管理委员会”的虚拟组织，并采用集中管控模式实施集团主数据治理。

数据标准管理委员会中的 5 名数据治理专员是从集团下属的 5 家子公司抽调来的业务专家，从每家子公司中抽调一人，由其兼职负责集团主数据标准制定和数据运营工作。

在实际数据治理执行过程中，5 名数据治理专员达成了默契：各自审核自家单位的数据。这导致了在集团层面，主数据集中化管控的模式成了摆设。运营不久之后，集团层面主数据的重复、不完整、不准确等问题又暴露无遗。

战略定位是让人们做正确的事，而实施策略是让人们正确地做事，两者一个是目标，一个是实现目标的方法。事前想清楚数据战略的制胜逻辑的成本要比事后总结教训低很多。数据治理项目的成功一定是将数据治理 9 个要素有机整合的结果，忽视任意一个要素都可能会影响到数据治理的成效。

4.3.3 行动计划

行动计划是为落实战略目标或指导方针而采取的具有协调性的计划安排。行动计划回答了“谁”“在什么时间”“做什么事”“达成什么目标”的具体问题。行动计划要可执行、可量化、可度量，遵循 PDCA 的闭环管理，并需要定期进行复盘和总结。

制定数据资产管理项目的实施路线图时，不仅要考虑项目优先级和项目依赖关系，还要综合考虑公司信息化建设现状、内部组织对数据资产管理的支持程度以及对服务时间和人力资源的调配能力。最重要的是要结合公司业务场景和生产经营管理中的具体情况，制定可落地的数据治理行动计划。

案例：某能源企业的数字化转型三年行动计划

某能源企业数字化转型战略的实施强调用“数字化的技术和数据”来支撑企业的管理决策、业务协同、业务流程优化及信息系统整合。为了实现这一战略目标，该企业提出了“总体规划，分步实施，试点先行，重点突破”的总体策略，并制定了三年行动计划，如图 4-5 所示。

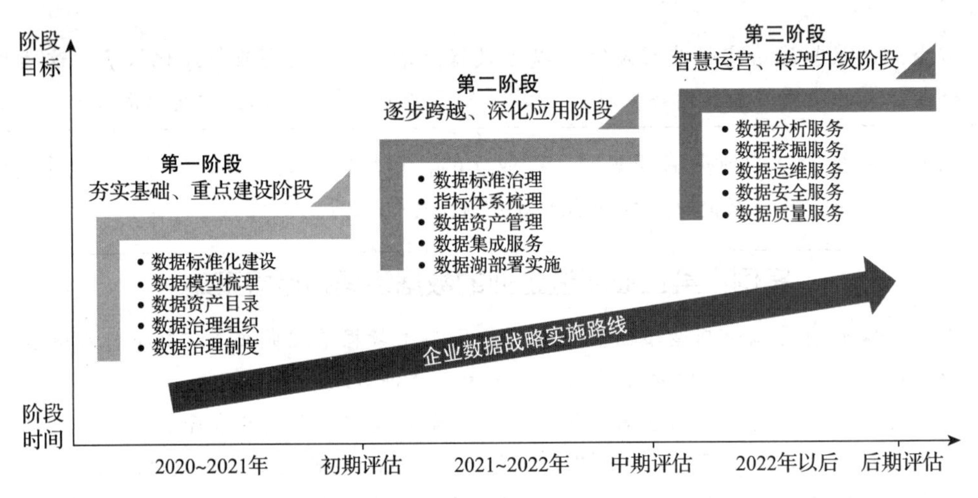

图 4-5 某企业的数字化转型三年行动计划

第一阶段（2020 年 1～12 月）：夯实基础、重点建设阶段

该阶段的主要目标是梳理出企业数据资产目录，建立数据标准体系，夯实数字化基础。重点建设任务是成立数据治理组织，制定数据治理制度，建立核心主数据标准，盘点数据资产目录，梳理和设计数据模型等。

第二阶段（2021 年 1～12 月）：逐步跨越、深化应用阶段

该阶段的主要目标是构筑大数据平台，实现数据标准的完整落地，打通各系统的数据通道，实现数据的统一并进行初步数据分析。重点建设任务是：数据标准在各部门、各系统的贯彻执行，实现数据资产的统一管理；构建大数据平台，梳理指标体系，并实现各系统数据的汇集和入湖；进行初步的数据分析，为企业的管理决策提供支持。

第三阶段（2022 年 1～12 月）：智慧运营、转型升级阶段

该阶段的主要目标是数据驱动企业运营，初步实现企业的数字化转型升级。重点建设任务是将数据分析服务、数据挖掘服务真正应用于企业的业务和管理活动中，以支持企业的业务和管理创新。同时，在数据管理侧，还需持续加强数据安全、数据质量、数据运维的管理。

数据治理是一个不断迭代、持续优化的过程，无法一蹴而就。

经验告诉我们，数据治理绝对不是引入先进技术和高端软件就能够成功的。项目建设过程需要企业高层的高度重视并给予充分的资源支持，需要有经验丰富的顾问团队，需要技术部门和业务部门的通力协作，这样才能提高项目建设的成功率。

同时，数据治理不是"一次性项目"，一个数据治理项目的成功并不代表数据战略的成功，它不是企业数据治理的终点，而是新的起点。

"路漫漫其修远兮"，企业数据治理需要的是持续运营，将数据治理形成规则，融入企业文化，这是企业数据治理之根本。

4.4　实施数据战略的 5 个步骤

数据战略的制定以企业战略为基础、以业务价值链为模型、以管理应用为目标、以可执行的活动为步骤，基于系统化的思维挖掘信息以及信息间的规律，并经过科学的规划和设计，形成企业数据化运营的蓝图。

为实现业务目标，可以设计多种策略。每一种策略都将遇到不同的困难，需要调动不同的资源，运用不同的工具，因此应根据对环境、自身条件的仔细评估来选择最佳策略。企业数据战略的实施包含 5 个步骤：环境因素分析、确定战略目标、制定行动方案、落实保障措施和战略评估与优化（见图 4-6）。

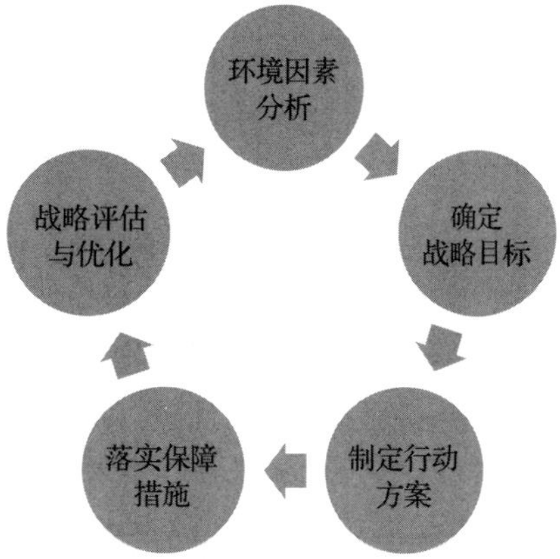

图 4-6　数据战略实施的 5 个步骤

4.4.1　环境因素分析

制定数据战略时，需要对影响企业的内外部环境因素进行详细分析，从而做出合适的选择。环境因素分析模型如图 4-7 所示。

1. 内部环境因素

影响数据战略的内部环境包含但不限于：

- ❑ 企业发展和运营的业务战略规划；
- ❑ 企业的主价值链；
- ❑ 企业的相关制度和政策；
- ❑ 企业信息化建设现状和未来发展方向；
- ❑ 高层领导和业务部门对数据战略的支持情况；
- ❑ 业务部门的业务需求痛点等。

2. 外部环境因素

影响数据战略的外部环境有社会、经济、法律、政治、文化、技术等，以及以上各个因素可能发生的变化。例如，欧盟《通用数据保护条例》(GDPR）的实施会对在欧盟范围内开展业务的企业造成一定的影响，企业要在欧盟开展业务，就必须遵守 GDPR。

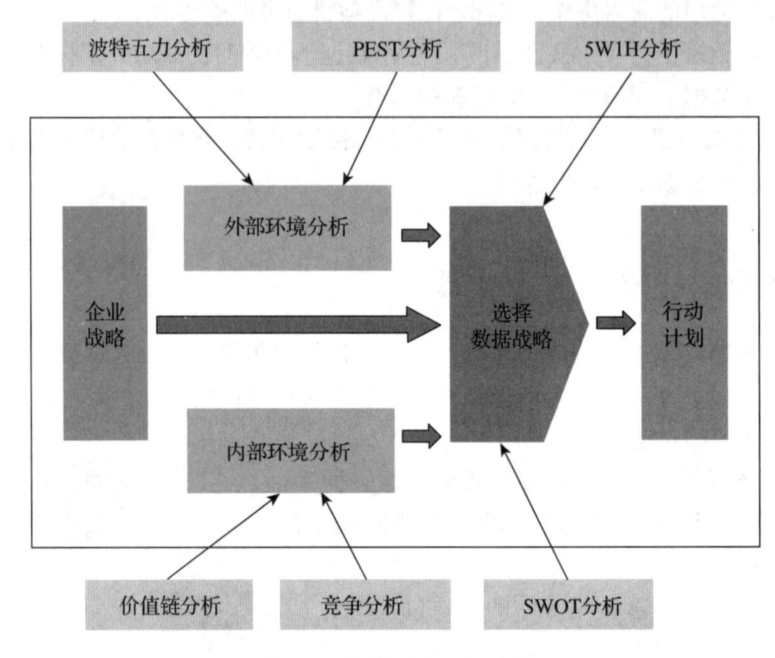

图 4-7 环境因素分析模型

制定数据战略时要综合考虑内外部环境的各个相关因素，使数据战略成为企业战略不可分割的重要组成部分。由于每家企业所处的内外部环境不同，企业数据战略应形成自身的独特模式，其他企业的数据战略可以借鉴和参考，但不能盲目照搬。

另外，外部环境和自身条件会随时变化，因此企业需要具备随着环境变化及时调整数据战略的能力。

内部环境分析常用的工具有价值链分析、竞争分析等。外部环境分析常用的工具有波特五力分析、PEST 分析等。选择数据战略常用的工具有 5W1H 分析、SWOT 分析等。

扩展阅读：基于 5W1H 分析法的数据治理战略规划

5W1H 的具体内容如下。

- What（做什么）：数据治理的内容和范围。
- How（怎么做）：数据治理的实施路径、方法和策略。
- Who（谁来做）：数据治理的责任主体、组织机构和岗位分工。
- When（什么时间做）：数据治理的实施计划表。
- Why（为什么做）：数据治理的目标。
- Where（在哪里做）：数据治理的应用场景，如支持系统应用集成、支持决策分析。

在数据治理战略的规划设计中，Why 是最重要的问题。只有明确了战略目标，才能指导后续的工作，方向如果错了，就会越走越远。

4.4.2　确定战略目标

企业的数据战略目标需要与企业内外部环境相匹配，以便随着环境的变化对数据战略目标进行灵活调整。在数据战略目标制定的过程中，需要遵循以下原则。

1. 数据战略来源于企业战略并服务于企业战略

数据战略要与企业战略一致，企业需要结合自身的业务发展要求来制定数据战略。例如：一家生产制造企业，其数据战略是紧紧围绕企业的生产开展的，通过数据治理实现“降本、增效、提质”的目标；而一家零售企业，其数据战略更注重客户 / 会员的发展能力和客户服务水平的提升，以及客户画像、行为预测、精准营销等。

数据治理的需求始于数据所承载的业务价值，而非技术或 IT 因素。

2. 数据战略的制定要立足于企业现状

企业数据战略目标的制定要立足于企业现状。战略目标定得太高，“可望不可即”则变成空中楼阁；战略目标定得太低，“可望便可即”则没有足够的吸引力和动力；适度目标是“可望跳可即”的目标，即企业经过努力，在几次“惊险的跳跃”后可达到的高阶目标。

3. 数据战略目标需要全员贯彻

企业数据战略是业务战略的支撑，其成功实施需要企业的利益相关方共同努力，而不能只有少数人参与。制定数据战略后，企业首先要做的是进行数据战略的宣贯，让企业全员都理解企业的数据战略，进而建立全员的数据质量意识和数据安全意识，并将这种意识转化为行动力，在潜移默化中规范数据操作，提升数据质量，实现数据价值。

4.4.3　制定行动方案

在确定了数据战略目标之后，需要对战略目标进行分解，将一个大目标分解成若干个可执行、可量化、可评估的小目标。根据这些小目标，可以将数据战略划分为若干个阶段并设置一些战略控制点，确定每个阶段的起止时间、负责部门 / 岗位 / 角色 / 人员、明确输入和输出成果等，渐进式地逼近终极目标。在此过程中，将短期利益与长远利益相结合，兼顾局部利益与整体利益，既要积极推进又要确保稳妥，在这些因素的约束下选择相对合理的实施路线图。

企业的数据战略行动方案一般包括如下 4 个要素。

- ❑ 数据战略目标：企业数据管理的愿景和目标。
- ❑ 数据治理指标：定义了数据治理目标的衡量方法。

- ❑ 数据治理规则：包括与数据治理相关的政策、标准、合规要求、业务规则和数据定义等。
- ❑ 数据治理权责：规定了由谁来负责制定数据相关的决策、何时实施、如何实施，以及组织和个人在数据治理策略中该做什么。

案例：某外贸企业的数据战略行动计划

数据战略目标：

- ❑ 建立重视数据、促进数据共享的文化，如利用数据指导决策，促进各部门、各系统间的数据流通等；
- ❑ 保护数据，保护数据完整性，确保流通数据的合规性和真实性，确保数据存储的安全性等；
- ❑ 探索有效使用数据的方案，增强数据管理和分析能力。

数据治理指标：

- ❑ 建立数据治理制度和考核指标；
- ❑ 识别解决企业核心问题所需的数据资料；
- ❑ 评估数据和相关基础设施的成熟度；
- ❑ 培训以提高员工的数据管理和应用技能；
- ❑ 确定企业优先治理的数据集；
- ❑ 发布和更新数据目录。

数据治理规则：

- ❑ 符合 GDPR 法规要求；
- ❑ 建立客户、供应商、员工、组织等核心数据的数据标准和质量规则；
- ❑ 设计核心数据的数据模型；
- ❑ 设计数据架构以及业务流、数据流；
- ❑ 梳理企业数据资源目录，以满足企业内外部的数据共享要求。

数据治理权责：

- ❑ 设立数据标准管理委员会，由其主导数据管理工作；
- ❑ 设立数据治理办公室，由其负责数据管理的标准、制度、流程和考核；
- ❑ 设立专项数据管理员，由其负责专项数据管理工作；
- ❑ 数据确权，产权方负责提出数据标准和数据应用需求。

数据治理计划：略。

4.4.4 落实保障措施

为实现数据战略而建立的保障措施主要有数据治理保障体系及技术和工具体系。

1. 保障体系

为了实现数据战略目标，企业需要开展各项数据管理活动，而数据治理保障体系就是为这些活动所提供的各种保障，它主要包括以下四部分。

- 数据治理组织：由参与企业数据治理活动以及与数据利益相关的业务组、IT 团队、数据架构师和 DBA 等组成，其职责是推动数据战略的实施。
- 数据标准规范体系：建立数据标准化的过程，通过统一梳理数据，识别数据资产，并对数据的分类、编码、属性、业务规则、安全策略、存储策略、管理要求等内容进行规范化定义，在组织范围内形成对数据的一致性认知。
- 数据管理流程：定义数据的创建、变更、使用流程和相关策略。
- 数据管理制度：定义数据管理归口 / 主责部门，明确数据管理的角色分工、岗位职责、操作要求以及相应的考核措施等。

数据治理保障体系是数据战略落地和数据治理策略执行的重要保证。以上四部分内容将在后续章节中详述。

2. 技术和工具体系

数据战略目标不同，数据治理技术和工具也是不同的。通常来说，数据治理技术和工具包括元数据管理、主数据管理、数据质量管理、数据安全管理、数据标准管理、数据集成等。技术和工具体系是数据治理的术和器层面的内容，详见本书第四、五部分。

4.4.5 战略评估与优化

战略评估是以战略实施过程及其结果为核心，通过对影响并反映战略管理质量的各要素进行总结和分析，判断战略能否实现预期目标，以便对数据战略做出优化和调整。

数据战略评估与优化的过程如下：

1）将数据战略目标关联业务价值，形成可定性和定量评估的衡量指标；

2）在整个数据战略实施过程中跟踪进度并做好记录，以供审计和评估使用；

3）由管理层定义和批准数据战略业务案例和投资模型，以确定如何将数据治理工作落实到位；

4）由企业数据利益相关方直接参与评估指标的创建和验证；

5）将预期结果与实际执行结果进行比较，发现问题和不足；

6）采取必要的纠正措施以保证行动与计划的一致性，从而不断完善和优化数据战略。

案例：企业数据战略评估业务案例

1. 收益预测

业务量增长假设如图 4-8 所示。

时间	2020 年	2021 年	2022 年	2023 年	2024 年
增长率	10%	60%	40%	30%	20%

图 4-8 业务量增长假设

（1）可量化的收益预测

- ❑ 用户量增加
- ❑ 产品直销销售收入增加
- ❑ 渠道销售收入增加

……

（2）可节约的成本预测

- ❑ 经营成本节省
- ❑ 广告费用节省
- ❑ 渠道费用节省
- ❑ 库存成本节省
- ❑ 运输、包装费用节省

……

（3）不可量化的收益预测

- ❑ 库存周转率提升
- ❑ 应收账款降低
- ❑ 品牌及市场影响力增加

……

2. 投资预测

（1）可量化的投资

- ❑ 软件投资
- ❑ 硬件投资

……

（2）不可量化的投资

……

3. 成本预测

（1）可量化的成本

- ❑ 直接人力成本

……

（2）不可量化的成本

……

4. 风险分析

（1）环境风险（对收益、投资、成本的影响）

- ❑ 合规性风险，不合规造成的罚款和企业名誉损失
- ❑ 个人隐私及数据伦理风险

……

（2）技术风险（对收益、投资、成本的影响）

- 网络安全风险，如黑客攻击造成的投资、成本的影响
- 流程自动化风险，如系统宕机、网络问题带来的损失

……

（3）实施风险（对收益、投资、成本的影响）

- 董事会对数据战略的支持程度
- 人员的数字化素养

……

扩展阅读：什么是业务案例

业务案例是通过分析投资项目的财务影响来帮助企业管理层做出投资决策的工具。在做新业务、新网络建设等重要投资的决策时，在项目实施风险过高或无法预知的情况下，业务案例分析可以帮助决策是否投资、何时投资，并考虑不同情境对项目投资预期的影响。

4.5　本章小结

数据战略是企业数据管理活动的总体策略，是企业数字化转型的灯塔，为企业的数据治理指明了方向。本章主要阐述了数据战略的定义，数据战略与企业战略、数据架构的关系，并详细介绍了数据战略的 3 个要素、实施数据战略的 5 个步骤。

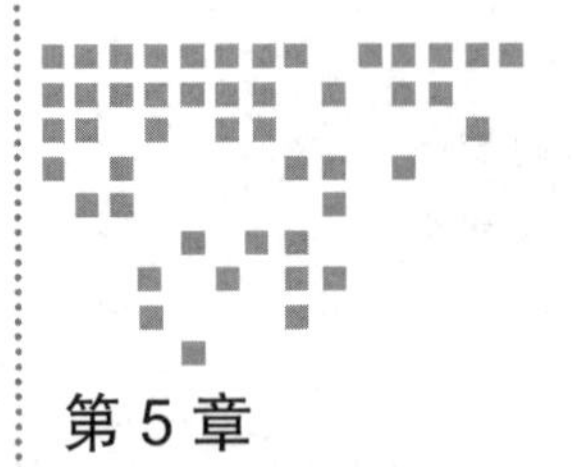

Chapter 5 第5章

组织机制：敏捷的治理组织

“数据”“组织”“软件平台”是企业数字化转型面临的“三座大山”。

- 数据：数据是企业数字化转型的根本驱动力之一，数字化转型中的企业必须做好数据治理与应用，确保数据质量，发挥数据的价值。
- 组织：企业要进行组织转型，需要有强大且高效的组织实施能力，要能动员大家开展工作，实现数据、业务和技术的完美融合。
- 软件平台：需要对传统的系统和软件进行大的整合和优化调整，并引入新的数字化工具，以提升软件平台的数字化支撑能力。

在这“三座大山”之中，组织是企业数字化转型的基础和保障，是决定能否翻越另“两座大山”并取得最终胜利的核心要素。本章重点介绍企业数字化转型中的组织转型问题，带领读者了解什么是敏捷组织，为什么数据治理需要敏捷组织，以及如何构建敏捷组织。

5.1 什么是敏捷组织

敏捷是灵敏迅速的意思，敏捷组织（agile organization）就是能灵敏感知环境并迅速应对的组织。麦肯锡的一项研究报告形象地把敏捷组织形容为生物型组织——成长快、非常有活力的组织。

不同于传统组织的金字塔型层级结构（见图5-1），敏捷组织的组织机制是扁平化的，由小规模、跨职能的团队组成，团队承担着业务端到端的责任，能够更快地响应变化。在团队中，各种职能角色有清晰的职责定位，但为了共同的愿景和目标，往往会自发做出一些跨职能的行为，具有较强的执行力和行动力。

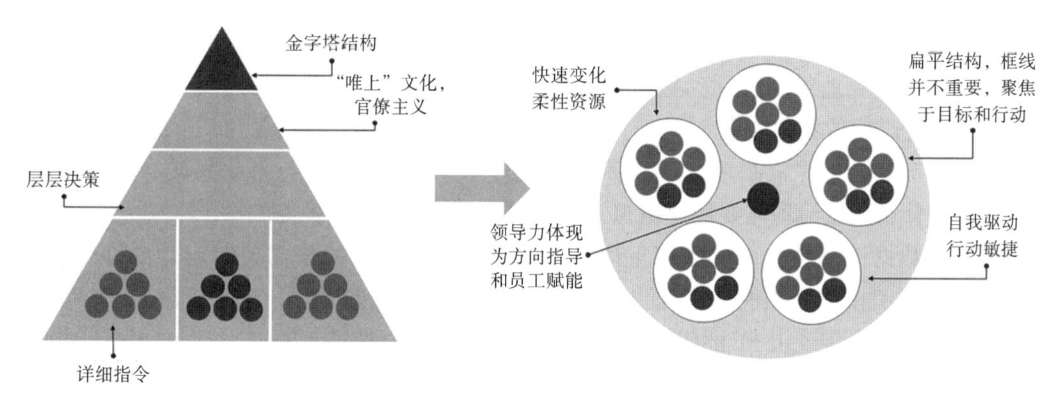

图 5-1 敏捷组织模型（来源：麦肯锡）

敏捷组织有如下特点。

（1）架构灵活

企业组织从传统的金字塔层级结构转向灵活的扁平结构，消除了上下级结构之间的沟通壁垒，使其能够在应对前端多变的业务时聚焦于目标和行动，收放自如，柔性应对。

（2）数据驱动

企业经营从上级权威指令驱动转向数字驱动，数据成为企业的核心资产，用户数据流向决定产品和业务流向，并成为决策的重要依据。

（3）员工能动

在协作方式上，企业从传统绩效评价导向转变为自我驱动、团队协同模式，团队成员以专家身份参与工作，每个人都具有主人翁精神，能动性得到全面激发。

（4）领导作用

领导管理模式从依靠管理层级进行控制和指导转变为方向洞察和为员工赋能，消除本位主义、官僚主义，提倡客户导向、创新文化。

（5）动态资源

资源配置不再由权力来决定，而是在类似于市场机制的形势下合理调配，协调更多是通过合作而非上级指令。

5.2 为什么数据治理需要敏捷组织

随着数字技术的飞速发展，用户需求、市场趋势的“易变性、不确定性、复杂性和模糊性”（VUCA）呈现出急速上升的态势。对客户体验、市场趋势不敏感或者应对缓慢都会导致企业竞争力下降。在传统的金字塔层级式的组织机制下，组织内部的沟通与协调困难，很难对客户和市场的变化做出快速反应。因此，打造敏捷型的组织机制是企业数字化转型的首要任务。

企业数字化转型，“转”是方向性，“型”是结构性，数字化转型就是通过运用数字化技术手段和调整企业组织机制，实现企业经营策略和管理能力的创新、改变与升级，增强企业在数字化时代的竞争力。

打造敏捷型的组织机制是企业数字化转型的首要任务，但这与企业数据治理又有什么关系呢？为什么数据治理需要敏捷组织？

首先，数据治理是企业的顶层策略，指明了企业的哪些决策需要制定，由谁来负责。数据治理在组织模式上强调IT部门与业务部门融合，构成IT部门与业务部门分工明确的项目型组织，解决传统由IT部门驱动的专项数据管理难以推进、协调困难等问题，从而从根本上解决业务和管理上用数难的问题。

其次，企业数据治理本质上关注的既不是治理，也不是数据，而是如何获得数据中蕴含的商业价值。数据治理的一切活动都是为实现企业的业务价值服务的，而企业的业务需求是灵活多变的，数据治理组织必须具备应对业务需求变化的能力。传统的金字塔式的层级组织模式在应对需求变化的灵活性上显然有很大不足，要实现数据驱动业务、数据驱动管理，就需要打破层层上报、层层决策的管理模式，形成扁平化的敏捷型组织模式，将一切聚焦到目标和行动上。

最后，企业数据治理不是靠一个人或一个部门就能够做好的。为达到支撑企业数字化转型的目的，数据治理需要企业全员参与，建立“数据治理，人人有责”的企业文化。这种文化的建设依靠的不是上级的权威或命令，而是员工围绕绩效目标形成的自我驱动、协同协作的模式。

5.3 如何构建敏捷组织

构建敏捷组织是为了应对瞬息万变的客户需求和市场趋势，敏捷的数据治理组织机制更加灵活，沟通与协调更加简单，更有利于企业数据战略的落地。

构建敏捷组织需要从5个方面入手（见图5-2）：

- ❑ 以客户为中心；
- ❑ 以数据驱动；
- ❑ 重新定义IT；
- ❑ 业务与IT深度融合；
- ❑ 培养复合型人才。

5.3.1 以客户为中心

“以客户为中心”的内涵是以客户需求为导向，**快速响应客户需求**，为客户交付高质量的产品和服务，从而实现端到端的低成本运作，成就客户，成就自我。

华为公司提出：“数字化转型就是要以客户为中心，改善客户服务水平，提升客户满意度，构建面向未来的商业逻辑和赛道，解决商业设计和商业战略当中存在的问题。”

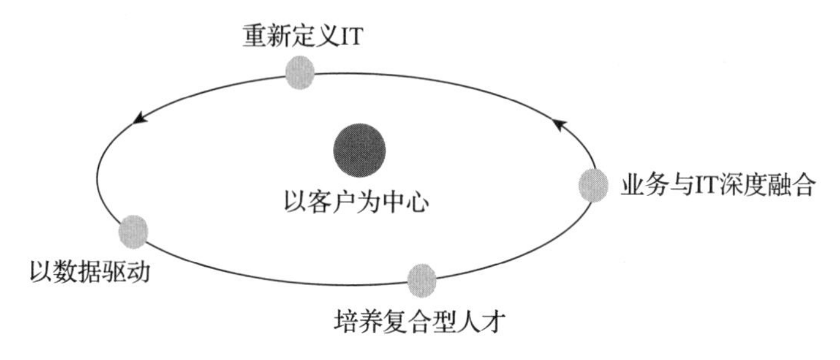

图 5-2　构建敏捷组织的 5 个方面

敏捷型的数据治理组织需要以客户为中心，学习如何超越技术层面去理解并满足客户需求，把握数字时代的各种可能性，构建与现有和潜在客户随时随地沟通交流的能力。

敏捷型组织具有员工自我驱动的特点，对客户需求和市场动向具有敏捷的反应能力，可以充分利用所有可获取的洞见和数据，了解客户情况，例如他们的喜好、所属群体和朋友圈，进而为客户创造新的价值，提升其对产品或服务的忠诚度。

由此可见，构建敏捷型数据治理组织的首要原则是建立以客户为中心的理念和文化。只有敏捷地洞察客户需求，才能不断改善客户服务水平、提升客户的满意度并持续为客户创造价值。

5.3.2　以数据驱动

信息化时代，企业运营的驱动力是“业务流程化，流程信息化”。企业在实施 ERP、CRM 等大型信息系统时，关注的焦点是业务流程优化、输入输出表单等。而到了数字化时代，前端市场的业务变化莫测，机会稍纵即逝，企业需要具备预判并应对业务变化的能力，而流程驱动的决策存在滞后性且成本高，显然已很难满足企业的需求。

传统金字塔式的层级架构，由于信息需要层层上报，决策指令需要层层下达，在应对前端市场和业务需求变化方面越来越力不从心。

在敏捷组织机制下，无论是信息上报还是决策下达，都是由数据驱动的，前端市场和业务需求的变化由相应的数据平台及时送达决策人员、管理人员和业务人员，使相关人员能够及时做出反应。同时，数据平台可以通过一系列数据分析的算法和规则，生成指导决策的重要参考。

案例：某著名车企“一次触达”的营销策略

在传统销售模式中，汽车主机厂与经销商各有侧重：主机厂专注于品牌与产品，除部分营销活动外，与客户的直接交流有限；经销商（4S 店）承担了日常销售和售后服务管理的职责，是线下最主要的客户触点。而传统的车辆销售场景不外乎在客户到店后为之提供与车辆销售和维修相关的服务。

本案例中的车企采用了更加扁平的敏捷组织，执行全渠道数字化营销策略，通过数据平台实现各渠道数据的全面采集、汇聚和处理。

在4S店中，公司为每一个销售顾问都配置了一台平板电脑，它具备查看所有车型的信息、即时生成定制化配置视图、预约试驾、了解最新价格折扣、查看库存等功能，所有信息“一次触达”，为客户提供了极佳的数字化体验。

通过人脸识别技术，快速识别进店的客户，并将客户信息（如客户的基本信息、消费偏好等）及时反馈给销售顾问。有了这些数据，销售顾问就能为客户定制个性化的营销策略，为客户提供更好的服务。在为车主提供服务的时候，系统提供了维保服务查询和提醒功能，从而驱动业务员为客户提供更好的增值服务。

敏捷组织需要有成熟的IT团队来构建和运行先进的平台与系统，从而以数据为驱动，敏捷响应业务需求。“以数据为驱动”能够让业务人员、管理者随时随地看到他们所需要的真实数据，并根据数据及时做出决策。

5.3.3 重新定义IT

1. IT部门的处境

第一，在传统观念中，企业的IT部门往往被定位成业务支撑部门，花钱却不能直接创造利润。在追求利润的企业目标下，花钱的部门总被要求钱花得越少越好。

第二，IT人员不懂公司业务，但业务人员却会使用互联网工具。业务人员会发掘可用到业务中的新IT工具，某种意义上这是在挑战IT部门的权威，而IT人员满足业务人员对新IT工具的需求的能力远远落后于外部供应商。

第三，IT部门不受重视，却经常为信息化问题“背锅”。在很多公司中IT部门往往不受重视，经常被动实现业务需求和IT系统的构建。地位不高，但责任却一点也不小，系统应用效果不佳，数据存在质量问题，数据遭到破坏或泄露等，只要出现与信息系统、数据有关的问题，IT部门都会是第一责任单位和“背锅侠”。

2. IT即业务，IT即管理

在敏捷组织中，IT部门的作用不再是支撑，而是驱动。

“IT即业务，IT即管理。”IT部门需要走向前端，融入企业的每个业务“细胞”中，与业务部门共同为企业创造商业价值。——这是数字化时代对IT部门的新定位和新要求。

对此，IT部门需要做到两个转变：

第一，IT部门需要从传统职能部门转变为赋能平台，将数据化思维、数据技术传播给企业中的每个人，通过数字化技术为前端多变的业务提供灵活的支撑；

第二，IT部门需要从传统的保障部门（成本中心）转变为能够为企业创造价值的能力中心（利润中心）。

如何做到这两个转变？从如下几个方面入手。

（1）夯实基础支撑平台

有人可能会问："不是说 IT 部门要转型吗，怎么又回到基础支撑平台了？"这里要说明的是，对大多数企业来说，IT 部门的主要职责还是系统运维，IT 人员必须首先做好企业 IT 设施的"修理工"。高效、高质地做好这项基础业务保障工作，IT 部门才有时间和精力来进行业务融合价值的创造。

不要以为这很容易，随着新技术的更迭，IT 人员需要时刻保持学习的能力，否则很难跟上技术的发展和企业的要求。举个例子，在单体应用时代、信息化时代、数字化时代，同样是运维工作，所需要的业务、技术等知识是不同的。如果你连本职工作都没做好，就谈为业务赋能，那么你很难获得业务人员的信任。

（2）技术、业务两手抓，两手都要硬

对 IT 部门来说，技术是立足的根本，在这个方面必须牢牢抓住话语权。这时候有人会抱怨："我们就这么几个人，运维工作都忙不过来，技术发展又这么快，我们再怎么努力也比不上外部的供应商。"

认识到自身的不足，这很好，但是人少、技术发展快并不是 IT 部门故步自封的理由。IT 部门完全可以利用自身的优势来保持在企业中的技术地位，因为 IT 部门要比外部供应商更了解企业的系统现状、业务现状、数据现状，更了解企业的痛点。技术上的不足可以联合外部供应商，导入新技术、新平台来弥补。新的业务需求不一定要完全自己开发，也可以借助外部供应商的力量。

同时，IT 人员需要走到业务人员中去，去学习企业的业务，理解业务人员的工作内容和思维模式。要理解业务人员为什么会因为一个"按钮"的位置而放弃使用 IT 部门开发的"强大"功能，要理解为什么企业花了很大人力、财力、物力做的炫酷的数据分析系统很少有业务人员问津……

只有深刻理解了企业需要什么，才能导入合适的技术或平台并管理好供应商，而非被供应商牵着鼻子走。

（3）打造赋能业务的能力中心

IT 部门可以利用自身的技术优势构建为业务赋能的能力中心。

通过建设或引入低代码工具和平台，让业务人员将自己的想法快速变成一个可以运行的系统，并通过小范围的试用来检验想法的可行性，实现敏捷迭代。这样既能保证组织的创新能力，也能让业务和 IT 人员更加理解彼此的工作。

通过梳理应用系统的业务流程，对业务数据和 IT 性能进行大数据采集、整理和关联分析，实时映射到全局业务拓扑图上，并借助数据分析工具及时呈现出来，以帮助管理者在繁杂的业务数据和 IT 性能中找到业务规划和企业发展的方向。

5.3.4　业务与 IT 深度融合

建立敏捷组织的目的是应对市场和需求的不断变化，支撑企业实现数据战略目标。要实现数据战略目标，IT 部门孤军奋战是不行的，需要 IT 与业务的深度融合，如图 5-3 所示。

业务与 IT 融合就是让业务人员懂数据和技术，让 IT 人员懂业务，让企业骨干人员既懂业务，也懂技术，还懂数据。当然，这是不能一蹴而就的，要一步步来，让企业人员逐步建立数据思维，提升数据管理和应用的能力。

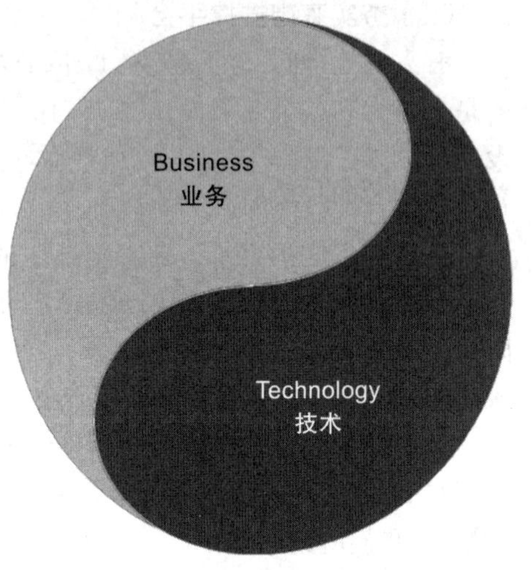

图 5-3 业务与 IT 的深度融合

建立业务与 IT 连接的桥梁

一个促成业务与 IT 融合的有效方式是在业务部门设立一个数据岗位，这个岗位需要对业务、技术、数据都有一定的了解，并具备一定的数据敏感性，能够将业务语言翻译成 IT 人员能够听懂的数据语言。这个岗位的职责不是业务，也不是数据，更不是技术，而是桥梁——连接业务和 IT 的桥梁。

同时，我们看到随着技术的进步，数据分析的技术门槛在不断降低，市场上出现了很多零代码开发的数据分析软件（也称为“自助式数据分析软件”），这在业务和 IT 之间架起了一座技术的桥梁，使业务人员转型为数据分析人员成为可能。

5.3.5 培养复合型人才

在很多企业中存在一个普遍的现象：IT 人员对企业的业务理解不深，缺乏对数据业务价值的洞察力，而业务人员不能随时获得想要的数据，缺少数据处理工具或对数据处理工具不够熟悉，无法对数据进行自主的探索和分析。

敏捷组织中需要培养和引入既懂技术，又懂业务，还懂数据的复合型人才，才能满足企业数据战略落地所需。

- ❑ **懂业务**：熟悉企业的业务流程和业务规则，清楚企业数字化的业务需求，能够站在企业整体层面提出业务需求和痛点问题。
- ❑ **懂数据**：不仅要熟悉企业的基础数据和业务数据，还要对数据如何支撑业务、反哺业务有着清晰的认识，对“分析什么”“如何分析”“如何使用”“如何管理”这 4 个数据问题有明确的答案。
- ❑ **懂技术**：掌握数据分析软件的使用，熟悉统计学、大数据、机器学习、人工智能等数据分析和挖掘相关的技术与工具，掌握数据分析模型的设计和开发技术，能够主动利用数据产生的洞察指导业务的开展和管理的决策。

既了解业务又善于数据分析的复合型人才在市场上有很强的竞争力，并且非常稀缺。因此企业需要将目光放在企业的内部，将复合型人才队伍建设作为推动企业数字化转型、促进数字经济发展的重要抓手。

5.4　本章小结

敏捷组织的构建需要有一种开放的企业文化。实施组织变更就意味着岗位和权责的再分配，如果没有开放的企业文化，数据治理就很可能成为一个“政治”问题。如果只是进行形式上的组织设置，没有从行政、人力上解决权责分配的问题，就无法形成团队的凝聚力，从而影响数据战略的实施效果。

Chapter 6 第6章

数据文化：数据思维融入企业文化

大数据时代，信息泛滥，数据纷繁复杂，数据质量无法保障，数据价值密度低下。对企业而言，大数据到底是企业资产还是负担，这是一个颇受争议的话题。大数据的存储、处理都有一定的成本，还需要人力专门维护，而数据如果用不起来或用得不好，就不会给企业带来任何价值。

大数据的根本价值在于从数据的不确定性中发现规律，获得确定性。想要在繁杂的大数据中快速找到价值数据，并依靠数据发现、分析、解决、跟踪问题，企业必须有数据思维与数据文化。

本章将重点介绍如何建立数据思维与培养数据文化。

6.1 数字转型，文化先行

数字化正在改变着各行各业，不可逆转。数字化转型是当今企业的重要战略目标，良好的企业文化为员工提供了做选择时的指导方针，有利于企业数字化目标的实现。良好的数据文化有利于企业更快地做出科学决策，从而推动技术和商业模式创新。

企业在数字化转型中，一定要重视建立数据思维和培养数据文化，缺乏文化土壤会让数字化转型事倍功半。一项对来自340家机构的1700名参加者的研究显示，60%的人认为缺乏数据思维和数据文化的土壤是推行数字化转型的主要障碍。

缺乏数据思维和数据文化土壤的主要表现有：

- 领导层觉得他们在推行数字化，但是员工并不认为他们的企业文化是“数字化”的；
- 中层领导认为他们的权力不够，推行不了企业的组织转型；
- 员工不知道企业的数据战略是什么，也没有人跟他们沟通数据治理的战略愿景。

总之，领导层和员工的看法完全不同，说明企业上下并没有形成共识，这对于企业数字化的推进是很不利的。企业数字化的落地生根离不开滋养它的土壤，适配的企业文化土壤是成功的关键。

资源是会枯竭的，而文化会生生不息，但一种企业文化并非一朝一夕就能轻易形成的。建立良好的数据文化需要融合数据战略、数据人才、数据管理以及应用的技术手段和决策方法等。

数据治理是一项长期的系统工程，需要融入企业文化当中。

6.2　数据文化从建立数据思维开始

提到数据思维，很多人感觉这是概念上的、虚的、不能落地的。但恰恰相反，数据思维一点也不虚，而是实实在在的。

在企业中，决策人员缺乏数据思维，就很难从战略的高度进行数字化部署；管理人员缺乏数据思维，就很难建立起“用数据思考，用数据说话，用数据管理”的数据文化；业务人员缺乏数据思维，就很难将错综复杂的业务问题转换为技术人员擅长的数据应用问题；技术人员缺乏数据思维，就无法正确理解业务需求，无法设计出满足业务需要的数据产品。

那么，到底什么是数据思维？数据思维有什么特点？如何建立数据思维？下面就来一一介绍。

6.2.1　什么是数据思维

我们判断和分析事物的变化并形成定性的结论，一般有两种方法：

第一，通过对事物所涉及的一系列数据进行收集、汇总、对比、分析而形成结论；

第二，通过感官、经验、主观和感性判断而形成结论。

前者可以称为“数据思维”，后者可以称为“经验思维”或“传统思维”。

《企业数据化管理变革》一书对“数据思维”的定义是：“数据思维是根据数据来思考事物的一种思维模式，是一种量化的思维模式，是尊重事实、追求真理的思维模式。”

简单来说，数据思维就是**用数据思考，用数据说话，用数据决策**。

用数据思考就是要实事求是，坚持以数据为基础进行理性思考，避免情绪化、主观化，避免负面思维、以偏概全、单一视角、情急生乱。

用数据说话就是要杜绝“大概”“也许”“可能”“差不多”之类的词，而是要以数据为依据，进行合乎逻辑的推论。

用数据决策就是要以事实为基础，以数据为依据，通过数据的关联分析、预测分析和事实推理得出结论，避免凭直觉做决策，做出情绪化的决策。

6.2.2 数据思维的 3 个特点

数字化时代，我们能够接触到的信息太多、太杂，我们听到的、看到的往往并不是事物的真相。因此，我们需要数据思维。数据思维可以总结成 12 个字：善于简化，注重量化，追求真理。

1. 抓重点，善于简化

我们的身边充斥着各种正面的、负面的、片面的、真实的、虚假的信息，一不小心，我们就会被纷繁复杂的信息所干扰。面对纷繁的信息，我们在思考问题时要善于简化，抓住重点，抽丝剥茧。

具体来说，就是聚焦核心问题，从结果或最终目标出发，收集信息，评估情况，寻找多种视角，找到高效解决方案。这是一种化繁为简的思维方式。简化是要直指问题的核心和根本，就是要追问最终目标是什么，从最终目标出发，找到解决问题的创新方法，而不要被一些枝节问题所困扰。

2. 求精确，注重量化

数据思维一般更注重量化，善于用定量的方式进行思考和决策。量化的思考能够帮助我们做计划，从而将工作和生活安排得井井有条。例如，前一天晚上把第二天要做的事罗列出来，然后以时间为单位，计划每件事花多长时间。

案例：笔者是如何利用量化思维模式坚持写公众号文章的

笔者（石秀峰）的公众号“谈数据”（ID：learning-bigdata）每周会发布一篇与数据相关的原创文章。每篇文章从写作、配图制作、排版到发布，每个环节都需要精心打磨，要花费大量的时间。笔者写公众号文章只是一个业余爱好，都是利用业余时间写，而且周末经常要陪孩子或者加班，真正能有效利用的时间很少。如果不是对写作进行了量化，写公众号文章这件事情，笔者不相信自己能够坚持下来。以下是笔者用量化的思维写公众号文章的思路：

1）在写作每篇文章之前，规划好文章主题，拟定文章大纲（分多个小节）；

2）根据文章主题查阅资料，收集素材；

3）按大纲开始写作，将每个小节分配到可支配的业余时间里，每天写一两个小节，3 天完成整篇；

4）制作文章的配图；

5）排版、预览并发布。

量化的数据思维有助于我们将复杂的问题分解成几个小问题，然后按部分制订计划，对不同的问题做出不同的计划，直到所有问题都得到解决。

数据思维是求精确、注重量化的，强调具体和准确，强调能力聚焦、问题聚焦，在一

个个具体的点上解决问题。"大数据，小应用"说的就是这个道理。只有将大数据聚焦到具体的问题、具体的应用场景上，才能发挥出其真正的价值。

3. 知不知，追求真理

老子在《道德经》中说："知不知，尚矣；不知知，病也。"这句话的意思是：知道自己还有所不知，这是很高明的；不知道却自以为知道，这就是很糟糕的。在笔者看来，"知不知"不仅是一种谦虚、低调的人生观，也是一种尊重事实、实事求是、追求真理的思维模式。因为不知，所以才需要不断地去学习、去探索、去追求真理。

拥有数据思维的人都知道：数据不是万能的，世界万物的关系复杂，而简化可能带来误差；数据都是历史数据，万物却是动态变化的，现有的知识也有真伪之分，拥有数据思维的人能够去伪存真，做数据真正的主人，而非数据的奴隶。追求真理永无止境！

我们生活在一个信息大爆炸的时代，数据的作用被无限放大，这带来一个问题：即便数据是客观的、真实的，用于分析和处理数据的方法也可能是华而不实、模糊不清或过于简单的。对于同一现象、同样的数据，采用的分析方法不同，经常会得到不同的结论。这就要求我们不仅要用量化的思维思考问题，更要探究数据的真实性、客观性，不断探寻隐藏在数据背后的真相。

6.2.3　如何建立数据思维

数字时代，企业面临的外部环境更加复杂，内部管理上的挑战也更大。企业需要转变思维方式，用数据思维进行决策和采取行动，以保持在商业竞争中的主动、优势地位。建立数据思维，可以分 4 步走。

1. 自上而下地推动

要建立数据思维，不仅要改变人的行为习惯，还要改变人的思维方式。改变一个人的行为习惯比较容易，而改变一个人的思维方式则非常艰难。企业数据文化的培养，数据思维的建立，需要自上而下地推动。

高层领导首先需要建立数据思维。在研讨目标、商议工作、布置任务的时候，都要用数据说话，用数据决策，用数据指导行动。在开会的时候，要通过数据看问题，通过数据听汇报，通过数据定目标。

领导的思维方式和行事风格会影响到其管理的团队，团队成员会向领导的特点靠拢，以获得领导的赏识（管理学中将这种行为称为"向上取悦"）。同时，团队成员之间会相互影响，久而久之，数据思维就会慢慢成为人的行为习惯，进而形成企业数据文化。

2. 营造数据驱动的文化氛围

"数据驱动"是近年来 IT、互联网领域使用频率很高的一个词。它是指通过数据采集和数据处理，将数据组织成信息流，并在做业务和管理决策或者进行产品、运营方案优化时，根据不同需求对信息流进行提炼与总结，从而帮助管理者做出科学决策，指导业务人员具体执行。

数据讲求的是量化、科学、实事求是，企业在管理中必须重事实，讲数据。数据驱动可以从以下3个方面入手。

（1）持续产生数据是数据驱动的前提

“巧妇难为无米之炊”，数据驱动的前提是“有高质量数据”。第一，数据不是凭空而来的，而是从业务活动、业务流程中采集而来；第二，要保证采集来的数据能满足业务所需，就需要对其实施治理。

（2）“让数据用起来”是数据驱动的核心

“数据驱动”的核心是“让数据用起来”。第一，初步的数据采集和分析能够获得有意义的“数据表象”；第二，深度的数据挖掘和分析能够找到产生这些表象的根本原因；第三，用这些分析结论指导行动；第四，在行动中验证并修正数据分析的结论。这四个步骤周而复始，循环往复，形成了真正意义的“数据驱动”。

（3）数据思维内化于心是“数据驱动”的基础

有了数据思维才会主动地使用数据，而只有使用了数据才能真正体会到数据的价值。“数据思维”与“数据驱动”两者互为基础，互为补充。数据思维内化于心，通过持续不断地进行数据探索和使用，形成一种创建、读取、理解、传递数据的能力，将数据转化为知识，从而驱动业务决策。

3. 建立循序渐进的培训机制

要改变一个人的行为习惯和思维方式，培训很重要。关于数据治理培训，建议如下。

（1）数据战略培训

通过培训，宣贯数据战略的使命、愿景、目标和计划，普及数据战略的必要性、重要性，以及数据战略实施对企业和个人的要求，让员工对企业数据战略有一个深刻的认知，为建立数据思维做好准备。

（2）数据标准培训

数据标准的贯彻执行离不开对利益相关方的培训。通过培训，让员工对企业的数据标准、数据管理流程和制度达成一致，以提升沟通和业务处理的效率。

（3）数据工具培训

有效的数据工具能够帮助员工建立数据思维。通过培训，说明工具的使用方法，帮助员工学会使用数据工具，并从中获得知识和成就感。

（4）培训过程控制

在培训前，应做好培训规划，包括培训计划、培训目标、培训内容、参与人等。如有必要，将培训的动机和计划提前告知参与人。

在培训中，高层领导最好出席并强调相关内容，以传达变革的决心。每个层级必须给下一层级做培训，并由相关部门进行跟踪检查，为每次培训打分。

在培训后，可要求每个参与培训的员工填写反馈问卷，必要时可进行培训效果测试。

4. 从实践中求真知

谁都不是天生就有数据思维的，数据思维也不是来自人对数据的直觉。要想建立数据思维，必须通过大量的实践，从实践中学会使用数据思考的框架。

数据思维的形成是一个熟能生巧的过程，对于新接触的业务和数据，当然会有不了解的细节，这很正常。对企业而言，要鼓励员工不断尝试用数据说话和行事。对员工而言，要勇于使用数据去反映问题、汇报工作、寻求帮助，不断从实践中求真知。

6.3　培养数据文化的 3 个办法

传统的企业管理中，信息掌握在关键部门的关键人员手里，信息是不对称的，人们习惯于依赖权威人物、行政命令或个人经验行事。数字时代，随着掌握的信息越来越平，人们将越来越尊重事实和数据，学会基于事实和数据来思考问题、解决问题，这一过程就是建立数据思维、形成数据文化的过程。

培养数据文化的关键在于让人们不再畏惧数据，进而精通数据，掌握用数据思考、用数据说话、用数据决策的思维模式。培养数据文化不能讲“个人英雄主义”，不是让一个人或一部分人拥有数据思维，而是要培养企业全体人员的数据思维和团队协作文化。

6.3.1　打破数据孤岛，实现共享数据

培养数据文化需要打破企业信息孤岛，实现跨部门、跨系统的无障碍和透明化的数据交易和共享，从而提高企业团队协作和创新的能力。

打破信息孤岛面临的挑战来自两个方面：一是技术屏障，二是部门墙。

1. 技术屏障

技术屏障一般与企业的信息化历史有关。在早期的企业信息化过程中，由于普遍缺乏统一的规划，信息系统的建设都是以业务部门的需求驱动的，导致出现“烟囱式”架构，各个系统各自为政、标准不一，从而形成了一个个信息孤岛。在多个孤立的系统中，相同的数据很可能产生不同的版本，数据变得不一致且过时。

到了数字时代，数据成为企业的重要生产要素，那些曾经推动了企业业务和管理进步的信息系统反而成为企业业务协同和团队协作的瓶颈。

信息不能共享致使企业的物流、资金流和信息流发生脱节，造成账账不符、账物不符，使得企业不仅难以进行准确的财务核算，而且难以对业务过程及业务标准实施有效监控。这会导致企业不能及时发现经营管理过程中的问题，造成计划失控、库存过量、采购与销售环节存在暗箱操作等现象，带来无效劳动、资源浪费和效益流失等严重后果。

技术屏障、信息孤岛导致企业无法有效提供跨部门、跨系统的综合数据，各类数据不能形成有价值的信息，局部信息不能作为决策依据，致使数据对企业的决策支持流于空谈，集团化管控、行业化应用也受到制约。

2. 部门墙

传统企业由于组织机构臃肿，科层制的管理职能层级过多，在企业内部形成了一道阻碍各部门、员工之间进行信息传递、工作交流的无形之墙。部门本位主义严重，画地为牢，不断囤积自己的数据并依赖私有系统开展关键业务运营。各部门员工之间缺乏交流，互不信任，协助困难，导致工作效率低下，遇到问题相互推卸责任。

数据驱动的企业需要依赖可信的数据。实际上，每个人要想顺利完成工作都离不开他人的帮助。例如，数据管理员依靠业务部门提供的准确数据来维护高质量的数据，数据分析师依靠数据治理团队提供的准确且丰富的数据开展数据分析，销售经理依靠 CRM 系统和数据管理员提供的销售线索和潜在客户信息进行销售。因此，消除部门墙，营造信息共享、协同合作的工作环境是数字化道路上的一次巨大飞跃。

可以通过数据治理，建立统一的数据标准，打通系统之间的数据通道，消除系统之间的信息孤岛，实现数据共享；建立扁平化、灵活的数据治理组织体系，打破部门墙，实现部门之间的信息共享和团队协作。要消除信息孤岛，实现数据共享，不仅需要技术上的数据集成、数据融合，更需要将数据共享、团队协作的数据文化植根于企业的每个人心中。

6.3.2 建立制度体系，固化数据文化

数据文化是以数据为驱动，促进科学决策、团队协作的企业文化，是现代管理科学与数字化实践的产物。随着企业规模的不断扩大和数据文化建设的不断深化，“人治”将逐步让位于“法治”，通过不断完善数据治理制度体系，逐步固化企业的数据文化，以增强员工数据素养，规范员工行为，提高企业的管理和运营能力。

数据文化的本质是以企业的数据战略为指引，以推动实现业务价值为目标，形成全员共识并共同遵循有关数据驱动的理念、价值标准和行为规范。它是数据价值观、数据管理和使用制度化、数据操作规范化的一个综合体。

数据文化需要相适应的管理制度来进行固化，数据文化与管理制度之间是互动、互补的关系。数据文化是管理制度形成和创新的依据，而管理制度又要反映数据文化的要求；管理制度强化数据文化，即管理制度是数据文化的载体，管理制度是对数据文化的巩固与发展，又具有强化作用。

没有文化的制度与没有制度的文化都是不可想象的。

实践表明，企业文化力是一种生产力。麦肯锡公司的一项研究表明：“世界 500 强胜出其他公司的根本原因就在于，这些公司善于给它们的企业文化注入活力！”

当前，中国企业的数字化转型方兴未艾，数据文化的建设还处于起步阶段，数据文化建设是否成功是衡量企业数字化转型能否成功的重要依据。数据文化建设需要用制度来保障，将数据文化固化于制。

将数据文化固化于制，就是指用制度、机制来反映文化理念，将已取得的数据文化建设成果用规章制度固定下来，这对员工既是价值观的导向，又是制度化的规范。员工对企

业数据文化由认识、认知、认同到自觉践行，有一个从不自觉到自觉、从不习惯到习惯的过程。

要深入抓好团队协作文化、数据共享文化以及以数据为驱动的管理和决策文化等的构建与完善，让取数、治数、用数有“法”可依，将数据文化真正固化于制，以支撑企业的数据治理和数字化转型。

将数据文化固化于制，可以从以下几个方面着手。

第一，对数据文化宣贯情况进行考核，从本企业的实际出发，结合国内外标杆企业的文化评价体系和建设经验，提出符合企业特色的数据文化评价体系。各体系以贴近企业实际为基础，以摸清数据文化现状、提升企业价值为出发点，以可操作、追求实效为原则，在评价过程中不断激发员工的积极性和创造性。

第二，将数据文化内容纳入绩效考核和员工招聘中。

第三，将数据文化理念运用到企业的各项工作中，即以数据为驱动来开展各种业务活动，指导管理和决策。

同时，数据文化是一种创新文化，创新就要求制度有一定的灵活性。文化需要通过制度固化，但需要有一定的调整空间，不能僵化，僵化的制度不利于企业的数字化和敏捷化。在数据文化的建设过程中，还要充分发挥企业高层领导的带头作用，高层领导应当积极地塑造数据文化，促进团队协作和数据共享，为员工营造一个轻松的工作环境，帮助员工发挥他们的潜能。

6.3.3　推行数据治理，增强数据文化

数据治理是企业数字化转型的必经之路。良好的数据治理同时涉及组织与人员、制度与流程、技术与工具，既是数据文化的驱动力，也是数据文化的理想结果。

良好的数据治理既不能只有理论，也不能只有实践，而要将理论与实践相结合并根植于完善的数据文化之中，营造企业的协作环境，增强数据驱动的文化氛围。

良好的数据治理不仅能够保证数据质量，满足安全合规的要求，而且还能提高企业人员的整体数据意识，增强他们对企业数据文化的信心。

企业进行数字化转型的主要目的是通过管控和利用数据来推动企业业务的增长，而要达到这一目的就要实施有效的数据治理，以提升数据质量并保证数据的安全合规使用。

数据治理与数据文化培养是相互促进的关系，具体体现在如下 5 个方面。

（1）数据安全

无论是保护企业的数据资产还是保护用户的数据隐私，数据安全都是建立信心和协作环境的重要支柱。通过建立数据安全问责机制，明确分割责任和数据访问权，让适当的人在适当的时间获得适当的数据，这既是数据治理的重要目标，也是数据文化的理想结果。

（2）数据质量

中国有句谚语叫“一个臭鸡蛋毁了一锅汤”，意思是只要有一种食材变质，那么剩下的

所有食材是否新鲜就不太重要了，数据也一样。高质量的数据是产生洞见的前提，数据治理的直接目的就是提升数据质量，让数据变得更有价值。

（3）数据治理组织与人员

建立数据治理的组织机构，明确数据治理的岗位职责，普及数据治理的知识和方法，让人们认识到数据的重要性，并在工作中建立以数据为基础的协助模式，促进数据文化的形成。

（4）数据治理制度与流程

建立有效的数据治理制度和流程，对数据的生产、采集、处理、加工、分析、应用等环节的操作进行约束和规范，以输出高质量数据并保障数据安全合规使用。数据治理制度和流程是数据治理成功落地的保障机制，也是促使企业员工形成数据素养的重要手段。当数据素养不再是 IT 工程师和分析师的专利，当企业每个部门都能够通过使用数据，跟踪绩效、发现新商机并贡献新想法的时候，企业的数据文化就算真正落地了。

（5）数据治理技术与工具

数据治理技术和工具是数据治理理念的承载。通过借助大数据、云搜索、微服务等先进技术，搭建企业数据治理技术体系，推动企业数据资产管理规范和创新，丰富数据应用工具，提升数据应用价值，解决企业数据资产查找难、应用难、管理难等问题，实现企业数据价值挖掘及数据资产的变现和升值。数据治理技术和工具的普及是数据文化落地的重要抓手。

6.4 本章小结

本章重点介绍了数据思维的建立和数据文化的培养。在企业的数据管理和应用的实践中，应以业务目标为核心，以数据为基础，以技术为支撑，以制度为保障，将数据文化“内化于心，外化于行，固化于制”，将“数据驱动”应用到实际的工作中，使其成为员工的自觉行为，并做到“知行合一”。

拥有数据思维才能发现数据价值。企业数据治理治的不仅是数据，更是企业全员的思维方式。

第三部分 Part 3

数据治理之法

“法”是战术层面的方法。数据治理之法是一套完整的数据治理实施方法论，包括理现状与定目标、能力成熟度评估、路线图规划、保障体系建设、技术体系建设、策略执行与监控、绩效考核、长效运营。笔者将其归结为数据治理的8项举措。企业通过落实这8项举措，可以构建数据治理的核心能力，铺平企业数字化转型之路。

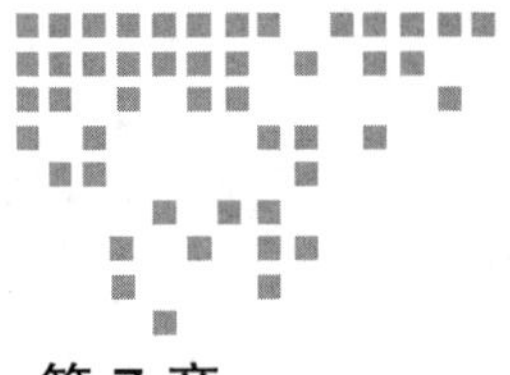

Chapter 7 第7章

理现状，定目标

Gartner咨询公司的分析师安德鲁·怀特说过："虽然数据治理是整体数据战略的核心组成部分，但组织应专注于治理计划的预期业务成果，而不是数据本身。"这与笔者的观点不谋而合：任何企业都不会为了治理数据而治理数据，其背后都是管理和业务目标在驱动。企业数据治理的第一步是明确治理的业务目标。

本章主要介绍数据治理的需求调研和分析，带领读者了解如何通过信息化摸底、业务部门调研、高层领导访谈和现状评估等，一步步确定企业数据治理的项目目标和范围。

7.1 现状调研

现状调研主要采用信息化摸底、业务部门调研、高层领导访谈等形式，充分了解企业的数据管理现状和亟待解决的业务问题，获取客户对数据治理的具体需求及期望，进而明确数据治理的目标。

7.1.1 信息化摸底

信息化摸底是通过对企业信息化建设情况进行摸底，厘清企业的信息化现状（见图7-1），从IT视角观察和理解企业数据管理的痛点和需求。

调研对象：企业IT部门和数据部门。

调研方法：问卷调查、现场访谈。

调研内容：企业的信息化摸底，调研的内容包括但不限于以下几个方面。

- 系统的建设情况：厘清运行中、在建中、待建中的信息系统有哪些，绘制成企业信息化的整体框架图。

- 系统的基本情况：系统架构、自建/外购、开发语言、数据库、系统厂商、使用范围、归口管理部门、管理人员等。
- 系统的功能情况：系统包含的功能模块有哪些数据，有哪些数据质量问题，数据安全是否可控等。
- 系统的集成情况：是否与其他系统有数据接口，有哪些接口，对接了哪些数据。

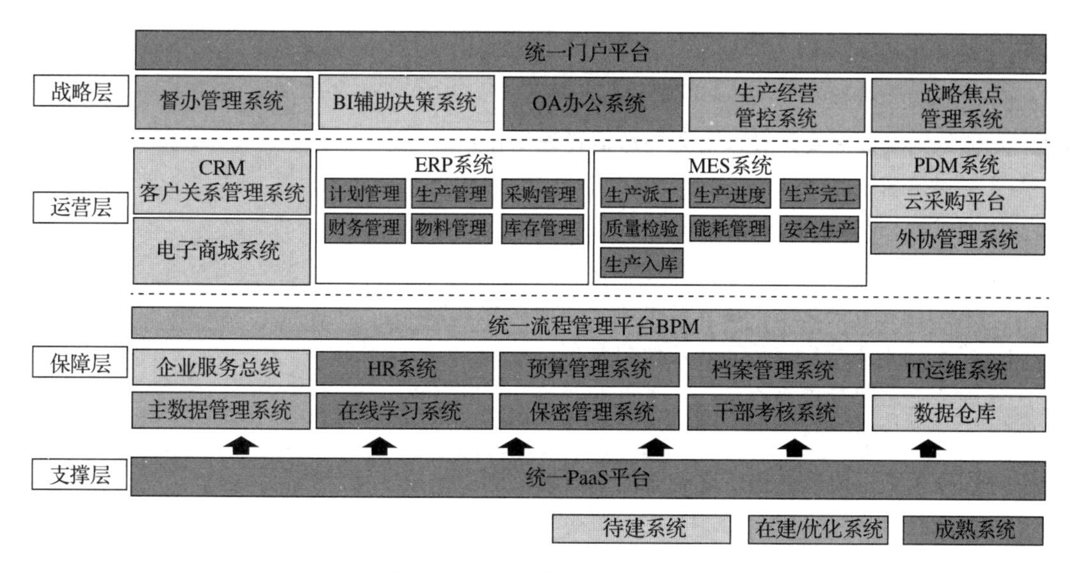

图7-1　企业系统建设现状示例

问卷调研使用简单，是数据治理需求调研活动中的一种常用工具，一般用于收集资料、对企业数据治理现状和需求进行初步摸底。

一份数据治理调研问卷

1. 在工作中，你会遇到哪些数据问题？

☐ 数据缺失

☐ 数据存在，但是内容无效，无法使用

☐ 数据需要重复手动录入，占用大量工时

☐ 数据定义不清晰，存在多种口径

☐ 相同数据在多个系统中被引用时不一致

☐ 数据录入、更新不及时，导致无法及时使用数据

☐ 前端数据录入错误，导致数据无法使用

☐ 数据无权限访问

☐ IT系统bug，导致输出数据无法使用

☐ 其他，请补充：______________

2. 请勾选你所了解的数据治理模块。

☐ 数据战略与规划
☐ 主数据管理
☐ 数据标准管理
☐ 数据质量管理
☐ 数据安全管理
☐ 元数据管理
☐ 数据需求管理

3. 你认为企业需要开展以下哪些数据管理工作?

☐ 暂时不需要
☐ 制定数据标准，包括指标标准
☐ 建立数据管理流程
☐ 定期检查数据质量，建立数据质量问题跟踪机制
☐ 建立数据质量管理的预防及纠错机制
☐ 建立元数据管理平台
☐ 其他，请补充：____________________

4. 你认为数据治理在你所在企业的本年度规划中的重要程度如何?

○ 不太清楚
○ 提到过数据管理，但是没有列出明确的目标和任务
○ 包含数据管理相关的内容，并且列出了明确的目标和任务，但是重要程度一般
○ 包含数据管理相关的内容和任务，但是由于资源或意识的限制，并不能有效执行
○ 包含明确的数据管理目标和任务，正在有效执行中，并且已经或者预期能产生效益

5. 你认为在建立、实施、推广数据标准的过程中可能会有哪些问题?

☐ 数据标准缺失
☐ 数据标准混乱，存在多套口径
☐ 缺少数据标准管理组织
☐ 数据标准管理的流程规范不完善
☐ 已建立标准，但无法落地执行
☐ 缺少方法论指导
☐ 数据标准已过时
☐ 未得到企业内部的广泛认可
☐ 其他，请补充：____________________

6. 企业是否提供过数据管理相关的培训?

○ 不太清楚
○ 主要是边干边学或其他非正式的方式，没有正式的培训计划

○ 制定了正式的培训计划，并且逐步在部门内开展
○ 部门内的数据管理人员可以定期接受企业甚至外部的培训
○ 部门培训计划与企业数据整体培训计划相融合，持续进行

问卷调研可以帮助我们建立对企业数据治理情况的大致了解，但这是远远不够的。有的问卷调研结果并不可靠，想要了解企业数据治理的真实现状和核心痛点，必须进行实地调研、访谈、数据收集和分析评估。

7.1.2 业务部门调研

业务部门调研是根据数据治理所涉及的实施范围，针对各业务部门开展的调研活动，目的是厘清各业务部门的数据管理存在的问题、核心需求等，从业务视角理解企业数据管理的痛点和需求。

调研对象：数据治理范围所涉及的各业务部门。

调研方法：问卷调查、现场访谈。

调研内容：从业务部门的组织机构入手，按照业务部门的职能划分，明确每个职能所涉及的业务流程、关键数据、支持系统等。以人力资源域为例，调研内容见表 7-1。

表 7-1 人力资源域业务调研示例

业务域（部门）	主要职能	业务流程	关键数据	支持的系统
人力资源部	组织机构管理	组织新增与变更、部门新增与变更	组织、部门	e-HR 系统
	人事管理	人事招聘管理、人员的入转调离管理	组织、部门、人员、岗位	e-HR 系统
	薪酬管理	薪酬核算、薪酬发放	组织、部门、人员、岗位；工资、奖金等	线下核算后导入 e-HR 系统
	培训管理	培训管理	组织、部门、人员、岗位；培训计划、培训教材等	线下，无系统支持
	绩效管理	绩效核算	组织、部门、人员、岗位；绩效数据	

在业务域调研中，除了要关注表 7-1 中的数据之外，还需要重点梳理业务域的业务需求、数据管理及应用需求等，包含但不限于以下几个方面。

- 业务需求：描述业务目标和业务痛点，例如降低成本、提升效率。
- 数据管理需求：描述业务目标对数据标准、数据质量、数据安全等的需求，例如通过统一数据标准提升业务部门之间的沟通效率。

- ❑ 数据集成需求：描述业务目标对数据及数据集成的需求，例如某业务数据的共享。
- ❑ 数据应用需求：描述业务目标对数据应用或数据产品的需求，例如基于数据分析和挖掘提升业务的洞察力。
- ❑ 数据分析需求：描述业务目标对数据分析与挖掘、数据可视化等的需求，例如领导驾驶舱、业务看板、数字化大屏。

7.1.3 高层领导调研

高层领导调研即针对企业高级管理人员的数据治理需求调研。高层领导调研有助于深刻理解企业的业务战略、数据思维和认知、对数据治理的重视程度，掌握企业主要领导的数据治理思路、目标、方向、期望和要求。

调研对象：企业的高级管理人员，不限于 CEO、CFO、CIO 和 CDO。

调研方法：问卷调查、现场访谈。

调研内容：高层领导调研需要聚焦于企业发展和数字化目标，可以从以下 4 个方面入手。

- ❑ 对企业业务战略的理解，如企业的经营目标、经营状态、业务布局、业务发展的机遇和挑战等。
- ❑ 对企业所处行业的理解，如企业所处行业的内外部环境、竞争态势，以及可以学习和借鉴的行业标杆企业等。
- ❑ 对信息化、数字化的理解，如企业在信息化、数字化方面的投资情况，信息化的成效，亟待改进的问题等。
- ❑ 对企业数据治理的理解，如数据对企业的重要性、数据治理在业务发展中发挥的作用、数据治理的内涵、当前在企业数据管理和使用上存在的问题和不足、对数据治理实施的期望等。

高层领导调研的关键是明确数据治理目标，准确掌握高层领导的数据治理诉求、目标、期望，这对后续数据治理实施起着至关重要的作用。

小贴士 为了有效开展调研工作，数据治理的实施方要时刻谨记：需求调研并不只是将客户需求记录下来，更重要的是挖掘客户没有说清楚的需求，甚至客户尚未发觉的真实需求，进而为企业解决实际业务和管理问题。

7.2 现状评估

根据需求和现状调研情况，对企业的数据治理现状进行分析和评估，找出企业数据管理工作中存在的不足，明确数据治理实施的目标和范围。企业数据治理现状评估包括数据思维和认知现状、IT 系统现状、数据分布现状、数据管理现状、数据质量现状等多个方面。

7.2.1　数据思维和认知现状

了解企业，尤其是关键干系人对数据治理的基本认知情况对于项目来说至关重要，因为这一认知在一定程度上决定了数据治理项目的实施策略。目前国内不同行业、不同企业对于数据治理的认知水平参差不齐，普遍存在以下两种情况。

（1）缺乏数据思维

数据思维与信息化意识略有不同，具备信息化意识的管理者未必具备数据思维，数据思维是"抓重点，善于简化；求精确，注重量化；知不知，追求真理"的思维模式，是运用数据理性地分析和处理事物。很多管理者惯于依靠自身经验或根据某件事情的规律来判断和解读事物，而不是用数据说话，用数据管理，用数据决策。原因有二：一是没有意识到数据思维的重要性；二是有意忽略数据思维，即便个人判断可能出错，也要维护自己的权威性。这些都会造成数据的重要性被弱化，数据架构出现断层。

（2）盲目跟风

数据领域的新概念层出不穷，如数据仓库、大数据、数据可视化、数据挖掘、领导驾驶舱、人工智能、数据湖、数据中台等，这些新概念为行业带来了活力，加速了人们对数据重要性的认知，但也给企业带来了困惑。新概念还没来得及消化，更新的概念就又出来了。再加上一些商家的不断炒作和过度宣传，给整个行业带来了一定的误导，甚至有的企业还没搞清楚概念就盲目跟风了。于是，就出现了争先恐后上"数据中台"，稀里糊涂搞"数据治理"的现象。

7.2.2　IT 系统现状

根据现状调研情况对企业的 IT 系统现状进行评估，明确企业相关信息系统的数据管理现状、存在的问题等。

IT 系统现状评估包含但不限于以下 4 个方面（见图 7-2）。

- **系统架构**。列出每个 IT 系统的技术架构，如开发语言、数据库、C/S 或 B/S，单体架构、SOA 架构或微服务架构，依赖的中间件等。
- **系统集成**。列出每个系统的接口现状，包括是否存在外部接口、有哪些接口、有哪些接口方式等，并说明系统集成的问题，如数据库点对点集成、接口数据丢失等。
- **系统使用**。列出每个系统的使用单位、部门、主要用户，并说明系统使用过程中经常存在的问题。

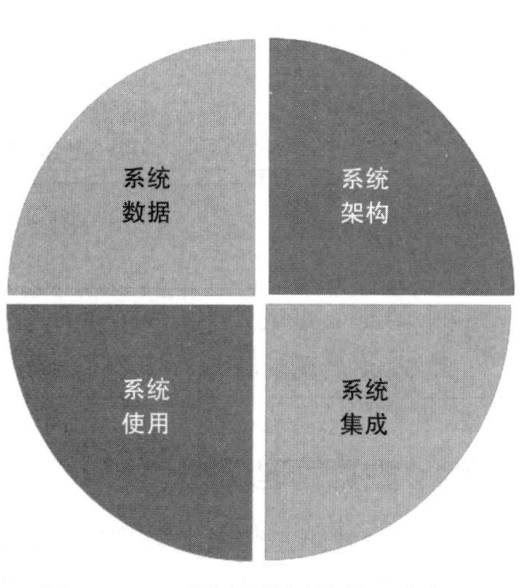

图 7-2　IT 系统现状评估的 4 个方面

- **系统数据**。列出每个系统包含的关键数据，并说明这些关键数据在使用和管理过程中存在的核心问题，例如数据孤岛问题、数据质量问题、数据安全问题等。

7.2.3 数据分布现状

通过数据资源分布图可以清晰地看到企业数据资源的全景视图，根据调研结果绘制数据资源分布图，只需简单两步。

1）**数据域划分**。数据是从业务中产生的，可以根据企业的业务域划分数据域。这里根据业务域所处企业管理的层级，将企业的数据域分为战略层、经营层、支撑层三个层次。

2）**数据资源归类**。根据信息化及业务部门调研结果，将梳理出的数据资源归类到对应的数据域中，形成数据资源分布图，如图 7-3 所示。

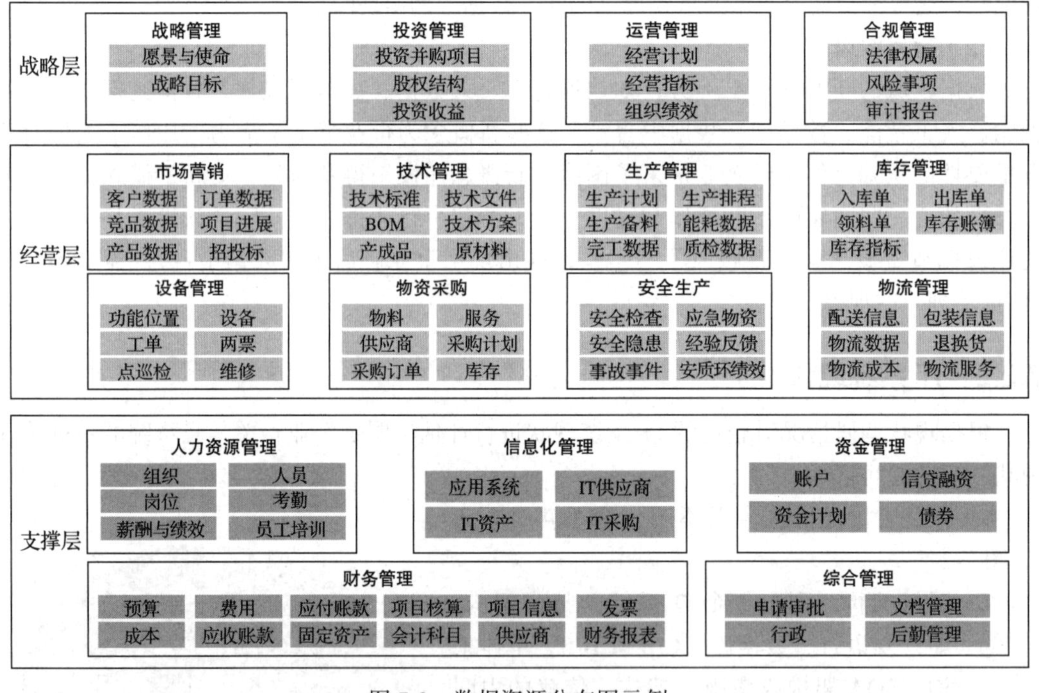

图 7-3 数据资源分布图示例

> 小贴士 按照数据域归类是梳理数据资源的方式之一，也可以基于数据来源进行数据资源梳理并形成数据资源目录或地图。

7.2.4 数据管理现状

依据企业信息化及业务现状调研情况，按数据域逐一对企业的主数据、业务数据、指标数据的管理情况进行评估，并给出初步评估说明。

1. 数据管理评估的维度

数据管理现状一般从以下 10 个维度进行评估（见图 7-4）：

- ❑ 数据定义是否清晰
- ❑ 数据模型是否完整
- ❑ 数据是否在多个系统共享
- ❑ 确权认责是否明确
- ❑ 数据标准是否健全
- ❑ 数据管理的流程是否已建立
- ❑ 数据管理的制度是否已建立
- ❑ 数据质量是否满足
- ❑ 数据是否实现了集成或共享
- ❑ 数据安全是否受控

		定义清晰	模型完整	使用系统	确权认责	数据标准	管理流程	管理制度	数据质量	数据集成	数据安全
主数据	人员数据	√	√	√	√	0	0	0	0	0	√
	组织机构	0	0	√	√	√	0	0	0	0	0
业务数据	薪酬数据	√	√	√	√	√	√	√	√	0	√
	考勤数据	√	√	√	√	√	√	√	√	X	√
	培训数据	0	0	0	0	0	0	0	0	X	0
	招聘数据	√	√	√	√	√	0	√	0	0	√
指标数据	人事统计指标	0	0	X	√	0	0	0	0	0	√

备注：√ 表示已实现　X 表示无实现　0 表示部分实现

图 7-4　人力资源业务域数据管理现状示例

2. 数据管理现状分析

对企业数据管理现状进行分析，发掘数据管理的关键问题，明确改进方向，一般可以从如下几个方面入手。

- ❑ **组织方面**：企业是否拥有专业的数据治理组织，是否明确了岗位职责和分工，是否明确指定了数据管理的角色和权责。
- ❑ **人员方面**：厘清企业数据人才的配置情况，包括数据标准化人员、数据建模人员、数据分析人员、数据开发人员等，以及这些数据人才的占比。另外，除了专业的数据人员，是否明确了业务人员在数据治理中应发挥的作用，以确保业务人员和数据人员在项目实施过程中紧密协作。

- **制度和流程方面**：企业数据治理是否有明确的主责部门，在数据的新增、变更、流转、处理、使用、销毁的全生命周期中是否有相应的管理流程和管理制度保障。
- **技术平台和工具方面**：在管理数据标准、数据质量、元数据方面，是否有专业的技术平台和工具，以及这些技术平台和工具在企业数据管理中起到的作用、存在的问题和改进的方向。
- **应用方面**：在数据分析、数据挖掘、数据报表等方面的应用情况和存在的问题。例如：数据的准确性无法识别，数据分析展示的信息不准，分析结果与实际偏差较大。
- **资金方面**：企业的数据治理投入情况。要说明的是，数据治理是一项周期长、投入大的工程，需要长时间投入资金来运维。在实施过程中，经常会出现企业对项目的建设不够重视，不肯投入足够多的资金，或者选择较为便宜的工具进行构建，最终导致项目烂尾。

7.2.5 数据质量现状

“无治理，不分析”，没有好的数据质量，就无法得出有价值的分析结果，分析界面再炫酷、数据算法再优秀也没有用。可见，企业数据质量对数据分析和数据应用有着深刻的影响。

企业数据质量不高表现为多种形式，比如以下几种。

- 缺乏统一的数据标准，同一数据在各系统中有着不同的定义，容易给业务分析带来歧义。
- 缺乏规范的数据标准定义流程，单个业务部门也无力推动系统间数据不一致问题的解决。
- 企业对数据质量不够重视，业务操作没有标准和约束，录入随意，导致基础数据质量差。
- 缺乏有效的管理工具，杂乱无序的数据存储于企业内外部的各个业务应用系统中，系统之间的数据无法互联互通，形成大量信息孤岛。
- 业务系统数据普遍存在数据不完整、不准确、不真实、不及时，以及数据关系混乱等问题。

数据质量问题会对企业的业务和管理产生较大影响，例如：

- 没有统一的数据标准，大量同名不同义、同义不同名的数据对业务部门之间的沟通造成了很大困扰，增加了业务人员的沟通成本。
- 业务系统中的主数据不一致，导致系统之间的数据无法打通，应用集成无法开展，数据分析缺乏统一的口径和维度。
- 业务数据不准确，影响数据分析，分析结果不仅无法支持决策，还可能带来误导。

7.3　确定目标

通过需求调研、现状评估，建立对企业数据治理的现状的清晰认知，为制定合理的数据治理目标奠定基础。

数据治理目标的制定方法如图 7-5 所示。

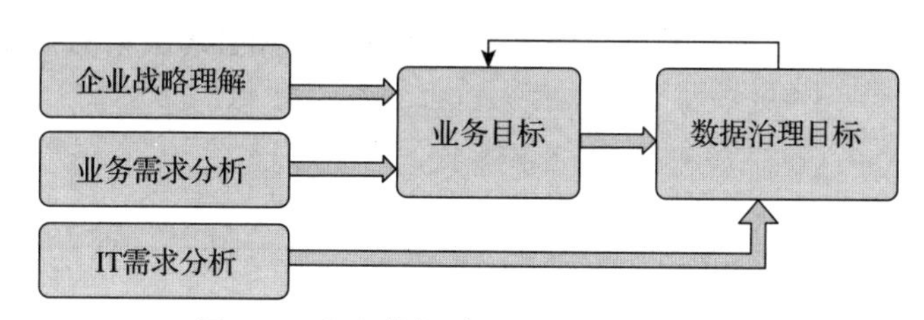

图 7-5　企业数据治理目标的制定方法

1）企业战略理解。通过高层调研、业务调研获得，明确企业的战略方向。

2）业务需求分析。通过业务调研和现状评估获得，明确数据能够影响的业务目标。

3）IT 需求分析。通过信息化摸底和现状评估获得，明确数据管理存在的问题、改进的方向，并对能够满足业务需求的数据管理技术组件进行标识（数据管理技术组件将在第四部分介绍）。

4）综合企业的业务目标、数据管理目标，以确定企业的数据治理目标。要强调的是，数据治理本身不是目的，它只是企业实现业务目标的一个手段。

企业数据治理的目标要与企业的业务目标保持一致。对于大部分企业而言，常见的数据治理目标不外乎以下几种：

- 通过协同工作提高效率，降低成本；
- 增强企业决策能力；
- 控制企业经营风险；
- 提高精细化管理的能力；
- 满足数据利益相关方的需求；
- 创新管理和业务模式；
- 增强数据价值的获取。

案例：某银行数据治理项目

治理目标：

1）制定数据治理政策，引入国家数据标准，保障数据安全，满足监管要求，提高风险管理能力；

2）保障数据安全，保护数据完整性，确保流通数据的合规性和真实性，确保数据存储的安全性，保护个人隐私数据；

3）探索有效使用数据的方案，增强在数字化营销、金融风控方面的业务能力。

7.4 本章小结

理现状和定目标，一个强调过程，一个强调结果。只有经过充分的信息化摸底和业务调研、客观的现状评估和需求分析，才能定义出符合企业业务要求的数据治理目标。

数据治理目标必须贴近企业的整体业务目标，需要真正将数据视为一种战略资产，构建统一的数据架构和数据管控体系，以满足企业业务发展和管理决策的整体要求。

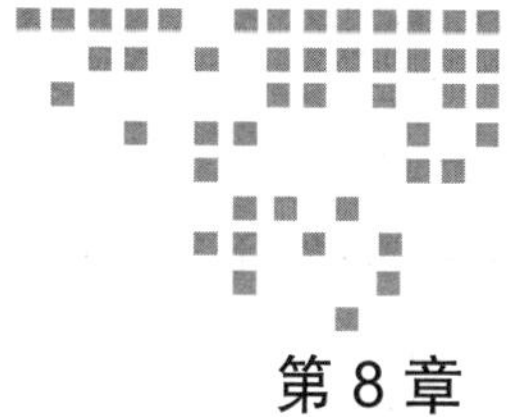

第 8 章 Chapter 8

数据治理能力成熟度评估

数据治理能力成熟度反映了企业在数据治理方面所具备的条件和水平。数据治理能力成熟度评估是通过一系列方法、关键指标和工具来评价企业数据管理的现状，帮助企业进行基准评测，找到优势和差距，指出方向，提供实施建议，以利用数据资产提高业务绩效。其主要作用如下。

- 统一企业相关人员对于数据管理相关概念的认识，提升企业数据管理人员的数据管理能力。
- 帮助企业建立全面的数据管理能力体系，促进企业内部数据管理相关的组织、制度、流程、标准和规范等内容的建立，为数据价值的全面提升打下基础。
- 理清企业数据管理现状及其与先进标杆的差距，并根据企业数据战略发展的需要，制定企业数据管理的发展蓝图及改进路线图。

可见，数据治理能力成熟度评估是企业开展数据治理的一个切入点。

8.1 数据治理能力成熟度评估模型

对于数据治理能力成熟度评估，国内外都有很多组织在研究和实践，既有致力于数据管理整体框架的研究机构（如 DAMA、DGI、CMMI），也有提供数据管理产品和服务的供应商（如 IBM、Oracle、DataFlux）。借鉴它们的研究成果，企业能够快速开展数据治理的现状评估工作。

在众多的研究成果中，推荐 CMMI 研究所的 DMM 模型和我国全国信标委发布的 DCMM 模型。

8.1.1 DMM 模型

1. DMM 模型简介

DMM（Data Management Maturity，数据管理成熟度）模型是一个独特的数据管理学科综合参考模型，由卡耐基·梅隆大学旗下机构 CMMI 研究所以 CMMI（能力成熟度模型集成）的各项原则为基础开发。

DMM 模型为企业提供了一个建立、改进和衡量其数据管理能力的标准，帮助企业制定数据治理改进方案和实施路线图（见图 8-1）。

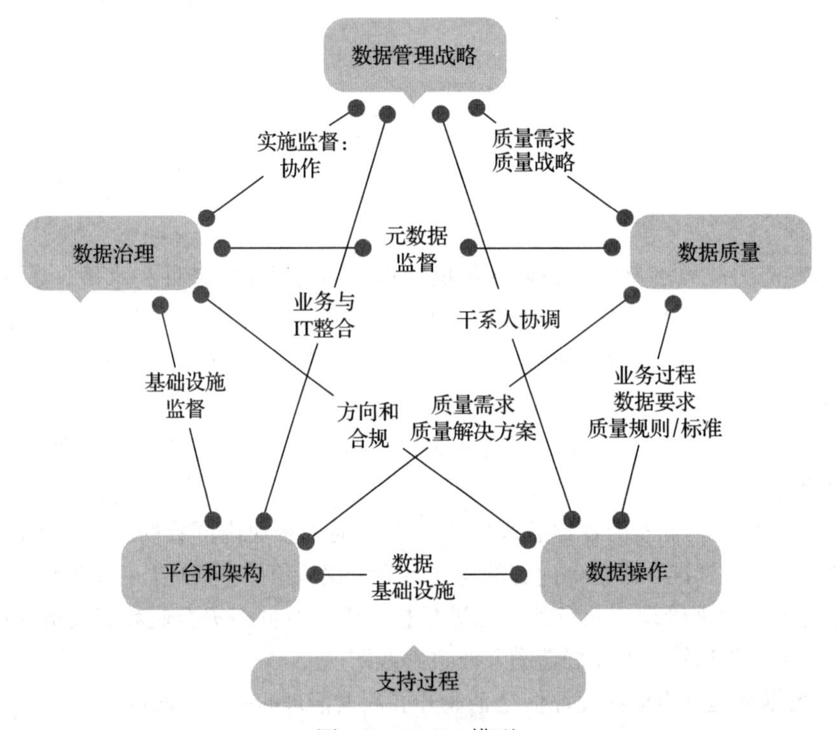

图 8-1 DMM 模型

DMM 模型由 25 个过程域组成，其中包括 20 个数据管理过程域和 5 个支持过程域。按照不同的数据管控维度，这 25 个过程域分布在数据战略、数据治理、数据质量、数据运营、平台与架构、支撑流程 6 个分类中，如图 8-2 所示。过程域是表达模型主题、目标、实践和工作实例的主要手段。通过完成过程域实践，企业可以构建数据管理能力或提升其数据管理能力的成熟度。

2. DMM 数据管理能力成熟度

DMM 模型将数据管理能力成熟度分成 5 个等级，呈阶梯状，越往上成熟度等级越高，如图 8-3 所示。

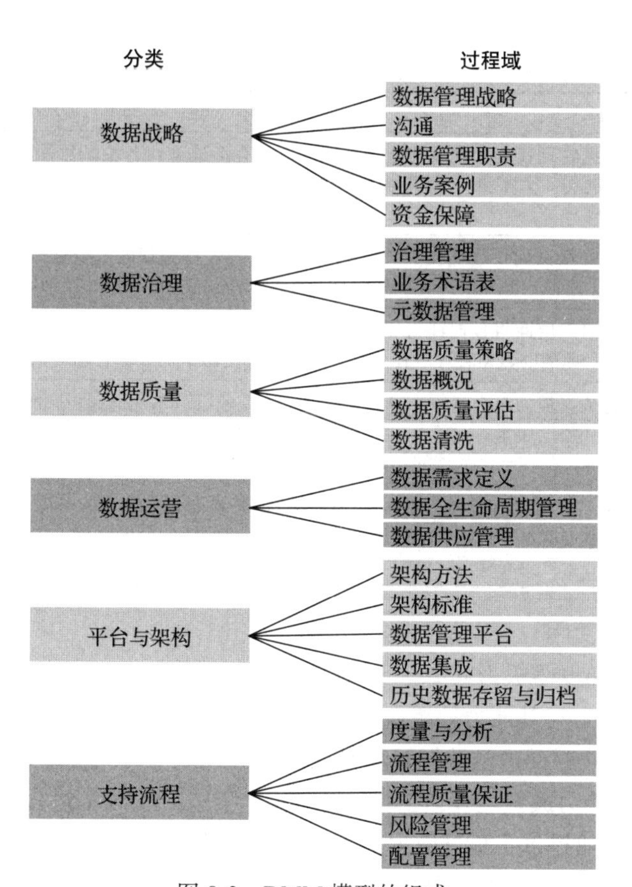

图 8-2　DMM 模型的组成

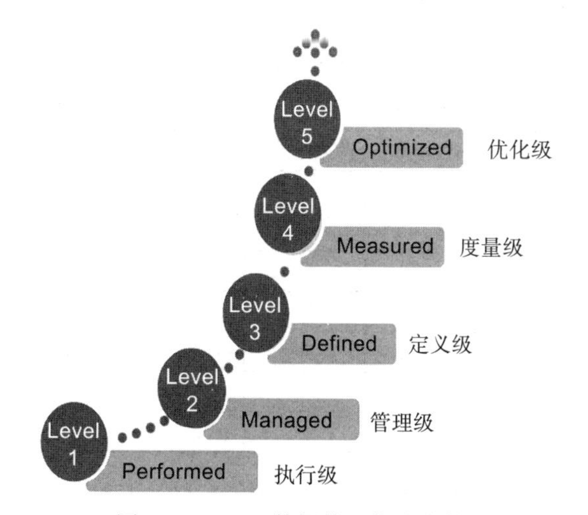

图 8-3　DMM 数据管理能力成熟度

DMM 数据管理能力成熟度等级的定义见表 8-1。

表 8-1 DMM 数据管理能力成熟度定义

等级	名称	描 述
1	执行级	数据管理仅处于项目实施需求层面。没有形成跨业务领域数据管理流程，数据管理过程是被动的。关于数据管理的基本改进可能存在，但改进尚未在组织范围内进行明确、宣贯和推广
2	管理级	企业意识到将数据作为关键基础设施资产进行管理的重要性，局部实现了常态化管理。在这个阶段，数据资产化的观念被企业或组织所认可，企业尝试开展数据管理的相关工作
3	定义级	从组织层面将数据视为实现目标绩效的关键要素。根据企业的数据战略和指导方针，通过一个标准的数据管理过程定制满足企业特定需求的数据管理方法并执行
4	度量级	将数据视为组织竞争优势的来源之一。企业已基本建立起可预测和度量数据的指标体系，以提升数据质量。对于不同类别的数据启动有差异的管理流程，在企业范围内形成一致性的理解，并在整个数据的生命周期中进行管理
5	优化级	在一个充满活力和竞争的市场中，数据被视为企业生存的关键要素，并被持续提升和优化。通过增量和创新性的改进，企业的数据管理能力不断提高，进而推动业务增长和提升决策能力。企业的数据管理能力已经发展成行业标杆，可以在整个行业内进行先进经验分享

3. DMM 模型的使用

DMM 模型的成熟度等级为其 25 个过程域提供了一致的数据管理能力成熟度评估标准。评估标准是由一个以上与其能力等级匹配的数据管理实践组成，企业依据这些评估标准开展评估工作，衡量一段时间内的数据管理能力。

DMM 数据管理能力成熟度评估工具（见表 8-2）给出了 25 个过程域的能力成熟度标准的描述和定义，为企业提供了提升数据治理能力的参考。但并不要求企业将 25 个过程域的能力都建立起来，在实际使用过程中，企业应该根据自身的需求对 25 个过程域进行裁剪，以构建出适合企业发展的数据管理能力。

表 8-2 DMM 数据管理能力成熟度评估工具

核心域	过程域	执行级	管理级	定义级	度量级	优化级	评估结果
数据战略	数据管理战略	评估标准	评估标准	评估标准	评估标准	评估标准	
	沟通						
	数据管理职责						
	业务案例						
	资金保障						
数据治理	治理管理						
	业务术语表						
	元数据管理						
数据质量	数据质量策略						
	数据概况						
	数据质量评估						
	数据清洗						

（续）

核心域	过程域	执行级	管理级	定义级	度量级	优化级	评估结果
数据运营	数据需求定义						
	数据全生命周期管理						
	数据供应管理						
平台与架构	架构方法						
	架构标准						
	数据管理平台						
	数据集成						
	历史数据存留与归档						
支持流程	度量与分析						
	流程管理						
	过程质量保证						
	风险管理						
	配置管理						

DMM 模型是一个强大的工具，它可以帮助企业创建一个数据管理远景，明确所有利益干系人的角色，提高业务参与度，加强数据管理能力。但是 DMM 并不是万能的，DMM 虽然能够给出企业数据管理水平的基本度量，但是并没有给出明确的改进或提升方法，企业在实施 DMM 数据治理成熟度评估时应当认识到这一点。

8.1.2　DCMM

有关 DCMM 我们在第 2 章中已经介绍过了，这里重点讲一下 DCMM 的使用。

DCMM 将组织的数据管理能力成熟度等级划分为了 5 个等级，每个等级的成熟度定义如表 8-3 所示。

表 8-3　DCMM 数据管理能力成熟度

等级	名称	特征描述
1	初始级	a）组织在制定战略决策时，未获得充分的数据支持； b）没有正式的数据规划、数据架构设计、数据管理组织和流程等； c）业务系统各自管理自己的数据，各系统之间的数据存在不一致的现象，组织未意识到数据管理或数据质量的重要性； d）数据管理仅根据项目实施的周期进行，无法核算数据管理、维护的成本
2	受管理级	a）意识到数据的重要性，制定了部分数据管理规范，设置了相关岗位； b）意识到数据质量和数据孤岛是一个重要的管理问题，但目前没有解决问题的办法； c）组织进行了初步的数据集成工作，尝试整合各业务系统的数据，设计了相关数据模型和管理岗位； d）开始进行了一些重要数据的文档工作，对重要数据的安全、风险等方面设计相关管理措施

（续）

等级	名称	特征描述
3	稳健级	a）意识到数据的价值，在组织内部建立数据管理的规章制度； b）数据的管理和应用能结合组织的业务战略、经营管理需求及外部监管需求； c）建立了相关数据管理组织、管理流程，能推动组织内各部门按流程开展工作； d）组织在日常的决策、业务开展过程中能获取数据支持，明显提升工作效率； e）参与行业数据管理的相关培训，具备数据管理人员
4	量化管理级	a）组织层面认识到数据是组织的战略资产，了解数据在流程优化、绩效提升等方面的重要作用； b）在组织层面建立了可量化的评估指标体系，可准确测量数据管理流程的效率并及时优化； c）参与国家、行业等相关标准的制定工作； d）组织内部定期开展数据管理、应用相关的培训工作； e）在数据管理、应用的过程中充分借鉴了行业最佳案例以及国家标准、行业标准等外部资源，促进组织本身的数据管理、应用的提升
5	优化级	a）组织将数据作为核心竞争力，利用数据创造更多的价值和提升组织的效率； b）能主导国家、行业等相关标准的制定工作； c）能将组织自身数据管理能力建设的经验作为行业最佳案例进行推广

以 DCMM 能力成熟度等级为标准，对分别从 DCMM 的 8 大过程域，28 个过程项出发，对每个过程项的过程描述、过程目标、能力等级标准进行评估，并给出每个过程项的成熟度评估结果最后汇总形成企业数据管理能力的整体成熟度。如表 8-4 所示。

表 8-4 DCMM 模型评估工具

过程域	过程项	过程描述	过程目标	能力等级标准	评估结果
数据战略	数据战略规划				
	数据战略实施				
	数据战略评估				
数据治理	数据治理组织				
	数据制度建设				
	数据治理沟通				
数据架构	数据模型				
	数据分布				
	数据集成与共享				
	元数据管理				

（续）

过程域	过程项	过程描述	过程目标	能力等级标准	评估结果
数据应用	数据分析				
	数据开放共享				
	数据服务				
数据安全	数据安全策略				
	数据安全管理				
	数据安全审计				
数据质量	数据质量需求				
	数据质量检查				
	数据质量分析				
	数据质量提升				
数据标准	业务术语				
	参考数据和主数据				
	数据元				
	指标数据				
数据生命周期	数据需求				
	数据设计和开发				
	数据运维				
	数据退役				

DCMM 是我国首个数据管理能力评估标准，它的发布对于规范企业数据管理、促进数据产业的发展有着重要意义。

（1）为企业的数据管理指明了方向

企业可以根据 DCMM 进行数据管理成熟度的自我评估，找到改进方向，并制定改进措施，实施改进方案，提升组织的数据管理水平。

（2）培养专业人才，提升组织绩效

DCMM 评估有助于企业建立起数据管理的专业团队，培养数字化人才，提升企业数据管理和应用的能力。

（3）规范行业发展，促进产业发展

DCMM 评估有助于规范和指导数据行业的发展，提升从业人员的数据资产意识，赋能数据应用探索和实践，促进数据产业的发展。

8.2 开展 DCMM 评估

某能源集团公司（简称：A 公司）2020 年年初启动了数字化转型战略，为了推动这一战略的实施，A 公司选择了 DCMM 评估。A 公司希望通过 DCMM 评估，发现企业数字化能力方面的不足和改进方向，找到企业数字化转型的切入点。

DCMM 评估本质上是一项数据管理咨询工作。根据中国电子技术标准化研究院对 DCMM 评估的实施建议，A 公司的 DCMM 评估分为 4 个阶段，如图 8-4 所示。

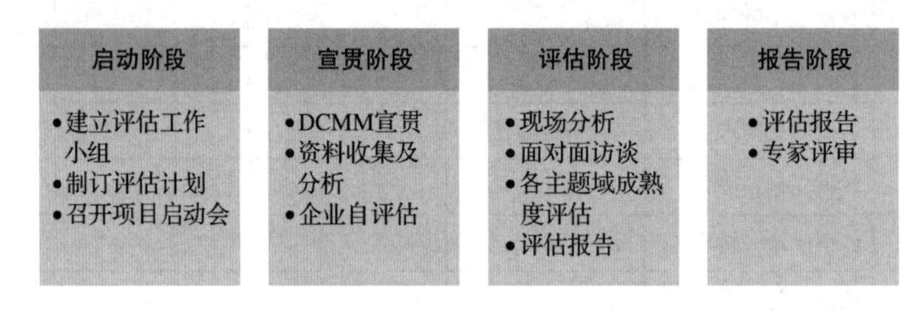

图 8-4 A 公司 DCMM 评估方法

8.2.1 启动阶段

启动阶段的主要任务是了解企业自身的发展情况，建立评估工作小组，制定评估计划，并召开项目启动会。

（1）建立评估工作小组

A 公司高层对 DCMM 评估高度重视，公司 CEO、CIO 等数字化转型小组的高层领导亲自主导，抽调了公司内部 IT 域、各业务域若干骨干，并聘请了外部评估专家，组成评估工作小组，开展 DCMM 评估工作，如图 8-5 所示。

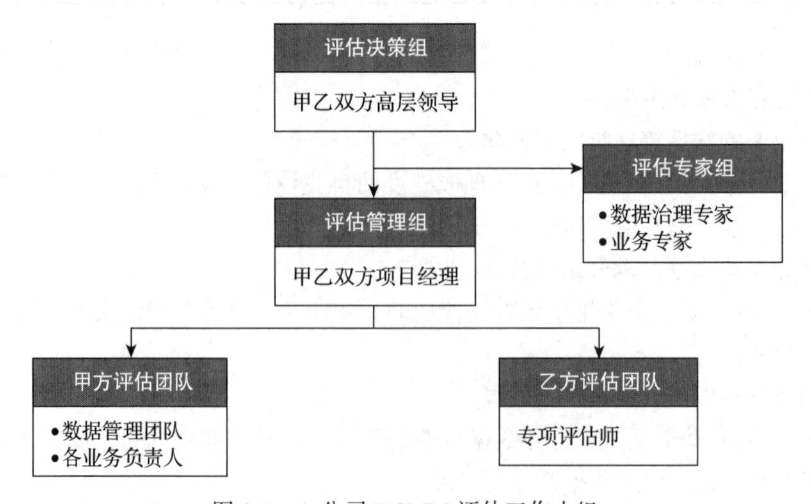

图 8-5 A 公司 DCMM 评估工作小组

（2）制订评估计划

结合 A 公司的评估的范围，制订了评估工作的时间计划，明确了各项工作的评估时间、负责人等。该计划经过评估决策组的审核后正式执行。

（3）召开项目启动会

项目启动会是 DCMM 评估项目的重要活动。由于数据能力成熟度评估是较新的领域，企业人员对其了解不深，因此需要通过召开项目启动会来向企业人员，特别是评估所涉及的业务人员和管理人员普及 DCMM 评估的概念与内容。

A 公司的 DCMM 评估启动会议由 CIO 主持，CEO 亲自宣讲企业数字化战略及 DCMM 评估的重要性，并对 DCMM 评估作出了重要指示。通过启动会的召开，与会人员对 DCMM 评估的目的、意义、主要工作范围和时间计划都有了一个清晰的认知，为评估工作的开展打下了基础。

8.2.2　宣贯阶段

宣贯阶段的主要任务是培训数据治理相关理论框架、DCMM 以及评估注意事项和同行业案例，让企业相关评估人员具备自评估的能力。

（1）DCMM 宣贯

评估小组根据 A 公司的需求制订了 DCMM 培训计划，明确了培训对象、培训内容、课时等，如表 8-5 所示。

表 8-5　A 公司 DCMM 评估培训计划

编号	主题	培训对象	培训内容	课时	备注
1	数据治理概述	1）企业高层管理者 2）各业务部门负责人 3）关键业务骨干 4）关键技术骨干	1）数据治理的概念 2）数据治理的内涵 3）数据治理的问题 4）数据治理的挑战 5）数据治理的价值 6）数据治理理论框架	2	
2	DCMM 标准宣贯	1）企业高层管理者 2）各业务部门负责人 3）关键业务骨干 4）关键技术骨干	1）DCMM 模型介绍 2）DCMM 评估流程 3）DCMM 评估方法 4）DCMM 评估工具 5）关于 DCMM 自评估	2	
3	DCMM 评估案例	1）企业高层管理者 2）各业务部门负责人 3）关键业务骨干 4）关键技术骨干	1）DCMM 评估案例 2）DCMM 评估实战演练	4	

通过培训，A 公司相关业务骨干和技术骨干对数据治理理论框架、DCMM 标准有了深刻的认识，并掌握了 DCMM 评估方法和评估工具的用法，具备开展数据治理的自评估能力。

（2）资料收集及分析

在评估小组牵头，各业务部门的配合下，A 公司收集了各业务部门与数据管理活动相关的过程记录、统计报表、规章制度、管理流程等资料。收集和分析资料是开展自评估的前提条件，特别是业务过程中的记录文件，这些文件能够表明与数据管理相关的制度、规范是否得到了良好的执行。

（3）企业自评估

基于设计好的工具和问卷，由 A 公司评估人员根据自己的理解进行评估，评估过程中专家团队提供远程指导和服务：

- ❑ 根据自评表格了解自身情况；
- ❑ 收集、整理数据能力成熟度评估资料；
- ❑ 对成熟度评估的各项指标打分。

企业自评估不仅能够帮助企业了解自身的数字化现状，还有利于提升公司人员对数字化的整体认知和培养各层级员工的数据思维。

8.2.3 评估阶段

现场评估是由乙方评估人员在了解企业的自评情况、相关资料之后，在现场对企业数据治理的各方面进行评分，主要的评估方式有现场分析、面对面访谈等。

（1）现场分析

乙方评估人员结合前期对企业资料的解读、自评情况的分析，在 A 公司评估人员的配合下，对 DCMM 涉及的各个方面进行现场分析，过程中需要 A 公司团队对关键工作过程进行展示，并调取相关资料进行佐证。

小贴士 在现场分析时企业展示自评估情况、自评估一定要客观，资料要真实，要明白 DCMM 评估是为了发现问题，找出差距，而不是为了获得很高的评估分数。

（2）面对面访谈

通过前期的沟通和了解，基本掌握了企业数据管理的状况，同时根据企业数据管理的重点进行针对性的面对面访谈，了解企业数据管理的关键问题及关键诉求。

面对面访谈是对企业数据管理现状的调研，相关过程和方法详见 7.2 节。

（3）各主题域成熟度评估

根据 DCMM 的指标体系，对各主题域的成熟度进行评分，并根据评分结果确定企业在该主题域的成熟度等级，如表 8-6 所示。

根据对企业现状及行业平均发展水平的了解，提出针对企业在各主题域的关键发现和针对性的建议。

表 8-6 A 公司各主题域评估结果（节选）

	一级域	二级域	评分	等级
一	数据战略		1.47	一级
1.1		数据战略规划	0.2	未达标
1.2		数据战略实施	2.3	二级
1.3		数据战略评估	1.9	二级
二	数据治理		1.03	一级
2.1		数据治理组织	2.1	二级
2.2		数据制度建设	1	一级
2.3		数据治理沟通	0	未达标
三	数据架构		2.25	二级
3.1		数据模型	2.2	二级
3.2		数据分布	0.5	未达标
3.3		数据集成与共享	6	五级
3.4		元数据管理	0.3	未达标
四	数据应用		1.83	二级
4.1		数据分析	3	三级
4.2		数据开放共享	0	未达标
4.3		数据服务	2.5	二级

8.2.4 报告阶段

（1）评估报告输出

根据企业各主题域及整体的数据能力成熟度评估报告，提出整体的数据管理成熟度方面的关键发现及改进建议，并结合企业数据管理发展的需求和业界数据管理的最佳实践，提出有针对性的数据治理改进路线图，如图 8-6 所示。

组织

- 数据管理职能随着业务管理需要自发产生，分散在不同部门或单位，数据管理的责权利不统一
- 需要明确数据管理的组织机构、职责分工、岗位设置、人员要求等

流程

- 业务部门各管一段，数据采集多头录入，数据流程割裂严重，数据共享困难重重
- 规范数据流程，强化数据过程管理，实现一次采集、准确表达、多方共享

制度

- 数据管理要求在各业务管理制度中视情况有所体现，内容分散、难以形成统一要求
- 需构建公司统一的数据管理制度体系，形成全面的数据管理规范约束

技术

- 当前数据技术框架在数据集成、数据应用等方面发挥了一定支撑作用，但缺少公司统一的主数据管理技术支撑
- 开展数据技术体系的现状评估和规划设计，构建基础坚实、高效灵活、弹性扩展的技术支撑体系

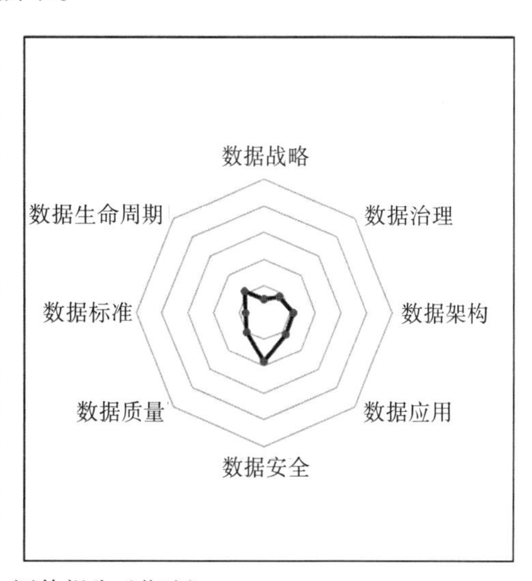

图 8-6 某公司 DCMM 评估报告（节选）

（2）专家评审

由数据治理相关的专家对评估团队的评估过程、评估结果、分析报告等进行评审，验证过程的合规性、结果的合理性。

8.3 本章小结

DMM 模型是国际上体系非常成熟、应用最为广泛的评估框架。DCMM 参考 DMM 模型和 DAMA 数据管理框架，并结合国内企业的数据管理特点，形成具有中国本土化特点的评估模型。除 DMM 模型、DCMM 之外，还有很多数据管理能力成熟模型，例如 DCAM 数据管理成熟度模型、IBM 数据治理成熟度模型、Oracle 数据治理成熟度模型、Informatica 数据治理成熟度模型、DataFlux 主数据管理成熟度模型等。

至于选择以哪个能力成熟度模型为参考来进行企业的 DCMM 评估，笔者认为不是特别重要，这些成熟度模型和工具之间的差异并不是很大。重要的是通过评估，企业能够发现问题，找出差距，明确改进方向，制定满足企业业务发展需要的数据治理路线图。

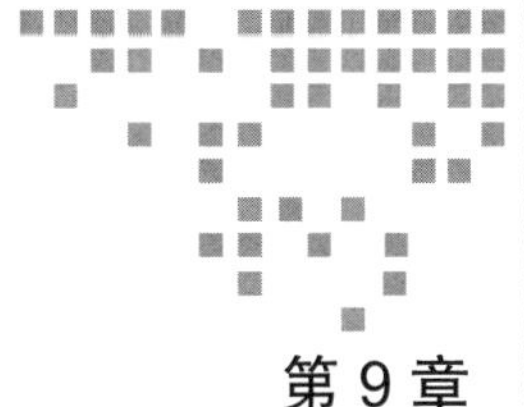

第 9 章 Chapter 9

数据治理路线图规划

很多企业知道数据治理很重要，但是却不清楚如何做好数据治理。有的企业开展数据治理是“摸着石头过河”，还有一部分企业是“想过河但是不知道该摸哪一块石头”。

数据治理成熟度评估为企业提供了一个数据治理的切入点，通过发现企业数据治理中存在的问题，找到与业界领先企业的差距，绘制出符合企业现状和需求的数据治理路线图。

9.1 数据治理路线图概述

9.1.1 数据治理路线图的定义

1. 什么是路线图

路线图是指描述技术变化步骤或技术相关环节之间逻辑关系的简洁的图形、表格、文字等形式。路线图是一种目标计划，就是把计划未来要做的事列出来，直至达到某一个目标，就像沿着地图路线一步步找到终点一样，常用于新产品、项目或技术领域的开发。

路线图是一种先进的方法和工具，它代表一种综合集成，将各种影响、制约事物发展的相关因素放在同一环境中通盘考虑，帮助管理人员建立对事物发展相关性的深刻认识，从而有效防止顾此失彼、一叶障目等问题。

2. 什么是数据治理路线图

数据治理路线图是对企业数据治理的战略要素、发展方向、建设顺序、实施路径的综合表达，可以指明企业数据治理的方向和路径。它以时间为轴，确定随时间向前推移的各个节点，并采取量化的方式明确每个节点的目标、建设内容，为数据治理的实施和操作提供较为具体的参照和依据，如图9-1所示。

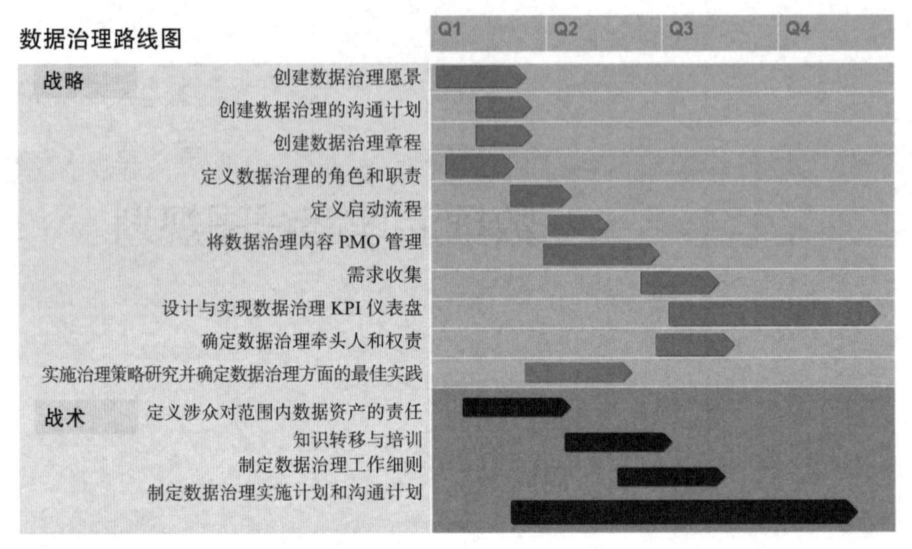

图9-1 数据治理路线图示例

9.1.2 数据治理路线图的5个要素

数据治理路线图通常包含5个要素。

- **数据治理的目标任务**：基于对企业数据管理现状和支撑条件的可行性分析，确定数据治理的目标和建设任务。
- **数据治理的需求分析**：针对企业数据治理现状与规划目标之间的差距，找出薄弱环节，对数据治理的建设提出具体需求和量化指标。
- **数据治理的技术路径**：依据技术发展趋势和经费保障条件，选择可行的技术和技术体制，确定正确的建设方向。
- **数据治理的建设步骤**：根据企业数据治理的目标，基于“总体规划，分步实施”的原则，采取工程化建设思路，明确数据治理的顺序、建设重点和时间节点。
- **数据治理的实施保障**：把握影响企业数据治理的相关要素，创造有利于实现路线图构想的必要条件和良好环境。

数据治理路线图的重点是给出具体的业务目标，以及实现这一目标所需的步骤、方法、资源、技术、制度等，使企业数据治理从“头痛医头，脚痛医脚”进化到全方面、全链路的治理体系规划。

9.2 明确目标，量化指标

企业数据治理不是为了治理数据而治理数据，其背后是管理和业务的诉求。7.3节介绍了确定数据治理目标的方法，也明确提出了企业数据治理的目标应与业务目标对齐。然而企业数据治理目标的最终达成并不是一蹴而就的，必须做好“长期作战”的准备，循序渐进，逐步推进。

9.2.1 大处着眼，小处入手

企业数据治理应本着“**大处着眼，小处入手**”的原则推进。

“大处着眼”是从战略层面推进数据治理项目，“小处入手”是从操作层面启动数据治理项目，该原则是企业实施数据治理的最佳方式。数据治理项目的目标必须贴近企业的整体业务目标，要将数据视为一种战略资产，构建统一的数据架构和管控体系以满足企业经营和管理的整体要求，并制定路线图，分步实现企业的整体战略目标。

区别于传统的人、财、物等企业资产，数据资产来源丰富，虚拟化、可复制、可重用，这将导致数据搜集、存储、使用都具有特殊性，同时，数据还涉及个人隐私、数据安全等问题。在跨业务、跨部门、跨系统协作时，更需要数据的一致性。这些都是数据治理要解决的关键问题。因此，数据治理的目标不但与数据标准、数据产生过程的业务规范相关，也涉及企业战略、管理决策架构等因素，是战略问题、管理问题、技术问题的综合。

例如：某大型超市推行数据驱动的数字化转型策略，将数据治理定位为数字化转型的第一步，构建企业的数据资源池，其中包括用户信息及消费行为数据、商品数据、场景数据、消费数据等。它这样做的目的不是达成单笔交易，而是让企业长期拥有对一群价值用户的运营和变现能力。通过数据治理实现对人（ID）、货（SKU）、场（P）三者的数字化重构，建立“人、货、场”三者之间的连接关系，为后续数据分析挖掘提供支撑，以实现数据驱动的营销市场客户细分、会员全渠道精准营销、媒体广告精准投放的目标。

对于大多数企业而言，数据治理的目标是“降低成本，提高效率，提升质量，控制安全”。尽管企业的数据治理涉及企业战略层面，总体目标很大，但是对于数据治理计划的实施，建议从一个业务领域或具体的数据问题开始，然后基于此进行扩展。如果将所有数据全部铺开进行治理的话，需要企业各方资源的支持，必然会对其他工作的进展造成影响。

因此，建议**选取当前业务部门的强烈数据需求和数据质量痛点为着力点**，倒推出其数据来源问题进行重点整治，在该类数据治理得到价值体现后，再总结治理经验，逐步开展其他类型的数据治理。

将大的数据治理总体计划分解为较小的步骤，能够获得更大的成功机会。采用这种“小处入手”的策略，给企业不断验证方法、不断试错的机会和时间，以确定最有效的方法。

9.2.2 量化数据治理指标

对于企业数据治理目标的分解和任务的量化，可以结合数据治理框架，从组织人员、数据架构、数据标准、主数据管理、数据质量管理、数据安全管理、数据应用管理及保障体系建设等方面考虑。

对以下几方面问题的思考可以帮助企业进一步细化数据治理目标并制定出数据治理的行动指南。

- **组织人员**。企业是否缺乏数据治理的组织？需要建一个什么样的组织，虚拟组织还是实体组织？需要设置哪些岗位，这些岗位的职责如何确定？需要获得哪些人员的支持，如何让他们在数据治理过程中发挥作用？
- **数据架构**。实现业务目标会涉及哪些数据模型？这些数据模型的结构是什么？关系是什么？它们的业务定义是否一致？数据模型的稳定性、普适性、扩展性如何？
- **数据标准**。企业已有的数据标准是否齐全？数据标准的执行情况如何？还缺少哪些数据标准？是否建立了与数据标准相匹配的元数据标准、数据集成共享标准、数据传输协议、数据质量标准等？
- **主数据管理**。在客户、供应商、产品、渠道等主数据中，哪些应纳入治理的范围？这些数据的数据质量情况如何？需要采取哪些措施来保证其完整性、唯一性、正确性和一致性？
- **数据质量管理**。数据质量低是否会影响到企业业务目标的实现？企业哪些数据的质量有待提高？与业务相关的数据质量评估指标有哪些？数据质量管理和监控的工具是否缺失？
- **数据安全管理**。企业的数据是否涉及数据安全和隐私保护问题？针对这些问题企业是否采取了一定的措施？（比如对敏感数据进行加密，在共享和交换数据的时候进行脱敏处理，建立数据安全访问控制机制，让合适的人在合适的时间访问合适的数据。）
- **数据应用**。如何充分利用数据？如何进行业务流程优化来提升业务效率？如何基于数据的深度加工、挖掘分析产生洞察力，从而为业务人员及管理者提供更好的数据服务？
- **保障体系**。为达成数据治理目标，除了关注数据治理的组织人员和核心治理领域外，还要有流程及制度的保障。在流程制度方面，企业的现状是什么？有哪些不足？是否建立了数据管理制度？是否明确了数据的责任主体？是否明确了数据治理的考核目标和指标？是否将数据治理与组织或个人绩效绑定？

9.3 选择合适的技术路径

数据治理包含多个技术领域，例如元数据管理、数据标准管理、数据质量管理、主数据管理、数据安全管理、数据集成共享等。不同的数据治理技术领域解决问题的侧重点和方式是有差异的，每个技术领域也都可以自成体系，企业不可能将每个领域挨着个做一遍，而应根据自身的需求选择相应的技术领域。在明确了数据治理的技术领域之后，需要根据技术发展趋势和企业经费保障条件，选择可行的数据治理技术路线，确定正确的建设方向和道路。

常见的企业数据治理技术路径有自主研发、采购平台和 PaaS 服务。

9.3.1　自主研发

数据治理的第一条技术路径是自主研发。

自主研发具有良好的灵活性，自主研发的平台能更好地进行内部数据流程设置和统一化管理，并满足各种复杂的数据治理场景。

自主研发意味着企业必须具备强大的信息化能力，在数据治理平台的规划、设计、开发、测试、集成、联调等方面都有相应的资源保障。企业的数据治理流程越复杂，平台的构建难度就越大；周期越长，所需投入就越多。

自主研发适合于大型组织，原因有两条：一是大型组织有强大的资金和资源保障，这是自主研发的前提；二是大型组织的组织机构复杂，数据体量庞大，数据标准参差不齐，数据应用的个性化需求多样，自主研发具有较好的灵活性，能够应对不同部门的个性化需求。

自主研发虽然具有灵活可变、自主可控、量体裁衣、适用性高等优势，但在细节管理上存在不足且需要专业的人才团队，是否选择自主研发关键要看能否创造出具有企业特色的平台。如果不能，建议选择采购成熟的技术平台。

9.3.2　采购平台

采购成熟的数据治理平台是企业实施数据治理的第二条技术路径。

采购技术成熟、功能强大的技术平台，能够为企业省去大量的开发时间，提高上线速度。成熟的平台专业化程度较高，经过了充分验证和测试，软件安全性能好，功能相对齐全，上线的风险小。采购成熟的数据治理平台能够最大限度地减少内部专业 IT 资源的投入，让有限的 IT 工程师专注于数据与业务的融合及业务功能的实现。

成熟的数据治理平台一般通用性较强，但对于企业的个性化需求支撑不足，企业经常会陷入“让业务来适应平台”的窘境，而不是让平台满足业务。

由于近些年数据治理十分火爆，提供数据治理平台的供应商很多，而且鱼龙混杂、良莠不齐，这给企业选择数据治理平台带来了一定的挑战，企业一旦选择了不可靠的平台，项目很可能面临失败的风险。

9.3.3　PaaS 服务

采用云服务提供商的 PaaS 服务进行云上数据治理是一条新的技术路径。

目前很多云服务提供商提供了云上数据治理的产品和解决方案，典型的有阿里云的 DataWorks、华为云的 DAYU 和亚马逊的 AWS。

阿里云的 DataWorks（数据工场）套件为企业提供全链路智能大数据及 AI 开发和治理

服务。DataWorks 是阿里云的重要 PaaS 产品，为企业提供包含数据集成、数据开发、数据地图、数据质量和数据服务在内的全方位产品服务，并提供一站式开发管理的界面，帮助企业专注于数据价值的挖掘和探索。DataWorks 支持多种计算和存储引擎服务，包括离线计算 MaxCompute、开源大数据引擎 E-MapReduce、实时计算（基于 Flink）、机器学习 PAI、图计算服务和交互式分析服务等，并且支持用户自定义接入计算和存储服务。

华为云的 DAYU（智能数据湖运营平台）为企业提供数据全生命周期管理、具有智能数据管理能力的一站式数据治理和运营，主要包含数据集成、规范设计、数据开发、数据质量监控、数据资产管理、数据服务等功能，支持行业知识库智能化建设，支持大数据存储、大数据计算分析引擎等数据底座，帮助企业快速构建从数据接入到数据分析的端到端智能数据系统，消除数据孤岛，统一数据标准，加快数据变现，实现数字化转型。

亚马逊的 AWS 从其简单存储服务（S3）开始构建数据治理解决方案，其中包括 Elastic MapReduce Athena，这是一种针对存储在 S3 中的数据的查询引擎。为了配置企业的云环境，AWS CloudFormation 允许企业使用简单的文本文件为其应用程序建模和配置所需的资源。Amazon CloudWatch 监控并收集所有资源的指标。AWS Systems Manager 允许企业监控所有资源，并自动执行常见操作任务。

采取 PaaS 服务模式，入驻第三方云平台，企业仅需支出少量的平台服务费即可使用全套的数据治理服务。这种模式具有投资少、成本低，不用关注平台本身的开发、升级、运维等问题的优势，但也有一定的风险和挑战：一是数据存储在第三方的云端，数据安全性是很多客户的顾虑；二是企业的一些个性化需求无法直接满足；三是云模式按年收服务费，虽然第一年服务费很低，但数据治理是个长期的过程，未来每年都需要支付服务费。

笔者认为，未来 5 年之内，数据治理领域仍将是自主研发、采购平台、PaaS 服务“三足鼎立”的局面，但随着技术的进步，PaaS 服务能力、安全防控能力不断加强，数据治理技术路径的选择会从企业内部走向云端。人类社会的每一次进步都离不开协作和信任，由云计算、大数据等技术变革带来的企业数字化变革符合人类社会进步的趋势和潮流。

9.4 制定数据治理路线图

数据治理不是一蹴而就的，需要对治理目标进行分解，对治理任务进行排序，明确每个任务的优先级，制定符合企业现状和需求的数据治理路线图。

9.4.1 确定数据治理优先级

企业的数据名目繁多，千变万化，因此不能寄希望于通过一个数据治理项目将企业数据问题全部解决。企业的每个业务域都需要多项数据支撑，数据治理要选择好业务重点，不能“胡子眉毛一把抓”。

要先找到企业的业务痛点，解决由这些痛点引起的业务线之间的协同问题，再通过解决每条业务线上的数据问题，达到“以点连线，以线带面”，逐步实现企业数据治理的目标。

凡事都有轻重缓急，对企业数据治理来说，可以从问题的紧急程度、业务的影响程度、实施的难易程度等多个维度进行分析和权衡，确定符合企业发展现状、满足企业业务需求的数据治理实施优先级。

案例：某大型制造企业主数据治理项目

该企业的数据治理规划是从主数据管理入手的，首先通过对企业范围内的数据进行统一梳理，识别出需要纳入企业的主数据范围；然后结合企业的数据管理现状以及数据问题紧急程度、业务实施的难度、技术实施的难度对主数据实施的优先级进行综合评估（见图 9-2），确定主数据实施优先级，分阶段完成主数据的治理。

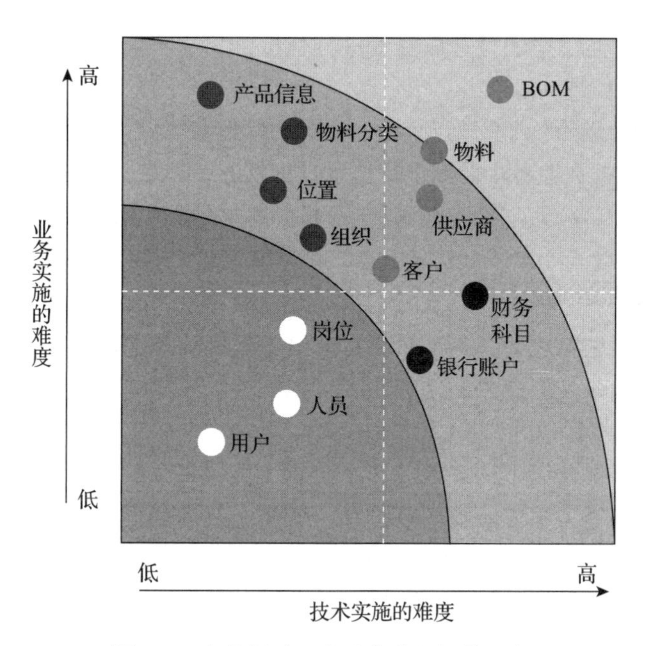

图 9-2 主数据治理实施优先级评估示例

在完成企业主数据标准的统一之后，该企业将指标体系建设作为数据治理第二阶段的重点任务，并统一了企业的指标体系和数据分析维度，为企业的大数据分析和挖掘提供了重要的基础。

主数据治理实施优先级有 5 个影响因素，分别是数据业务影响范围、数据共享程度、数据管理成熟度、数据统一的难度和数据对业务的紧迫度（见表 9-1）。

第一，根据数据对业务的影响程度进行识别，识别出哪些数据对业务影响较大（数据对业务影响越大，实施后对业务的价值也越大），并按业务影响程度为这些数据打分，影响业务的范围越大，分值越高。

表 9-1 主数据治理实施优先级排序

影响因素	分值：3 分	分值：2 分	分值：1 分
数据业务影响范围	集团及下属公司	集团总部	仅本组织（下属公司）
数据共享程度	10 个系统以上	3～10 个系统	3 个系统以下
数据管理成熟度	稳定管理级以上 DCMM 标准	受管理级 DCMM 标准	初始级 DCMM 标准
数据统一的难度	较容易	难度适中	非常困难
对业务的紧迫度	很迫切	迫切	不迫切

第二，根据数据在各个业务系统中的共享情况进行识别，按照主数据的共享级别进行打分，数据共享程度越高，分值越高。

第三，对不同分类数据的管理成熟度进行分析，并按照管理的成熟度进行打分，数据管理成熟度越高，分值越高。

第四，按照数据统一的难度进行打分，数据统一难度越低，分值越高。

第五，按照主数据在业务中的需求紧迫度进行打分，需求紧迫度越高，分值越高。

完成以上工作后，将以上因素进行系统分析，得出各类主数据的实施先后次序。

9.4.2 绘制数据治理路线图

确定数据治理优先级之后，下一步便可以绘制数据治理的路线图了。企业数据治理路线图是以企业数据战略——愿景和使命——为纲领，以急用优先为原则，以分步实施为策略，进行整体设计和规划。

实施路线图主要包含以下内容：分几个阶段实施，每个阶段的目标、工作内容、时间节点要求、环境条件等。笔者一贯的观点是，任何企业的数据治理都不是一蹴而就、一步到位的，需要循序渐进，持续优化。实施路线图也是如此，它具有可实现性、可衡量性，因而也是获取利益干系人支持的一个重要手段。

案例：X 集团依据数据治理的需求，结合数据治理的成熟度，规划了数据治理实施路线图。

按照实施路线图，X 集团的数据治理分三个阶段，如图 9-3 所示。

第一阶段：数据治理体系的建设

主要包括：成立数据治理组织，明确岗位分工；建立数据治理标准，统一主数据与参考数据、数据指标体系、业务术语表等核心数据标准；建立数据治理的管理制度，明确数据生产方、数据拥有方、数据使用方等各方的职责和权力，制定数据质量考核指标和考核办法；建立数据治理技术平台，初步实现数据标准的统一管理。

第一阶段也是数据治理的试点阶段，以集团总部为试点建立全集团数据治理体系的整体框架。

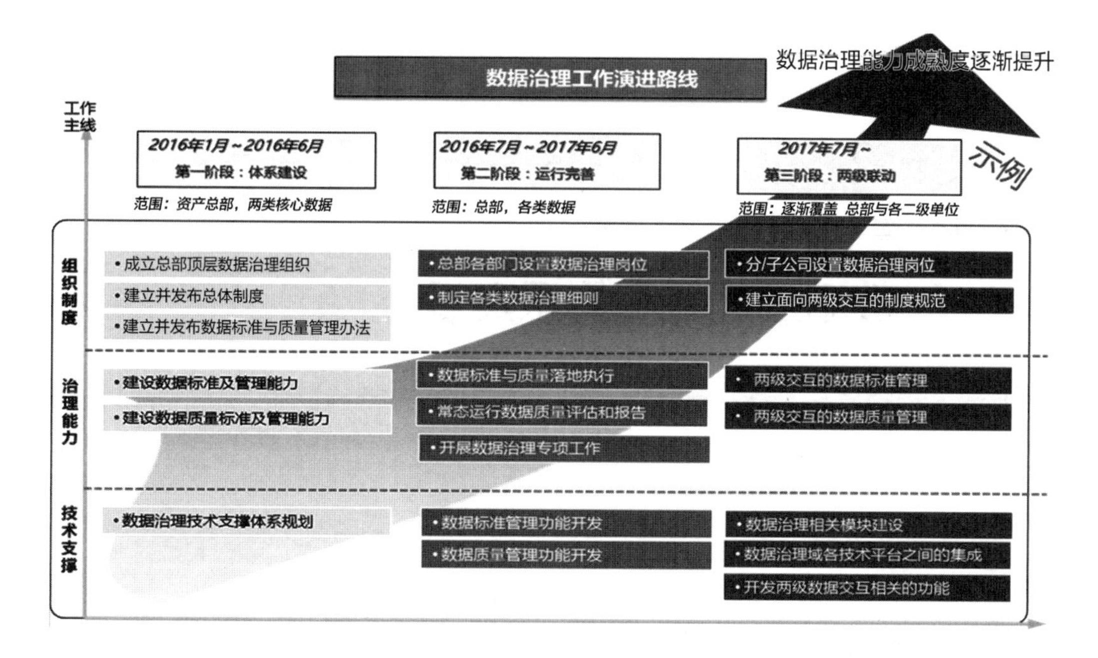

图 9-3　X 集团数据治理实施路线图

第二阶段：数据治理的运行完善

主要目标是将数据标准推广至集团总部以及其他下属单位。在组织层面，需要将集团总部部门设置为数据治理的主导部门，并且由集团领导牵头推进治理工作。在治理能力层面，对各项数据治理的标准、制度、流程进行细化，以满足集团上下级企业、各兄弟单位的数据治理需求，并进行常态化数据治理评估和报告，以及定期的主数据治理专项工作。在技术平台方面，完善元数据、数据质量、数据标准等功能，以满足集团数据治理的需要。

第三阶段：数据治理的持续优化

主要目标是形成集团总部和下属分 / 子公司两级联动的数据治理体系。在组织层面，分 / 子公司设置数据治理专员，负责本组织的数据治理工作。在治理能力层面，建立面向两级联动的数据治理规范和多级共享的数据管理制度，并建立两级联动的数据治理评价和考核办法，实现全集团范围的数据治理绩效考核。在技术平台层面，实现两级数据的互联互通，打通集团与各下属单位的数据通道，实现集团范围的数据共享，为集团数字化应用、数据分析挖掘奠定基础。

9.5　本章小结

数据治理路线图的规划需要充分结合企业数据管理的现状和需求，采用“大处着眼，小处入手”的原则推进，同时考虑建立人、流程和技术协调发展的数据治理环境，以保障数据治理工作的稳步推进。

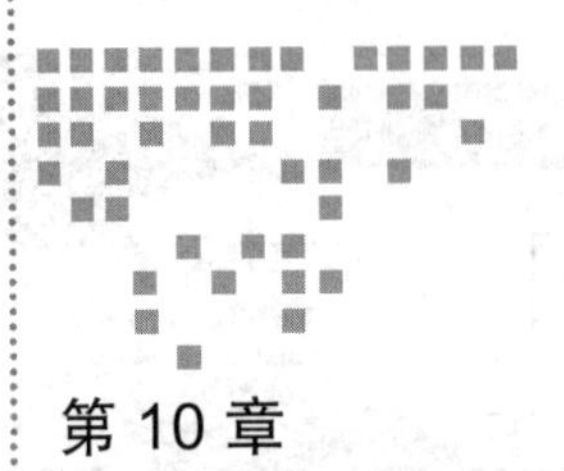

Chapter 10 第 10 章

数据治理保障体系建设

数据治理不是对“数据”的治理，而是对“数据资产”的治理，是对数据资产所有相关方利益的协调与规范。建立清晰的数据治理组织机构，支持人、流程和技术的协调，为企业数据治理提供良好的环境，这是企业数据治理成功实施的保障。

建立数据治理组织机构，明确组织岗位分工和职责，定义数据归属权、使用权，明确谁对数据质量负责。授权合格的数据治理项目负责人，将其作为协调组织上下级的纽带，项目负责人需要具备强大的沟通能力及一定的技术和业务能力，这些能力是将数据治理计划成功导入公司的关键。

获取高层领导的支持，发挥高层领导在数据治理工作中的积极作用，推动打造“一把手工程”。实践证明，企业的高层领导对于数据治理项目能否取得成功起着至关重要的作用。没有高层领导的支持，切勿启动数据治理计划。

10.1 数据治理组织机构

实施数据治理的第一步是厘清数据治理相关干系人，建立清晰的数据治理组织机构，明确角色职责和权力，定义数据归属权、使用权，明确谁对数据质量负责。

10.1.1 设置数据治理组织的 3 个原则

原则 1：数据治理需要从企业利益出发

数据治理应从企业的利益出发统筹规划，全面保障数据的质量。数据治理组织的建立是对数据管理职责的确认，由企业高级管理者或董事会授权其对数据相关事项的行使权和决策权。

原则 2：数据治理工作需要合理的分工

数据管理者不一定是数据所有者，而是由数据所有者授权进行数据管理的托管单位。数据质量应由数据所有者负责。数据管理者并不包揽所有的数据治理和管理工作，部分数据治理和管理工作需要由业务部门和 IT 部门共同承担。

原则 3：数据治理需要各方的通力合作

数据管理者需要与各业务领域中的业务专家合作，共同定义数据标准，制定数据质量规则，并促进数据质量的提升。数据生产者和使用者对数据的新增、变更、传输、存储、处理与使用也需要数据管理者或 IT 部门给予一定的技术支持，这一系列活动都需要数据管理者监督和核查，以确保数据质量。

10.1.2 数据治理组织与职责分工

数据治理项目涉及范围广，牵涉到不同的业务部门、信息部门和应用系统，需要协调好各方关系，大家目标一致，通力协作，才能保证数据治理的成功实施。

不同企业的数据治理组织机构设置或有一定的差异，但一般来说，数据治理组织由数据治理委员会、数据治理办公室、数据生产者、数据所有者、数据使用者 5 类角色组成，如图 10-1 所示。

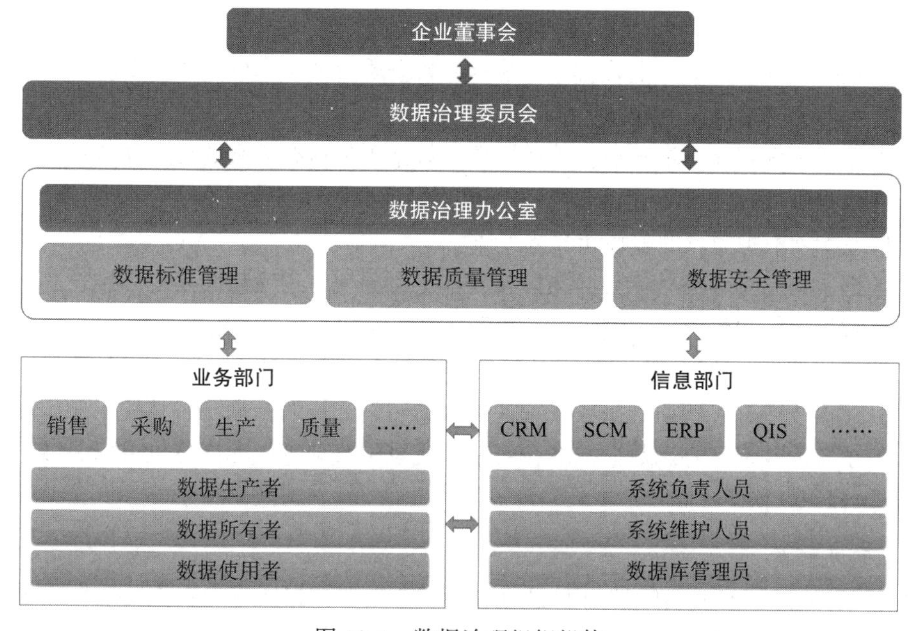

图 10-1 数据治理组织机构

1. 数据治理委员会

作为企业数据治理的决策机构，数据治理委员会由企业业务部门及 IT 部门的代表联合组成，一般为主管业务的高管以及 CIO、CDO 等。数据治理委员会负责制定企业的数据战略，指明数据治理方向，并对公司董事会负责。数据治理委员会拥有整个企业数据的管理权，包括：签发数据标准，批准实施数据管理制度及流程；对数据治理过程的重大事项进行审核和决策；对数据治理工作给予相应的人力、物力和资金支持。

2. 数据治理办公室

在一些大型企业的数据治理组织机构中会设置数据治理办公室或数据管理岗，来协助数据治理委员会执行数据治理策略、流程和管理制度。数据治理办公室是理解和传达数据含义与使用的专家，其主要职责是：负责数据管理细则的制定、数据质量稽核、数据治理技术的导入、数据质量问题处理等；协调相关数据的生产者、拥有者和使用者来完成数据标准、数据质量规则、数据安全策略的制定和执行；对数据治理过程进行监控和管理，以符合数据标准、管理制度和流程规范的要求。当数据治理办公室无法解决数据问题时，会将该问题“上诉”到数据治理委员会进行决策。

根据项目的需要，数据治理办公室可能还会设置数据标准管理岗、元数据管理岗、主数据管理岗、数据质量管理岗、数据架构岗、系统协调岗等岗位。

- 数据标准管理岗：牵头组织数据标准的编制、评审、维护、更新，以及相关制度的编制、修订、解释、推广落地。
- 元数据管理岗：牵头元数据的采集、梳理、存储、维护和更新，以及元数据管理相关管理办法的编制、修订、解释、推广落地。
- 主数据管理岗：牵头主数据标准制定，数据质量稽核，以及主数据管理相关制度和流程的编制、修订、解释、推广落地。
- 数据质量管理岗：牵头数据质量标准、数据质量检查规则的订立和维护，数据质量评估模型的制定和维护，数据质量相关管理办法的编制、修订、解释、推广落地，以及专项数据质量的整顿和改造工作。
- 数据架构岗：牵头目标数据架构，数据生命周期管理策略的制定、维护和更新，以及数据架构和数据生命周期相关管理办法的编制、修订、解释、推广落地。
- 系统协调岗：协调 / 牵头数据治理工作中涉及的系统建设改造、工具建设改造、平台建设改造等。例如牵头数据管理平台的建设，协调数据质量整顿工作中对相关业务系统的改造，协调数据标准在新系统建设中落地等。此岗位也可以分散由以上岗位各自执行。

3. 数据所有者

数据所有者即拥有或实际控制数据的组织或个人。数据所有者负责特定数据域内的数据，确保其域内的数据能够跨系统和业务线受到管理。数据所有者需要主导或配合数据治理委员会完成相关数据标准、数据质量规则、数据安全策略、管理流程的制定。数据所有者一般由企业的相关业务部门人员组成，根据企业发布的数据治理策略、数据标准和数据治理规则要求，执行数据标准，优化业务流程，提升数据质量，释放数据价值。在企业中，数据所有者并不是管理数据库的部门，而是生产和使用数据的主体单位。

4. 数据生产者

数据生产者即数据的提供方，对于企业来说，数据生产者来自人、系统和设备。例如：企业员工的每一次出勤、财务人员的每一笔账单、会员的每一次消费都能一一被记录；企业的 ERP、CRM 等系统每天都会产生大量的交易数据和日志数据；企业的各类设备会源源不断地生产大量数据，并通过 IoT 整合到企业的数据平台中。

5. 数据使用者

数据使用者是申请、下载、使用数据的组织或个人。在企业中，数据的生产者、所有者和使用者有可能是同一个部门。例如，销售部门以 CRM 系统为依托，既是客户数据的生产者，也是客户数据的使用者，还是客户数据的所有者。

10.1.3　谁该对数据负责

谁该对数据负责？这个问题其实已经在数据治理组织职责中进行了说明：数据所有者负责特定数据域内的数据。

通常，企业中数据的生产者、拥有者、使用者和管理者是比较容易识别的，但是一旦出现数据质量问题，在追责的时候，它就常常会变成一个业务部门之间或业务部门与 IT 部门之间相互推诿的问题。

举个例子，企业在盘点库存时，经常会发现 ERP 系统中的物料库存数据与实物的库存数据存在差异。业务部门会说 IT 部门没有提供完善的系统功能，导致数据错误，而 IT 部门则可能责怪业务部门操作不规范。

事实上，出现这种问题，最大的可能是业务的出入库操作重复或在列出库存项目时有遗漏，或者库存物料的描述不准确，位置不正确。

但谁应该负责解决这个问题？通过 IT 增强系统能力真的可以解决类似问题吗？

当涉及库存时，通常是由一个库存功能或仓库管理员负责确保库存数量准确。作为数据质量改进和控制的一部分，这可能需要对系统中的物料建立统一的编码规则并实施数据清洗，还可能需要对实物库存进行重新贴标签。而这些决策永远不会成为单纯的 IT 问题，也不会落入 IT 部门，这很明显。

数据的确权定责只是数据治理的手段，而不是数据治理的目的，企业要做的是提高数据质量和实现业务目标，而不是在发生了数据问题后去追究责任。

数据问题的重点在于预防，问题发生了再去追责则为时已晚。

谁对数据质量负责？当你遇到这样的困惑时，不妨试着先回答以下几个问题。

- ❑ **认识问题**：什么是好的数据质量？为什么它很重要？
- ❑ **定义问题**：测量数据质量的维度有哪些？数据一致性、完整性、正确性、及时性？
- ❑ **衡量问题**：数据质量对业务使用和管理决策有何影响？

- **分析问题**：找到数据质量问题的根本原因，是管理问题、业务问题还是技术问题？
- **改善问题**：哪些关键业务流程的改善有利于提高数据质量？如何改善？
- **控制问题**：是否有数据质量管理章程，包括问题和目标描述、范围、里程碑、角色和职责、沟通计划？

把以上问题都想清楚之后，究竟“谁该对数据负责”就不是那么重要了。

笔者认为，**数据质量人人有责：谁生产谁负责，谁拥有谁负责，谁管理谁负责，谁使用谁负责**。数据生产者要确保按照数据标准进行规范化录入；数据拥有者要确保所拥有的数据可查、可用、可共享；数据使用者要确保数据的正确、合规使用，以及数据在使用过程中不失真；数据管理者要制定确保数据质量的流程和制度，并使其有效执行。

10.1.4 数据治理组织的演进

从工程建设的角度看，企业数据治理一般可分为两个阶段：项目建设阶段和数据运营阶段。每个阶段的着力点不一样，企业数据治理组织机构一般也会有所侧重。

1. 数据建设阶段的组织机构

在项目建设阶段，项目组织人员需要梳理业务流程，盘点数据资源，制定数据标准，清理存量数据，建立数据平台，开发数据服务，同时还需要管控项目进度、质量、成本等。每一项工作都要有对应的角色和人员来完成，为不同的项目角色安排合适的人员对于项目的建设十分重要。

在项目建设阶段，数据治理组织是典型的项目组织形式，由项目领导组、项目管理组、项目执行组组成，如图 10-2 所示。

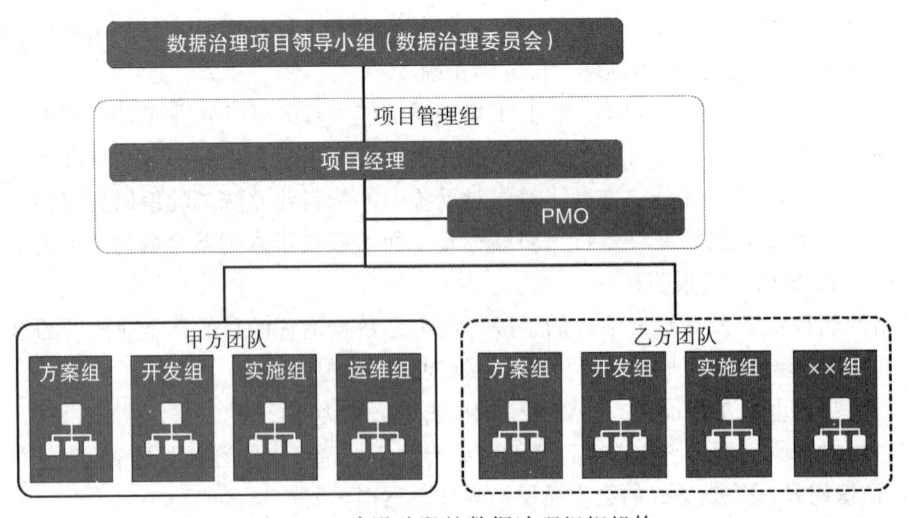

图 10-2 建设阶段的数据治理组织机构

项目领导组负责项目的领导和指导、项目整体方向的把控、重大事项的决策和协调等，一般由企业数据治理委员会的成员组成。

项目管理组负责沟通管理、进度管理、成本管理、质量管理等项目管理工作，确保在一定的时间和成本范围内，高质量完成各项数据治理项目目标和任务。

> 小贴士　不同于传统的 IT 项目，数据治理项目涉及的范围广，业务复杂，技术多样，因此选定一名合适的项目经理至关重要。

项目执行组负责按照项目计划完成既定的项目任务。执行组由多个小组构成，如方案组、开发组、实施组、运维组等。有的项目还会根据数据治理的不同专业领域，将执行组分为数据标准组、数据模型组、数据分析组、数据开发组等。

数据治理建设阶段的组织机构是离散式的、不稳定的，项目成员分别来自不同的部门和岗位，并且多以兼职为主，项目建设完成后，组织机构也随之解散。

2. 数据运营阶段的组织机构

在数据运营阶段，更多的是让数据治理服务于业务运营，为实现数据驱动的企业数字化转型提供支撑。

运营阶段的数据治理组织是以业务目标驱动的敏捷组织，一切围绕业务运营的目标而开展，成立实体的组织机构，配置专业的专职人员，为业务运营提供数据服务，并保障数据质量和安全，如图 10-3 所示。

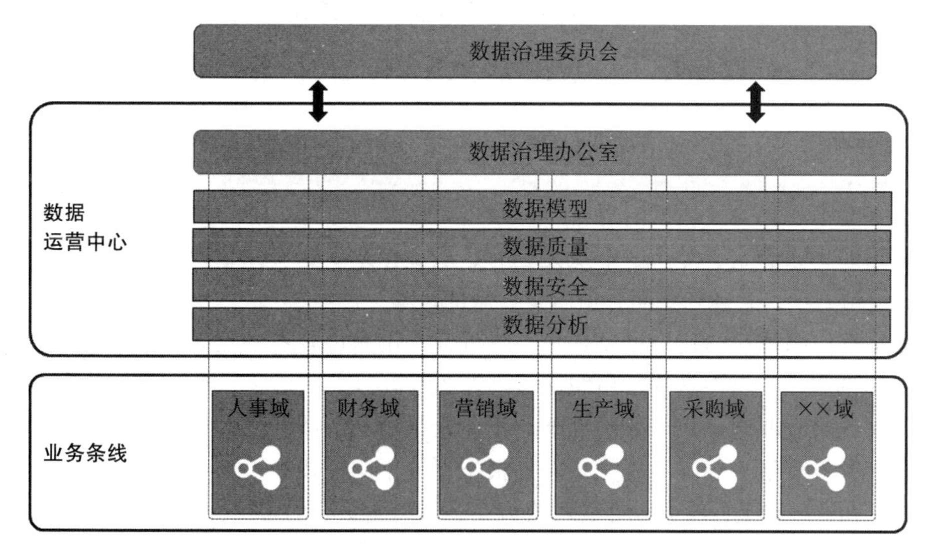

图 10-3　运营阶段数据治理组织机构

数据运营中心根据数据专业领域的分工，设置数据建模、数据质量、数据安全、数据算法、数据分析等岗位角色，它是消除了部门墙的企业级共享能力中心，实现企业相关数据管理和应用能力的沉淀。

在运营阶段，数据治理组织与数据运营中心逐步融为一体，建立数据管理制度，推动数据标准落地，保障数据安全及数据的合规使用。这种模式下，数据运营中心与各业务线条深度融合，以业务运营目标为中心，为全公司提供数据服务，助力各业务条线经营目标的实现。

3. 重建设，更需重运营

数据治理组织成立于建设阶段，但其价值更好地体现在运营阶段。企业的数据问题不是单靠实施一个数据治理项目就能彻底解决的。数据治理组织不仅是在数据治理项目建设阶段的保障，更重要的是在运营阶段的持续保障。

对于项目建设阶段和数据运营阶段，数据治理的组织机构形态和管理制度细则会有所侧重和不同，企业应根据自身需求和数据发展要求灵活调整，如图 10-4 所示。

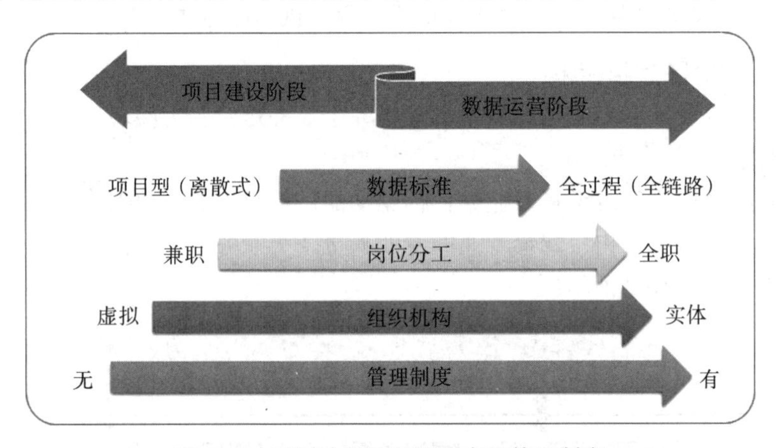

图 10-4 不同阶段的组织形态和管理制度

数据是动态变化的，数据治理组织体系也是不断演进的。随着数字化的发展，企业的数据治理组织体系必定会经历一个从无到有、从虚拟组织到实体组织、从兼职管理到全职岗位、从离散式项目管理到全面数据质量控制的过程。

数据治理组织体系的建设可以是一个过程，并不是说企业一旦启动数据治理就必须召集一个专门的组织，更不是要求组织岗位一步到位。在笔者看来，虚拟组织也好，实体组织也罢，不论是全职岗位还是兼职管理，不论是项目式的离散管控还是全过程、全链路的统一标准，并没有绝对的好坏之分，而是根据企业不同的业务需求特点和发展阶段做出的不同选择。在这一点上，没有最好的解决方案，只有更适合的解决方案。

10.2 打造“一把手工程”

“一把手工程”是一个本土化、形象化的提法，它强调企业“一把手”在项目中的责任和作用。与之对应的英文 top management commitment（管理高层承诺）指的是管理高层团队对项目的倡导和责任，是团队而不是个人，对它的正确理解应该是“高管团队工程”。

数据治理的实施涉及业务范围广，牵涉到的人员多，技术又复杂多样，因而需要有强大的组织和推动能力方能成功，而“一把手工程”无疑是一把打破部门墙、消除信息孤岛、推动项目成功的“金钥匙”。

10.2.1　数据治理需要“一把手工程”

第一，数据治理不单是一个项目，更是一项持续的数据服务——数据治理即服务。数据治理是战略层面的策略，而不是战术层面的方法，从数据策略的定义到实施路线的制定，都需要企业高层领导参与并最终决策。高层领导是企业战略制定的直接参与者，也是企业战略落实的执行者，他们需要对企业数据战略的细化和实施充分授权，要积极支持与配合数据治理执行层的工作。

第二，与传统信息化项目不同，数据治理是一项需要不断迭代、持续优化的综合工程。高层领导对数据治理项目仅支持是远远不够的，他们需要深度参与，做好领导带头和模范作用，让业务部门、IT 部门在数据治理的战略方向和目标上保持一致。

第三，数据治理项目涉及范围广，牵涉范围为整个公司，需要各个部门的紧密合作，相互协同。只要有一个部门领导不积极，他所管辖的部门就有可能成为推行数据治理的障碍。只有高层领导牵头数据治理项目，才能顺利打通各部门之间的部门墙，各业务条线之间的业务墙，各信息系统之间的数据墙，让信息流得更加通顺。

第四，数据治理项目具有周期长、范围广、过程复杂等特点，随时可能会遇到重新调整预算，重新分配资源，让所有的关键利益干系人合作，并随时调用各种数据的问题，而高层领导的关注和深度参与能帮助数据治理项目向成功迈进一大步。

第五，要全面开展数据治理，需要数据创建、采集、加工、处理、存储、使用各环节涉及的每个业务部门积极投入，同时需要企业内的利益干系人对企业的数据治理统一认知，统一思想，齐心协力配合，上下一致行动，而这一切都离不开企业高层领导的领导和支持。

10.2.2　数据治理需要 4 类人的支持

数据治理的关键在于“治理”两个字，而“治理”不是简单修正一下数据质量问题那么简单，它会涉及企业战略规划、经营策略、组织调整、IT 架构、流程优化等的方方面面。毫不夸张地说，数据治理是企业信息化的一场重要变革。

面对变革，有人谋变，有人求变，有人排斥，有人沮丧，有人欣然接受，有人讨价还价，还有的人“随机应变”。根据不同的人对于数据治理所持的不同态度，我们可以将企业中的人分为四类：倡导者、跟随者、观望者和抵制者。

（1）倡导者

倡导者非常欢迎数据治理的各种变革措施，认为这些变革能够为组织绩效带来大幅提升，他们不介意改变习惯，并积极适应新的做法。他们在数据治理实施过程中不仅能够积极配合，还能够献计献策。

（2）跟随者

跟随者都有随大流的想法：如果大家都按新的方案执行，他们也会支持；但如果大多数人不动，他们也不会反对按旧方式操作。在数据治理过程中，跟随者大多是非关键干系人，给予适当的引导和鼓励，就能得到他们的配合。

（3）观望者

观望者有着不想改变的心态，但也知道数字化转型是大势所趋，而数据治理是必经之路。他们的态度往往是“随机应变”的：高层领导提倡，他们赞成；高层领导排斥，他们就反对；高层领导在观望，他们就会在反对和赞成之间摇摆不定。所以，实施“一把手工程”，能够让大部分观望者成为跟随者，甚至倡导者。

（4）抵制者

抵制者是对数据治理有着强烈抵触情绪的人，他们怀念旧有的操作方式，不愿意改变，并且认为数据治理没有作用，只会给他们带来约束和不便。抵制者中有很多人是业务的直接操作人员，是数据治理的重要干系人，他们的配合对于项目的成功实施非常关键。如果没有高层领导的干预，他们通常会比较抵触，这会给项目的正常推进带来巨大的风险。

10.2.3 如何获得高层领导的支持

1. 将数据治理与企业战略绑定

如今，企业的生产经营和管理决策都离不开数据的支撑，数据影响着企业运转的方方面面。数据作为一项重要的资源，是企业实现战略目标的关键，同样企业需要规划战略重点，才能获得可信数据。

企业通常难以了解数据管理的挑战及其对企业具体部门与流程的影响。IT 团队则难以获得所需预算和支持，无法成功实施数据策略，帮助企业实现业务目标。但是，IT 部门拥有一个特殊的机遇，即利用数据提供变革性发现，使自己成为业务决策中的一个重要部分，并从“成本中心”转变为“利润中心”。

企业要实现数据驱动的数字化转型，最基础的就是设计并实施数据治理。数据治理是战略层面的策略，而不是战术层面的方法，太多的案例告诉我们采用战术的方法无法扩大范围和影响力，反而会导致重复工作。

因此，必须将数据治理与企业战略绑定，以获得高层领导的支持，进而使整个企业全心投入其中。

2. 敢于暴露数据的问题

目前企业的数据问题主要存在管理、业务和技术 3 个方面。

（1）管理方面

缺乏覆盖全企业、跨业务线条、跨部门、跨系统的统一数据管控体系；缺乏数据管理专业组织和部门及配套的管理流程，在数据的创建、传输、加工、使用过程中，各参与者的角色、职权分工不清晰；缺乏明确的信息责任人制度和有效的措施及配套的考核办法。

（2）业务方面

业务需求不清晰、业务需求变更随意、缺乏管理和控制措施、业务端数据输入不规范等问题都是导致数据问题的主要原因。另外，缺乏跨部门、跨团队的流程定义，将难以高效整合相关资源、形成系统建设的合力。

（3）技术方面

缺乏数据整体规划和设计，没有明确的数据管理目标；数据被动式管理，在业务提出需求后才能被动响应；存在信息孤岛问题，大量“黑暗数据”消耗资源却不能利用；数据在采集、处理、装载、存储过程中的设计和开发不合理，引发数据问题……

上述问题普遍存在于企业中，很多人也清楚问题所在，数字化转型的推动者应当勇于将企业的数据管理现状和存在的问题暴露出来，让高层领导清楚地知道企业在数据治理方面的缺失以及它们可能引发的后果。

可以将企业与竞争对手进行数据方面的对比，并将对比结果呈现给高管们。同时向他们展示在企业内部处理数据时所遇到的问题和挑战，证明企业有一个严重的问题，或者有一个能打败竞争对手的真实机会。这样能激励他们采取行动。

3. 选择价值显而易见的数据治理策略

如前文所述，企业数据治理有以下价值。

- ❑ 增加收入：通过更好的数据分析和预测，改善管理决策，提高盈利能力。
- ❑ 降低成本：通过企业数据源映射和企业对业务数据定义的访问，降低数据管理和集成的成本。
- ❑ 提升效率：使用可信数据改善决策，利用准确的数据实现流程优化。
- ❑ 控制风险：通过数据治理提供更好的洞察力，防范商业欺诈，保护个人隐私。

我们知道，要让高层领导支持，最简单的方式就是让他们从项目的过程或结果中看到或体会到具体的利益，比如获得利润，赢得重要客户的认可，进入全新的市场，打破竞争对手的垄断等。只有明确的、可以预见的项目收益才能让高层领导乐于将有限的资源和精力投入数据治理项目中。

然而与传统的信息化项目不同，数据治理是一个周期长、见效慢的项目，数据治理的价值是隐性的，只有持续的数据治理才能不断产生收益。如果企业准备开展数据治理项目，需要选好切入点，切勿贪大求全，找到容易实施、容易见效并且有业务或管理痛点的需求，有针对性地快速突破。选择价值显而易见、目标小而明确的数据治理策略，让高层领导看到效果、尝到甜头是持续落地数据治理战略的重要措施。

4. 提供明确的落地方向

如果你是一位企业 IT 主管，要获得高层领导对数据治理项目在政策和资金上的支持，除了向其说明企业当前数据治理中存在的问题和改进后的直接价值，还需要给领导呈现一条明确的实施路径，展示当前企业数据治理所处的阶段以及未来的目标。对实现目标的陈述必须切实可行，并且要考虑到企业的当前状态。

企业当前的数据治理状态如何？这并不是一个简单的问题。实际上，要回答这个问题，需要对各信息系统和职能部门的数据进行一次全面的普查：

- 了解有哪些数据，有多少数据，它们都在何处收集、管理和存储；
- 了解数据管理中的组织问题、流程问题、规范性问题；
- 了解各个业务系统的应用情况、发展情况和数据管理情况；
- 了解数据结构是怎样的，有多少结构化数据，有多少非结构化数据；
- 了解数据质量的整体情况，数据的时效性、完整性和准确性，各数据的标准化程度如何。
- 了解当前数据处理的方式如何，手动处理还是自动化处理，线上数据还是线下数据。
- ……

通过回答以上问题，你能够建立对企业数据管理现状的初步认识，同时你需要参考业界标杆企业的数据治理情况，评估企业数据治理当前所处的阶段，找出改进方向。当然，这还不够，你还需要结合企业的战略，规划出数据治理整体的实施路线图，并说明每一阶段的治理内容、治理效果和需要投入的资金预算。

5. 引导更多的人支持

有人支持对于数据治理的成功实施至关重要。不仅要找到现成的支持者，还需要引导更多的人，甚至是这场变革的抵制者支持你的数据治理策略。

要找到现成的支持数据治理策略的高管，最简单的方法是找到与高管利益相关的项目。比如，主管销售的高管一定会关注客户数据和销售数据。你的项目目标是通过数据治理改善客户数据从而实现交叉销售和追加销售，实现产品自动化推荐，增加销售业绩。这样的项目目标与销售人员的业务目标是一致的，他们可以从可靠的客户数据中获得更多的收益。销售负责人或销售高管就是客户数据治理的现成的支持者。

要引导更多的人支持，一定要真正理解利益干系人关注的事项、衡量成功的指标及对数据治理的看法，将他们的目标融入你的数据治理策略当中，并表示可以帮助他们实现目标。在这个阶段与这些利益干系人建立良好的关系有助于将来获得他们的支持和帮助。

10.2.4 高层领导如何发挥作用

1. 深度参与

数据治理是由一个个数据治理项目组成的循环迭代、不断上升的螺旋模型，每一个数据治理项目的成功都离不开高层领导的参与和支持。

作为项目经理，你要认识到企业高层领导也是企业的一项重要资源，需要“用好”。在数据治理项目的预研、立项、启动、调研、设计、实施、验收等各个关键环节，项目经理要清楚在哪些环节、哪个会议需要哪些高层领导参与，他们能够提供什么帮助。在项目执行过程中，项目经理要主动向高层领导汇报各个关键步骤，并告诉他们你的目标是什么，目前进展到了什么程度，遇到了什么问题，需要哪方面的帮助等，让他们及时了解项目的进展和需要改进的地方。

企业高层领导要认识到数据治理是企业数字化转型的必经之路，是企业战略的重要组成，需要主动、积极参与。而实际情况是，高层领导由于工作特性及个人精力问题，往往对具体项目关注不够，影响了项目的稳步推进。高层领导需要采取切实可行的方法来关注项目、参与项目，需要一些技巧，比如：多听听项目经理的口头汇报；在项目取得阶段性成果时当面或通过邮件向项目经理表示祝贺；在项目经理遇到资源、人力等协调问题时，及时回封邮件等。有时仅仅一封邮件就是对项目经理很大的支持——让企业的相关干系人知道，领导在关注这个问题。

2. 充分授权

数据治理项目需要各业务部门、技术部门的相互配合和协同。作为数据治理项目的执行者，项目经理往往由于职权的问题，无法调动业务或技术部门的管理者。数据治理项目需要高层领导给予项目经理充分授权，只有授权才能确保数据治理策略和行动有效地贯彻和执行下去，并清除行动障碍。

企业中高层领导代表着更高的职权，在对项目经理授权的方式上可以很灵活，有时需要一些技巧。比如：将项目经理权责写入“项目章程”并以正式的文件形式发布；在项目启动会、阶段汇报会议等公共场合强调项目经理的权责重要性；在项目取得一定进展时，给予当面的肯定和表扬；等等。积极鼓励式的授权可以让项目经理增强信心，同时也让企业的利益干系人尤其是数据治理的抵制者清楚地知道，项目经理背后有高层领导的支持，项目经理的意见一定程度上代表了高层领导的意见。

扩展阅读：保龄球效应

行为科学中有一个著名的“保龄球效应”，这个效应的来源是这样的。两名保龄球教练分别训练各自的队员，他们的队员都是一球打倒了 7 只瓶。教练甲对自己的队员说：“很好！打倒了 7 只。”他的队员听了教练的赞扬很受鼓舞，心想：下次一定再加把劲，把剩下的 3 只也打倒。教练乙则对他的队员说：“怎么搞的？还有 3 只没打倒！”队员听了教练的指责心里很不服气，暗想：你咋就看不见我已经打倒的那 7 只。结果，教练甲训练的队员成绩不断上升，教练乙训练的队员打得一次不如一次。这就是保龄球效应，说的是正面积极的激励比负面消极的激励效果更好。

10.3 本章小结

在企业的数据治理过程中，建立一个高效的数据治理组织，明确组织中各角色的职责和权利十分重要，它为有效地推进数据治理奠定了基础。同时，数据治理涉及业务范围广，需要各部门的相互协同、紧密合作，实施“一把手工程”无疑是最佳方案。

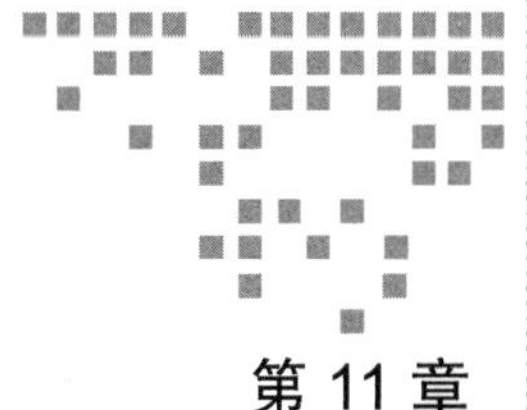

第 11 章 Chapter 11

数据治理技术体系建设

数据治理是一个很宽泛的概念，这里用两个“凡是”对它做个解释：

第一，凡是有关提高数据质量、保证数据安全、促进数据应用的策略和活动，都属于数据治理的范畴；

第二，凡是涉及数据管理管什么，由谁管，怎么管，用什么标准、制度、流程去管等问题的，都属于数据治理的范畴。

从技术的视角看，在数据管理过程中涉及的架构、建模、存储、质量、安全、集成、应用等技术都与数据治理相关。本章我们将通过 5 个数据治理实战案例介绍业界典型的数据治理技术架构。

11.1 以元数据为核心的数据治理

下面是国内某商业银行（以下简称 S 银行）的数据治理案例。

与大多数传统企业一样，S 银行的信息化过程整体上也是先建设后治理的。大量的烟囱式系统导致产生大量的数据孤岛，普遍出现业务交叉、功能重复、数据冗余、数据质量不高、标准不统一、归集处理手段单一、存储分散、数据挖掘能力不足、数据割裂和共享不充分等问题，这些问题严重影响了 S 银行的业务处理效率和对管理决策的支撑。

2012 年前后，大数据时代到来，商业银行面临前所未有的巨大挑战：以 BAT 为代表的互联网公司以及大量科技金融公司依托于数据技术，开始大举侵蚀商业银行的业务。S 银行发现，如果不对数据进行有效的治理，很难应对这样的挑战。

2018 年，原中国银保监会发布了《银行业金融机构数据治理指引》，对商业银行的数据质量和数据治理提出了很高的要求。

基于以上背景，S 银行构建了以元数据为基础的数据治理架构（见图 11-1）。

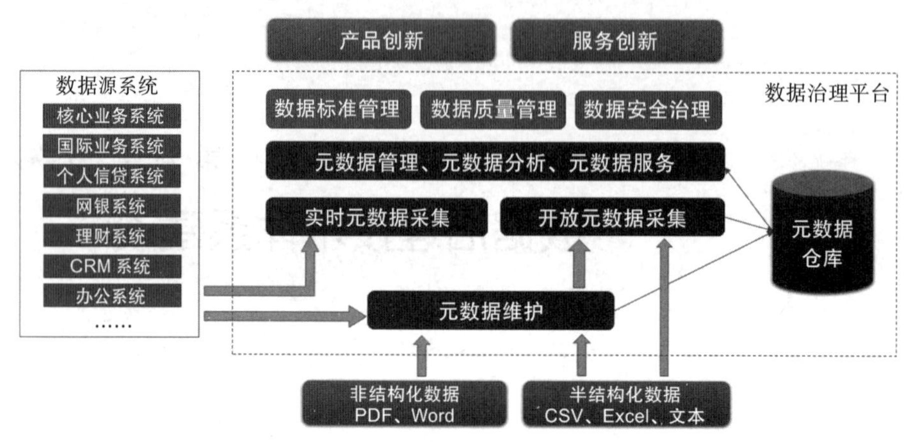

图 11-1 S 银行以元数据为基础的数据治理架构

1）以元数据为基础，对银行内部的数据资源进行盘点，形成数据资产清单，实现数据资产在各部门、各系统中的集成与共享。

S 银行的数据来源十分广泛，这对其元数据采集能力提出了很高的要求。一方面，银行业务系统，如核心业务系统、个人信贷系统、网银系统、理财系统、CRM 系统、协同办公系统等系统中沉淀了大量的结构化数据，需要实时采集这些数据的元数据，实时监控元数据的变化。另一方面，银行业务系统中还有大量的半结构化和非结构化数据，这要求元数据采集引擎能够识别、提取这些数据的主要元数据并存入元数据仓库中进行统一管理，从而为元数据分析、元数据服务提供支撑。

2）基于元数据构建银行数据标准体系，从业务、技术和操作三个层面制定数据标准。

第一，数据标准化是一个业务问题，要在整个业务层面就使用的数据达成共识。谁是银行的客户，什么样的产品才能称为银行的产品，数据分析指标的口径是什么，等等，都必须在业务上统一。

第二，对数据的技术元数据进行标准化，如数据字段命名、数据结构、数据格式、字段长度、数据存储位置等。

第三，要制定数据的操作标准，如谁负责新增数据、谁有权查询数据等。

3）基于元数据解决数据质量问题，实现全生命周期的质量保障。

如何从数据的采集端解决基础数据质量问题，是每家企业都需要思考的问题。以前是客户经理和柜员采集数据，现在是多门店、多渠道采集数据，通过制定数据质量规则，确保数据采集的质量。另外，在数据传输、数据集成、数据使用的每个阶段都需要形成一定的数据质量规则，这些质量规则都是基于元数据的，并且是由生产数据的前端业务人员一并提供的。

4）基于元数据进行敏感数据的识别和定义，并实施一定的安全策略，防止数据的泄露和滥用。

例如，在进行营销域数据治理时，将客户的身份证号码、手机号、账号金额等定义为客户信息的敏感字段，并在元数据中进行标识，后续在使用客户信息时根据元数据中的敏感信息标识自动进行脱敏处理，从而保护客户隐私。

以元数据管理为基础，S 银行通过对数据资产的盘点，建立了银行数据标准化体系，实施了有效的数据质量管理和数据安全管理。基于元数据实现银行数据的采集、处理、存储、使用的全生命周期管理，S 银行提升了数据质量和安全性，实现了统一、标准的对外数据服务，为产品创新和服务创新提供了支撑。通过数据治理，S 银行优化了银行业务，建立并保持了与客户的良好关系，增加了销售机会，并且在风险管控、防欺诈、小微企业的融资等方面都有了很大的收获。

11.2　以主数据为主线的数据治理

某制造企业（以下简称 H 公司）以主数据为主线的数据治理案例。

对于制造型企业来说，“降本、增效、提质”是永恒的追求目标，H 公司也不例外。然而随着 H 公司业务不断发展，业务关联越来越紧密，而早期的信息化建设是部门驱动的，形成了大量“烟囱式”系统，这些割裂的业务系统导致企业的核心主数据存在严重的不一致、不标准、不正确、不完整等问题，对业务之间的协同、协作造成了很大的制约，各部门、各业务人员往往因编码不统一、名称不一致而沟通不畅，从而增加了沟通成本，影响了业务效率。

因此，H 公司进行主数据治理的核心目标是：建立统一的主数据标准，进行主数据的清洗、转换和映射，基于企业服务总线打通业务系统之间的信息孤岛，实现各系统主数据的统一，为业务集成和数据分析提供支撑。

H 公司主数据治理的建设内容主要包括以下几个方面。

（1）统一主数据标准

对企业主价值链和业务系统的数据资源进行了统一梳理，识别出其核心主数据，包括客户、供应商、组织、部门、人员、物料等。对每一类主数据从主数据来源、分类、编码、数据模型、数据质量规则、集成规范等方面进行了标准化定义。

（2）主数据管理平台

主数据管理平台由主数据管理系统和企业服务总线两部分组成。主数据管理系统提供主数据建模、主数据管理、主数据质量、主数据安全、主数据订阅共享、主数据运营等主数据全生命周期管理功能。企业服务总线负责与异构的各业务系统进行对接，包括接口管理、数据映射、协议转换等，如图 11-2 所示。

（3）主数据清洗

主数据管理系统提供数据清洗规则定义、数据查重与合并、数据清洗与对账等功能，实现了线上数据清洗。与传统基于 Excel 的线下数据清洗方式相比，它的效率高得多。但由于主数据来源于不同的业务系统，所以主数据治理的重点在源头上。源头系统必须按照定义的主数据标准进行改造和数据清理，并将规范后的数据推送给主数据系统，再由主数据系统的订阅接口通过 ESB（企业服务总线）共享给相关的消费系统使用。

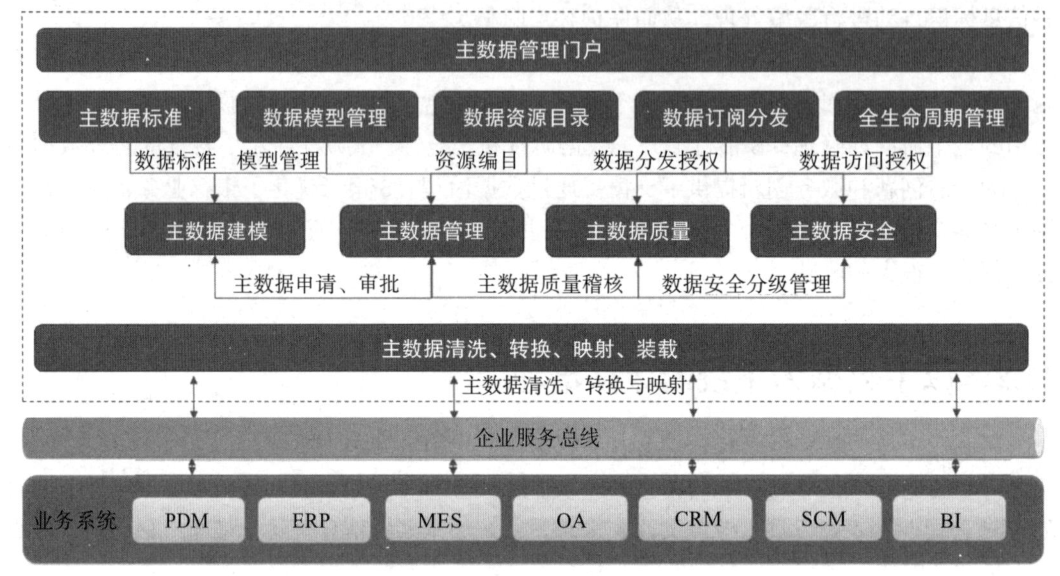

图 11-2 H 公司以主数据为主线的数据治理架构

（4）主数据集成

主数据集成包括源头系统的集成与消费系统的集成。本案例涉及的异构系统众多，如 PDM、ERP、CRM、SCM 等，各系统对主数据集成需求并不相同，主数据平台必须提供灵活的集成方式，如主数据推送接口、主数据拉取接口等，同时还需要支持 Web Service、REST 等接口方式，以满足不同系统的集成技术要求。

以主数据为主线的数据治理实现了企业主数据的标准化，提高了数据质量。通过主数据平台打通各业务系统的数据通道，形成主数据的唯一数据源和统一数据视图，实现主数据的一物一码、统一管理、统一分发、统一应用。通过主数据平台解决了各异构系统的数据不标准、不一致问题，保障了业务连贯性以及数据的一致性、完整性和准确性，提升了业务系统之间的协同能力。同时，高质量的主数据也为领导的管理决策提供了支撑。

11.3 混合云架构下的数据治理

根据中国信息通信研究院发布的《中国混合云市场调查报告（2018 年）》，混合云已经成为企业上云的主旋律。企业将面向外部的并发量大的业务放到公有云上，不仅能提高业务峰值的性能和效率，还能减少在 IT 基础设施方面的投入；而将一些面向内部管理的业务和一些个性化业务依然留在企业的私有云上运行，一定程度上实现了企业业务的灵活性，而且降低了企业的 IT 运维成本，这也是企业选择混合云的重要原因。

使用混合云架构，企业能够获得更好的适用性和扩展性，但同时也会产生新的管理难题：数据分散，数据标准不统一，数据得不到有效利用。混合云下的数据治理问题成为企业上云前不得不考虑的问题。

A 公司是一家从事五金工具制造和销售的综合企业，考虑到成本及效率问题，其 IT 建设选择了混合云模式：对于需要与外部协同的销售管理、销售员管理、采购管理、客户管理、供应商管理等业务，选择部署在公有云的 SaaS 服务；而对于面向内部的财务管理、人力资源管理及生产管理等业务，则采用本地的私有化部署模式。

A 公司数据治理的目标是实现公有云中的数据与企业内部数据集中管理、融合使用，并为业务部门赋能，驱动业务和管理创新。其数据治理架构如图 11-3 所示。

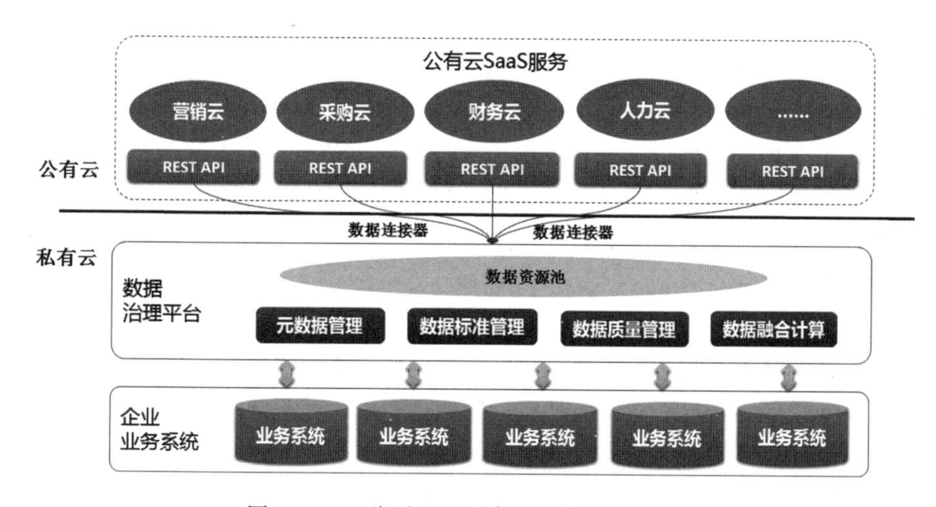

图 11-3 A 公司基于混合云的数据治理架构

（1）数据资源连接

数据治理平台提供数据连接器。数据连接器能够连接到公有云的 SaaS 服务，定期将公有云中的数据采集到私有云的数据资源池中。由于不同 SaaS 服务的数据架构、连接方式不同，数据连接器应满足不同系统、不同数据库类型的数据连接。此外，数据连接器还能够将私有云中的标准数据同步到公有云的 SaaS 数据库中。

（2）数据融合治理

将公有云中的数据采集来之后，还需要将其与企业内部的数据进行融合治理。什么是融合治理？举个例子，在公司私有云中的财务系统中有一个叫“张三”的客户，而从公有云采集来的客户信息中有两个人叫“张三”，这三个“张三”是不是同一个人？或者财务系统中的“张三”对应公有云中的哪个“张三”？这就是数据融合治理要解决的问题。

由于不同的 SaaS 服务之间、企业内部系统之间的数据结构、数据标准是不同的，因此实现数据融合的第一步是制定数据标准，明确数据结构、数据唯一性的判断规则、数据质量规则等，接下来就是基于数据资源池实现数据的标准化，包括数据项处理、数据关系的映射等，进而实现公有云数据与企业内部数据的融合。

（3）融合数据应用

A 公司在融合数据应用方面很有创新性：一方面，基于数据治理平台的元数据管理功能，形成了融合公有云数据和企业内部数据的数据资源目录，业务人员、数据科学家都可以基于该目录进行数据探索，提高自身的数据洞察力；另一方面，将融合后的数据资源以服务的形式提供出来，供业务端调用以实现业务创新。A 公司还为销售部门开发了一个客户关系管理 App，系统会根据客户的应收账款余额自动生成预警信息并发送给业务员，督促业务员进行客户拜访和催款。

这是融合 SaaS 的业务数据和内部财务数据而设计的一个很小的应用，但这个小小的应用却大大提升了企业的回款速度，降低了坏账率。这样的融合数据应用 A 公司开发了很多，它们为业务和管理创新提供支撑，帮助企业实现了数字化转型。

（4）数据运营监控

数据治理平台提供数据运营管理的能力，包括统一的数据资源地图、数据血缘分析、数据影响分析；提供数据质量规则定义、数据质量监控、数据质量分析、数据质量报告等数据质量闭环管理功能；支持数据服务的注册、发布和监控；支持基于数据资源池的数据探索和自助数据分析等。

基于混合云的数据治理平台，通过数据连接打通公有云和私有云之间的数据通道并将混合云融为一体，其提供的数据治理、数据交换的核心能力能够真正打通不同节点之间的数据，确保企业得到一套统一完整、高质量的数据资源。基于混合云的数据治理平台提供的数据融合治理和运营的能力帮助企业以最便捷的方式获得所需的数据，并立即投入业务创新应用中，使企业真正实现数据驱动的业务创新。

11.4 大数据架构下的数据治理

IDC 对大数据的定义是：大数据是指为了更经济、更有效地从高频率、大容量、不同结构和类型的数据中获取价值而设计的新一代架构和技术，用来描述和定义信息爆炸时代产生的海量数据，并命名与之相关的技术发展与创新。企业大数据最核心的价值就是企业在对海量数据进行收集、加工、存储和分析之后，通过对这些数据的分析挖掘，为提高企业运营效率和业务价值、开拓企业新业务提供参考。大数据具有数据体量大、数据多样化、数据价值密度低等特点，如果不加以治理，企业拥有的大数据可能不但无法为企业带来价值，反而会成为拖累企业的“包袱”。

某以报道经济新闻为主的报社（以下简称：X 报社）是典型的信息服务企业，信息和数据是它的主要产品形态。经过多年的发展，X 报社沉淀了大量的数据，主营业务中的新闻素材（图片、视频、文件等）、待编稿、成品稿每天都有将近 1TB 的增量数据，同时还存在大量异构数据，如金融市场行情、上市公司数据、法律法规数据等。这些数据多数是

XML、PDF 等格式的非结构化和半结构化数据。由于新闻具有时效性，这些海量数据一次性使用后就存放在数据库中，再利用率极低。事实上，这些海量数据是 X 报社的宝贵资产，用好的话将为报社带来巨大的价值。

2017 年 X 报社开始实施大数据治理（见图 11-4），目的是理清企业的数据资产，建立数据资产地图，形成大数据服务，为业务创新提供支撑。X 报社通过制定一系列策略、计划、流程并应用相关的技术，来规范大数据采集、处理、加工、交换、分析和使用的过程，为企业管理、业务创新提供驱动引擎。

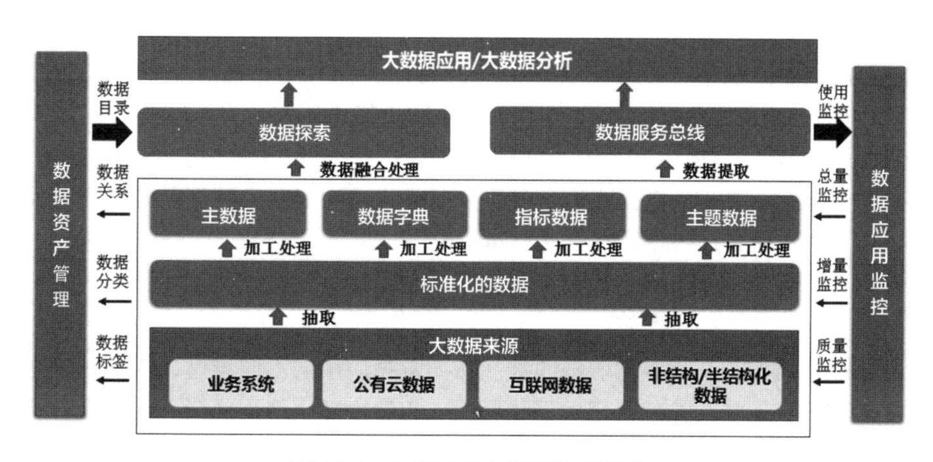

图 11-4　X 报社的大数据治理架构

（1）元数据管理

X 报社的数据来源广泛，数据量巨大，数据类型丰富：既有线上的用户行为数据，也有业务系统新闻稿件、新闻素材数据；既有互联网爬虫数据，也有 API 接口的第三方数据包。基于大数据平台的元数据管理引擎对报社核心业务系统、互联网数据的元数据信息进行集中采集和处理，并将非结构化、半结构化数据的关键信息抽取出来统一存储在元数据仓库中。元数据仓库支持利用标准化的数据接口及形式丰富的图表展示工具，定制出企业的全景式数据资产地图，用户可以直观看到企业有哪些数据，这些数据存放在哪里。

（2）数据标准化

通过业务规则的定义，对大数据进行清洗和标准化处理，主要使用的标准化技术是最小—最大标准化、Z-score 标准化和按小数定标标准化。处理的内容有删除重复数据、补齐缺失数据、处理异常数据等。

通过大数据清洗和标准化，形成不同应用维度的数据服务，例如：主数据和数据字典，解决不同系统中核心数据的一致性问题；指标数据，为数据分析挖掘提供支撑；主题数据，按不同业务主题组织数据，形成主题数据服务。前端的记者、编辑等用户可以基于主数据、指标数据、主题数据进行联合数据探索，洞察业务价值。

（3）数据资产化

要让大数据真正成为数据资产被业务利用，还需要对其进行加工处理。

按照一定的业务规则对新闻内容进行分类和标签化处理，形成基于主题的数据资产目录，在打标签的过程中使用分类算法将内容进行分类、聚类，使用关键词的算法对内容打标签，并在标签体系的基础之上，明确数据资产之间的关联关系，形成数据资产的知识图谱。

数据内容的资产化为建设基于用户偏好的内容服务推送引擎提供了必要的数据和算法支撑。

（4）数据应用监控

X报社拥有海量的数据，其数据管理和运维的工作量巨大。大数据平台提供了大数据应用监控功能，减轻了数据运维工作的负担。该平台主要监控以下三个方面的内容。

- **数据量监控**：基于大数据平台的数据库日志文件实现对大数据量的实时监控，运维人员可以实时查询数据的存量和增量情况。
- **数据质量监控**：基于既定的业务规则实现数据质量的监控，例如数据的唯一性、完整性、正确性、一致性等。
- **数据使用监控**：基于数据服务总线，按照数据应用的不同维度，实现对数据使用情况的监控，例如监控数据服务调用频次、出错次数、使用部门、使用人员、使用的高峰时间等。

数字化时代，在新媒体冲击传统报社的背景下，通过构建大数据平台并实施数据治理，X报社实现了数字化转型。X报社的新媒体运营业务在大数据平台的支撑下如同插上了翅膀，不仅获得了更大的用户量，还实现了整体业绩的飞跃。

11.5　微服务架构下的数据治理

微服务是一种面向业务敏捷的架构模式，是一种去中心化的架构。微服务使用简单的REST协议，相比传统的单体架构更加灵活、轻量，通过对企业IT系统进行业务组件化的重构，基于DevOps实现开发、部署、运营的一体化。去中心化的架构让每个微服务都能独立部署和运行，具备高可用性的天然优势，在性能上更加可靠。因此微服务架构被越来越多的互联网及开放性行业的企业（2C业务企业）所推崇。

随着微服务架构的落地，人们发现微服务架构虽然改进了开发模式，但同时也引入了一些问题，在这些问题中，最重要的就是数据的问题。微服务架构强调彻底的组件化和服务化，每个微服务都可以独立部署和投产，很多微服务有自己的独立数据库，这就增大了数据治理的难度。最典型的问题如下：

- 数据分散在不同的微服务中，一致性如何保证？
- 数据被割裂后，如何整合以满足完整业务链条的统一查询和穿透？

❑ 在进行全量数据分析时如何保障数据质量？

M 酒店集团是一家全球性的酒店连锁企业，其信息化目标是打造以酒店运营为核心的全球旅行服务共享平台，涉及的业务有酒店管理、会员管理、电子商务、酒店产品营销、酒店预订、餐饮管理、旅游服务等。酒店各品牌的产品差异性、业务差异性和所使用系统的差异性导致数据多标准、数据不一致。数据指标口径不统一，数据标准不一样，导致数据分析难度大，无法站在集团级维度进行准确的数据统计和分析。因此，在进行数字化转型的过程中，M 酒店集团选择基于微服务架构对其 IT 系统进行重构（见图 11-5），同时并行开展数据治理工作。

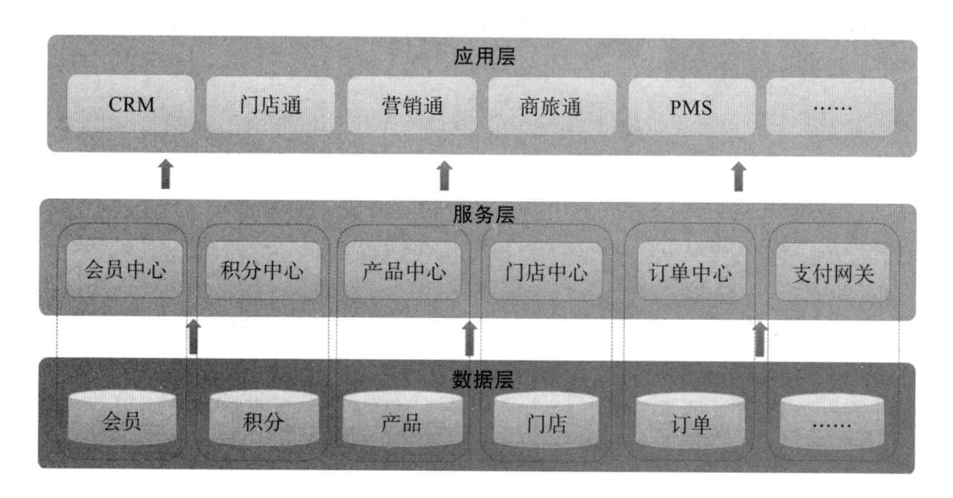

图 11-5　M 酒店集团基于微服务的数据治理架构

（1）微服务的分层设计模式

M 酒店集团采用三层架构模式进行微服务拆分，分为数据层、服务层和应用层，以实现业务的组件化，并通过建立服务层将应用层与数据层隔离。这其实是一个典型的业务中台架构，微服务按照业务逻辑进行识别和划分，将共享程度较高的应用微服务化，供给前端的各业务系统调用，拆分出的微服务主要有会员中心、积分中心、产品中心、门店中心等。

（2）微服务的数据质量保证

按照业务视角对微服务的数据进行拆分，在保证数据域唯一性的基础之上对业务过程中的数据实体、实体属性等进行结构性封装、命名和规范性定义。数据规范定义是在开发之前，以业务的视角进行数据的统一和标准定义，确保计算口径一致、算法一致、命名一致，后续的数据模型设计和 ETL 开发都是在此基础上进行的。前端业务系统不能直接操作这些数据，而是通过调用服务层的各个微服务实现对后端数据的操作和查询，基于唯一性规则、数据质量校验规则通过微服务控制数据质量，以保证数据的唯一性、一致性、完整性、相关性和准确性。

（3）微服务下的数据赋能

数据治理平台具备微服务数据连接功能，支持对不同微服务数据库的连接，基于OneID技术实现全域数据连接。支持通过数据连接将微服务中的数据以全量或增量的方式移动到数据湖中，并对会员、门店、产品、位置等核心实体数据进行标签化萃取，支持对产品、会员的立体画像，并为大数据分析和推荐引擎提供数据支撑，为前端业务赋能。

M酒店集团的信息化模式整体上是业务、数据的双中台模式，通过对共性业务微服务化实现服务的高可用和高并发，提升前端业务的敏捷性。通过数据中台对数据模型、核心数据实体、数据指标进行标准化，确保数据一致、算法一致、口径一致；基于OneID技术，实现核心数据的全域连接、标签萃取、立体画像，形成可调用的数据服务，再反哺前端业务，实现智能推荐、精准营销。

11.6 本章小结

数据治理技术体系的设计涉及数据的采集、处理、存储、访问、应用和分析等数据全生命周期，不仅要考虑静态数据，如元数据、数据模型、主数据、共享数据的标准化问题，还要考虑动态数据，如交易数据、数据流转、大数据、ETL等数据全生命周期的管控和治理。

在进行数据治理技术体系的设计时，应贴合行业特点和企业数据战略目标，设计符合企业需求和发展的数据架构，保证企业数据资产的可靠性，使数据成为驱动企业战略规划和业务发展的核心竞争力。

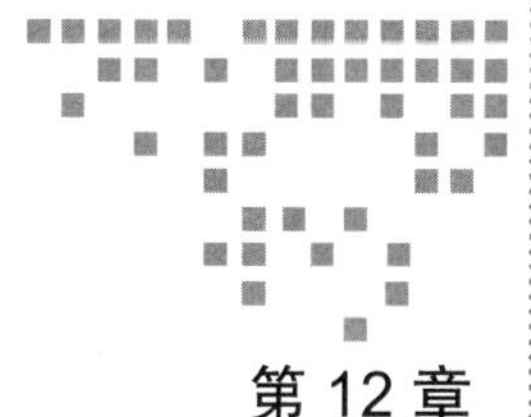

第 12 章　Chapter 12

数据治理策略执行与监控

管理大师彼得·德鲁克说过："战略是一种商品，执行是一门艺术。"尽管企业数据治理是企业战略层面的策略，但要让这个战略得到有效执行，需要建立数据治理的标准化体系，并做好每一个数据治理过程的监督和控制。

本章将站在数据治理项目经理的角度，介绍在项目建设过程中如何确定数据治理策略，制定数据治理计划，获取利益干系人的支持，以及如何召开一个成功的项目启动会，如何做好项目过程中的沟通管理，如何监控数据治理的执行情况。

12.1　数据治理的 4 个过程

项目的实施一般有发现、定义、执行、监控 4 个过程，数据治理项目也一样，从数据问题的发现、数据需求的识别，到数据标准和管理策略的定义，再到数据治理策略的执行和监控，形成一个闭环管理的过程（见图 12-1）。

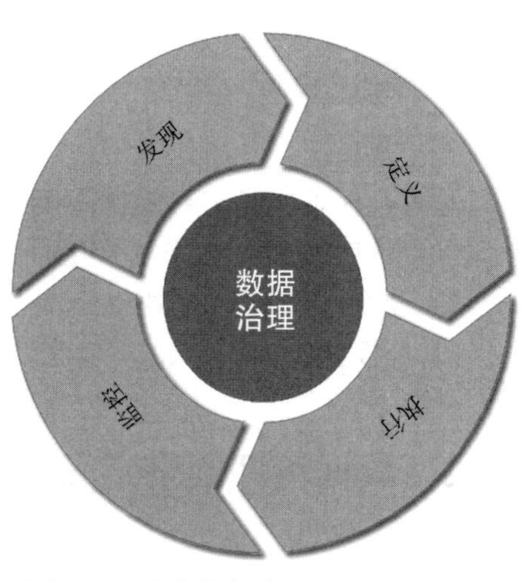

图 12-1　实施数据治理项目的 4 个过程

1. 发现过程

发现过程，顾名思义，就是发现问题、识别需求的过程，即获取数据治理需求，发现数据管理问题和存在的风险，评估数据治理成熟度状态，确定数据治理目标和范围的过程。发现过程中的主要活动包括：

- 理解企业战略；
- 业务现状调研与评估；
- IT 现状调研与评估；
- 数据治理成熟度评估；
- 明确数据治理目标和范围；
- 制定数据治理实施路线图。

没错，这些活动就是本书第 7～9 章的内容，重点是通过需求调研和现状评估，发现企业数据管理中的问题和差距，并制定出符合企业管理现状和业务需求的数据治理实施策略。

2. 定义过程

定义过程是制定与数据管理相关的数据标准、制度和流程、项目章程和计划的过程。定义过程一般与发现过程并行运行，基于企业数据治理现状和存在的问题、确定的目标来定义与解决问题，实现目标的数据治理策略和标准。定义过程的主要活动一般包括：

- 制定数据管理策略；
- 制定数据管理标准；
- 制定数据管理流程；
- 制定数据管理绩效指标；
- 制定项目章程和项目计划。

3. 执行过程

执行过程即按照数据治理项目定义的策略、流程、标准、计划等执行具体的数据管理活动的过程。执行过程的主要活动一般包括：

- 启动治理项目；
- 发布治理策略；
- 执行治理策略；
- 沟通与协调。

4. 监控过程

监控过程即对数据治理策略执行情况的监控，以验证数据治理策略的可行性和有效性，获取和度量从数据治理工作中产生的价值。监控过程的主要活动一般包括：

- 监控数据治理策略的执行情况；
- 监控数据治理策略的有效性和价值。

12.2 数据治理策略定义

企业数据治理“防大于治”，做好数据管理的预防措施能够让数据治理的工作事半功倍。而所谓的“数据管理的预防措施”即数据治理策略和数据治理项目章程与计划，其中数据治理策略主要包括：定义业务术语表、制定元数据标准、制定主数据标准、制定参考数据标准、制定业务规则、制定数据治理制度，制定数据治理评估指标等。

12.2.1　制定数据治理策略

数据治理策略是指导企业实施数据管理的一系列规范、标准和流程。除了数据治理的组织机构、确权认责机制之外，数据治理标准和流程方面的策略也十分重要，下面介绍几种典型的数据治理标准和流程。

（1）定义业务术语表

定义业务术语表是企业获取和共享与重要业务词汇有关的业务上下文环境的协作策略。

清晰地定义业务数据表是企业各业务部门之间建立共识的基础，能够解决企业业务词汇的“同名异义，同义异名”问题。例如：对于“客户”这个业务词语，业务人员认为，“凡是有联络方式的都可能是企业的客户”；在财务人员来看，“只有购买了产品或服务并且付款了的才能算企业的客户”；而在 IT 人员来看，“客户就是一个数据实体”。

对于业务术语的定义，除了核心数据实体和属性定义外，还必须说明数据实体的上下文环境。上下文环境包括语境、规则、政策、参考数据、注解、链接及数据所有者等。上下文环境不同，即便是同一个业务术语，其含义也可能存在较大的差异。

（2）制定元数据标准

元数据标准的制定是按照一定的业务规则对数据实体进行分类，并对数据实体的业务元数据、技术元数据和管理元数据进行的标准化定义。

元数据让企业数据资源具备了可查询、可定位、可管理、可跟踪的属性。对于结构化数据，通过元数据可以查询相关数据支持的业务和技术上下文环境；对于非结构化数据，通过愿景可以对内容信息进行标记和归类，以支持按分类进行查询，快速定位。

（3）制定主数据标准

主数据是企业的核心共享数据，是一切业务活动和数据分析的基础。通过对企业中的核心共享数据，如组织、人员、物料清单、客户、产品、销售渠道等的数据分类、数据编码、数据模型进行标准化定义，提升业务部门之间的协作能力，降低集成复杂度，为信息系统集成和数据统计分析奠定基础。

（4）制定参考数据标准

标准化的参考数据确保是数据协调和汇总的基础。定义和规范应用系统中或应用系统之间要使用的参考数据，以确保数据在获取及使用中的一致性。参考数据包括以下几类：

- 业务属性值表，如客户类型、产品颜色；
- 国家或国家标准值表，如 ISO 3166 国家标准代码；
- 行业规范标准，如全国医疗卫生信息数据元值域代码表。

（5）制定业务规则

建立数据验证、清洗、匹配、合并、屏蔽、归档、标准化等规则的逻辑业务需求。业务规则的制定为计算机系统执行自动化的数据治理流程提供了基础，同时也为人工参与的手动流程给出了数据操作和校验的规则。业务规则在数据治理实施阶段是确保数据可信、有效、安全并最终适合业务使用的关键。

（6）制定数据治理制度

制定数据治理的相关策略、制度和保障体系，如数据的确权和认责、组织角色及职责、数据录入和审核规范、数据获取和验证标准、数据访问和使用规范、数据封存和归档规范等。数据治理制度的制定、批准、发布和宣传是改善数据质量和安全性行为的基础。高层领导驱动，自上而下贯彻执行是建立企业数据文化的重要措施。

（7）制定数据治理评估指标

数据治理评估是用于说明数据治理工作有效性和价值的方法，不同类型的数据治理关注的评估指标也不同，常见的评估指标有合规性的操作基线、数据质量的衡量标准、投资回报率（ROI）等。如果没有衡量数据治理工作价值和有效性的方法，数据治理工作将很难得到企业的资金和资源的支持，数据治理计划将无法实施。

12.2.2 制定项目章程与计划

数据治理项目章程可以理解为企业实施数据治理计划的协议，它对数据治理的原则、目标、方向、范围以及项目的其他参数进行明确定义。数据治理项目章程可以帮助项目经理向高层领导传达数据治理的重要性，以获得高层领导的支持。项目章程向团队成员、利益干系人等提供完整的项目概述、资源分配策略，为项目的参与者指定目标，从而确保每个参与者之间沟通清晰，能达成共识。

数据治理项目章程一般包含但不限于以下内容。

（1）数据治理目标

项目章程是一份数据治理的任务说明，概述了数据治理的核心目标和内容，描述了数据治理完成的工作对业务的重要性和对企业数字化战略的重要意义。

（2）风险和应对策略

大多数项目可能存在影响项目进度、质量、成本等的风险因素。通过头脑风暴讨论数据治理的潜在风险，例如哪些人员可能不配合，哪些程序难以修改，哪些数据无法清洗，并针对每种风险制定应对策略。

（3）利益干系人和RACI矩阵

确定应该参与数据治理项目的关键利益干系人，确定由谁负责（R）、执行（A）、咨询（C）或告知（I）每个总体项目步骤。重申一下，数据治理团队应该是一个跨职能的团队，包括IT部门和业务部门。在项目中，每个利益干系人都有不同的目的和角色。项目章程应明确其不需要获得项目发起人或高层领导批准就可以进行操作的权限级别。此外，还应明确定义每个团队成员的角色和职责。为此，创建RACI矩阵，以描述利益干系人在不同阶段和支持级别的参与情况，如表12-1所示。

表 12-1　项目干系人与 RACI 矩阵模板

	CDO	数据管理员	数据所有者	业务主题管理者	IT 专家	业务分析师	DBA
评估数据治理项目的准备情况	A	R	C	C	C	I	I
构建数据治理项目	C	C	A	R	I	I	I
确定业务需求	A	R	C	C	I	C	C
评估解决方案	A	R	I	C	I	I	I
创建数据治理路线图	C	C	A	R	I	I	I
制定沟通计划	A	C	I	R	I	C	C
执行数据治理策略	C	C	A	R	C	I	I

（4）目标和评价指标

对于企业而言，确定可以用来衡量数据治理成功与否的指标体系至关重要。数据治理的目标必须与企业总体业务目标保持一致，这将为数据治理的负责人、执行人以及其他利益干系人提供可以看到的可行性结果，确保所有参与人员持续深度参与和支持。按照以下步骤，可以了解确定目标和评价指标的入门方法。

1）为业务和 IT 部门建立考核指标，以确定数据治理计划是否有效。

2）为每个指标设置目标。

3）收集当前数据以计算指标并建立基线。

4）为项目指定一个负责跟踪数据治理效果并执行数据治理绩效考核的人员。

（5）项目实施计划

为数据治理项目制订实施计划，并指定具体的里程碑。项目实施计划可以用来跟踪项目的进展，并与利益干系人进行沟通，如图 12-2 所示。

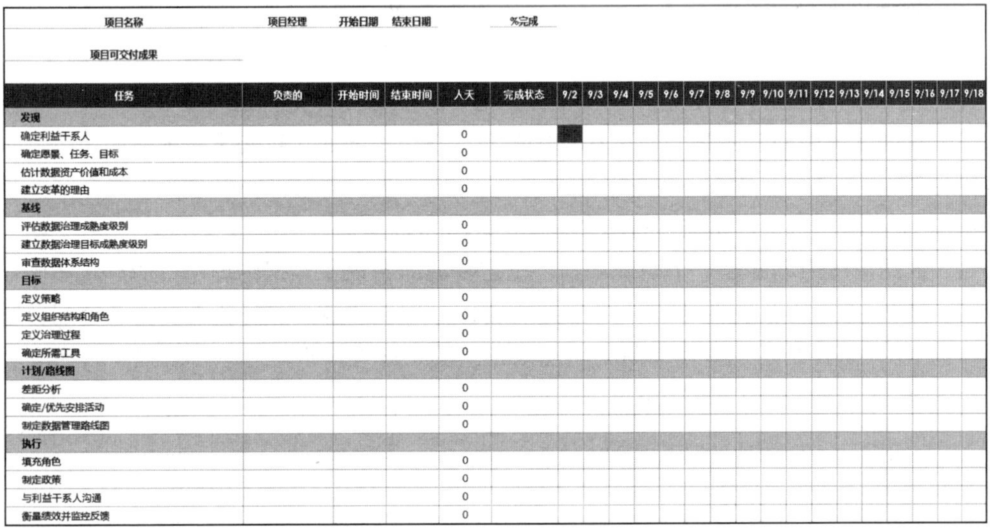

项目名称　项目经理　开始日期　结束日期　%完成

项目可交付成果

任务	负责的	开始时间	结束时间	人天	完成状态	9/2	9/3	9/4	9/5	9/6	9/7	9/8	9/9	9/10	9/11	9/12	9/13	9/14	9/15	9/16	9/17	9/18
发现																						
确定利益干系人				0																		
确定愿景、任务、目标				0																		
估计数据资产价值和成本				0																		
建立变革的理由				0																		
基线																						
评估数据治理成熟度级别				0																		
建立数据治理目标成熟度级别				0																		
审查数据体系结构				0																		
目标																						
定义策略				0																		
定义组织结构和角色				0																		
定义治理过程				0																		
确定所需工具				0																		
计划/路线图																						
差距分析				0																		
确定/优先安排活动				0																		
制定数据管理路线图				0																		
执行																						
填充角色				0																		
制定政策				0																		
与利益干系人沟通				0																		
衡量绩效并监控反馈				0																		

图 12-2　项目实施计划模板

（6）最终签核

项目计划章程是企业数据治理的验证文档，在开始数据治理项目之前，要与利益干系人确认计划章程和项目目标并获得他们的同意，这一点很重要。只有在所有利益干系人都同意并最终签署项目章程后，才能正式开启该项目。

12.3 数据治理策略执行

数据治理策略的执行贯穿数据治理实施的整个过程，包括搭建数据治理平台和工具，执行数据治理标准，控制数据质量和安全，以及数据的汇聚与清洗、集成与使用等。以上内容将在第四、五部分详细展开，本节重点介绍数据治理执行过程中的两个重要活动：项目启动会和项目沟通管理。

12.3.1 良好的开端：项目启动会

经验告诉我们，失败的数据治理项目往往不是在结束时才失败的，而是开头就没开好。项目启动会是标志着一个项目正式开启的重要仪式，好的开始是成功的一半，数据治理也一样。

1. 为什么需要召开项目启动会

1）**数据治理启动会是一个明确目标、达成共识的会议**。通过项目启动会，从甲方到乙方，从公司领导到各相关业务部门，从项目经理到项目组成员，企业数据治理相关干系人对数据治理的项目目标、项目范围、计划安排和预期效果达成共识，使企业上下一致，内外协同，这是打赢数据治理第一仗的开始。

2）**数据治理启动会是一个开工动员、任务分工的会议**。对于数据治理涉及的数据认责、数据梳理、标准制定、数据清洗、数据集成等工作，都需要配置相应的资源来完成。每个部门需要配合的工作都在启动会上划分清楚，为后续工作的开展奠定基础。

3）**数据治理启动会还是一个基本概念宣贯、方法论培训、实施风险预警的会议**。数据治理项目涉及范围广，参与人员多，需要所有人对数据治理的相关概念、实施方法、项目风险有一个清晰的认识，而项目启动会是个很好的契机。

4）**数据治理启动会是一个明确规则、奠定基调的会议**。数据治理项目的成功实施需要高层领导的支持，需要业务部门、IT部门的配合，为了让各个部门认真、主动地配合整个项目的工作，需要制定一些管理制度和规则，包括考核管理机制等。可以在项目启动会上明确奖惩规则，奠定管理基调。

2. 如何召开一个成功的项目启动会

（1）做好开会前的准备

- 准备会议材料，如项目章程和计划、数据治理策略等。需要为启动会精心制作一份汇报 PPT，要涵盖数据治理项目的背景、目标、策略、计划等核心内容。

- 规划会议议程，策划会议总时长，包括有哪些人发言，每个人发言的内容和时长等。
- 会前的沟通：与高层领导沟通好，协调好时间，确保高层领导能够按时参会；提前与核心参会人员沟通会议内容及他们在项目中的角色。
- 会议通知，以正式的形式发布启动会会议通知，同时通过电话、微信、钉钉等沟通工具与每位核心参会人员确认。

（2）控制好会议议程和节奏

下面以某企业的数据治理项目启动会为例介绍项目启动会的过程控制，如表 12-2 所示。

表 12-2　某企业的数据治理项目启动会会议议程

序号	议　程	时长（分钟）	负责人
1	主持人开场	5	甲方中高层
2	项目背景、目标、范围、组织分工	15	甲方项目经理
3	解决方案、实施策略、项目计划、沟通机制	15	乙方项目经理
4	项目绩效考核制度，奖惩规则	5	甲方高层（CIO）
5	业务部门承诺	5	关键业务用户
6	资源保障和支持	10	乙方项目经理
7	项目期望，成功要求和支持	10	甲方高层（CEO）
8	签署承诺书	5	甲乙方高层
9	会议结束	5	甲方中高层
总时长		75 分钟	

1）主持人开场。选择一名合格的主持人来主持会议，控制会议节奏。主持人须在企业内有一定的威望，具备调动资源的能力。

2）甲方项目经理介绍项目的背景、需求、目标、范围、组织分工，这是重点说明企业已经做好了实施数据治理的准备。

3）乙方项目经理介绍项目解决方案、实施策略、项目计划、沟通机制，这是重点说明乙方对需求的理解并让双方项目成员对项目需求和目标达成共识。

4）业务部门承诺。数据治理离不开业务部门的深度参与，关键业务用户需要清楚自己的分工和职责。

5）资源保障承诺，乙方高层领导做出对项目资源保障的相关承诺。

6）高层领导讲话，甲方高层领导提出对项目的期望和要求，并做出支持的承诺。

7）会议结束，主持人做会议总结，宣布会议结束。

（3）重点注意事项

- 必须要有高层领导参与。高层领导的参会能够起到定基调的作用，启动会上需要高层领导指明数据治理方向，下达数据治理任务，做出支持的承诺等。如果没有高层在场，启动会效果将大打折扣。
- 必须正式。后续的所有工作都与启动会的基调息息相关，因此，项目启动会一定要正式，如果条件允许，要大张旗鼓地进行。

12.3.2 做好沟通管理：借势和造势

数据治理项目的成功实施需要高层领导的支持，需要各业务部门的配合，需要处理来自不同来源、不同标准的数据，而这一切离不开沟通。沟通在数据治理实施项目中起着连接的作用，缺乏有效沟通，数据治理计划的实施将举步维艰。

如何做好沟通管理？根据笔者多年的经验，可以总结为5个字：借势和造势。

1. 善于借势

“善借势，一日千里；逆势而为，则如逆水行舟，寸步难行。”作为项目经理，我们在实施数据治理项目时要学会借势。而数据治理中有哪些“势”可供我们“借”呢？总结如下。

（1）数字化浪潮的“大势”

数据已经成为除土地、劳动力、资本和技术等传统经济增长要素外，推动经济增长和产业变革的新的核心要素。如今，谁掌握了数据，谁就是主导，数字化转型对企业来讲，不是可选题，而是必选题。在这场数字化浪潮中，每一家企业都无法逃避，置身事外。而企业数字化转型的必经之路就是数据治理。

（2）高层领导的“权势”

我们不止一次强调高层领导对于数据治理项目的关键作用，项目经理要善于向上管理，借助高层领导的威望和权力来获得充分的授权，并让高层领导深度参与项目过程和重要事项的决策。

（3）数据供需的“局势”

当前企业数据的管理和应用中供需矛盾日益突出，业务部门“用数”需求越来越迫切而强烈，而企业的数据管理却普遍存在“信息孤岛”“睡眠数据”“数据不标准、质量差”等问题，导致企业不是“无数据可用”，而是“无可用数据”。数据治理就是为解决以上问题而生的，只要你的方案可行，预期能够解决业务部门“用数难”的问题，就一定能够获得业务部门的支持。

2. 勇于造势

“善造势者，即使无风也能泛起浪。”实施数据治理项目，不仅要善于借势，还要学会造势，让企业高层领导、业务部门等关键利益干系人都认识到数据治理的重要性和必要性。相关策略如下。

（1）“请外面的和尚来念经”

通过外部专家，引入先进的数字化思想和方案，可以借技术交流的名义，让外部专家给企业的高层领导和业务部门好好“上上课”。

（2）让数据治理价值显而易见

列举数据治理显而易见的预期价值，并让高层领导和业务部门感觉到这个预期价值并不是遥不可及的。当然，这需要制定一系列周密且可执行的数据治理策略和计划。

（3）撕开数据管理中的“遮羞布”

从管理、业务和技术三个维度将企业数据管理和使用过程中的问题全部暴露出来，并说明这些问题对企业造成的不利影响，同时提供解决方案。

12.3.3　不可忽视的例行会议和报告

如同其他 IT 项目一样，数据治理项目执行过程中的例行会议和报告也十分重要，这是推动项目进展、保证项目质量的重要手段。

1. 项目例会

项目例会是定期举行的例行会议，如项目周例会、月例会、关键节点会议等。项目例会的目的是为项目的相关干系人提供一个交流和协调的平台，通过充分地沟通和交流，发现问题，解决问题，总结工作并安排下一步的工作要点，进而更好地推进数据治理的全面工作。

项目例会也是会议的一种，要注意会议的实效性。

第一，会议的议题、会议要求、召开时间、召开地点，谁来参加，谁来支持，等等这些问题都需要事先做好周密的安排。

第二，要事先考虑好数据治理项目例会的目标和中心点，这是召开会议的中心轴，不可偏离，更不可将会议开成业务部门之间、业务部门与 IT 部门之间的抱怨会、发牢骚会、马拉松会。

第三，数据治理项目例会是对数据治理阶段成果验证和宣传的会议，通过对取得的成果进行宣传，对相关人员进行表扬，让数据治理的团队增强信心并获得荣誉感。

2. 项目报告

在数据治理项目执行过程中，项目报告也是一个非常重要的沟通工具。它让高层领导、业务部门等相关利益干系人了解一段时间内数据治理的进展情况、存在的问题、后续工作等，以促进工作的协调和安排。

数据治理的项目报告不外乎月报、周报、日报、关键里程碑报告等。一般情况下，数据治理项目周报和月报是必需的，日报一般在特殊情况或项目特殊阶段执行，报告提交的周期和频率应根据不同企业特点、不同项目情况设置。

数据治理报告一般包含但不限于以下内容。

- 本阶段的主要工作内容和取得的成果，例如发现了多少个数据质量问题，制定了多少个数据标准，接入了多少个应用系统等。
- 工作中存在的问题和待协调的事项，例如：某业务术语定义存在争议，需要与 ×× 部门召开专题会议；某关键用户出差，导致 ×× 数据标准未能按计划制定完成等。
- 下阶段的重点工作安排，例如继续制定 ×× 数据标准，召开某业务术语评议专题会议等。

在数据治理项目实施的过程中，项目例会和报告不是“形式主义”，而是一种有效的沟通手段，甚至是一种正式对待数据治理的仪式。这种仪式不仅在项目建设阶段需要，在数据的运营期也需要。

再次强调：数据治理项目的结案不是企业数据治理的终点，而是企业数据治理真正的起点。

12.4 数据治理策略监控

监控阶段是对数据治理策略实施情况的监控，获取和度量数据治理工作的有效性和价值，监控已定义的数据治理策略和规则的执行情况，并使得企业数据资产的生命周期具有透明度和可审核性，为数据治理绩效考核提供参考依据。

12.4.1 执行情况监控

数据治理策略的执行情况监控主要是对已定义的数据治理政策、规则的遵从性、合规性进行度量，确保数据治理的相关策略执行到位，并及时发现执行过程中存在的问题，及时更新策略。例如，我们用以下指标来考核数据治理委员会成员是否合格。

- 数据治理委员会成员应认识到自己的工作应当是积极主动的，积极发现问题，而不是被动处理问题。每个数据治理委员会成员都是企业的数据改进专家，应当持续为业务赋能，例如为业务部门提供高质量数据的保障措施。
- 数据治理委员会的每个成员必须参加不少于已计划和举行的数据治理工作会议的75%。
- 数据治理委员会的每个成员必须每年参加至少 8 小时的数据管理和数据治理方面的正式培训。
- 数据治理委员会的每个成员必须每年为业务部门、IT 部门提供 16 小时以上的数据治理方面的教育和培训。

以上是对数据治理组织的运行情况度量指标的示例。在实际项目中，企业应根据自身的需求和现状定义数据治理度量和评价的指标体系，包括组织人员方面、流程和制度方面、数据标准、数据质量、数据操作等度量维度。

12.4.2 有效性和价值监控

任何计划都必须具备可行性，才能获得高层领导和相关利益干系人的支持（包括资金支持、资源支持、政策支持）。关于数据治理成功的衡量标准，要以数据为基础，以事实为依据，确定数据治理改进的领域，以证明数据治理的有效性和成本持续投入的合理性。如果没有一套评价指标，任何新计划都将无法证明其价值，数据治理也不例外。

数据治理有效性和价值建立在对企业的业务价值提升的基础之上，也就是说通过数据治理提升了哪些业务指标，例如收入和利润的增加、成本的降低、效率的提高等。

以下给出数据治理有效性和价值评估的关键指标示例，供参考：

- 企业销售额提高 5%～10%，受益于客户数据质量的提升、客户的细分、广告投放渠道的优化；
- 企业库存优化节约了 5%～10% 的采购成本，这主要归功于物资主数据的治理；
- 财务的对账时间从每月 3 天缩减到每月 3 小时，主要受益于财务科目体系的统一和物料数据的标准化；
- 在一年之内，企业因违反监管规定而受到的罚款减少 ×× 元，而受到监管部门处罚的主要原因是向监管部门报送的数据有质量问题；
- 在两年之内，企业高层管理者通过数据报表 / 报告获得洞察力，并基于数据进行管理和决策。

12.5 本章小结

企业数据治理的过程是一个问题发现、定义策略、执行项目、监控成效的闭环管理过程。它不是一个从提出需求到解决需求的线性瀑布模型，而是一个不断迭代、循环上升的螺旋模型。通过制定统一的数据标准、统一的数据质量规则、适宜的数据治理政策，支持数据采集、数据存储、数据处理、数据应用等数据全生命周期各环节的管控，是企业实现数据资源资产化、数据资产价值化的有效手段。

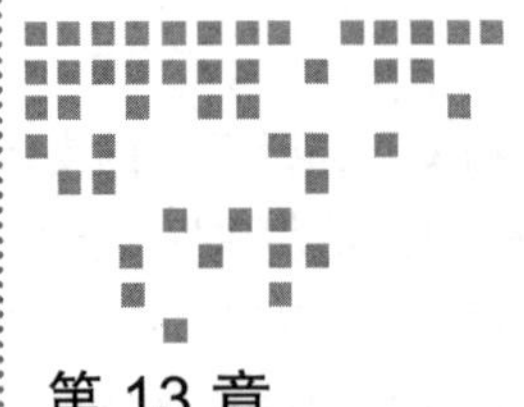

Chapter 13　第 13 章

数据治理绩效考核

数据治理既要严抓过程，更要注重结果。为了提高数据治理的执行效率，需要建立相应的数据治理考核办法，并关联组织及个人绩效，检验数据治理各个环节的执行效果，以保证数据治理制度的有效推进和落实。

13.1　数据治理的 4 个考核原则

数据治理工作应作为企业的一项常态化业务，数据治理绩效考核应融入企业管理的组织绩效考核体系，并应遵循以下考核原则。

1. 公平公正原则

公平公正原则是设计、确定、推行绩效考核机制的前提。绩效考核体系不具备公平公正的原则，就无法发挥绩效考核应有的作用。绩效考核的内容、考核指标、考核程序均应向数据治理利益干系人公开，同时，考核应客观、准确地体现出数据治理的效果以及被考核人员的能力和态度。数据治理绩效考核是帮助企业员工提升数据管理、数据应用能力的一种重要手段。

2. 严格原则

企业一旦开始执行数据治理绩效考核，就必须遵循严格的原则。考核不严格，就会流于形式，形同虚设，不仅不能全面地反映数据治理的真实情况，而且还会产生消极的后果。考核的严格性体现在以下方面：要有明确的考核标准，要有严肃认真的考核态度，要有严格的奖惩制度与科学的考核方法等。

3. 公开透明原则

数据治理应具有公开透明性，数据治理的各项策略和流程不应成为企业内个别部门、人员的私有或保密的内容，而应对企业所有人员公开，让大家对数据治理工作都有一定的认识和理解。数据治理的考核内容、考核指标、考核办法、考核结果也应是公开的，这是保证绩效民主的重要手段。考核结果公开，一方面，可以使被考核人员认识到数据治理的重要性，并了解自己在数据治理工作中的不足，帮助绩效差的部门和人员提升能力和思想认知，鼓励绩效好的部门和人员再接再厉，保持领先；另一方面，还有助于防止考核中出现偏见或种种误差，以保证考核公平与合理。

4. 客观评价原则

对于无法量化或者无法借助计算机软件进行评价的数据治理考核指标，进行人工考核。人工考核应当根据明确规定的考评标准，针对客观的考核资料进行评价，避免掺入主观性。

13.2　数据治理的 6 类考核指标

本质上，数据治理绩效考核是一种对企业数据治理的过程管理，而不只是对结果的考核。它通过对数据治理过程的管控，将数据治理目标按时间、按主题、按部门等多个维度进行分解，形成可量化考核的指标，不断督促相关干系人实现。

1. 数据治理绩效考核的难度

与企业的其他业务（销售、采购、生产、财务等）相比，数据治理是企业业务中最困难的领域，一个重要的原因是数据治理的成效难以量化。销售、采购、生产、财务这些业务都是可以用数据量化的，比如产品销售量、物资采购量、生产消耗量、产量、财务收付款数量等，而“企业的数据治理是否奏效”这样的问题常常让人不知如何回答。

企业数据治理普遍存在一个现象：当一切业务正常且没有数据问题时，数据治理的努力就会被忽略，功劳永远是前端业务部门的；而当出现业务问题且是由数据问题引起时，大家首先责怪的是数据治理没有做好，“取不到数据”“数据不准确”，这些听起来很耳熟吧？

2. 建立绩效指标体系的 3 个要素

为了证明在数据治理上的努力和投资能够让企业受益——降低了成本，增加了收入，提升了决策效率，企业还需要对数据治理的目标进行分解，建立可量化、可执行、可度量的数据治理指标体系。

- **问题**：数据报告不准确，业务沟通耗时较长，业务处理效率低下。
- **目标**：通过使用准确的数据和已定义的数据管理流程，降低销售、库管、生产等业务部门的沟通成本，提升业务处理效率，提高业务和管理决策的效率。
- **影响**：提高数据报告的准确性，降低业务部门的沟通成本。

了解企业亟待解决的问题、治理的目标及解决问题的影响，能够得出需要改进的内容，形成数据治理的指标。使用指标来衡量数据治理的成功对实现数据目标至关重要，它可以帮助企业走上正确的数字化转型道路。

3. 数据治理的6类考核指标

数据治理的绩效考核可以从数据治理人员、数据质量问题、数据标准贯彻、治理策略执行、技术达成、业务价值实现等6个维度考量，见表13-1。

表13-1 数据治理的6类考核指标

指标分类	考核指标举例	备注
数据治理人员维度	• 数据治理运营报告的平均查阅人数、最高查阅人数 • 数据治理例行会议的召开频次 • 高层领导参与数据治理例行会议次数的占比 • 确定的数据域数量和数据治理关键干系人数量 • 数据治理流程在业务部门的执行率 • 参加数据治理培训的人数 / 次数 • 数据治理参与人员对数据治理理论、技术工具的掌握程度	
数据质量问题维度	• 数据完整性，例如属性完整性的占比 • 数据及时性，例如数据从发送到接收的时间 • 数据正确性，例如某数据集中脏数据的占比 • 数据一致性，例如某数据指标在数仓和源系统中的数值是否一致，某相同名称的数据实体在不同系统中的业务含义、数据结构、质量规则是否一致 • 一定周期内发生数据质量问题的个数 • 数据质量问题的影响范围，例如集团范围、组织内部、部门内部，或仅对操作者本人有影响 • 数据质量问题的严重程度，以存在的潜在风险或造成的经济损失为依据进行人工考核 • 数据质量问题处理的及时性	
数据标准贯彻维度	• 按主题域划分的接受数据标准部门的占比 • 按主题域划分的共享数据标准的应用系统数量的占比 • 按主题域划分的使用数据标准的业务流程数量的占比 • 按主题域划分的使用数据标准的输出报告数量 • 按主题域划分的使用数据标准人数 • 按主题域划分的集成业务流程数量	
治理策略执行维度	• 数据治理流程在业务部门的执行率 • 数据的安全合规使用天数 • 确定的数据问题数量 • 从识别问题到解决问题的时间 • 批准和实施的数据治理政策和流程的数量 • 发布的数据标准数量 • 数据标准被企业采用的数量 • 提高项目效率和新项目启动的设置 • 对新产品上市时间的影响	

（续）

指标分类	考核指标举例	备注
技术达成维度	• 数据问题修复的时间 / 成本 • 合并的数据源数量 • 使用主数据的业务系统数量 • 每日主数据分发的数量、失败数量 • 从源到使用的可追溯的数据属性数量 • 唯一标识符的数量，重复的产品数量 • 源数据库和目的数据库验证的数据之间的差异数 • 映射到数据模型和对象的业务术语数量 • 血缘分析完成百分比	
业务价值实现维度	• 提升效率，可将某业务部门的一两个人重新分配到其他高价值活动 • 改善客户满意度，缩短呼叫处理时间 • 销售额提高 5%～10%，可使销售团队增加广告投入，提高销售团队的奖金 • 将财务的对账时间从每月 3 天缩减到每月 3 小时 • 在一年之内，企业因违反监管要求而受到的罚款减少了 ×× 万元	

数据治理指标体系的建设应涵盖数据治理的组织人员、制度流程保障、技术措施等方面，突出数据录入、审核、维护、备份、安全等重点环节，进行指标量化。表 13-2 给出了一个数据治理考核评价指标的示例。

表 13-2　数据治理考核评价指标示例

一级指标	二级指标	考核对象	考核标准	频度	权重	备注
组织人员	运营报告的提交频次	数据治理办公室	每周提交数据治理运营报告，少提交一次扣 1 分，每月超过 3 次未提交，当月的本项绩效为 0	月度	5	扣分项
	接受数据治理培训的人次	数据治理办公室	每月对数据治理相关方进行数据治理理论和技术的培训，参与者不低于 10 人次，每少 1 人次扣 1 分	月度	10	扣分项
数据质量问题	发现的数据质量问题的总个数	数据域对应的数据生产者 / 所有者	每月通过数据质量稽查，发现的数据治理问题个数，每发现一个问题扣 1 分，扣完为止	月度	25	扣分项
	数据录入环节发现的数据质量问题个数	数据域对应的数据生产者 / 所有者	数据质量问题发生在录入环节的，每发现一个问题再多扣 1 分，扣完为止	月度	10	扣分项
	数据质量问题的影响范围	数据域对应的数据生产者 / 所有者	影响范围越大，本指标绩效越低：仅对操作者本人有影响，扣 0.5 分；影响到操作者所在部门，扣 1 分；影响到操作者所在公司，扣 2 分；影响到全集团，扣 5 分	月度	10	扣分项
	数据质量问题的严重程度	数据域对应的数据生产者 / 所有者	以存在的潜在风险或造成的经济损失为依据进行人工考核	月度		扣分项

（续）

一级指标	二级指标	考核对象	考核标准	频度	权重	备注
数据质量问题处理	数据治理问题处理的个数和及时性	数据域对应的数据生产者 / 所有者	在规定的时间内处理一个数据质量问题加 1 分，否则不加分	月度	20	加分项
数据管理	数据质量稽查	数据管理员	未在规定的周期内完成数据质量稽查，扣 3 分	月度	10	扣分项
	问题预警、分发	数据域对应的数据生产者 / 所有者	稽查报告未在规定时间内送达数据所有者，扣 3 分	月度	10	扣分项

13.3 数据质量的 6 种检查办法

数据治理的绩效考核需要对单个数据点的数据准确性进行检查，以及时发现数据质量问题。常用的数据质量问题检查方法有记录数检查法、关键指标总量分析法、历史数据对比法、值域判断法、经验审核法及匹配判断法。

1. 记录数检查法

通过比较记录条数，对数据情况进行概括性验证，主要是检查数据表的记录数是否在确定的数值或确定的范围内。

适用范围：对于数据表中按日期进行增量加载的数据，当每个加载周期的记录数为常数值时，需要进行记录条数检验。

举例：每月新增的物料编码条数。

2. 关键指标总量分析法

对于关键指标，对比数据总量是否一致，主要是指具有相同业务含义的指标，检查不同部门、不同系统之间的统计结果是否一致。

适用范围：本表中的字段与其他表中的字段具有相同的业务含义，从不同的维度统计，存在汇总关系，且两张表的数据不是经同一数据源加工得到，满足此条件时，需要进行总量检验。

举例：企业的员工总人数、总收入、总利润、总费用、总投资等指标。

3. 历史数据对比法

通过历史数据对比观察数据变化规律，从而验证数据质量。从变化趋势、增减速度、周期、拐点等方面判断数据的可靠性。两种常用的历史数据对比方式是同比和环比。同比指的是与历史同期比较，反映数据的长期趋势；环比指的是对相邻的两期数据进行比较，突出反映数据的短期趋势。

适用范围：通过对比反映数据短期或长期趋势时，需要使用历史数据对比法。

举例：本月的数据质量问题环比减少 20%，企业营业收入同比增长 50%。

4. 值域判断法

确定一定时期内指标数据的合理变动区间，对区间外的数据进行重点审核，其中数据的合理变动区间是直接根据业务经验来确定的。

适用范围：可以确定事实表中字段的取值范围，且可以判断不在此范围内的数据必定是错误的，满足此条件时，必须进行值域判断法。

举例：基于年龄维度统计在职员工的数量，低于 18 岁、高于 65 岁的数据属于异常数据，应重点审核。

5. 经验审核法

对于报表中指标间的逻辑关系仅靠计算机程序审核无法确认和量化，或有些审核虽设定数量界限，但界限较宽、不好判定的情况，需要增加人工经验审核。

适用范围：数据无法量化或量化界限无法评定的情况下，使用人工经验审核法。

举例：某数据安全事故对企业声誉的影响程度。

6. 匹配判断法

通过与相关部门提供或发布的有关数据进行对比验证，判断数据的有效性。

适用范围：对于与相关部门提供或发布的有关数据口径一致的数据，可以使用匹配判断法。

举例：基于外部的数据服务，验证用户填写的姓名和身份证号是否真实。

13.4 数据治理的 4 种考核方式

数据治理的绩效考核应采用日常考核与定期考核相结合、系统自动考核与人工考核相结合的模式进行，明确考核奖惩措施，强化数据治理考核机制。

1. 日常考核

日常考核是考核数据治理的相关干系人（尤其是数据的生产者或所有者）在日常工作流程中，录入和审核数据是否及时、完整、准确、规范，其目的是在源头堵住不良数据的入口以防范数据安全风险。举例如下。

（1）及时性考核

比如业务员是否第一时间将销售订单录入 CRM 系统中，销售主管是否在规定的时间内完成订单数据的审核，ERP 系统中本月的有效单据（如请购单、采购单、委托单、出入库单等）是否审核月结完毕。

（2）准确性考核

对业务单据的关键属性的值的完整性、准确性进行考核，例如客商档案录入是否完整，税率、进货数量、单据价格是否准确等。

（3）规范性考核

责任人是否越权操作，比如：是否使用他人账号 / 密码登录系统并录入或审核数据；是否未经上级领导批准，将账借给他人使用或者让他人代录入或审核数据。

2. 定期考核

数据管理部门应定期开展数据质量的稽查，通过制定数据质量稽查规则，明确数据稽查内容、稽查周期、稽查方法，来检查数据是否完整、及时、准确。定期考核可以分为抽样数据稽查和全面数据稽查。

- **抽样数据稽查**：数据治理小组定期按照一定的时间范围对相关数据集的数据质量情况进行检查，目的是及时发现增量数据中的数据质量问题。
- **全面数据稽查**：数据治理小组必须按照一定的周期对相关数据集的存量进行全面的数据质量问题稽查，需要定期发布报告，以显示每个指标的成功之处和待改进之处。一般来说，全面数据稽查的频率要低于抽样数据稽查，数据集的记录数越小，越适合采用全面数据稽查的方法。例如，小于 10 万条记录的数据集必须每月进行一次全面数据稽查。

3. 系统自动考核

对于计算机系统能够量化的数据质量规则，应尽量采用系统自动考核方式进行数据质量问题的稽查。可量化的数据质量规则举例如下。

- **记录差异性**：检查跨系统之间实体记录不相同的信息，例如 A 系统中的客户资料在 B 系统中不存在。
- **字段一致性**：检查跨系统之间实体相同的记录的字段是否一致，例如 A 系统中客户“张三”的出生年月与 B 系统中客户“张三”的出生年月不相同。
- **字段准确性**：检查单系统中某字段的取值是否正确，例如账目表中客商费用的取值不能大于 100 万元。
- **业务逻辑性**：检查系统中某字段的取值是否符合业务逻辑，例如销售单据中的客户编码、产品编码是否分别存在于客户档案表、产品档案表中。

系统自动考核要求数据质量管理工具提供数据质量检查规则、数据质量任务、考核规则的配置功能，数据质量任务的分派、处理、审核、监控功能，以及数据质量问题报表的展示和查询功能等。

4. 人工考核

人工考核主要是根据审核人员的经验以及填报单位的各种定量和定性信息，采用人机结合的方式对已录入数据进行检查和审核，进而判断数据是否符合要求。人工考核面向的数据主要分为两类。

- 无法形成量化指标或者量化范围难以鉴定的数据，例如数据质量问题对企业业务的影响程度。
- 计算机稽查发现的“异常数据”和“重复数据”，例如：计算机稽查到 CRM 系统中有 20 条重名的客户信息，这时需要人来判断这 20 条客户信息是否真的重复，为什么会重复。经审核确定的“异常数据”和“重复数据”应向填报单位核实，核实后，填报单位应对数据进行改正。

在数据治理绩效考核中，只有通过了人工数据审核，才能进行数据汇总并给出考核结果。

13.5　本章小结

绩效考核机制是企业数据治理的各项制度有效推进和落实的重要保证，它能帮助企业有效执行数据标准，提升业务操作的规范性，提高数据质量。绩效考核机制也是形成并固化数据文化的重要手段，通过制度约束和绩效考核，培养企业员工的数据素养，从而促进业务效率提升。

数据治理的绩效考核建立在对数据治理内涵的深刻理解基础上，应结合企业自身现状和需求，制定有针对性的绩效考核方案，而不能盲目照搬。本章中给出的数据治理考核原则、考核指标、考核办法、考核方式仅供参考。

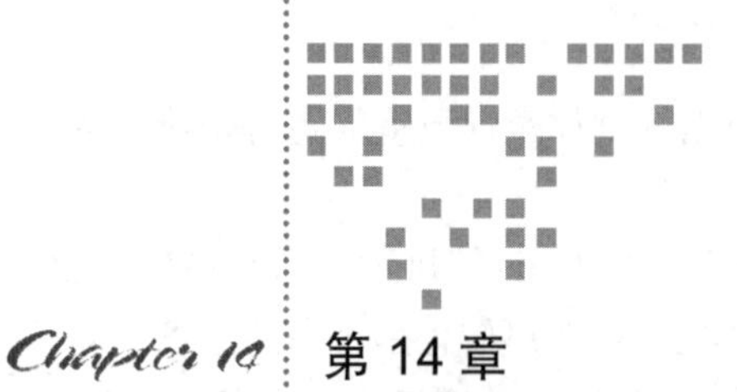

Chapter 14 第 14 章

数据治理长效运营

企业在实施数据治理时，往往会遇到这样一种情况：项目建设过程如火如荼，并取得了一定的成绩，而往往在项目建设完成后不久就发生数据治理组织解散、数据标准执行不到位、数据管理制度形同虚设等问题，导致建设阶段取得的成果消失殆尽，企业的数据治理能力成熟度回到实施数据治理之前。

本章重点介绍企业数据治理长效运营机制的意义、存在的挑战，以及建立长效运营机制的方法。

14.1 什么是数据治理长效运营机制

我们先回忆一下数据治理是什么。数据治理是建立企业数字化战略目标的基础，是有效管理和控制数据资源的策略。它通过人、流程和技术的协调确保持续的数据质量，确保数据的正确性、完整性、一致性、及时性、可审核性和安全性，是一套完整的管理体系，涵盖了组织、方法、制度、流程、工具等方面。

长效运营机制就是能长期保证数据治理的策略、制度正常运行并发挥预期效能的制度体系。理解长效运营机制，要从“长效”“运营”“机制”三个关键词上来把握。

- **长效**：从字面上理解，“长效”就是长期的效果。这里的长效是指数据治理是一组长期持续运行的策略，而不是一个一次性的 IT 项目。
- **运营**：对数据治理过程的计划、组织、实施、控制和沟通，是与实现数据治理目标密切相关的各项数据治理活动的总称。
- **机制**：使数据治理活动能够正常运行并发挥预期效能的配套制度。它有两个基本条件：一是要有推动数据治理正常运行的动力源，即数据治理要赋能业务，助力提升业务效率，实现业务日标；二是要有规范、稳定、配套的制度体系。要强调的是，数据治理中的任何机制、策略都不是一成不变的，它必须随着时间、条件的变化而不断丰富、发展和完善。

14.2　数据治理长效运营的意义

数据治理的意义在于运用科学的管理、先进的技术，持续调动人员的积极性、主动性和创造性，不断加强人员数据思维，加强和巩固企业的数字化协同环境，不断提升企业数字化技术应用能力，为企业数字化转型提供源源不断的动力。

14.2.1　建设数字化协同环境的需要

数据治理本质上治理的是数据资产，是对数据资产的产、采、管、存、用全过程的管理，以及对该过程利益干系人的协调和规范。数据治理输出的是高质量的数据，而高质量的数据是企业开展数字化业务的基础。

数据治理需要紧密贴合企业业务，找到业务部门的数据问题、痛点和需求，通过制定相关的数据标准、管理流程和制度来约束和规范数据生产到使用的各个过程，从而解决数据问题，满足用数需求。通过数据治理，建设数字化协同环境，打破企业数据孤岛，打通部门墙，实现数据共享，提升业务效率。

1）元数据管理。通过元数据梳理制定企业公共元数据标准，实现技术元数据和业务元数据的贯通，为开展业务协同提供标准。

2）主数据管理。通过主数据管理解决企业核心数据的多源头维护，数据不一致、不标准、不完整等缺陷和问题，保障企业核心主数据的“一处产生，多方使用”，提升企业业务处理的效率。

3）数据质量管理。建立数据质量指标定义、数据质量评估和分析、数据质量改进的闭环管理过程，以提升数据质量，促进业务协同。

4）数据资产管理。构建统一的数据资产目录，将企业数据资产从系统后台的“黑匣子”转变为前端可查、可看的数据“字典”，为企业数据资产的共享流通、价值创造打下坚实基础。

14.2.2　巩固和扩大数据治理成果的需要

数据治理是一个循环迭代、持续改善的过程，需要不断加强和巩固数据治理的成果。数据治理是大事，但要从小处着手，数据治理的一个最佳实践是聚焦于一个可控的小目标，实现它，并在企业内宣传数据治理的成果，以增强领导及团队的信心，获取公司对于数据治理的持续支持。

（1）树立数据治理旗帜

企业需要树立起一面数据治理的旗帜，这面旗帜就是数据标准。通过流程和制度的约束确立数据标准的权威，突出其在整个 IT 系统中的重要地位。

在企业数字化架构设计上，建立起企业数据架构的顶级数据视图，外围系统的建设、数据的分析和挖掘都要以此为标准和参考。作为旗帜，数据标准要扩大自身影响力，不仅要做企业的标杆，还要做行业的标杆。当企业的数据标准成为行业标准的时候，就奠定了企业在行业中的竞争地位。

（2）盘活存量数据，挖掘数据价值

经过多年的信息化建设，企业建设了很多的应用系统，沉淀了大量的数据，这些数据存储在不同的系统中，再次利用率非常低，几乎没有人能够掌握企业的全盘数据情况。

通过有效的数据治理，实现对企业数据的全面盘点，形成统一的数据资源目录和数据资产地图，让企业领导、业务人员也能够轻松知道企业有哪些数据，这些数据存储在什么地方，它们的业务含义是什么，谁在管理这些数据，等等。这是让业务人员具备自助数据分析能力、释放数据价值的基础。

（3）从被动治理到主动治理

要实现从被动治理到主动治理的转变，企业需要建立起“业务—技术—组织”三位一体的数据治理体系。

- 在业务层面，以业务需求为导向，找到业务绩效的数据问题和痛点需求，优化企业业务流程，完善制度体系。
- 在技术层面，以元数据为基础、以数据标准为核心、以主数据及参考数据为关键、以数据质量提升为目标，结合大数据、人工智能、机器学习等先进技术管理好企业数据资产，实现数据问题的自动发现、主动预警、智能清洗，达到数据自治和预防性治理的目的。
- 在组织层面，建立数据治理委员会、数据治理办公室，明确数据归属权，保障数据治理战略、政策、标准、制度、流程等规则的有效执行和落地，这是企业数据治理长效运营的基础。

14.2.3 加速企业数字化转型的需要

建立企业数据治理的长效运营机制，明确组织职责，培养数据文化，优化管理流程，统一数据标准，提升数据质量，控制数据安全，让数据“看得见，管得住，用得好”，并构建企业的数字化协同环境，为企业数字化转型奠定基础。

（1）以治促管

数据管理是利用计算机技术对数据进行有效的收集、存储、处理和应用的过程，其目的在于充分发挥数据的作用。而数据治理则更关注由谁管、管什么、怎么管、用什么标准和制度去管等问题。

数据治理是以业务目标为导向的，因而更具目的性，更有利于促进业务部门、技术部门的协作和融合。数据治理通过明确相关组织角色、工作责任和管理流程，确保数据资产能得到长期有序、可持续的管理。

（2）以治促用

数据治理的核心目标是增强企业对数据的应用能力，只有做好数据治理，让数据准确完整且安全合规，才能释放出数据的无限潜能。

- 通过构建数据资产管理体系，建立企业统一的数据标准，打造企业数据的“通用语言”，打通企业信息孤岛，实现部门间、系统间的数据共享和互联互通，从而解决企业数据资产查找难、管理难等问题。
- 通过规范数据的录入，清洗存量数据，并建立数据质量稽查和考核机制，持续改进数据质量，为业务应用、数据分析、决策支持提供支撑。
- 通过建立数据安全管理策略，进行数据确权定责，数据授权与安全访问控制，加强数据全生命周期安全管理，严防用户数据被泄露、篡改和滥用。

（3）以治促转

企业数字化转型是以数据为引擎，制定企业数字化市场战略，打造数字化运营能力，培养企业数据文化，实现数据驱动业务、数据驱动管理、数据驱动决策，让业务更敏捷，流程更精简，从而提升效率，降低成本。

企业数字化目标的实现离不开数据，更离不开数据治理。

- 通过数据治理，规范数据格式和内容信息，实现业务流程链条的全连接，通过数字化业务全连接，实现高效的信息流转，构建完善的产业生态。
- 运用大数据、人工智能等先进技术，构建自动、智能的数据治理平台，丰富数据应用和分析工具，推动企业数据应用创新，提升数字资产应用价值，持续为业务赋能，助力企业数字化转型。

14.3 数据治理长效运营的挑战

人人都希望有高质量的数据，也都明白高质量的数据来自高的数据素养和规范的数据操作，但在实际执行过程中，总会遇到如下挑战。

14.3.1 来自组织的挑战

组织人员的协调、协作问题是数据治理持续运营的最大挑战，尤其是在传统企业。

- **组织协调困难**：组织运行需要依靠行政指令协调，高层主管都陷于事务性工作的管理，无暇顾及数据治理策略的规划和落地。
- **厚重的部门墙**：数据治理的推进频遇掣肘，业务部门只关注自己的“一亩三分地”，缺乏全局数据意识，跨部门协调困难，内耗、摩擦严重，遇到问题时大家相互推诿，数据质量问题无法根除。事实上，很多传统大企业中不仅存在部门墙，还有业务墙、数据墙、应用墙等，这些“墙”的存在让信息化重复建设缺乏统一标准，导致业务部门之间沟通成本巨大，效率低下。

- **权本位思想**：员工习惯于根据领导的指令办事，制定的数据治理流程执行不到位，导致流程形同虚设。

14.3.2 来自文化认知的挑战

在数据治理的实施过程中，有的人觉得数据治理增加了许多的条条框框，使得业务处理没有从前方便了，数据治理不但没有提升业务效率，反而拖累了业务效率。事实真的如此吗？显然不是，之所以会出现这种想法，主要有以下两个原因。

第一，企业部分人员墨守成规，不愿意做出改变。数据治理对企业来说是一项数字化的战略创新，甚至是一场数字化变革，会涉及组织机构的调整、业务流程的优化和数据标准的贯彻与执行。企业中不免会有一部分“保守派”，他们谈“变”色变，不愿意改变固有的模式和操作习惯，他们的内心深处对以数据治理为驱动的“数字化变革”有一定的抵制情绪。

第二，没有找到合适的方法或方案。数据治理目标不清晰，治理范围贪大求全，实施路径不明确，支撑体系保障不足；数据治理方案没有结合企业自身的特点，盲目跟随或照搬别人的最佳实践。虽然 DMM 模型包含 25 个数据管理过程域，但并不是说所有企业都要对这 25 个过程域面面俱到。没有哪两家企业是完全一样的，数据治理也一样，企业要找到适合自身需求与特点的方法和方案。

14.3.3 来自项目转产的挑战

“项目转产”本来是工程建设项目中的一个词，指的是项目从建设阶段切换到生产运营阶段的过程。它在这里是指，在数据治理项目实施完成后，将其交付给运维团队进行日常运营 / 运维工作。

项目转产有两个重要挑战。

1. 将数据治理视为一个纯粹的 IT 项目

很多企业实施数据治理时都陷入了一个误区：将数据治理视为一个纯粹的 IT 项目，完全交由 IT 部门主导实施。

由 IT 部门主导的数据治理往往会为了治理而治理，盲目地进行数据梳理和制定数据标准。由于缺乏业务部门的深度参与，梳理出的数据结果无法验证，数据质量无法保证，制定的数据治理制度也难以执行。结果，虽然在项目过程中输出了很多文档，但是随着项目的结项，这些文档便被束之高阁、无人问津了。

2. 将数据治理视为一个一次性项目

数据治理项目实施的另一个误区是，将数据治理视为一个一次性项目，以项目形式运作，结果就是项目结束了，数据治理活动也跟着结束了。

“一次性”数据治理项目的特点是，项目建设过程中成立了数据治理组织，建立了数据治理标准、制度、流程等，但项目结束后，数据治理组织便自动解散，数据治理未能很好地执行下去，或者执行过程无人监督，执行情况无法评价，从而导致项目定义出的数据治理策略不了了之。

数据治理是个不断迭代的过程，企业应按照“大处着眼，小处着手，小步快跑，不断迭代”的原则推进，一次执行一个步骤，并根据执行中的反馈不断改进。实际上，大多数数据治理成功的企业采用了分步实施的策略，逐步实施和改进数据治理策略和流程。

14.4　建立数据治理长效运营机制

企业数据治理是一项连续性的工作，需要有长效运营的机制来支撑，不断巩固和加强数据治理效能，助力企业数字化业务的深入发展。建立企业数据治理长效运营机制的关键在于职责清晰，领导支持，标准明确，流程规范，奖罚分明，持续优化。

14.4.1　组织领导机制

建立符合企业业务目标和发展需要的数据治理组织机构，明确数据治理岗位职责，明确数据的归属权、使用权、管理权。建立良好的沟通渠道，将数据治理与企业战略绑定，发挥高层领导的牵头作用，打造“一把手工程”。组织领导机制包含 4 个关键要素。

1）坚持数据确权，明确每个数据域的所有权。数据所有者对该域的数据质量负责，而不是应用系统或数据库的管理员。

2）坚持“一把手工程”，数据治理必须获得高层领导的支持和深度参与，没有高层领导的支持，切勿启动数据治理计划。

3）坚持组织领导，数据治理委员会形式上可以虚拟（由兼职人员组成虚拟团队），但效能上不能虚设。数据治理组织机构对企业整体数据治理目标负责。数据治理需要提升到战略层面，需要建立起有效的数据治理组织体系，协调和解决重大事项，协调资源和资金的支持。

4）坚持业务部门与技术部门协同。根据数据管理工作的实际需要，业务部门和技术部门需要相互配合与协同。要让懂业务的人做业务定义的事，让他们成为所属数据标准的归口部门，让懂技术的人完成具体的业务实现，二者各司其职，各尽其能，逐步构建成熟、健全的标准化体系规范。

14.4.2　标准规范机制

数据治理是遵循一定的约束和规则，使数据能够规范化输入、标准化输出，而这里的约束和规则即数据的标准和数据管理的规范。

（1）数据标准

数据标准是数据分析和应用集成的基础。企业的数据治理需要建立全面的数据标准，主要包括基础数据标准、主数据和参考数据标准、指标数据标准等。广义的基础数据是包含主数据和参考数据的，指对企业运营和管理所产生和使用的、在不同部门、不同系统具有共同特征的基础性数据，例如主数据与参考数据、业务术语表、基础数据字典等。指标数据是指为了满足企业内部管理及外部监管的需求，在基础性数据的基础上按照一定的计算和统计规则进行组合的业务信息，例如维度数据、指标数据、分类数据、标签数据等。有关数据标准建设的内容我们将在后续的章节中详述。

（2）流程规范

数据治理应贯穿于数据的整个生命周期。流程规范是对数据从产生、处理、使用到销毁的整个生命周期的各阶段、各流程环节的控制和约束，用来确保数据质量和数据安全合规使用，例如数据需求管理流程、数据创建流程、数据变更流程、数据销毁流程。按照"垃圾进，垃圾出"的数据管理原则对相关业务流程进行优化和监管，以提升数据质量，赋能业务应用。

（3）管理规范

数据治理管理规范即管理制度，类似于企业管理的规章制度，它告诉人们关于数据管理能做什么、不能做什么以及怎样做。管理规范会阐明数据治理的主要目标、相关工作人员、职责、决策权利和度量标准。管理规范与管理流程相辅相成。一般会在每个管理流程中设置管控点，明确每个管控点的管控目标、管控要素、标准规范和操作规程。常见的数据治理规范有数据填报规范、数据清洗规范、数据采集规范、数据运维规范等。

14.4.3 培训教育机制

企业数据治理的标准、制度和流程不应只是保存在硬盘上的文档，而应成为企业文化的一部分。要通过建立多层次、多形式、全方位的数据治理宣传和培训体系，将企业数据文化内化于心，加强企业全员对数据治理的认识，强化他们的数据思维及数据质量和数据安全意识。

（1）建立分层培训机制

企业需要营造数据文化氛围，建立起企业对数据治理战略的共识，加强数据标准的宣传和培训，促进数据思想的传播。从集团总部到分子公司的各级数据所有者、数据管理员，都应分场景、分内容进行数据治理的宣贯和培训，以帮助企业相关人员建立对数字化思维的正确认知，了解数据治理的目标、价值和意义，了解数据治理的方法，熟悉数据治理的平台与工具，掌握数据标准化过程，开拓数据治理项目实施与落地的工作思路。

（2）培训内容定制化

数据治理的培训内容是非常丰富的，包括数据治理的理论基础、成熟度框架、参考模型、实施方法，数据质量意识培训，数据标准的宣贯，数据治理制度和流程的宣贯等。另外，数据治理涉及的范围很广，主要包括元数据管理、数据标准管理、主数据管理、数据质量、数据集成等专题领域。不是每个人都需要掌握所有的数据治理知识和技术，应针对不同角色的人员定制不同的培训内容。数据治理培训既要培养全员的数据思维，也要兼顾专业人员的“术业有专攻”。

（3）培训形式多样化

数据治理培训不限于形式，可以是集中化的“培训 + 考核”的正式培养模式，也可以是一场进行数据治理理念和思路碰撞的沙龙。通过数据治理培训，帮助企业人员建立数据驱动的思维模式，触及信息化建设中的深层问题，从根本上推动业务流程的衔接、业务规则与数据标准的统一，完善系统建设需求，指导系统集成与逻辑集中，促进数据驱动业务、数据驱动管理，提升数据价值。

14.4.4 人才培养机制

与数据应用、数据分析项目不同，数据治理是个“苦活累活”。业务术语表、数据模型、数据标准、数据治理的流程和策略都需要根据业务的变化而不断优化，数据本身也需要反复打磨（汇聚、清洗、处理、加工、分析、挖掘）才能产生高价值的信息和知识。这一切都需要具有工匠精神的数字化人才的智慧和付出。

（1）挖掘内部数据工匠

所谓的“数据工匠”就是在数据管理和使用的全生命周期中，严格执行企业制定的数据标准，对数据质量精益求精的人员。数据工匠能够专注于数据管理的痛点和难点，发现产生数据问题的原因，从源头上杜绝数据问题的发生。数据工匠敢于拥抱新技术，能够通过对数据和技术的融合应用，不断为企业创造价值。

数据工匠不一定来自 IT 部门，有很多是业务岗上具备以上特质的数字化人才，企业需要有一双发掘数据工匠的眼睛。

（2）吸收外部新鲜血液

数据治理离不开数字化人才，企业要实现数字化转型，就需要引入外部的数字化人才。

坚持数字化转型战略，合理设置数字化岗位，给人才以发挥其专业能力的空间，建立具有竞争力的薪资体系以及持续的激励和约束机制，不断吸引并留住人才。

加强对“新人”的培养，让“新人”能够快速认同企业的价值观，融入企业文化。文化上的水土不服往往是导致“新人”流失的一个主要原因。

14.4.5 绩效考评机制

数据治理既要严抓过程，更要注重结果。为了提高数据治理执行效率，有必要建立数据治理绩效考评机制，检验数据治理各个环节的效果。绩效考评是数据治理制度有效推进和落实的根本，要建立相应的数据治理考核办法，并关联组织及个人绩效。

（1）治理制度

为提高企业的数据管理和应用能力，加强数据管理，明确数据管理和使用过程的职责和要求，需要制定企业的数据治理制度，阐明企业数据治理的目标，明确相关人员和组织的职责，确定决策权力和度量标准。数据治理制度包括数据标准管理、数据维护管理、数据质量管理、数据安全管理、数据传输、数据使用、数据管理考核等。

（2）考核机制

考核是保障制度落实的根本，要建立明确的考核制度。在实际操作中可根据企业的具体情况，建立数据治理评估指标体系，明确考核办法。要遵循客观公正、公开透明的原则，采用日常考核和定期考核相结合、系统自动考核和人工考核相结合的模式，明确考核奖惩措施，强化数据治理考核机制。

（3）考核方式

数据治理的考核方式可分为日常录入考核和定期稽查考核两种。日常录入考核考查的是数据录入是否规范，数据提报是否及时，数据是否完整、正确、一致，其目的是在源头堵住不良数据的入口。定期稽查考核是由数据管理部门定期开展数据质量的稽查，通过制定数据质量稽查规则，明确数据稽查内容和稽查周期，通过数据质量管理工具定期对相关主题的数据进行全面稽查，形成数据质量报告，为数据治理考核提供参考依据。

14.4.6　持续优化机制

企业业务会变化，如业务目标、策略、范围、规则、实现方式等的变化；组织结构会调整；管理者会有更高的要求，如提升效率、降低成本、提升质量等。数据治理涉及的数据标准、管理流程、管理制度以及使用的技术和工具需要紧跟企业业务的发展动态调整，持续优化。

（1）业务需求驱动

任何一套方法论、一套健全的标准规范都需要有持续的驱动力，数据治理的实施应以企业的业务需求为驱动，以构建数字化企业为导向。数据治理治理的不是数据本身而是数据资产，这一过程以业务目标为导向，当业务方向发生变化时，数据治理也要跟着改变。

（2）持续完善标准规范体系

纵观数据治理成功的企业，无一不是以“小步快跑，循环迭代”的策略推进的，没有哪一家企业的数据治理能够一步到位。企业数据治理应遵循“急用先行，循序渐进”的原则，过程中不断改进和完善数据治理的标准规范体系，使其切实符合企业自身业务特点并且可落地、可执行。

（3）持续优化业务流程

企业数据主要源自人力资源管理、供应链管理、生产管理、营销管理、财务管理等生产经营活动。优化的业务流程、规范的业务操作为数据治理提供了一个可靠的环境，能够促进数据质量的提升。

- **业务流程标准化**：标准化的业务流程是以流程（而非部门）为中心，强调企业战略和业务整体性，强调全过程管理和业务部门协同。标准化的业务流程能打破部门界限，实现跨部门协同，关注整体和全局，其输出的数据更加标准规范。
- **业务操作规范化**：业务操作规范化是指业务操作基于一定的基准，例如：数据基准，如计量单位、术语、符号标志、信息分类、编码及专用基础标准；技术标准，如产品标准、原材料标准、工艺标准、设备标准等；标准规范化，如标准体系（ISO、GJB 等）。业务操作规范化是数据质量提升的重要保证。

14.5　本章小结

企业推动数据治理应以业务目标为导向，以数据标准为基础，以优化流程为关键，以技术创新为支撑，以组织制度为保障，明确数据治理的业务目标和治理范围，并进一步完善数据治理的长效机制，使业务流程持续优化、数据标准迭代更新，确保数据治理机制的持续、有效运转，充分发挥治理体系的效能，从而释放数据成效，实现业务价值。

要谨记，企业数据治理绝对不是一蹴而就的，需要建立起长效的运营机制，培养一批具有工匠精神的数字化人才，不断打磨数据标准和数据质量。只有将数据治理变成一种机制、一种文化、一种习惯，才能达到企业数据治理的“标本同治”“长治久安”的目标。

第四部分 Part 4

数据治理之术

“术”是指操作层面的技术。数据治理之术，就是有效推进企业数据治理所采用的各项举措和技术。“术”源于“法”，“法”源于“道”，一切数据治理所使用的技术和方法都是为实现数据治理的目标和需求而服务的。数据治理的目标和需求不同，所需使用的技术也不同。

在操作层面，数据治理相关的技术有很多，笔者将其总结为7种能力，即数据梳理与建模、元数据管理、数据标准管理、主数据管理、数据质量管理、数据安全治理及数据集成与共享。

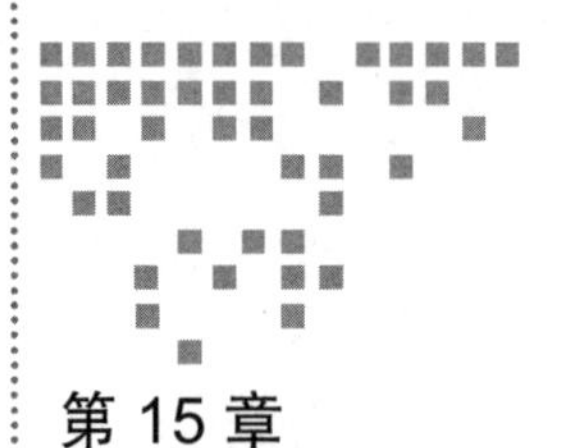

Chapter 15 第 15 章

数据梳理与建模

企业数据治理中最基本的是要将数据治理的需求沟通清楚，例如企业到底有哪些数据，这些数据在哪里，数据管理的现状如何，等等。数据梳理与建模的过程就是以数据模型的精确形式，为我们提供一个发现数据需求、定位数据问题、分析数据现状、沟通数据目标的过程。

本章重点介绍什么是数据模型、数据模型梳理和建模的方法，以及数据模型与数据治理的关系。

15.1 数据模型概述

数据治理从梳理和建立数据模型开始，没有数据模型就没有数据管理。本节介绍什么是数据模型，它的构成是什么，它有什么作用。

15.1.1 什么是数据模型

尽管数据模型的概念已经存在很长时间了，但是许多组织对它的理解仍然并不相同。根据 *DAMA-DMBOK2* 的描述，数据模型是一组反映数据需求和设计的数据规范与相关图示。数据模型的定义对于非 IT 人员来说比较抽象，下面举个例子来帮助大家理解。

有过买房经验的人一定都还记得，每次你去看房之前，销售员总是会让你先看房子的模型。

首先看楼盘。销售员会对着一个楼盘的沙盘模型，为你介绍楼盘规划、小区位置、小区绿化、交通条件、周边的配套设施（幼儿园、学校、医院等）、未来楼盘发展等。

然后看户型。销售员会借助一个户型模型为你展示房子有几室几厅、几个阳台，哪里是门，哪里是墙，哪里是窗户，每间房的面积分别是多少平方米，甚至是屋内的详细布局。

以上是房子的沙盘模型和户型模型，通过它们，人们即使不去现场看房，也能够对小区、房子户型有个深刻的理解。

如果你要建一座房子，你需要全面的房子模型设计。首先，要研究各个方面的基本元素，比如人员、时间、材料，每一个方面都要有一个定义；其次，需要对房子各个视角的抽象，比如从用户的视角看，房子应该怎么样（如上面的户型模型），从建筑师的视角，又应该如何，等等。只有结合多个维度和视角进行建模，才能建出符合各方面要求的房子。

就像房子模型是对房子特征的描述一样，数据模型就是对数据特征的描述。换句话说，数据模型就是用来描述数据的一组简单易懂、便于计算机实现的标准符号的集合。

15.1.2 数据模型的 3 个要素

数据模型所描述的内容有 3 个要素，分别是数据结构、数据操作和数据约束，如图 15-1 所示。

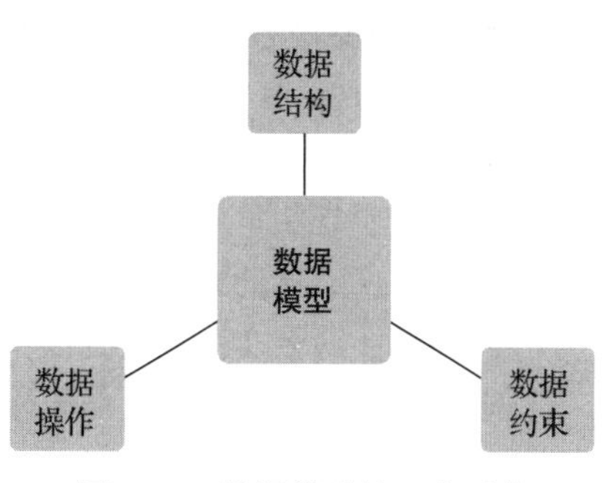

图 15-1 数据模型的 3 个要素

1. 数据结构

数据结构用于描述系统的静态特征，包括数据的类型、内容、性质及数据之间的联系等。它是数据模型的基础，也是刻画一个数据模型性质最重要的因素。在数据库系统中，人们通常按照数据结构的类型来命名数据模型。例如，层次模型和关系模型的数据结构分别是层次结构和关系结构。

2. 数据操作

数据操作用于描述系统的动态特征，包括数据的插入、修改、删除和查询等。数据模型必须确定这些操作的确切含义、操作符号、操作规则及实现操作的语言。

3. 数据约束

数据的约束条件实际上是一组完整性规则的集合。完整性规则是指给定数据模型中的数据及其联系所具有的制约和存储规则，用以限定符合数据模型的数据库及其状态的变化，以保证数据的正确性、有效性和相容性。例如，限制一个表中客户编码不能重复或者姓名不能为空都属于完整性规则。

15.1.3 数据模型的 3 种类型

数据模型是对数据对象、不同数据对象之间的关联、规则三者的概念表示。按照不同的应用层次，数据模型主要分为以下三种类型。

- **概念模型**：概念模型也叫业务模型，是对业务实体、业务操作、操作规则的整体描述，从全局上、宏观上介绍业务设计的思路、范围和内容。概念模型的目的是组织、审视和定义业务实体和规则，它通常由业务人员和数据架构师创建。
- **逻辑模型**：逻辑模型是对概念模型的具体化，它根据概念模型，设计数据实体和数据属性，着重于系统的逻辑实现，不考虑物理属性。该模型的目的是开发规则和数据结构的技术地图，它通常由数据架构师和业务分析师创建。

- **物理模型**：物理模型描述数据库中数据模型的具体实现，其中包括逻辑模型中各种实体表的具体化，如表的数据结构类型、索引、数据存放位置和数据存储资源分配等。该模型描述如何使用特定的数据库系统实现业务，目的是实现数据存取，它通常由 DBA 和开发人员创建。

1. 概念模型

概念模型用来定义重要的业务概念及其关系，如客户、供应商、产品、合同、渠道、生产等。其主要目的是建立业务概念层面的实体、属性及其关系。概念模型侧重业务逻辑，会重点描述体现业务概念的对象实体和关系，确保概念详细，便于理解和分析。

概念模型的 3 个基本元素如下。

- **实体**：现实世界中的事物。
- **属性**：实体的特征或属性。
- **关系**：两个实体之间的依赖或关联关系。

例如：客户和商品是两个实体；客户类型、客户名称和收货地址是客户实体的属性，商品类型、商品名称和商品价格是商品实体的属性；销售是客户与商品之间的关系（见图 15-2）。

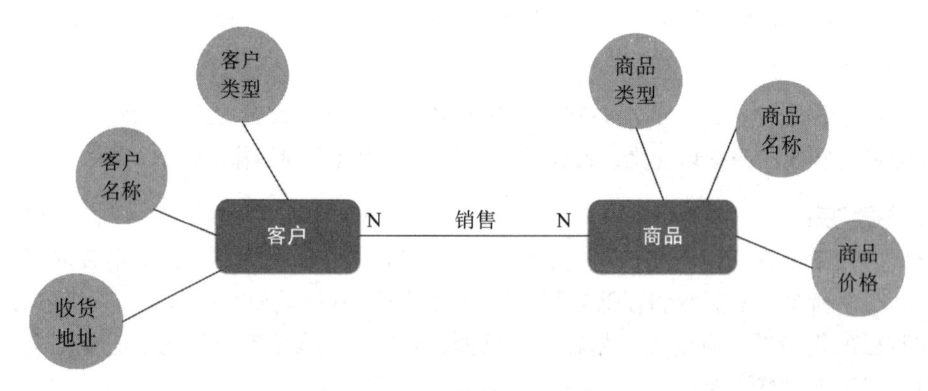

图 15-2　一个简单的概念模型

在概念模型的定义过程中，需要确定系统的范围及其所涉及的对象。设计模型的起点是所选择的主题域。在此数据建模级别中，几乎没有可用的实际数据库结构的详细信息。

（1）概念模型的特征

- 提供整个组织范围内的业务概念，重点是代表用户在现实世界中看到的数据。
- 这种类型的数据模型是为业务受众设计和开发的。
- 概念模型的开发独立于硬件规范（如数据存储容量、位置）或软件规范（如数据库管理系统及其技术）。

通过建立基本概念和范围，被称为业务模型的概念模型为所有人员创建了通用词汇表。

（2）概念模型的用途

概念模型是圈定建模范围、划分建设主题、理清主要业务关系、构造逻辑数据模型的框架。

概念模型是设计者在了解用户的需求和业务领域工作情况后，经过分析和总结，提炼出的用来描述用户业务需求的一些概念。概念模型不依赖信息系统，也不是只有信息化人员才能设计，它是纯粹反映信息需求的概念结构。

概念模型一方面具有较强的语义表达能力，能够方便、直接地表达应用中的各种语义知识，另一方面它还应该简单、清晰、易于理解。在数据治理规划中，概念模型经常用来做数据治理主题的规划，梳理业务对象和业务对象之间的关联关系。图 15-3 所示为某企业营销业务域的概念模型。

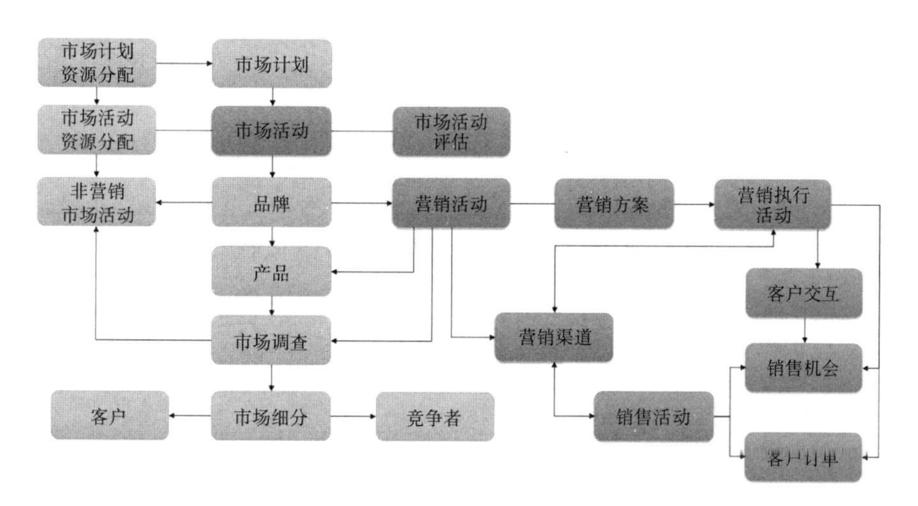

图 15-3　某企业营销业务域的概念模型

2. 逻辑模型

逻辑模型是关于企业需求信息的完整模型，包含数据实体和数据实体间的关系、属性、定义、描述和范例等。逻辑模型侧重系统实现，可能会将多个实体归并为一个通用的对象来表现，以确保系统的简洁性。图 15-4 所示为一个简单的逻辑模型。

（1）逻辑模型的特征

通过图 15-4 可以看出，与概念模型相比，逻辑模型增加了对数据元素和结构的定义，并给出了每个数据元素的数据类型和字段长度等。除此之外，逻辑模型的设计通常需要遵循数据库的第三范式，满足数据库系统的设计标准。但逻辑模型是独立于数据库系统设计的，到这一步还无法直接用于数据库的开发。

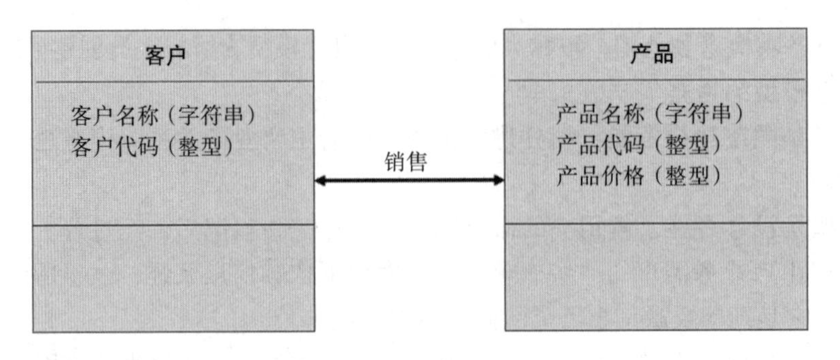

图 15-4 一个简单的逻辑模型

（2）逻辑模型的用途

逻辑模型能直接反映出业务部门的需求，同时对系统的物理实施有着重要的指导作用，它的作用在于通过实体和关系勾勒出企业的数据蓝图。逻辑模型的设计目标是设计企业数据蓝图，指导系统的建设；逻辑模型采用业务语言设计，是业务人员与技术人员之间沟通的手段和工具。

3. 物理模型

物理模型提供了数据库的抽象，具有丰富的元数据，有助于生成可视化的数据库结构，有助于对数据库列键、约束、索引、触发器以及其他 DBMS 功能进行建模（见图 15-5）。

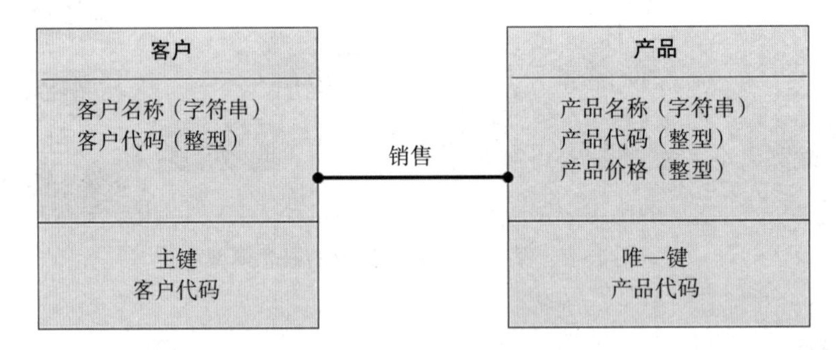

图 15-5 一个简单的物理模型

（1）物理模型的特征

通过图 15-5 可以看出，与逻辑模型相比，物理模型包含了表之间的关系（主外键关系、索引等），所涉及数据元素的列都分配的是具体的数据类型、长度、默认值、字段约束、访问配置文件和授权等。

需要说明的是，根据数据库系统的不同，物理模型的数据模型设计会有所差异。例如，MySQL 和 Oracle、关系型数据库和 NoSQL 数据库在数据建模上会有一定的差异。

（2）物理模型的用途

物理模型的作用是指定如何用数据库模式来实现逻辑模型，以真正保存数据。良好的物理模型设计能够节省数据存储空间，保证数据的完整性，并且方便进行数据库应用系统的开发。图 15-6 给出了从逻辑模型到物理模型的转换。

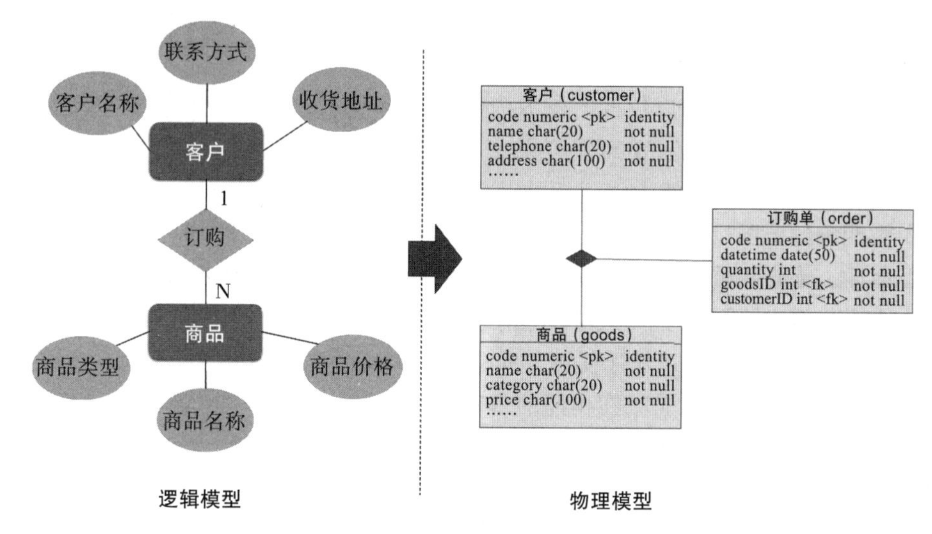

图 15-6　从逻辑模型到物理模型的转换

物理模型的设计不仅需要支持系统的运行、解决数据存储的问题，还需要考虑系统运行的性能问题，比如：

- 辨别关键性流程，如频繁运行、大容量、高优先级的处理操作；
- 通过增加冗余来提高关键性流程的性能；
- 评估所造成的代价（对查询、修改、存储的影响）和可能损失的数据一致性。

15.1.4　数据模型的重要性

数据模型是所有应用系统开发、数据集成、数据仓库、主数据管理、数据资产管理等数据管理和应用项目实施的一个共同且必不可少的要素。说数据模型是数据治理的基础并不为过。

如果把企业信息化比作人体的话，那么数据模型就是其骨架，数据之间的关系和流向是其血管与脉络，数据是其血液，数据模型就是其数据血液能够正常流动和运行的根本。

无论是操作型数据库还是数据仓库，都需要数据模型来组织数据，指导数据表设计。**“差程序员关心的是代码，好程序员关心的是数据结构以及它们之间的关系。”** Linux 创始人 Linus Torvalds 说的这句话很能够说明数据模型的重要性。只有数据模型将数据有序地组织和存储起来，大数据才能得到高性能、低成本、高效率、高质量地使用。

（1）更高的质量

正如房屋建筑师在建造房子之前要设计蓝图一样，我们在开发应用程序之前也应该考虑数据。当出现系统故障或发现数据问题时，没有可以观察系统的整体视角，技术人员对当前数据库内的状况全然不知，导致系统问题排查困难，数据问题无从下手。数据模型有助于定义问题，识别丢失和冗余的数据，使开发人员能够考虑不同的方法并选择最佳方法。

（2）更低的成本

数据模型可以帮助我们以较低的成本构建应用程序，并及早发现错误和疏忽。一个良好的数据模型还能够作为编写 SQL 代码的指南来加速开发。国外的一项研究表明，数据建模通常只消耗不到项目成本的 10%，却可以减少用于编程的成本的 70%。

（3）更明确的范围

在企业中，来自不同部门、具有不同技术背景的业务人员、数据分析师、架构师、数据库设计人员、开发人员等各类人员经常需要共同讨论数据问题与数据需求。数据模型作为一种理想的沟通工具，可以快速使相关人员达成共识。数据模型的业务术语一致性特征，让业务人员可以看到开发人员正在构建的内容，并将其与他们的理解进行比较，以促进共识的达成。

（4）更快的性能

我们看到过很多“数据库运行太慢”的项目，实际上，很多情况下并不是数据库软件的问题，而是数据库使用不当。数据模型提供了一种理解数据库的方法，数据模型中的概念必须清晰明了且一致，并使用相应的规则将逻辑模型转换为数据库设计，对其进行调整以实现快速性能。

（5）更少的数据错误

数据模型有助于提高数据质量，例如，数据库的主外键设置、数据质量规则的约束、参考数据的完整性等都是提高数据质量的重要手段。数据错误比应用程序错误更严重，应用程序崩溃，也许重启即可，但大型数据库中的数据一旦被破坏，则将是一场灾难。

（6）良好数据治理的开端

数据梳理与建模是进行企业数据盘点和摸底的重要工具，数据模型有助于我们整体了解业务与数据现状，分析目前可能存在的业务与数据问题。成功的数据模型设计有助于企业对业务需求的有效沟通，帮助描述与沟通数据需求，增加数据的精确性与易用性，是企业实施数据治理的良好开端。

15.2 数据梳理

所谓“数据梳理”即对企业数据资产的梳理。通过对数据进行梳理，可以知道企业到底有哪些数据，这些数据存在哪里，数据的质量如何。数据梳理能够帮助我们对企业数据资产进行摸底，为下一步的数据建模提供支撑。

常用的数据梳理方法主要有两种：自上而下的数据梳理和自下而上的数据梳理。

15.2.1　自上而下的数据梳理

自上而下的数据梳理是指对企业数据的采集、处理、传输和使用进行全面规划，通过规划，由数据域、数据主题、数据实体、数据模型，一步步细化、抽象、设计出具体的实体数据模型的过程。梳理步骤如图 15-7 所示。

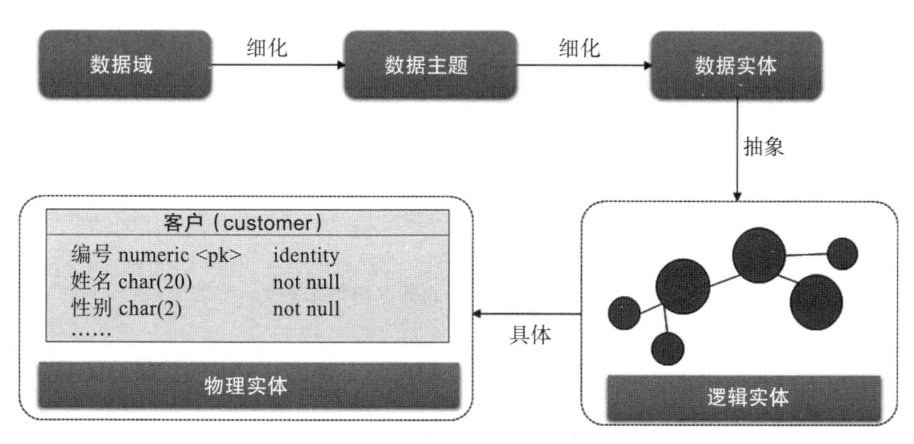

图 15-7　自上而下的数据梳理步骤

（1）数据域梳理

数据域梳理是按照项目的覆盖范围梳理数据域。一般来说，数据域与企业的业务域对应。例如，人力资源域对应人力资源数据域，财务域对应财务数据域。

（2）数据主题梳理

数据主题梳理是按照部门职能和业务流程，梳理每个数据域的二级主题。例如，人力资源数据域包含的二级主题有人事管理、绩效管理、薪酬管理、培训管理等。

（3）数据实体梳理

数据实体梳理是按照每个数据主题所涉及的各类业务单据、用户视图进行资料收集和数据分析，细化出业务主题所包含的数据实体和数据实体所涉及的数据元素。例如，人事管理主题中包含的数据实体有组织机构、人员等。

（4）设计数据模型

逻辑模型设计是对实体进行抽象，描述实体之间的继承或关联关系，明确数据结构的属性构成等。

物理模型设计是描述数据的物理数据存储结构和数据关系。

自上而下的数据梳理方法的优缺点如下。

优点：全面、系统的梳理，通过数据域→数据主题→数据实体→数据模型的逐层分解，使企业清晰地了解到企业数据的来龙去脉，有助于企业把握各类数据的源头，确保信息的有效性、完整性和一致性，有效消除信息孤岛。

缺点：全面的数据梳理意味着较大的成本和较长的时间周期。

15.2.2 自下而上的数据梳理

自下而上的数据梳理（见图 15-8）常用于数据仓库项目的数据模型设计，其特点是比较有针对性，直击目标和需求。该方法以目标和需求为驱动，采用一种“顺藤摸瓜”的方式，一步步梳理出实现需求所需的数据，并确定这些数据的来源、数据结构以及数据实体之间的关系等。

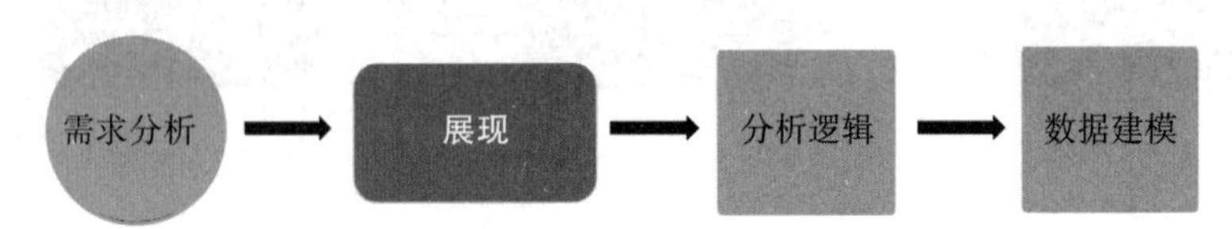

- 变化可能：越到底层越小
- 修改成本：越到底层越高

图 15-8 自下而上的数据梳理步骤

（1）需求分析

数据治理项目是一个复杂的过程，项目的开发涉及多方面的问题和风险，如技术风险、数据质量问题、项目管理问题等，项目中最隐蔽、最容易忽略、最难控制的一环就是需求的调研和分析。需求分析应从 IT 现状、业务部门、高层希望等方面展开，明确项目的目标和范围。

（2）展现

虽然有了明确的需求，但是客户往往更关注的是数据的展现形式和效果，因此将不同的数据分析结果推送给不同的客户是该阶段的重点。采用原型展现的方式可以帮助理解和引导客户的需求。

（3）分析逻辑

分析逻辑是指分析实现需求的业务逻辑，其输出结果是数据仓库的逻辑模型。逻辑模型用来表达实际业务中的具体业务关系和分析逻辑。

（4）数据建模

数据建模是将逻辑模型转化为给数据库存储的物理模型。目前业界较为流行的数据仓库建模方法非常多（稍后详细介绍），每种方法本质上就是从一个不同的角度看业务中的问题。

自下而上数据梳理方法的优缺点如下。

优点：目的性强，从既定的需求出发到具体的数据结构设计，越到底层变化的可能性越小。与从整体出发的大规模调研规划相比，这种方法的周期更短、见效更快。

缺点：局部梳理，缺乏全面性和系统性，无法支撑企业顶层的数据架构设计。一般来说，有了明确的项目目标和需求的情况下采用该方法较佳。

小贴士 以上介绍了自上而下和自下而上的数据梳理方法以及它们各自的优缺点。在实际应用中，往往需要将这两种方法相结合，先通过自上而下的数据梳理进行统一规划和布置，然后通过自下而上的数据梳理进行落实和执行。

15.3　数据建模技术和方法

数据建模实际上就是理解企业业务、对数据进行梳理和分析的过程。数据建模一般分为应用系统数据建模和数据仓库数据建模。在数据治理项目中一般需要重新设计数据模型，但会依赖前期（应用系统或数据仓库）的设计成果。

数据建模的方法有很多，例如维度建模法、ER 建模法等，本节重点介绍数据治理中常用的 ER 建模。

15.3.1　什么是 ER 模型

ER 模型即实体关系模型的简称，它由 P. P. Chen 于 1976 年首先提出。ER 模型提供了一种不受任何数据库系统约束的面向用户的表达方法，在数据库设计中被广泛用作数据建模工具。数据需求分析需要遵循三范式原则，对实体之间的依赖关系进行整合，得出系统 ER 图。

ER 模型显示了实体集之间的关系。实体集是一组相似的实体，这些实体可以具有属性。就数据库系统而言，实体是数据库中的表或表的属性，因此，通过显示表及其属性之间的关系，ER 模型可以显示数据库的完整逻辑结构。

在图 15-9 中有两个实体：客户和商品。客户与商品之间是一对多（图中用 M 表示）的关系，因为一个客户可以买多件商品，但是一件商品不能同时卖给多个客户。客户实体具有客户编码、客户名称和客户地址等属性，而商品实体具有商品编码、商品名称等属性。

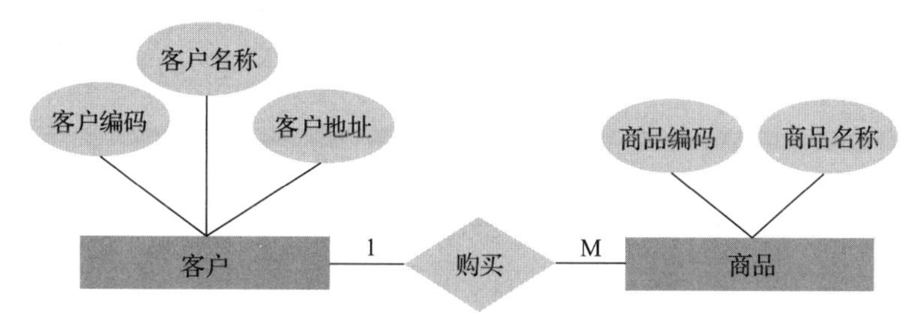

图 15-9　一个简单的 ER 模型

用矩形表示实体，用菱形表示实体之间的关系，用无向直线把菱形与有关实体联系起来，并在直线上标明关系的类型。用椭圆表示实体的属性，并用无向直线把实体与属性联系起来。

ER 模型中的图形说明如下。

- 矩形：实体集。
- 椭圆：属性。
- 菱形：关系集。
- 直线：它们将属性连接到实体集，将实体集连接到关系集。

- 双椭圆：多值属性。
- 虚线椭圆：派生属性。
- 双矩形：弱实体集。
- 双线：实体在关系集中的总参与度。

15.3.2 ER 模型的构成

ER 模型由实体、属性和关系三个部分构成，如图 15-10 所示。

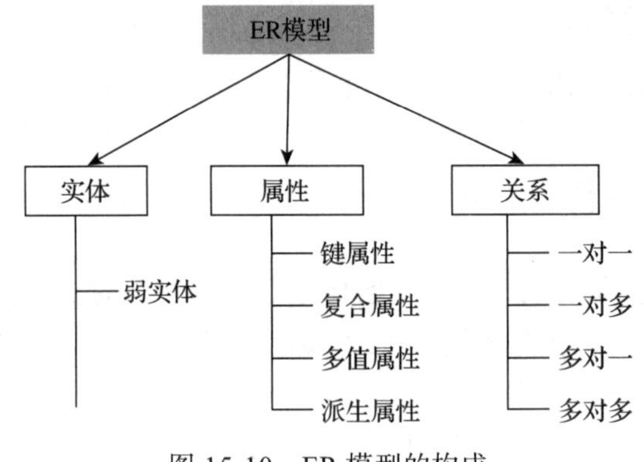

图 15-10 ER 模型的构成

1. 实体

实体是数据的对象或组成部分，实体在 ER 图中用矩形表示。例如：在图 15-11 所示的 ER 图中有两个实体——客户和商品，这两个实体之间存在一对多的关系，因为一个客户可以购买很多件商品。

图 15-11 ER 模型中的实体表示方式

实体中有一类叫作弱实体，弱实体是指不能通过自身属性唯一标识并且依赖于与其他实体之间关系的实体。弱实体由双矩形表示。例如，在不知道某银行账户所属银行的情况下，无法唯一标识该银行账户，因此它是一个弱实体（见图 15-12）。

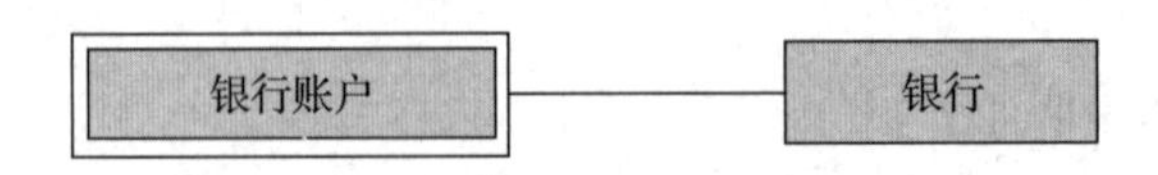

图 15-12 ER 模型中的弱实体表示方式

2. 属性

属性是描述实体的属性，在 ER 图中用椭圆表示。属性有 4 种类型：键属性、复合属性、多值属性和派生属性。

（1）键属性

键属性可以从实体集中唯一标识一个实体的属性，例如，客户信息用客户编码进行唯一标识，产品信息用产品编码进行唯一标识。在 ER 模型中，键属性与其他属性一样用椭圆表示，但键属性的文字要加下划线。在图 15-13 中，客户的键属性为客户 ID。

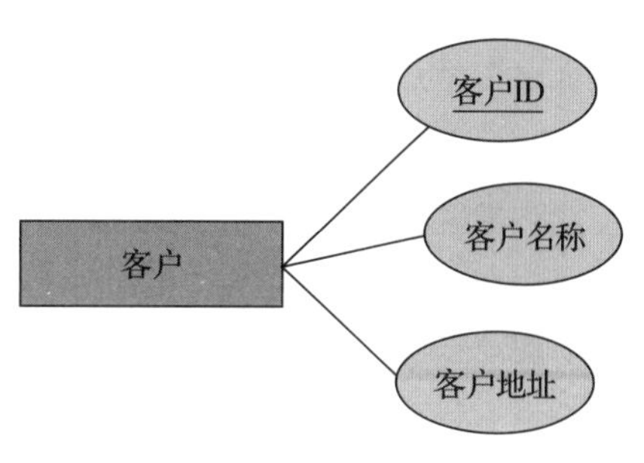

图 15-13　ER 模型中的键属性表示方式

（2）复合属性

由其他多个属性组合而成的属性称为复合属性。例如，在客户实体中，客户地址是一个复合属性，因为地址由其他多个属性（如国家、省 / 市 / 县、街道等）组成，如图 15-14 所示。

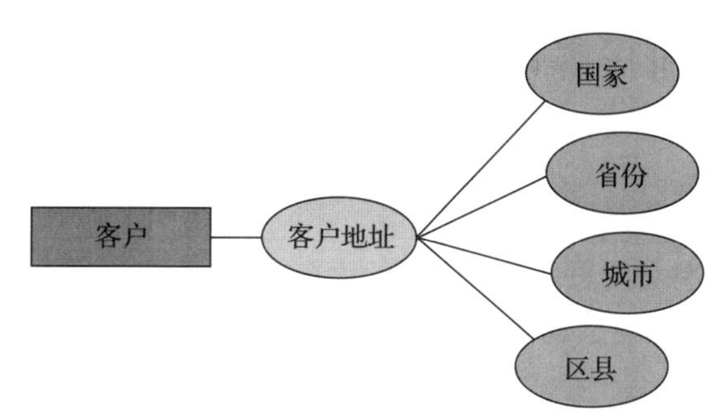

图 15-14　ER 模型中的复合属性表示方式

（3）多值属性

可以包含多个值的属性称为多值属性，它在 ER 图中用双椭圆表示。例如，一个人可以拥有多个电话号码，因此电话号码属性是多值的，如图 15-15 所示。

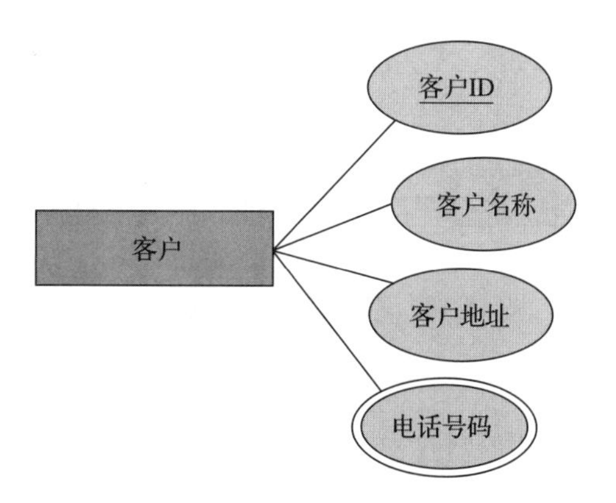

图 15-15　ER 模型中的多值属性表示方式

（4）派生属性

派生属性是值为动态的、从另一个属性派生出来的属性，在ER图中用虚线椭圆表示。例如，客户年龄（age）是随时间变化的派生属性，是从另一个属性（出生日期）派生出来的，如图15-16所示。

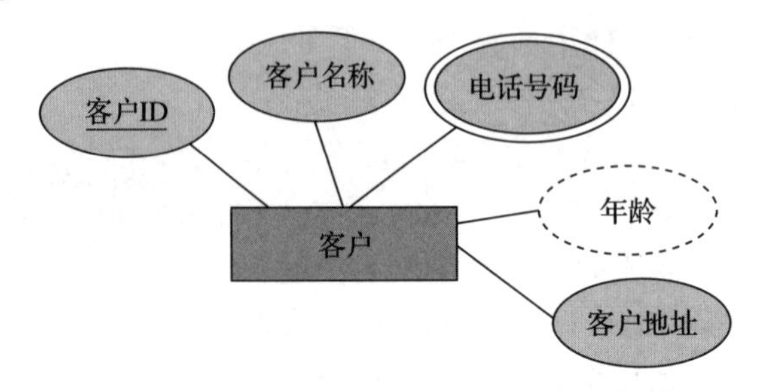

图15-16 ER模型中的派生属性表示方式

3. 关系

ER模型中的菱形表示实体之间的关系。关系有4种类型：一对一、一对多、多对一和多对多。

（1）一对一关系

如果一个实体的单个实例与另一个实体的单个实例相关联，则它们之间是一对一关系。例如，一个人只有一个身份证，而一个身份证也只能被颁发给一个人，如图15-17所示。

图15-17 ER模型中的一对一关系

（2）一对多关系

如果一个实体的单个实例与另一个实体的一个以上实例相关联，则它们之间是一对多关系。例如，一个客户可以下很多订单，但一个订单不能由很多客户下，如图15-18所示。

图15-18 ER模型中的一对多关系

（3）多对一关系

如果一个实体的一个以上实例与另一个实体的单个实例相关联，则它们之间是多对一关系。例如，很多客户可以在一个商场购物，但一个客户不能同时在多个商场购物，如图15-19所示。

图 15-19　ER 模型中的多对一关系

（4）多对多关系

如果一个实体的一个以上实例与另一实体的一个以上实例相关联，则它们之间是多对多关系。例如，可以向一个团队分配多个项目，也可以将一个项目分配给多个团队，如图 15-20 所示。

图 15-20　ER 模型中的多对多关系

15.3.3　ER 建模的 5 个步骤

ER 建模是一种自下而上的建模法，主要有 5 个步骤：定义业务需求范围、定义实体类型、定义实体关系、定义非键属性、确认模型（见图 15-21）。

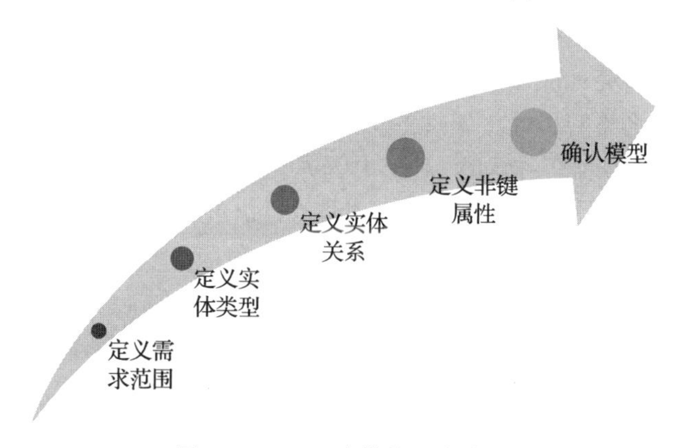

图 15-21　ER 建模的 5 个步骤

1. 定义需求范围

该阶段需要弄清楚以下问题：

- ❑ 什么问题需要解决？（一般情况下，这些问题主要关系到增加收入或降低成本。）
- ❑ 数据模型必须回答哪些业务问题？
- ❑ 有哪些业务功能必须处理？
- ❑ 存在哪些业务限制？
- ❑ 是否每一个参与人员都可以共享他的业务需求？

2. 定义实体类型

实体类型，简称实体，类似于面向对象的类的概念，它表示相似对象的集合。实体类型可以表示人物、地点、事物、事件或概念的集合。CRM 系统中的实体示例有“客户”“地址”“订单”“项目”“税收”等。

一个正常的实体描述一个概念，例如客户和订单显然是两个不同的概念，因此将它们分别建模为单独的实体是有意义的。根据业务范围制定初始的实体池，并对每一个实体进行局部定义，删除超出项目范围的实体，为剩下的每一个实体定义主键（键属性）。键属性是实体数据的唯一性识别属性，为实体定义键属性是在逻辑建模阶段进行的，在概念建模阶段不需要定义键属性。

3. 定义实体关系

为识别实体间的关系，对于每一个关系：删除超出项目范围的关系，删除间接的关系，对剩余的每一个关系进行定义；识别每一个可用关系的基数（1:1、1:M、M:1、M:M）；确保每一个关系（PK/FK 参照完整性）是完整的、有效的。

在现实世界中，实体与其他实体有关系。例如，“客户”和“订单”之间的关系有两个，“订购”和“被订购”，而“客户”和“地址”之间的关系只有一个。在定义关系时，最好为单个关系名称找到清晰的措辞，以减少定义的混乱。

4. 定义非键属性

每种实体类型将具有一个或多个数据属性。例如，客户这个实体具有诸如客户名称、客户地址、联系电话之类的属性。属性的识别对于数据库开发至关重要，不同环境下实体属性的识别可能会有所差异，例如：对于中国人，“姓名”这个属性对于“人”这个实体是一个属性；而对于很多外国人，一般就需要将“姓名”分为“名”（First Name）和“姓”（Last Name）两个属性来描述。数据模型设计得不合理，可能会导致系统过度构建，进而带来更多的开发和维护成本。

5. 确认模型

由于业务需求、业务规则、操作存在较大的复杂性，可能需要对数据模型进行多次反复确认，验证模型是否已经满足所有业务需求及限制条件，是否已经解决了所有业务问题等，直至团队内部对数据模型的定义和内容达成共识。

15.3.4 ER 建模技术：UML

UML（Unified Modeling Language，统一建模语言）是一种由一组集成图组成的标准化建模语言，旨在帮助系统和软件开发人员以可视化的方式构建和记录软件系统的构件，以及进行业务建模和其他非软件系统建模。UML 代表了一组最佳工程实践，这些实践已被证明在大型复杂系统的建模中取得了成功。作为一种建模语言，UML 有严格的语法和语义规范。

UML 采用一组图形符号来描述软件模型，这些图形符号具有简单、直观和规范的特点。用 UML 描述的软件模型和数据模型可以直观地理解与阅读，且由于图形符号具有规范性，所以模型的准确性和一致性能够得到保证。

UML 支持的模型主要有以下 3 类。

- 功能模型：从用户的角度展示系统的功能，包括用例图和部署图。
- 对象模型：采用对象、属性、操作、关联等概念展示系统的结构和基础，包括类图、对象图、组件图。
- 动态模型：展现系统的内部行为，包括序列图、活动图、状态图、通信图。

UML 不是本书的重点，因此这里只进行了简单介绍，希望深入学习 UML 读者请参考专业的 UML 建模图书。

15.4 数据建模与数据治理

数据模型是对现实世界的数据抽象和模拟。数据建模不但为企业提供了收集数据的基础，还精确、恰当地记录了业务需求，并支持信息系统不断地发展和完善，以满足不断变化的业务需求。对于任何一个信息系统来说，数据模型都是核心和灵魂。

数据建模是一个涉及在“正确”的时间，由“正确”的人，定义“正确”的数据的过程，在一定程度上讲，数据建模就是数据治理。

15.4.1 数据模型与数据治理的关系

在企业的数据架构中，数据模型在数据治理中起到了承上启下的作用：向上承接业务需求，向下对接数据库系统。在数据治理体系中，数据模型不仅涉及数据的存储结构和方式，还与元数据管理、数据标准管理、主数据管理、数据质量管理、数据安全管理以及数据集成与操作有着密不可分的关系。数据模型的设计和管理是数据治理的开端，良好的数据模型可使企业数据治理事半功倍。数据模型与数据治理各域的关系如图 15-22 所示。

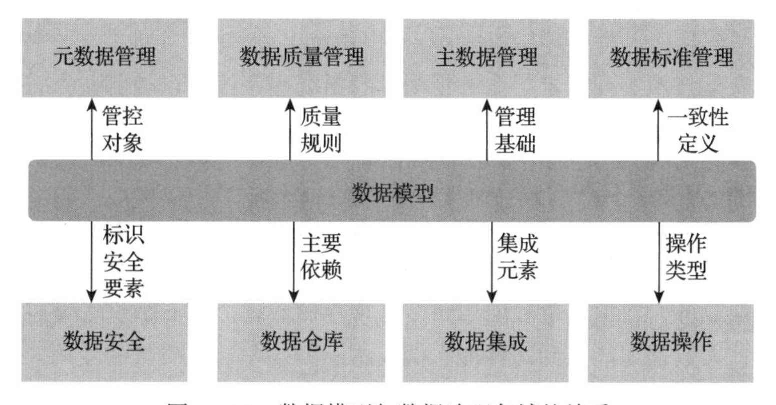

图 15-22 数据模型与数据治理各域的关系

1. 数据模型 VS 元数据

在数据模型中，业务模型描述了业务主题、业务规则定义，这些为业务元数据；物理模型包含数据实体、数据实体之间的关系、数据结构、主外键关系等内容，这些为技术元数据；数据关联关系是元数据血缘分析的基础。所以从一定程度来说，数据模型是描述企业业务需求的元数据集合。

2. 数据模型 VS 主数据

从技术的角度来说，主数据管理是由数据模型驱动的。主数据管理涉及的主数据定义、主数据管理、主数据清洗、主数据采集与分发、主数据质量管理等核心功能都是以主数据的元模型为基础而展开的。数据模型为主数据管理提供了清晰、一致的数据结构定义，指导主数据管理解决方案的实施。

3. 数据模型 VS 数据质量

在多系统的信息化环境中，数据模型不一致是导致数据质量问题的根本原因。同时，数据模型为数据质量管理提供业务元数据的一致性定义、数据质量规则定义等关键元数据的输入，为后续数据质量规则定义、数据质量检核、数据质量报告生成提供了基础。良好的数据模型能改善数据统计口径的不一致性，降低数据计算错误的可能性。

4. 数据模型 VS 数据标准

数据模型是对现实世界的复杂数据结构的一种抽象表达，是对业务规则的描述。从数据库角度看，数据只有在其能正确反映所定义的业务规则时才有意义，正确的业务规则才能定义实体、属性、联系和约束。因此，数据模型标准化是数据标准化的重要组成。数据模型的业务规则来自对企业操作的详细描述，可帮助企业创建和实施具体活动，因此必须明确制定并及时更新，以正确反映企业操作环境的变化，帮助企业实现数据标准化。

5. 数据模型 VS 数据安全

数据模型是数据安全管控要素之一。在构建数据模型时，需要定义实体、属性、联系和约束，并根据企业具体的数据安全需求标注出敏感字段 / 表。企业需要参考数据模型来制定具体的数据安全技术实现需求与业务规则，判断哪些字段可以被哪些人查看，哪些字段需要脱敏等。

6. 数据模型 VS 数据仓库

数据模型是数据仓库、BI 系统的核心，良好的数据模型有利于数据的血统分析、影响分析，为高质量的决策提供保障。在数据仓库建设过程中，数据模型是数据组织和存储的方法，它强调从业务、数据存取和使用角度合理存储数据。只有数据模型将数据有序地组织和存储起来，大数据才能得到高性能、低成本、高效率、高质量的使用。数据模型的设计是数据仓库建设的基础，数据模型提供全面的业务梳理和整体的数据视角，促进业务与技术有效沟通，形成对主要业务定义和术语的统一认识，而且具有跨部门、中性的特征，可以表达和涵盖所有的业务。

7. 数据模型 VS 数据集成

数据集成是把不同来源、格式、特点性质的数据在逻辑上或物理上有机地集中起来，从而为企业提供全面的数据共享。而要实现数据的集中共享，充分分析现有数据模型就显得尤为重要。保证数据模型中关键元素的一致性是数据集成时首先需要考虑的问题。

8. 数据模型 VS 数据操作

数据模型所描述的内容包括三个部分：数据结构、数据操作和数据约束。数据操作主要描述在相应的数据结构上的操作类型和操作方式。它是操作算符的集合，为数据提供一个规范的结构。规范化的结构和约束为数据存储和操作提供了保障，降低了数据操作时发生数据异常的可能性。

15.4.2　数据建模是数据治理的开端

数据模型能够让企业相关干系人更好地理解数据治理流程。数据模型通过可视化的方式直观展示企业的数据资产以及数据之间的关系，降低数据库系统构建的复杂性，让人们轻松理解数据反映的信息。数据模型是企业达成共识的沟通工具，是促进企业内部真正合作的重点，因为它是元数据，它是一致的、标准化的，是对现实世界的信息化模拟，它使非数据管理专业人员也可以了解一些技术上的细微差别，以便于其理解自身的业务角色。

企业数据治理从数据的模型设计和标准化开始。数据模型包含对数据实体的定义，比如：什么是客户，到底什么样的客户才算企业的客户，下了单但没有完成交易的人能否算客户，有购买意向的人能否算客户，等等。数据模型的定义是经过深思熟虑的并验证了数据的业务描述，从而使数据的生产和使用具有无限的价值。

数据建模从概念模型到物理模型的逐步递进，数据模型设计、对数据进行定义和标准化是基础性工作，在开展数据治理时，有必要以最简单的方式进行数据建模。

15.4.3　数据模型管理存在的 3 个问题

很多企业是重应用而轻模型的，只在系统设计阶段关注数据模型，而在应用过程中并没有将数据模型有效管理起来。这就导致生产库中存在大量没有注释的字段和表，这些字段和表意思含糊不清，普遍存在同名不同义、同义不同名、字段冗余、枚举值不一致的问题，严重影响对数据的识别和应用。由于缺乏有效的管理方法，数据模型管理变成“黑盒子”，给数据治理、应用系统建设和应用集成工作都带来严重影响。

企业数据模型管理普遍存在三个问题，如图 15-23 所示。

1. 数据模型变更随意

数据模型变更过于随意，缺乏相关专业人员在变更前的合理性评审。大部分企业数据模型的变更是开发人员基于需求的考虑直接修改物理模型，而没有从企业整体业务的视角通盘考量变更的合理性。另外，大部分企业由于缺乏数据架构师，对于不同系统的数据模型，在数据变更时没有从数据设计、业务合理性、数据质量规则、数据库性能等方面进行综合评审。

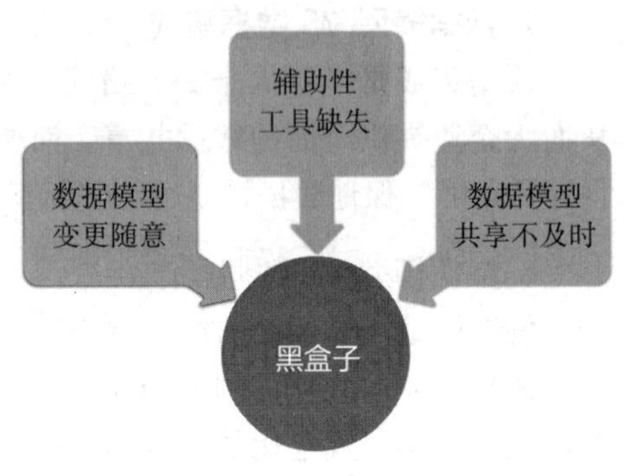

图 15-23 企业数据模型管理的 3 个问题

2. 辅助性工具缺失

数据建模依据的数据标准、建模规范、编码规范、模型管理工具等辅助性工具缺失，导致无法对以下内容进行监督和管理：修改操作是否符合规范，修改的脚本是否按要求编写，修改时是否先修改模型再编写脚本，是否及时保证数据模型与数据库的同步等。

3. 数据模型共享不及时

在数据模型修改后未将修改内容及时公开，导致修改的内容仅有内部的部分人员知道，其他人员均不知道。同时，未将修改的内容纳入数据模型统一管理体系，致使系统出现问题无法追溯，问题的排查难度较大，而数据模型管理逐渐变成“黑盒子”。

15.4.4 数据模型管理的 3 个有效措施

企业实施数据治理的一个要素是将数据模型管理好。鉴于企业数据模型管理普遍存在的问题，我们通过以下措施对数据模型进行有效管理。

1. 严控数据模型变更

控制数据模型变更是为了保证数据模型与数据库的一致性。通过建立数据模型管理流程，明确创建、变更、注销的流程和角色职责，在模型变更之前设置相应的人员去判断变更的合理性，并对变更的内容进行审计。监控模型变更的过程，确保按规划要求完成变更。

数据模型变更完成后要做好两方面的验证：第一，通过数据库对象不同版本之间的比对，找到变更前后的差异，做好影响分析；第二，通过数据模型与物理数据库的比对，得出关键结论，比如上周的数据库版本（尤其是表里的数据）与今天的版本是不是一致，模型与数据库是否一致。

2. 使用辅助工具

在数据模型管理中，辅助管理工具是管理数据模型的一个重要部分。很多建模工具内置了大量模型管理工具，例如模型查询和浏览、模型版本管理等。另外，数据建模管理还要有一套自动化的校验工具，校验可以避免在使用中出现错误。标准数据模型可以实现一定程度上的自动化校验，但是无法实现 100% 校验。不管是开发人员还是测试人员，都需要制定一些规则去校验，只有通过校验才能及时发现问题。例如，把“员工”的同义词定为“职员”，那么即便在使用过程中，大家没有使用标准用语，有人用“职员”，有人用“员工”，自动校验工具也可以自动把它们都转换成“员工”。

3. 共享数据模型

在项目生命周期中，在合适的时间、合适的地点将合适的数据模型共享给合适的人非常重要。只有将数据模型在管理人员、业务人员、技术人员中共享，才能使他们更加理解定义、生成和使用数据的业务和技术，并将其作为日常工作的一部分。

企业可以通过建立数据模型管理流程，配置数据架构师来控制和审核数据模型的创建及变更，从而避免数据模型的随意变更。通过建立数据治理平台，对数据模型及其相关的元数据进行有效管理，提供模型查询、模型浏览、血缘分析、影响分析等功能，企业人员不仅可以方便地查询到企业数据资产，还能在数据应用出现问题时快速追溯问题的原因，避免让数据模型成为企业数据管理的“黑盒子”。

15.4.5　数据模型驱动数据治理

数据模型如此重要，那么它是如何驱动数据治理的呢？

1. 数据模型驱动，提高团队协作

数据模型通过可视化元数据的模式，揭示分散的数据元素之间的联系，以降低数据的复杂性，提高跨领域、跨部门的利益干系人的数据素养，并加强他们之间的协作。在数据建模的过程中，企业将来自不同业务领域、不同部门的人聚集在一起并降低组织的复杂性，使企业更有效，更高效，更敏捷。由于数据建模降低了组织的复杂性，团队的所有成员都可以围绕数据模型开展工作，以更好地理解项目并为项目做出贡献。

2. 数据模型驱动，消除信息孤岛

通过数据模型建设，不仅能够为企业提供全方位的数据视角，使各个部门不再只关注自己的数据，而且能够勾勒出部门之间的内在联系，帮助消灭各个部门之间的信息孤岛。更为重要的是，通过数据模型建设，能够保证整个企业的数据一致性，有效解决各个部门之间的数据差异问题。

3. 数据模型驱动，改进业务流程

在数据建模阶段，企业能够对本单位的业务进行全面梳理。通过概念模型建设，企业能够全面了解本单位的业务架构和整个业务的运行情况，能够将业务按照特定的规律进行分门别类和程序化，并进一步改进业务部门的分工和职能，优化企业业务流程，提高业务效率。

4. 数据模型驱动，防范项目风险

数据模型是数据库系统设计和实现的方法。设计数据库的正确方法先是花一些时间进

行业务分析和数据建模，了解存在的挑战和风险并制定应对措施，再进行数据库及应用的开发。有效的数据模型管理提供了将数据模型和现实世界进行比较的途径，提高了发现差距和预防风险的能力。在应用系统开发、数据仓库建设、系统应用集成过程中，利用数据模型可以及时发现风险并制定应对措施。当然，数据模型一旦构建完成，这些低成本、低风险的价值将继续适用于企业的数据治理计划。

另外，在数据模型中建立良好的数据治理策略，可以预见与预防潜在的安全问题。进行数据建模识别，定义数据安全管理的数据对象，并制定数据安全策略，可以预防安全风险。

5. 数据模型驱动，加速数据治理

在业务层面，概念模型、逻辑模型提供了企业数据的整体框架，让人们更加轻松地理解数据，并达成共识。在技术实现层面，物理模型提供了数据的物理数据结构和相关参数，便于数据库、数据仓库的开发和维护。

数据建模的行为本身就是数据治理的一项活动，也是数据治理计划成功的关键因素。任何执行良好的数据建模过程的高价值输出，都是一组标准化、与业务相关、关联上下文的数据定义。“标准化”指数据模型符合一组可重用的数据定义要求，“与业务相关”指数据模型捕获了业务规则和法规的要求，“关联上下文”是指数据模型封装了代表业务以及技术或基础架构角度的元数据。

数据模型有利于构建更加敏捷和可管理的数据体系结构，使数据设计任务标准化，以改善业务一致性并简化集成。通过数据建模创建并集成业务和语义元数据，可为企业如何使用数据提供上下文，支撑数据的血缘分析和影响分析。

15.5 本章小结

数据模型的合理设计和有效管理对于数据治理至关重要。正如15.3节所讲，数据模型与元数据、数据标准、主数据、数据质量、数据安全、数据仓库、数据操作、数据集成等息息相关，是企业数据治理的重要基础。数据建模、数据模型管理与企业数据治理是自然相融的，确保数据模型处于受控状态就是确保数据治理的透明性和信任度。

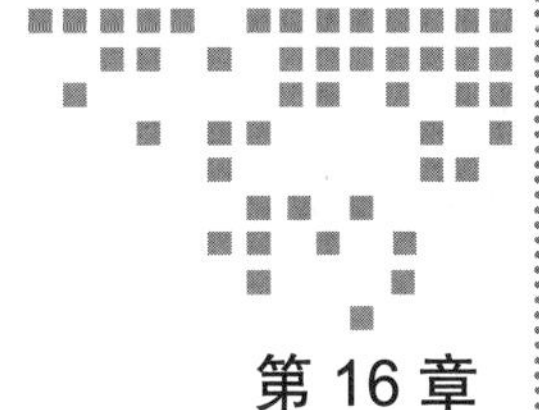

第 16 章 Chapter 16

元数据管理

数字化时代，企业需要知道它们拥有什么数据，数据在哪里、由谁负责，数据中的值意味着什么，数据的生命周期是什么，哪些数据安全性和隐私性需要保护，以及谁使用了数据，用于什么业务目的，数据的质量怎么样，等等。这些问题都需要通过元数据管理解决，缺乏有效的元数据管理，企业的数据资产可能会变成拖累企业利润的“包袱”。

本章主要介绍什么是元数据和元数据管理，以及常用的元数据管理策略、方法和技术。

16.1 元数据管理概述

没有元数据，数据其实就没有任何意义。元数据看起来只是一堆毫无意义的文字和数字，但本质上它为企业的各类数据提供了上下文环境，使企业能够更好地了解、管理和使用数据。

16.1.1 什么是元数据

元数据是关于数据的组织、数据域及其关系的信息，简言之，元数据就是描述数据的数据。

概念总是生涩的，对于没有 IT 背景的人来说比较抽象，不容易理解，下面举几个例子。

有关元数据的几个示例

示例 1：歌词中的元数据

有一首很多 80 后耳熟能详的歌曲叫《小芳》，歌词中有这么一句：“村里有个姑娘叫小芳，长得好看又善良。”我们对这句歌词做一下分析。姓名，小芳；性别，姑娘（女）；长相，好看；性格，善良；住址，村里。“小芳”是被描述的对象，而“姓名”“性别”“长相”“性格”“住址”就是描述“小芳”的元数据。

示例 2：户口本中的元数据

户口本中除了有姓名、身份证号、出生日期、住址、民族等信息外，还有家庭关系，如夫妻关系、父子关系、兄弟关系等。这些信息就是描述一个人的元数据，通过户口本中的元数据，我们不仅能够了解一个人的基本信息，还能够了解其家庭关系。

示例 3：图书馆中的元数据

图书馆都会用一个叫作“图书目录”的文件夹来管理藏书，图书目录包含图书名称、编号、作者、主题、简介、摆放位置等信息，用来帮助图书管理员管理和快速查找图书。元数据就如同图书馆的图书目录一样，能够帮助数据管理员管理数据。

示例 4：元数据好比字典

字典包含一个字的注音、含义、组词、举例等基本信息及其字体结构、相关引用、出处等。另外，我们可以通过拼音或偏旁部首查到这个字。所有这些信息都是对这个字的详细描述，它们就是描述这个字的元数据。

示例 5：元数据就像地图

地图是按一定比例运用线条、符号、颜色、文字注记等描绘显示地球表面的自然地理、行政区域、社会经济状况的图。通过地图，你能够找到自己所处的地理位置，了解你从哪里来，到哪里去，途中要路过哪些地方。元数据也具备这样的特点，它能够帮助企业了解自己有哪些数据，这些数据存放在哪里，数据的来源、去向及加工路径等。

元数据与数据的不同之处在于：元数据描述的不是特定的实例或记录，IT 部门和业务部门都需要高质量的元数据来理解现有数据；元数据是比一般意义上的数据范畴更加广泛的数据，不仅表示数据的类型、名称、值等信息，还提供数据的上下文描述，比如数据的所属业务域、取值范围、数据间的关系、业务规则、数据来源等。

可以用 5W1H 模型来理解元数据，如表 16-1 所示。

表 16-1 用 5W1H 模型理解元数据

知识类型	定义	技术示例	业务示例
Who	谁	谁负责数据接口的开发	谁是财务域、业务域的负责人
What	干什么或是什么	CRM 和 DW 之间的数据血缘关系是什么	企业市场管理业务域的指标体系包含哪些指标
When	什么时候	提取、转换和加载（ETL）作业什么时候运行	我正在分析的数据上次刷新是什么时候
Where	在哪里	所有类型的销售订单分别存储在哪个系统的哪些数据表中	在哪里可以找到按营销活动显示我们的社交媒体分析的报告
How	怎么样，怎么做	如何设置数据质量的管理规则	如何获得产品的竞争优势
Why	为什么	出现数据质量问题的根本原因是什么	为什么老客户会不断流失

16.1.2　元数据的 3 种类型

按照不同应用领域或功能，元数据一般大致可分为三类：业务元数据、技术元数据和操作元数据。

1. 业务元数据

业务元数据描述数据的业务含义、业务规则等。明确业务元数据可以让人们更容易理解和使用业务元数据。元数据消除了数据二义性，让人们对数据有一致的认知，避免“自说自话”，进而为数据分析和应用提供支撑。

常见的业务元数据有：

- 业务定义、业务术语解释等；
- 业务指标名称、计算口径、衍生指标等；
- 业务引擎的规则、数据质量检测规则、数据挖掘算法等；
- 数据的安全或敏感级别等。

2. 技术元数据

技术元数据是结构化处理后的数据，方便计算机或数据库对数据进行识别、存储、传输和交换。技术元数据可以服务于开发人员，让开发人员更加明确数据的存储、结构，从而为应用开发和系统集成奠定基础。技术元数据也可服务于业务人员，通过元数据厘清数据关系，让业务人员更快速地找到想要的数据，进而对数据的来源和去向进行分析，支持数据血缘追溯和影响分析。

常见的技术元数据有：

- 物理数据库表名称、列名称、字段长度、字段类型、约束信息、数据依赖关系等；
- 数据存储类型、位置、数据存储文件格式或数据压缩类型等；
- 字段级血缘关系、SQL 脚本信息、ETL 信息、接口程序等；
- 调度依赖关系、进度和数据更新频率等。

3. 操作元数据

操作元数据描述数据的操作属性，包括管理部门、管理责任人等。明确管理属性有利于将数据管理责任落实到部门和个人，是数据安全管理的基础。

常见的操作元数据有：

- 数据所有者、使用者等；
- 数据的访问方式、访问时间、访问限制等；
- 数据访问权限、组和角色等；
- 数据处理作业的结果、系统执行日志等；
- 数据备份、归档人、归档时间等。

元数据的分类及实例见表 16-2。

表 16-2 元数据的分类（以“客户”信息为例）

元数据类型	元数据	元数据描述	元数据实例
业务元数据	业务定义	数据的含义	客户的完整名称，具有法律效力
	业务规则	数据录入规则	企业的营业执照、组织机构代码证书、统一社会信用代码证书等具有法律效力的证明文件中的中文名称全称
	识别规则	识别规则	企业的组织机构代码、统一社会信用代码或者统一纳税号必须完全匹配，才能认为是同一客户
	质量规则	质量规则	客户名称为非空，并且与营业执照上的中文名称一致
技术元数据	存储位置	数据存储在什么地方	CRM 系统
	数据库表	存储数据的库表名称和路径	CRM/Customers
	字段类型	数据的技术类型	字符型
	字段长度	数据存储的最大长度	[200]
操作元数据	更新频率	数据的更新频率	每年更新一次
	管理部门	数据责任部门	客户管理部
	管理责任人	数据责任部门	客户管理部业务员

16.1.3 元数据的 6 个作用

在信息世界，元数据的主要作用是对数据对象进行描述、定位、检索、管理、评估和交互。

- **描述**：对数据对象的内容、属性的描述，这是元数据的基本功能，是各组织、各部门之间达成共识的基础。
- **定位**：有关数据资源位置方面的信息描述，如数据存储位置、URL 等记录，可以帮助用户快速找到数据资源，有利于信息的发现和检索。
- **检索**：在描述数据的过程中，将信息对象中的重要信息抽出标引并加以组织，建立它们之间的关系，为用户提供多层次、多途径的检索体系，帮助用户找到想要的信息。
- **管理**：对数据对象的版本、管理和使用权限的描述，方面信息对象管理和使用。
- **评估**：由于有元数据描述，用户在不浏览具体数据对象的情况下也能对数据对象有个直观的认识，方便用户的使用。
- **交互**：元数据对数据结构、数据关系的描述方便了数据对象在不同部门、不同系统之间进行流通和流转，并确保流转过程中数据标准的一致性。

元数据以数字化方式描述企业的数据、流程和应用程序，为企业数字资产的内容提供了上下文，使得数据更容易理解、查找、管理和使用。准确的元数据是必不可少的，也是迅速、有效地对数据去粗取精的关键。没有元数据，数据就毫无意义，只不过是一堆数字或文字而已。因此，对于元数据的有效管理是企业数据治理的基础。

16.1.4　什么是元数据管理

根据维基百科的定义，元数据管理是指与确保正确创建、存储和控制元数据，以便在整个企业中一致地定义数据有关的活动。

元数据管理是对涉及的业务元数据、技术元数据、操作元数据进行盘点、集成和管理。采用科学有效的机制对元数据进行管理，并面向开发人员、业务用户提供元数据服务，可以满足用户的业务需求，为企业业务系统和数据分析的开发、维护等过程提供支持。

可以从技术、业务和应用三个角度理解元数据管理。

- **技术角度**：元数据管理着企业的数据源系统、数据平台、数据仓库、数据模型、数据库、表、字段以及字段间的数据关系等技术元数据。
- **业务角度**：元数据管理着企业的业务术语表、业务规则、质量规则、安全策略以及表的加工策略、表的生命周期信息等业务元数据。
- **应用角度**：元数据管理为数据提供了完整的加工处理全链路跟踪，方便数据的溯源和审计，这对于数据的合规使用越来越重要。通过数据血缘分析，追溯发生数据质量问题和其他错误的根本原因，并对更改后的元数据进行影响分析。

企业元数据管理的主要活动包括：

- 创建并记录主题领域的实体和属性的数据定义；
- 识别数据对象之间的业务规则和关系；
- 证明数据内容的准确性、完整性和及时性；
- 建立和记录内容的上下文（数据血缘、数据影响的全链路跟踪分析）；
- 为多样化的数据用户提供一系列上下文理解，包括用于合规性、内部控制和更好决策的可信数据；
- 为技术人员提供元数据信息，支持数据库或应用的开发。

16.1.5　元数据管理的 3 个目标

企业元数据管理的本质是有效利用企业数据资产，让数据发挥出尽可能大的价值。元数据管理可以帮助业务分析师、系统架构师、数据仓库工程师和软件开发工程师等相关干系人清楚地知道企业拥有什么数据，它们存储在哪里，如何抽取、清理、维护这些数据并指导用户使用。

以下元数据管理目标是企业的普遍诉求。

1. 建立指标解释体系

满足用户对业务和数据理解的需求，建立标准的企业内部知识传承的信息承载平台，建立业务分析知识库，实现知识共享。能够回答以下问题：

- ❑ 企业有哪些数据?
- ❑ 什么是企业有效客户?有效客户和客户有何区别?
- ❑ 什么是产品的生命周期?
- ❑ 这个数据还叫什么名字?
- ❑ 数据仓库中的存储过程是谁写的?它用来干什么?现在还在用吗?

典型应用有数据资源目录和业务术语表。

2. 提高数据溯源能力

让用户能够清晰地了解数据仓库中数据流的来龙去脉、业务处理规则、转换情况等，提高数据的溯源能力，支持数据仓库的成长需求，降低因员工换岗造成的影响。元数据有助于回答以下问题：

- ❑ 这张表是从哪个业务系统中抽取过来的?
- ❑ ETL 过程是否对数据进行过加工处理?进行了哪些处理?
- ❑ 指标数据是从哪些表汇总计算出来的?

典型应用有血缘分析、影响分析、全链路分析。

3. 数据质量稽核体系

通过非冗余、非重复的元数据信息提高数据完整性、准确性。元数据管理解决的问题是如何将业务系统中的数据分门别类地进行管理，建立报警、监控机制，出现故障时能及时发现问题，为数据仓库的数据质量监控提供基础素材。能够回答以下问题：

- ❑ 今天的在线用户数为什么是 0 ?
- ❑ 为什么 A 报表中的本月收入值与 B 报表中的不同?

典型应用有指标标准和数据质量规则。

16.1.6 元数据管理的 4 个挑战

尽管企业越来越意识到元数据管理的重要性，但是在实际的数据治理中，元数据管理技术和方法仍面临着很多挑战。

1. 局部的元数据管理

虽然很多企业已经意识到元数据管理能够创建对数据的统一描述并确保数据的一致性，但是，目前国内企业的元数据管理多数是建立在新建系统或数据仓库项目的局部治理上，而不是企业级的元数据管理，特别是对于企业采购的套装软件的治理显得十分薄弱。主要原因是，要将中央元数据仓库的元数据与套装软件产生的元数据进行匹配和映射，需要做大量工作。有的企业的元数据管理平台成为摆设，或者只有部分 IT 人员在用，很少甚至完全没有尝试在整个企业中使用和推广集中化的元数据。这在一定程度上限制了企业数据资产的共享或重用。**因此，元数据管理需要全局、集中化的管理策略。**

2. 手动的元数据管理

在企业元数据管理项目的实施中，需要花费很长的时间来完成元数据的梳理和定义、元数据适配器的开发、元数据的采集、元数据的维护等任务。这些任务绝大多数是需要人工手动处理的，手动的元数据管理和维护十分烦琐且容易出错，这使得项目的成本提高，交付的周期变长。

因此，元数据管理需要更加有效的方法和自动化程度更高的工具。

3. 日趋复杂的数据环境

大数据时代，随着越来越多的非结构化、半结构化数据渗透到企业的数字环境中，采用传统的元数据管理方式来采集、处理和检索元数据变得越来越具有挑战性。尤其是在处理复杂的数据关系时，虽然人们很容易根据认知关联来判断两个或多个事物是否相关，但目前的元数据管理工具却常常无法做到。

因此，元数据管理需要更智能化的技术。

4. 数据的频繁变化

企业的数据是在数据供应链中不断移动的。这里所说的数据供应链，是指从数据创建到数据的加工处理、存储使用的整个生命周期链条。随着数据的不断创建、抽取和转换，有关数据来源、血缘、转换过程、质量级别以及与其他数据的关系的元数据也会随时变化。企业需要将自动化算法和规则应用于数据资产管理中，自动识别和生成元数据，减少手动维护的情况，从而确保元数据描述准确可靠。

16.1.7　元数据管理的 4 个阶段

从元数据的发展历史来看，元数据管理主要经历了 4 个阶段：分布式桥接阶段、中央存储库阶段、元数据仓库阶段、智能化管理阶段（见图 16-1）。

1. 分布式桥接阶段

分布式的元数据管理使用元数据桥实现不同工具间的元数据集成，这是一种点到点的元数据体系结构。分布式的桥接方式自然会导致分布式的元数据分发机制，这违背了数据仓库“集中存储，统一视图”的处理原则，也是它的主要弱点。用这种方式集成元数据会大幅增加开发和维护费用，而且通常将一种格式的元数据转换为另一种格式时，都会有一定的信息损失。

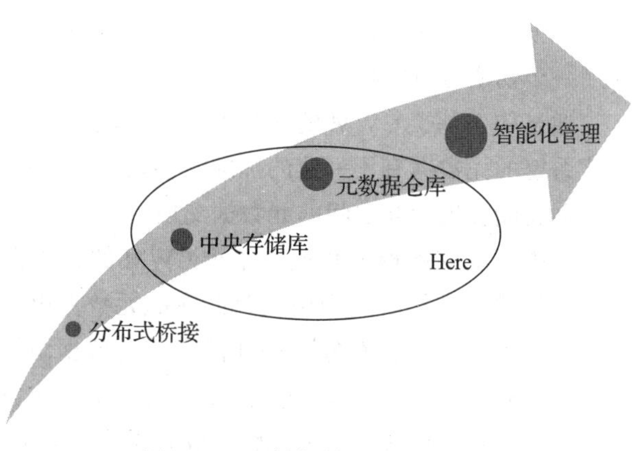

图 16-1　元数据管理的 4 个阶段

分布式的元数据结构需要对互相共享元数据的数据库进行同步，尤其是重复元数据的更新须被检测并通告，以保持一致性。

2. 中央存储库阶段

建立具有特定目标和需求的元数据中央存储库，由它来统一采集、存储、控制和分发元数据。例如，CRM、SCM 等应用系统从中央存储库中检索、使用元数据。

在这种模式下，元数据依然在局部产生和被获取，但会集中到中央存储库进行存储，业务元数据会手工录入中央存储库中，技术元数据分散在文档中的部分也通过手工录入中央存储库中，而散落在各个中间件和业务系统中的技术元数据则通过数据集成的方式被读取到中央存储库中。业务元数据和技术元数据之间全部或部分通过手工方式进行了关联。

每个应用系统都必须实现它自己的数据库访问层（另一种形式的桥接），各大 BI 工具厂商通常都保证它们的工具本身就能够支持元数据管理，例如 Informatica 的 Metadata Manager、IBM 的 MetaStage。然而在具体实现中，它们的工具只是提供桥梁，从像 Oracle 这样的 RDBMS、Hyperion Essbase 之类的 MDDB、BusinessObjects 之类的报表工具，甚至像 ERWin 这样的数据建模工具中提取信息，然后将提取出的信息存储到一个集中式的中央存储库中。

使用元数据中央存储库可以在一定程度上解决定义全局可用且被广泛理解的元数据的需求，使元数据在整个企业层面可被感知和搜索，极大地方便企业获取和查找元数据。但这并没有完全根除问题：元数据仍然在各业务系统上维护，然后更新到中央存储库，各业务竖井之间仍然使用不同的命名法，经常会造成相同的名字代表不同意义的对象，而同一个对象则使用了多个不同的名字，有些没有纳入业务系统管理的元数据则容易缺失。中央存储库仍然需要使用元数据桥，无法根除受制于特定厂商的问题。

3. 元数据仓库阶段

元数据仓库遵循基于 CWM（公共仓库元模型）的元数据管理策略。CWM 是用来输入、输出共享公共仓库元数据的一个完全的语法和语义规范，提供了一个描述数据源、数据目标、转换、分析和处理的元数据管理基础框架，为不同工具和产品的元数据共享和交换提供了一个切实可行的标准。

通过构建基于 CWM 的元数据仓库，数据源、ETL 工具、各类报表和 BI 工具、各类数据库系统的元数据有了一致的标准，各软件工具只需要建立一个与元数据仓库连接的 CWM 适配器就能实现相互之间的元数据交换或共享。

与中央存储库模式相比，基于 CWM 的元数据仓库模式更新数据更加及时，并支持增量元数据的版本管理，而中央存储库的元数据更新周期通常在一天以上，并且需要将所有不同时期的元数据都存储下来才能支持元数据版本管理。但本质上，元数据仓库模式并没有多大变化，业务元数据仍然需要手动补录，业务元数据和技术元数据之间大多还是需要通过手工方式进行映射，因此管理成本无法降低很多。

当前，大部分企业的元数据管理处于中央存储库和元数据仓库这两个阶段。

4. 智能化管理阶段

在这个阶段，元数据管理的特点是自动化、智能化，通过与人工智能、机器学习等技术融合，实现元数据提取、整合、维护等多个过程的自动化和智能化。

（1）元数据提取

对于半结构化、非结构化的数据，例如文本文件、音视频文件，采用文本识别、图像识别、语音识别、自然语言处理等技术，自动发现和提取其元数据，形成有价值的数据资源池。

（2）元数据整合

在元数据的整合方面，通过语义模型，标签体系自动采集相关的技术元数据和业务元数据，自动建立技术元数据与业务元数据的关系，并将其存储进元数据存储库中。

（3）元数据维护

在人工智能技术的帮助下，元数据的管理和维护更加智能，例如：通过自定义规则探查元数据的一致性，并自动提醒更新和维护，确保元数据质量；通过语义分析为元数据自动打标签，实现元数据的自动化编目等。

在这个阶段，逻辑层次元数据的变更会被传播到物理层次，同样，物理层次变更时，逻辑层次将被更新。元数据中的任何变化都会触发业务工作流，以便其他业务系统进行相应的修改。

16.2　元数据管理方法

从实施层面来看，元数据管理包括业务目标理解、元数据需求规划、元数据规划设计、元数据管理体系的设计等。

16.2.1　业务目标理解

元数据管理是利用可视化的用户体验，基于灵活、健壮的元数据管理架构，实现企业数据资产的标准化、集中化管理。企业实施元数据管理需要首先从理解业务需求入手，只有理清了业务需求和目标，才能做出合理的元数据规划。

通常企业实施元数据管理的主要业务诉求如下。

（1）建立企业数据资产目录

数据即资产的理念已经得到企业的广泛认可。面对不断增长、不断变化、日益复杂的数据环境，企业需要数据资产的简单发现和跟踪能力。通过管理元数据，企业能够快速发现数据资产的分布和关系，形成企业数据资产目录。

（2）消除冗余，加强数据复用

通过元数据管理，建立基于 CWM 的元数据仓库，实现企业元数据的统一管理，并将元数据仓库作为“单一数据源”，为企业的应用开发提供可复用的数据模型和元数据标准，以实现元数据的重复利用，减少冗余或未使用数据，从而提高工作效率，降低软件开发成本，缩短项目交付时间。

（3）降低因人员流动而导致知识流失的风险

企业重要的数据资产常常因关键员工的调离或离职而“消失”，这里所谓的“消失”通常并不是因为员工将数据恶意删除或拿走，而是企业数据资产的存放方式、存储位置等关键数据都只留在关键员工的大脑中，一旦该员工离开公司，数据资产也就隐没在“茫茫数海”中了！而统一的元数据管理能够降低企业这种数据“消失”的风险。

（4）提供数据血缘探查能力，提高数据分析的质量

数据来自什么地方以及如何产生、处理和交付数据，这为用户提供了重要的背景知识。探查源系统中的数据可以暴露和解决数据的不准确、不一致问题，从而提升数据的质量。

此外，元数据的统一管理，提供变更管理、版本控制等能力为不断变更的业务需求所带来的影响提供了支撑，并加快了新应用开发项目和数据集成项目的开发速度。开发人员可以依赖统一、标准的元数据来轻松、准确地确定他们的项目所需的数据，从而节约项目开发成本，提升项目交付效率。

16.2.2 元数据需求规划

在充分理解企业元数据管理诉求和目标之后，需要进行元数据规划，设计元数据管理策略，以促进元数据目标的实现。

元数据贯穿企业数据资产流动的全过程，主要包括数据源的元数据、数据采集的元数据、数据仓库的元数据、数据集市的元数据、应用服务层的元数据和 BI 层的元数据等。

进行元数据的需求规划时，需要了解清楚企业的数据环境，明确数据资产的分布，明确数据的流向和路径，从而进一步确定元数据在数据库环境中的存储情况，如数据结构、数据字典、数据关系、报表工具、其他第三方系统或工具等，以及是否需要元数据梳理模板，手动整理元数据作为补充等。

元数据需求规划应重点关注的需求如下。

- 元数据模型需求：命名规范、结构、元素及关联关系等。
- 元数据接口需求：元数据资料库及其内容，适配器、所有者、系统访问、元数据血缘关系等。
- 元数据系统需求：元数据采集、元数据管理、元数据应用等。
- 数据安全需求：数据的分类分级、敏感数据分布、敏感数据管理要求等。
- 数据质量需求：数据质量规则、数据标准定义等。
- 数据管理需求：数据管理的组织、流程、制度、考核等。

元数据需求规划的步骤如下。

1）企业战略调研：调研企业的业务发展战略和主要业务领域的业务发展规划，梳理 IT

建设的历史、现状和初步规划。

2）数据管理调研：调研企业数据管理的背景、问题、目标，以及企业数据管理目前的相关制度、流程和组织。

3）元数据现状清单：功能性信息需求、逻辑模型、物理模型、业务术语字典、已有数据环境、系统文档等。

4）数据问题分析：基于现状评估及成熟度评估，找出差异，定位问题并进行问题根本原因分析，结合行业业务、数据发展要求，制定问题解决优先级计划，并制定改进方案。

5）制定行动路线：元数据实施路线的制定应聚焦企业当前最紧迫、最重要的建设内容，确保项目范围可控、成效可见。

16.2.3　元数据规划设计

1. 元数据设计原则

每个企业的业务各不相同，元数据的设计必须围绕其特定的业务需求展开，需要确保企业收集正确的元数据清单以解决特定的业务问题。元数据设计应遵循以下原则。

（1）简单性与准确性原则

对信息对象的描述应简单易懂，应尽量基于共识采用业务语言进行设计，尽量避免使用晦涩难懂的技术语言。当然，也要考虑简单化可能导致描述不准确，需在二者之间进行权衡。

（2）互操作性原则

元数据的互操作性体现在对异构系统间的互操作能力的支持，即在各种元数据标准下建立元数据，不仅要满足当前应用对数据的操作，还应考虑在企业整体IT环境中的互操作性。

（3）可扩展性原则

企业的数据环境时刻在发生变化，因此元数据的设计应具备一定的可扩展性，应允许用户在不破坏既有标准的前提下，扩充一些元素或属性。

（4）用户需求原则

元数据设计的目的是向用户充分揭示信息资源，因此用户需求应作为元数据设计的最终衡量标准，特别是在数据结构与格式的设计、数据元素的增加与取舍、语义规则的制定等方面，要尽可能从用户需求出发，通过用户交互和用户反馈来完善元数据的设计。

2. 元数据设计步骤

元数据设计一般分为分类、定义、获取、发布四个步骤，并以设计结果作为基线，纳入元数据平台管理中。

（1）元数据分类

根据元数据用途及使用者的不同制定元数据分类框架，规划业务元数据、技术元数据、操作元数据所包含的数据类型和集合。明确元数据管理的种类，如数据字典、逻辑模型、物理模型、报表定义、维度加工规则、数据映射信息、接口信息等，根据规则进行元数据分类。

常用的元数据分类方式有以下两种。

- 按照业务主题进行组织，即通过从业务域到业务主题、实体数据、数据模型的逐层分解方式，规划元数据的分类。这是一种站在业务视角管理元数据的方式，能够形成业务人员容易理解的数据目录。
- 按照数据源进行组织，即通过源数据系统、数据表、数据结构形式展现企业数据目录，这种方式更便于 IT 人员使用元数据。

在实际的使用中，通常需要将两个分类方式相结合，以形成企业级的元数据地图。

（2）元数据定义

元数据定义就是对数据的业务属性、技术属性、操作属性进行规范化的定义，主要是描述数据属性的信息，如属性名称、用途、存储位置、历史数据、文件记录等。

（3）元数据获取

元数据的基本要素包括业务术语、业务规则、报表说明、指标定义，技术细节包括各个业务系统的数据结构、代码字段取值、数据迁移与转换规则等。以上元数据除了通过自动化工具获取，有时候还需要通过模板手工整理作为补充。

对于一些数据源（例如一些老旧的信息系统），由于缺乏最初的元数据设计，所以很难获取到准确的业务元数据。这些业务元数据更加需要业务人员的配合，由业务人员进行补充，最终形成并交付业务元数据成果。

（4）元数据发布

评估和分析分散在各个应用系统、各个部门中的业务元数据、技术元数据之间的关联性，建立技术元数据与业务元数据的映射，形成企业级元数据地图，发布元数据基线。

在后续的运维过程中，根据各业务部门的用数需求，分析判断元数据仓库中是否已存在相应的元数据。如果元数据仓库中已有该元数据，则直接共享使用；如果元数据仓库中没有，则需要确定采集方案，进行数据采集，并对采集的元数据进行整理完善，与生产库建立映射关系，最后完成新增元数据的发布。

元数据规划设计是元数据管理实施中最重要，也是工作量最大的一个过程，这是国内大多数企业元数据管理的现状。究其原因，主要还是数据管理体系不够成熟，也可以说是数据不够成熟。很多企业从一开始就没有完整的数据规划，比如业务术语、指标的定义，现在几乎要整体倒推，获得元数据自然就比较困难。

16.2.4 元数据管理体系设计

在数据治理整体框架下，建立元数据管理体系，从组织、制度、流程、技术与工具等方面保障元数据的有效实施和运营管理，规范元数据的日常采集和处理活动，帮助企业有效管理元数据。

- **组织保障**：明确业务牵头部门、业务与信息化的协作关系，明确各部门数据认责范围。在数据治理团队的指导下，针对企业的数据管理组织现状，建立公司高层支持、中层管理协调、基层执行三个层面的数据治理组织，明确各层的工作职责，为元数据管理工作提供组织保障。
- **制度保障**：元数据管理是企业的 IT 基础设施，涉及的系统较广，需要调动的资源较多，在实施的过程中，企业高层管理者需要给予强有力的支持，并制定相应的规章制度进行保障，这是项目实施持续推进的动力。
- **流程保障**：为保证数据治理措施的落地执行，需要从数据认责、标准管理、质量管理等多个方面进行流程设计，制定企业范围内数据的变更管理流程，保证信息系统中的数据与管理规范、数据标准的一致性。
- **技术与工具**：搭建统一的元数据管理平台，实现企业级元数据集中管控，支持元数据采集、元数据管理、元数据共享、元数据血统分析、元数据影响分析、企业数据地图等功能。
- **运营维护**：定义捕获、维护业务元数据、技术元数据、操作元数据，定期分发和交付元数据。
- **监控管理**：提供元数据的新增和变更流程，控制元数据新增、变更等操作，支持元数据的日常监控，管理元数据版本，做好元数据的血缘分析、影响分析。
- **统计分析**：元数据系统运营情况统计报告，支持元数据查询、元数据使用情况分析（如冷热度分析）等。
- **宣传推广**：通过企业内部网络、会议等各种渠道，推广元数据管理平台，提高元数据管理平台的使用量，提升元数据在企业中的价值认识度。

16.3　元数据管理技术

从技术层面来看，元数据管理技术主要包括元数据采集、元数据管理、元数据应用和元数据接口等。

16.3.1　元数据采集

在数据治理项目中，常见的元数据有数据源的元数据、数据加工处理过程的元数据、数据仓库或数据主题库的元数据、数据应用层的元数据、数据接口服务的元数据等。

元数据采集服务提供各类适配器来满足以上各类元数据的采集需求，并将元数据整合处理后统一存储于中央元数据仓库，实现元数据的统一管理。在这个过程中，数据采集适配器十分重要，元数据采集不仅要能够适配各种数据库、各类 ETL、各类数据仓库和报表产品，还需要适配各类结构化或半结构化数据源。

1. 关系型数据库

通过元数据适配器采集来自 Oracle、DB2、SQL Server、MySQL、Teradata、Sybase 等关系型数据库的库表结构、视图、存储过程等元数据。关系型数据库一般都提供了元数据的桥接器，例如 Oracle 的 RDBMS，可实现元数据信息的快速读取。

2. NoSQL 数据库

元数据采集工具应支持来自 MongoDB、CouchDB、Redis、Neo4j、HBase 等 NoSQL 数据库中的元数据，NoSQL 数据库适配器多半利用了自身管理和查询 Schema 的能力。

3. 数据仓库

对于主流的数据仓库，可以基于其内在的查询脚本，定制开发相应的适配器，对其元数据进行采集。例如 MPP 数据库 Greenplum，其核心元数据都存储在 pg_database、pg_namespace、pg_class、pg_attribute、pg_proc 这几张表中，通过 SQL 脚本就可以对其元数据进行采集。Hive 表结构信息存储在外部数据库中，同时 Hive 提供类似 show table、describe table 之类的语法对其元数据信息进行查询。

当然，也可以利用专业的元数据采集工具来采集数据仓库系统的元数据。

4. 云中的元数据

随着公有云的日趋成熟，尤其是在中小企业之间，通过提供安全的云连接将云端企业元数据管理用作核心 IT 基础架构的扩展已经成为现实。云端企业元数据管理通过各种上下文改善信息访问，并将实时元数据管理、机器学习模型、元数据 API 推进流数据管道，以便更好地管理企业数据资产。

5. 其他元数据适配器

- 建模工具：PowerDesigner、ERwin、ER/Studio、EA 等建模工具适配器。
- ETL 工具：PowerCenter、DataStage、Kettle 等 ETL 工具适配器。
- BI 工具：Cognos、Power BI 等前端工具中的二维报表元数据采集适配器。
- Excel 适配器：采集 Excel 格式文件的元数据。

当然，目前市场上的主流元数据产品中还没有哪一个能做到“万能适配”，在实际应用过程中都需要进行或多或少的定制化开发。

16.3.2 元数据管理

从技术的角度看，元数据管理一般包括元模型管理、元数据审核、元数据维护、元数据版本管理、元数据变更管理等功能。

1. 元模型管理

元模型管理即基于元数据平台构建符合 CWM 规范的元数据仓库，实现元模型统一、集中化管理，提供元模型的查询、增加、修改、删除、元数据关系管理、权限设置等功能，支持概念模型、逻辑模型、物理模型的采集和管理，让用户直观地了解已有元模型的分类、统计、使用情况、变更追溯，以及每个元模型的生命周期管理。同时，支持应用开发的模型管理。

支持元模型的全生命周期管理。元模型生命周期中有三个状态，分别是设计态、测试态和生产态。

- 设计态的元数据模型，通常由 ERWin、PowerDesigner 等设计工具产生。
- 测试态的元数据模型，通常是关系型数据，如 Oracle、DB2、MySQL、Teradata 等；或非关系型数据库，如 MongoDB、HBase、Hive 等。
- 生产态的元数据模型，本质上与测试态元数据差异不大。

通过元数据平台对应用开发三种状态的统一管理和对比分析，能够有效降低元数据变更带来的风险，为下游 ODS、DW 的数据应用提供支撑。

2. 元数据审核

元数据审核主要是审核已采集到元数据仓库中但还未正式发布到数据资源目录中的元数据。审核过程中支持对数据进行有效性验证并修复一些问题，例如缺乏语义描述、缺少字段、类型错误、编码缺失或不可识别的字符编码等。

3. 元数据维护

元数据维护就是对信息对象的基本信息、属性、被依赖关系、依赖关系、组合关系等元数据的新增、修改、删除、查询、发布等操作，支持根据元数据字典创建数据目录，打印目录结构，根据目录发现、查找元数据，查看元数据的内容。元数据维护是最基本的元数据管理功能之一，技术人员和业务人员都会使用这个功能查看元数据的基本信息。

4. 元数据版本管理

在元数据处于一个相对完整、稳定的时期，或者处于一个里程碑结束时期，可以对元数据定版以发布一个基线版本，以便日后对存异的或错误的元数据进行追溯、检查和恢复。

5. 元数据变更管理

用户可以自行订阅元数据，当订阅的元数据发生变更时，系统将自动通知用户，用户可根据指引进一步在系统中查询到变更的具体内容及相关的影响分析。元数据管理平台提供元数据监控功能，一旦监控到元数据发生变更，就在第一时间通知用户。

16.3.3　元数据应用

1. 数据资产地图

按数据域对企业数据资源进行全面盘点和分类，并根据元数据字典自动生成企业数据资产的全景地图。该地图可以告诉你有哪些数据，在哪里可以找到这些数据，能用这些数据干什么。数据资产地图支持以拓扑图的形式可视化展示各类元数据和数据处理过程，通过不同层次的图形展现粒度控制，满足业务上不同应用场景的图形查询和辅助分析需要（见图 16-2）。

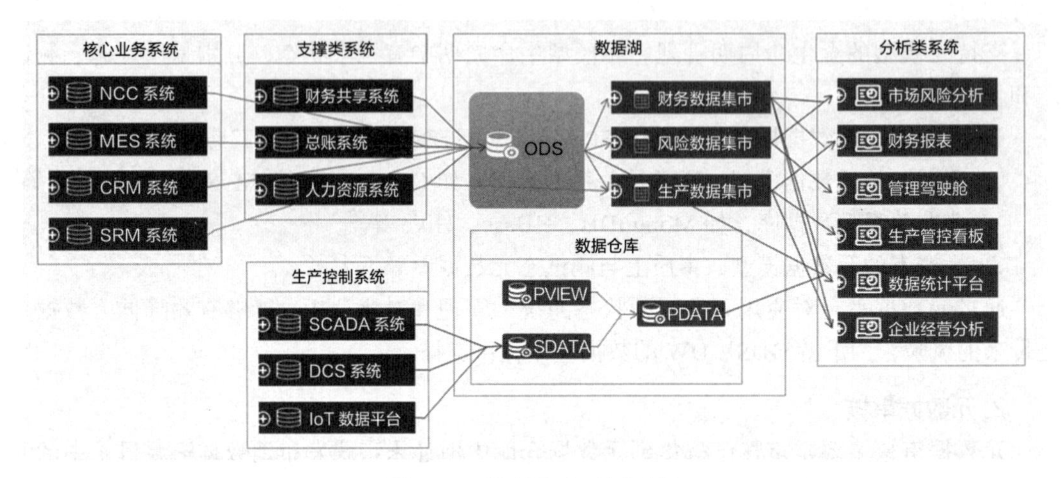

图 16-2 数据资产地图示例

2. 元数据血缘分析

元数据血缘分析会告诉你数据来自哪里，经过了哪些加工。其价值在于当发现数据问题时可以通过数据的血缘关系追根溯源，快速定位到问题数据的来源和加工过程，减少数据问题排查分析的时间和难度（见图 16-3）。

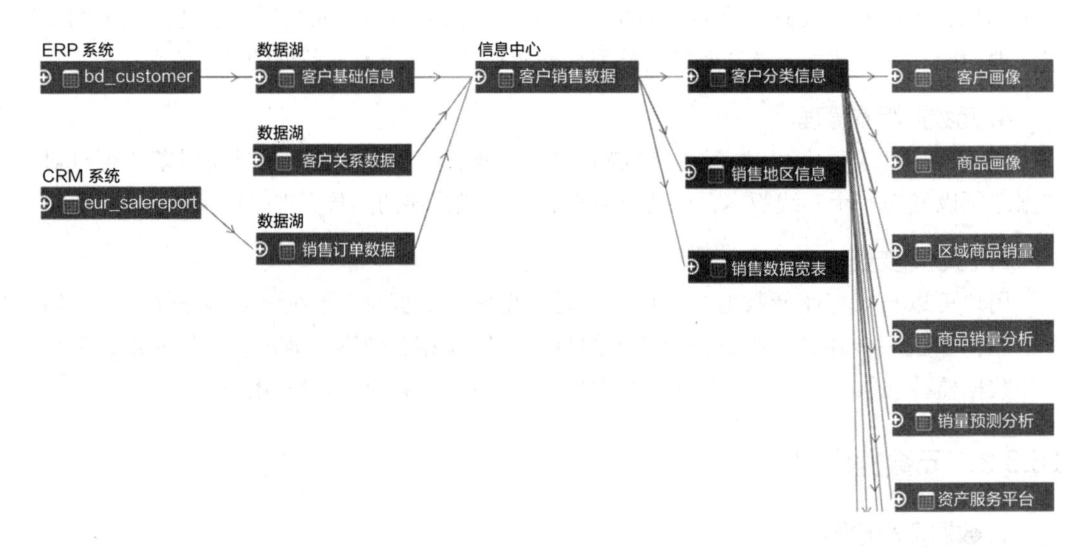

图 16-3 元数据血缘分析示例

3. 元数据影响分析

元数据影响分析会告诉你数据去了哪里，经过了哪些加工。其价值在于当发现数据问题时可以通过数据的关联关系向下追踪，快速找到有哪些应用或数据库使用了这个数据，从而最大限度地减小数据问题带来的影响。这个功能常用于数据源的元数据变更对下游ETL、ODS、DW 等应用的影响分析。

血缘分析是向上追溯，影响分析是向下追踪，这是这两个功能的区别。

4. 元数据冷热度分析

元数据冷热度分析会告诉你哪些数据是企业常用数据，哪些数据属于僵死数据。其价值在于让数据活跃程度可视化，让企业中的业务人员、管理人员都能够清晰地看到数据的活跃程度，以便他们更好地驾驭数据，处置或激活僵死数据，从而为数据的自助式分析提供支撑。

5. 元数据关联度分析

元数据关联度分析会告诉你数据与其他数据的关系，以及它们的关系是怎样建立的。关联度分析是从某一实体关联的其他实体及其参与的处理过程两个角度来查看具体数据的使用情况，形成一张实体和所参与处理过程的网络，如表与 ETL 程序、表与分析应用、表与其他表的关联情况等，从而进一步了解该实体的重要程度。

16.3.4　元数据接口

建立元数据查询、访问的统一接口规范，以将企业核心元数据完整、准确地提取到元数据仓库中进行集中管理和统一共享。

元数据接口规范主要包括接口编码方式、接口响应格式、接口协议、接口安全、连接方式、接口地址等方面的内容。

- 接口编码方式：接口编码方式必须在接口的头信息中注明，常用的接口编码方式有UTF-8、GBK、GB2312、ISO-8859-1。
- 接口响应格式：元数据接口常用的报文格式，XML 或 JSON。
- 接口协议：REST/SOAP 协议。
- 接口安全：Token 身份认证。
- 连接方式：POST。
- 接口地址：http://url/service?[query]。

16.4　本章小结

数据已经成为增强企业竞争力的核心要素，有效地管理和使用数据成为企业的刚需。越来越多的企业使用元数据管理工具来管理云计算、物联网、数据湖中所产生的数据，以便更容易地理解、更快地查找和更有效地管理企业数据，实现数据的价值。

Chapter 17 第 17 章

数据标准管理

俗话说："无规矩，不成方圆。"做任何事情都得讲究个"规矩"。数据标准管理就是为企业的数字化环境"建章立制"的过程。数据标准是企业业务和管理活动中所涉及数据的规范化定义和统一解释，适用于业务信息描述、应用系统开发、数据管理和分析，是企业数据治理的重要组成部分。

本章主要介绍什么是数据标准，什么是数据标准化，以及数据标准管理的内容、管理体系和方法。

17.1 数据标准管理概述

数据标准管理是数据管理的基础性工作，是企业数据治理的首要环节，对于企业厘清数据资产、打通数据孤岛、加快数据流通、释放数据价值有着至关重要的作用。

17.1.1 什么是数据标准

笔者经常会问客户一个问题：什么是客户？有些客户对这个问题不屑一顾，觉得这算什么问题呀，自己天天和客户打交道，难道还不清楚什么是客户吗？然而，事实上笔者听到的是不同的人对"客户"有不同的理解，并不一致。

财务会计说："客户就是与我们发生业务往来、需要进行应收应付记账的组织或个人。"销售人员说："买了我产品或服务的人就是我们的客户呀。"市场人员说："有潜力和意向采购我们产品和服务的人都是我们的客户。"等等。

在很多企业中经常会出现，因为大家对于同一个事物的理解不同而造成沟通不畅，有时还会为某个事物的定义（或含义）争论不休且未得出结论。归根到底，这是缺乏统一的数据标准造成的。

“数据标准”并非一个专有名词，而是一系列规范性约束的抽象。数据标准的具体形态通常是一个或多个数据元的集合。中国信通院在《数据标准管理实践白皮书》中对数据标准给出了如下定义：

“数据标准（Data Standards）是指保障数据的内外部使用与交换的一致性和准确性的规范性约束。在数字化过程中，数据是业务活动在信息系统中的真实反映，由于业务对象在信息系统中以数据的形式存在，数据标准相关管理活动均须以业务为基础，并以标准的形式规范业务对象在各信息系统中的统一定义和应用，以提升企业在业务协同、监管合规、数据共享开放、数据分析应用等各方面的能力。”

以下为关于数据标准的更多解释。

- 数据标准是各部门之间关于通用业务术语的定义，以及这些术语在数据中的命名和表示方式的协议。
- 数据标准是一组数据元的组合，可以描述如何存储、交换、格式化及显示数据。
- 数据标准是一组用于定义业务规则和达成协议的政策和程序，标准的本质不仅是元数据的合并、数据的形式描述框架，甚至还是数据定义和治理的规则。
- 数据标准是企业各个利益干系人希望共同发展的一种共同语言。
- 数据标准是用于数据集成和共享的单一数据集，是数据分析和应用的基础。

17.1.2　数据标准的作用

数据标准适用于业务数据描述、信息管理及应用系统开发，既可作为经营管理中所涉及数据的规范化定义和统一解释，也可作为数据管理的基础，同时也是在应用系统开发时进行数据定义的依据。

案例：数据标准在数据使用中的作用

在一个数据库中，客户数据模型允许存储三个地址：交货地址、账单地址和备用联系人地址。前两个字段填充了实际地址，但第三个字段一直为空。由于某些业务需要，一段时间后第三个字段成为维护客户的注释信息，例如“免税”“现金支付”等。实际上，仔细检查就会发现，在名称字段中也嵌入了类似的注释。

采用这种使用模式，久而久之就造成了数据的重复、不完整、不准确等诸多问题。

一种解决方案是清理数据，即直接对名称、地址等字段进行清理，删除多余的数据。但在这种方式下，清理客户主数据的名称和地址会给业务人员带来困扰，因为有时候它们是有意义的。

因此在创建“客户”这个数据模型时，需要对模型涉及的每个字段进行定义，明确每个数据属性的语义、用途、结构、业务规则及填写规范。这就是数据标准的用武之地，这将有助于防止数据对象、数据属性的定义之间的冲突。

在企业的数据管理和数据应用中，数据标准除了能防止数据对象、数据属性的定义之间的冲突，还对企业应用系统的集成和数据分析挖掘具有重要意义。

- 数据标准可以增强各业务部门对数据理解的一致性，提升沟通效率。
- 数据标准可以减少数据转换，促进系统集成和信息资源的共享。
- 数据标准可以促进企业级单一数据视图的形成，支持数据管理能力的发展。
- 数据标准有助于对数据进行统一规范的管理，消除各部门间的数据壁垒，支持业务流程的规范化。
- 数据标准有利于提高数据质量。可以基于数据标准的规范化定义对企业数据质量进行检查，找出有问题的数据，出具数据质检报告。
- 数据标准有利于规范化管理数据资产。数据标准是数据资产梳理和定义的基础。对于一家拥有大量数据资产或者要实现数据资产交易的企业而言，构建数据标准是一件必须做的事情。

17.1.3 什么是数据标准化

根据维基百科的定义，数据标准化是指研究、制定和推广应用统一的数据分类分级、记录格式及转换、编码等技术标准的过程。

提到“标准”二字，我们第一时间想到的是一系列标准化文档，例如产品设计标准、生产标准、质量检验标准、库房管理标准、安全环保标准、物流配送标准等。

严格来讲，将数据的分类分级、记录格式及转换、编码以及与其相关的管理制度、流程等编制成文件并不等于完整的数据标准化。企业数据的标准化更多的是一组涉及数据标准制定、数据标准管理流程和制度、数据标准管理技术和工具的解决方案（见图 17-1）。

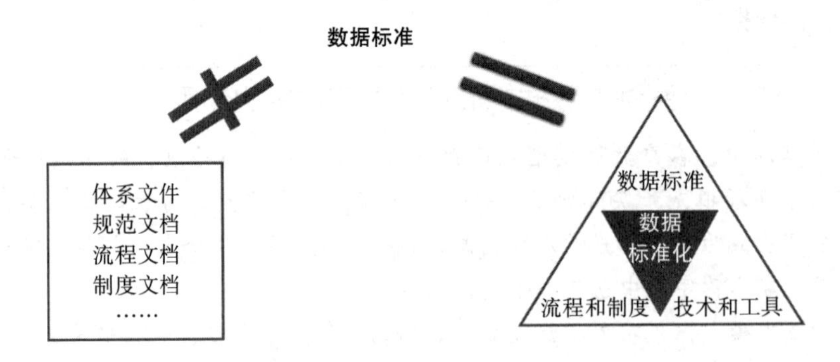

图 17-1 数据标准化是什么

数据标准化是建立各部门数据共识过程，是各业务部门之间沟通和各系统之间数据整合的基础。

（1）数据标准化是建立各部门共识的过程

数据标准化是将标准的数据在企业各部门之间、各系统之间进行同步共享或交换，使不同参与者对数据标准达成共识，并使他们积极参与定义和管理数据标准。我们对一系列的业务术语、数据字典、数据模型、数据交换包进行标准化定义，帮助企业解决业务中沟通不畅的问题，提升沟通效率。

（2）数据标准是各系统数据整合的基础

举一个简单的例子，你就会明白为什么当数据被整合时需要数据标准。对一家企业来说，“客户资料”可能分别存储在不同的系统中，比如 CRM 系统、ERP 系统，而这两个系统往往是独立建设的，开发商不同，数据库不同，数据存储结构也有差异。要保证 CRM 系统中的“A 客户”与 ERP 系统中的“A 客户”是同一个客户，就需要建设“客户数据标准”来整合这两个系统所产生的客户信息。

因此，数据标准化的过程其实就是在数据治理平台之间实现数据标准，并将各个系统产生的数据经过清洗、转换后加载到治理平台的数据模型中，是系统数据整合的基础。

17.1.4　数据标准与数据治理

数据标准化实现了企业对数据统一理解的定义规范。数据标准通过对业务属性、技术属性、管理属性的规范化，可统一企业在业务过程中的业务术语定义、报表口径规范、数据交互标准。在 DAMA 的 *DAMA-DMBOK2* 一书中，没有单独将数据标准划为一个数据管理主题域，但这并不意味数据标准不重要。相反，数据标准与其他数据治理各域都息息相关，是数据治理的基础（见图 17-2）。

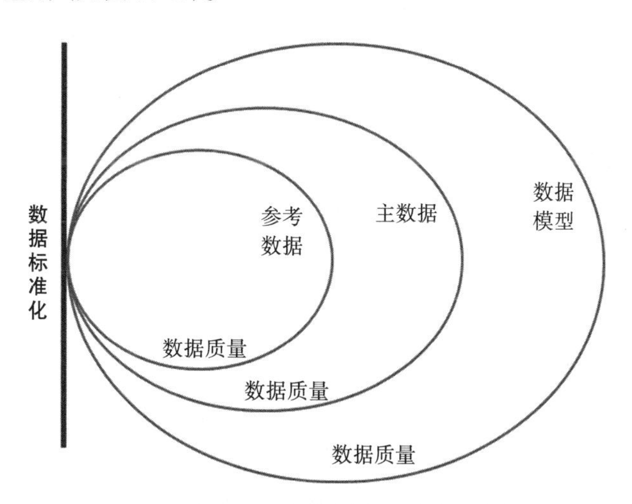

图 17-2　数据标准与数据治理其他域的关系

（1）数据标准与主数据的关系

从范围上看，数据标准包含主数据与参考数据标准。主数据标准包括主数据分类、主数据编码和主数据模型等。

同时，在主数据管理过程中还会涉及主数据的清洗标准、主数据的管理标准、主数据的接口标准等。

（2）数据标准与元数据的关系

企业在制定数据标准的时候最先需要明确的就是数据实体的属性，包括属性的定义、业务规则、关系等，这些信息在元数据管理中叫作业务元数据。

在企业的数据治理实施中，数据标准管理更多的是管理数据实体的业务元数据，例如业务术语标准、基础数据元标准、指标数据标准等。数据标准为业务规则和IT实现之间提供了清晰、标准的语义转换，提高业务和IT之间的一致性，保障IT系统能够真实反映业务事实，并为业务系统的集成提供支撑。

（3）数据标准与数据质量的关系

没有标准化就没有信息化，也就更谈不上数据质量了。

通过对数据标准的统一定义，明确数据的归口部门和责任主体，为企业的数据质量和数据安全提供基础保障。这个过程需要对数据对象、对象之间关系、数据的各个属性和数据质量的规则进行标准化定义，使得数据的质量校验和稽核有据可依，有法可循。

另外，数据标准对隐私数据的识别，数据的分类分级等数据安全管理要求也十分重要。因此，一般认为数据标准是数据治理的基础。

17.1.5 数据标准管理的3个常见问题

在数据标准管理过程中经常会遇到各种问题和挑战，例如：在制定数据标准的过程中，各业务部门都从自己的业务角度出发，因而难以形成统一的数据标准的定义；再如，不同语境下的数据定义存在歧义，数据标准的制定与使用脱节等，造成数据标准在实际业务中用不起来。

（1）数据语义不清晰

当独立使用一个系统时，相关业务术语、相关联语义可能是一致的，但如果需要在两个或多个环境之间比较值，含义上的细微差别就会被放大。例如：CRM系统中的“客户”数据是包含意向客户、潜在客户的，而财务管理系统中的“客户”是产生了财务往来的“客户”，两个系统的“客户数据量”统计差距很大。

（2）数据定义和使用语境

数据定义的歧义主要表现在同名异义、同义异名的情况。

同名异义是指名称相同但代表的含义不同，常见的是相同名称的数据在不同的语境中所代表的含义是不同的。比如“黑色”，用作描述物体属性时，它代表一种颜色，而用来形容人心时，它就代表着邪恶或伪善。

同义异名是指含义相同但命名不同的情况，比如，同样的“姓名”有“员工姓名”和“职工姓名”两种叫法，很可能开发人员给它们定义的标识分别为“YGXM”和“ZGXM”。

在数据标准化的过程中，不仅要定义数据元素的标准，还需要描述该数据元素使用的语境。建议企业采用集思广益的方式将模棱两可的数据定义暴露出来，以便提升企业对数据标准化，以及企业相关人员对数据语义的共同理解和认知。

（3）标准的制定和使用两层皮

数据标准是数据一致性、完整性、准确性的保证，是数据分析、数据集成的基础。数据标准的建立需要经过审批、发布，再在被治理系统中进行推广和使用。同时，还需要评估数据标准的落地情况，通过评估定位数据问题并进行整改，以保证制定出的数据标准被正确使用，避免标准制定和标准执行两层皮。

17.1.6　数据标准管理的意义

数据标准管理的目标是为业务、技术和管理提供服务和支持（见图 17-3）。

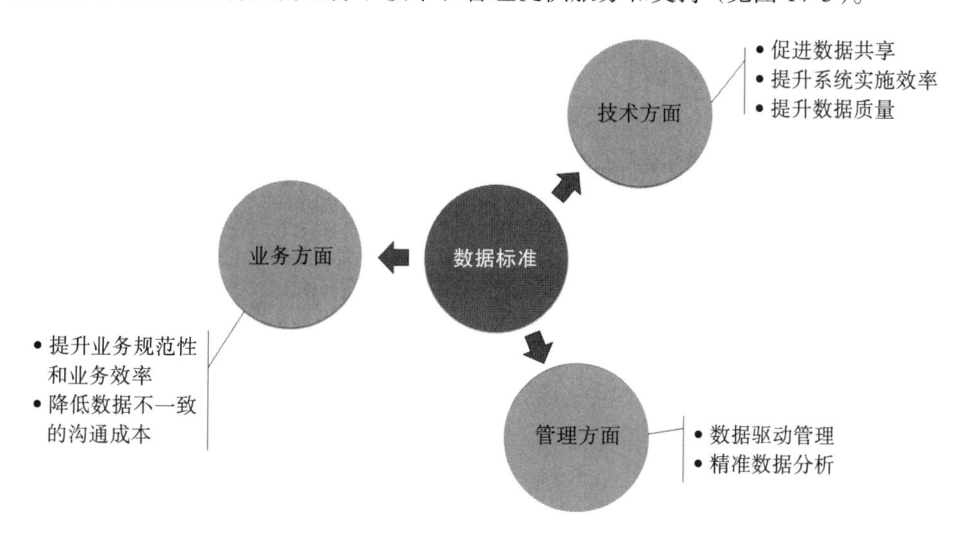

图 17-3　数据标准管理的意义

（1）业务方面

数据标准是解决数据不一致、不完整、不准确等问题的基础，各业务部门对数据形成一个统一的认知和理解，消除数据的“二义性”，才能提升业务的规范性，降低数据不一致的沟通成本，从而提升业务处理的效率。

（2）技术方面

统一、标准的数据及数据结构是企业信息共享的基础。标准的数据模型和标准数据元为新建系统提供支撑，提升应用系统开发及信息系统集成的实施效率。同时，数据标准为数据质量规则的建立、稽核提供依据，是数据质量管理的重要输入。

（3）管理方面

前文讲过，数字化的特点是“数据驱动”，而实现“数据驱动”的前提是数据是标准的、规范的、消除了大部分数据质量问题的。通过对业务术语、主数据和参考数据、指标数据等定义统一的标准，为精准数据分析奠定了基础。统一的数据标准能够让业务人员轻松获取数据，从而为业务人员自助式地进行数据分析、数据探索提供了可能。因此，数据标准是实现数据驱动管理和数据驱动创新的基础。

17.2 数据标准管理内容

一套完整的数据标准体系是企业数据管理和应用的基础，有利于打通数据底层的互通性，提升数据的可用性，消除数据业务歧义。

企业的数据标准一般包含4方面内容：数据模型标准、基础数据标准、主数据与参考数据标准、指标数据标准。

17.2.1 数据模型标准

数据模型标准化是对每个数据元素的业务描述、数据结构、业务规则、质量规则、管理规则、采集规则进行清晰的定义，让数据可理解、可访问、可获取、可使用。数据模型反映的是对业务的理解和定义，能够帮助企业建立组织内部和组织之间沟通的桥梁。数据模型可以用于识别丢失和冗余的数据，并且有助于在ETL过程中记录数据映射。

数据模型标准通过技术元数据、业务元数据进行模型描述，将业务信息和技术信息完整体现在数据模型中，并确保数据模型能够准确、完整地反映业务需求和相关技术约束，如图17-4所示。

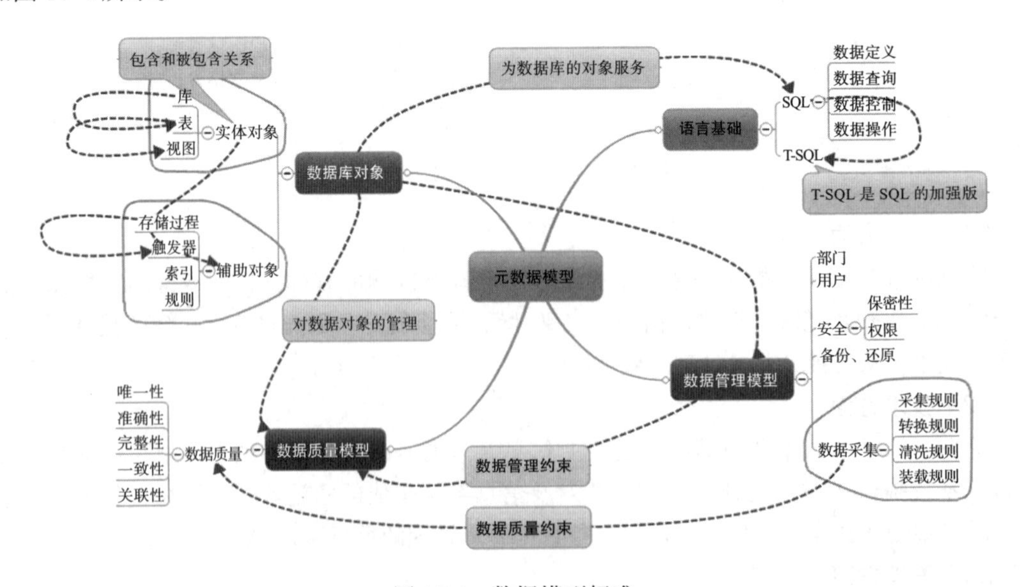

图17-4 数据模型标准

数据模型要准确反映业务需求。如果数据模型不能够准确反映业务需求，会令整个数据模型的实用性和价值大打折扣，很难达到预期效果。数据模型标准设计需要重点考虑以下方面。

（1）数据模型规范化

要考虑数据模型的设计是否符合模型设计的规范（如第三范式等）。应从业务需求、应用范围、数据结构、实体属性设计、实体关系设计等方面来进行规范化评价，例如主键是否唯一，索引是否重复，主外键关联是否合理等。

（2）数据模型标准性

要考虑数据模型是否遵循统一的命名规则，包括包名称、数据表名称、属性名称等。统一的命名规则能够规范模型，避免名称不一致造成的概念混淆，省去内容标准程度、完整性等方面的确认。

（3）数据模型一致性

要考虑数据模型中的元数据和数据是否一致；数据模型中的实体、属性含义等是否定义清晰、完整、准确；数据模型中的术语、标准、用法、属性和业务规则是否与实际情况保持一致，例如数据名称、数据属性、业务规则、属性格式及规则、外键与主键是否与实际情况保持一致。

（4）数据模型可读性

要考虑数据模型是否方便查阅，布局是否合理，是否方便浏览查阅。模型方面确保大而复杂的模型被分成多个子模型，模型中不包含过多层级的继承关系。实体方面包括合理的颜色及布局、关键实体的重点标注等。属性方面涉及名称和归类。

17.2.2　基础数据标准

基础数据是系统的数据字典，在系统初始化时就存在于系统数据库中，是结构性或功能性的支撑，如国家地区、行政区划、邮政编码、性别代码、计量单位代码等。

基础数据标准一般会涉及国际标准、国家标准和行业标准。在定义数据实体或元素时可以引用相关标准，再根据企业的需求不断补充完善、更新优化和积累，以便更好地支撑业务应用的开发、信息系统的集成和企业数据的管理。

基础数据标准通常用来对应用系统或数据仓库的数据字典进行标准化，一般包含业务属性、技术属性、管理属性三部分，如图 17-5 所示。

业务属性用来描述基础数据的业务信息，以方便业务人员理解，例如标准主题、标准分类、标准编码、标准中文名称、标准英文名称、业务定义、业务规则、引用的相关标准、标准来源和依据等。

技术属性用来描述基础数据的技术信息，支持系统的实现，例如数据类型、数据格式、长度、代码的编码规则、取值范围等。

管理属性用来描述基础数据的管理信息，支持对数据的管理和操作，例如标准定义者、标准管理者、标准使用者，以及标准的版本、应用领域、使用系统等。

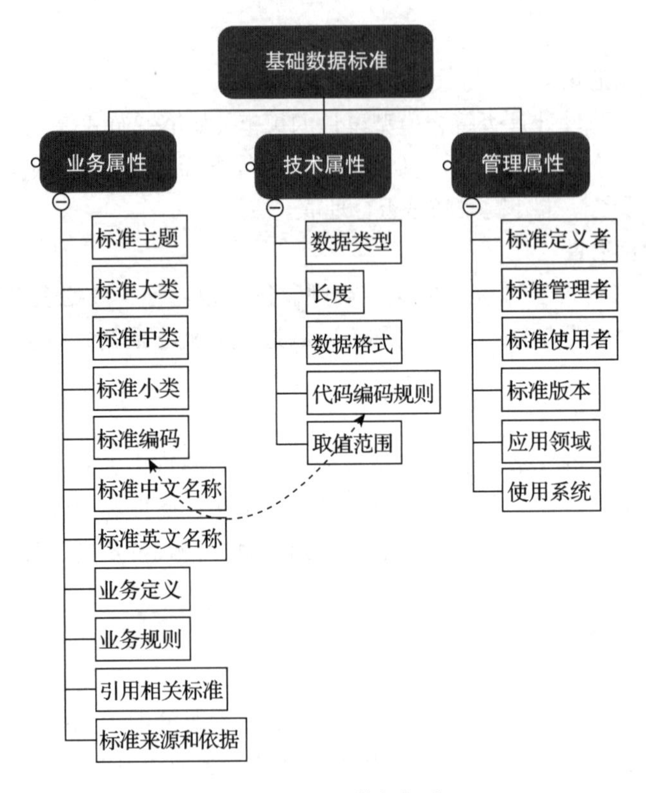

图 17-5 基础数据标准

基础数据标准的稳定性比较强，一经发布，一般不会轻易变更，它属于企业各系统之间共享的公共代码。表 17-1 给出了一个基础数据标准的实例。

表 17-1 某企业基础数据标准：性别公共代码标准

标准编号	CD190004	
中文名称	性别代码	
英文名称	Codes for sexual distinction of human	
代码描述	描述人的性别代码	
定义原则	采用外部标准	
引用标准代号及名称	GB/T 2261.1—2003 个人基本信息分类与代码 第 1 部分：人的性别代码	
代码编码规则	1 级 2 位编码（1，2），采用国标编码	
技术属性	CHAR（2）	
版本日期	2019/11/18	
标准类别	标准	
代码值	代码描述	业务说明
01	男性	
02	女性	
99	未说明的性别	

17.2.3 主数据与参考数据标准

主数据是用来描述企业核心业务实体的数据，比如客户、供应商、员工、产品、物料等。它是具有高业务价值、可以在企业内跨业务部门被重复使用的数据，被誉为企业的“黄金数据”。

参考数据是用于将其他数据进行分类或目录整编的数据，是规定数据属性的域值范围。参考数据一般以国际标准、国家标准或行业标准为依据，是固定不变的数据。

例如：人员是一个主数据，人员的性别、民族、学历是它的参考数据，如图 17-6 所示。

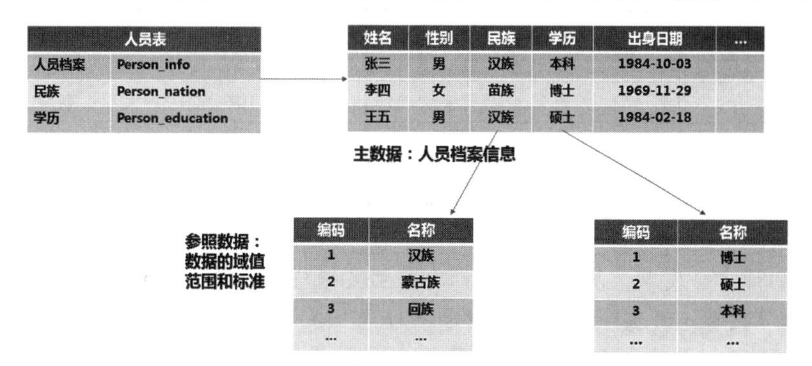

图 17-6 主数据与参考数据示例

主数据标准包含主数据分类、主数据编码和主数据模型。

- 主数据分类是根据主数据的属性或特征，将其按一定的原则和方法进行区分和归类，并建立起一定的分类体系和排列顺序。
- 主数据编码是为事物或概念（编码对象）赋予具有一定规律、易于计算机和人识别处理的符号，形成代码元素集合。对各类主数据概念的正确理解依赖于主数据分类，对各类主数据作出唯一表示依赖于主数据编码。
- 主数据模型即基于主数据属性的逻辑模型或物理模型，包括每个属性的名称、属性性质、类型、质量规则、取值范围等，如表 17-2 所示。

表 17-2 人员主数据模型标准示例

主数据	人员			
定义	人员主数据是指所有与企业签署了正式劳动合同的人员，人员主数据是从企业管理视角出发的人员实体的数字化描述			
序号	**属性名称**	**属性性质**	**类型**	**取值范围**
1	人员编码	系统自动生成	字符型	系统自动生成的 7 位流水码
2	姓名	必填项	字符型	集团员工姓名，同身份证上的名称一致，必须保证姓名输入准确
3	身份证号	必填项	字符型	位数为 15 位或 18 位的身份证号码（港澳台及外籍人员除外）

（续）

序号	属性名称	属性性质	类型	取值范围
4	性别	必填项	枚举型	男；女
5	出生日期	必填项	日期型	须与身份证上的出生日期保持一致
6	民族	必填项	参照型	参照民族档案
7	电子邮件	必填项	字符型	不能为空，格式：zhangsan@cn-nthq.com
8	办公电话		字符型	区号加6～8位电话号码（+分机号），中间以“-”连接，如010-12345678或010-12345678-8888
9	手机	必填项	字符型	位数默认为11位（港澳台及外籍人员除外），不得以其他符号代替
10	学历		枚举型	小学、初中、高中、大专、本科、硕士、博士
11	状态	必填项	枚举型	在职；离职
12	备注		字符型	

小贴士 细心的读者会发现，基础数据元标准和主数据与参考数据标准有着一定程度的重合，比如：“人员主数据”标准中人员的“性别”是个参考数据，而基础数据元标准中的“性别”是一个公共代码。之所以存在这个问题，主要是因为不同行业对于数据标准的分类方式和习惯不同。我们可以将以上两类数据标准统称为企业基础数据标准。

17.2.4 指标数据标准

企业的各业务域、各部门均有其相应的业务指标，这些指标有的名称相同却有着不同的业务含义，而有的指标虽然名称差异很大，但在业务上却是同一个指标。如果不对指标数据进行标准化，你可以想象：对于同一指标，不同系统的指标统计结果可能是不同的，而且很难分清哪个才是正确的；每次有新分析主题构建或旧分析主题变更时，都需要从所涉及的各个系统、库表中重新定义指标，成本很高。另外，目前大数据分析都提倡业务人员自助分析，如果没有指标数据标准，业务人员几乎不可能从不同系统中拿到自己想要的数据，自助式分析将无从谈起。

指标数据标准是在实体数据基础之上增加了统计维度、计算方式、分析规则等信息加工后的数据，它是对企业业务指标所涉及指标项的统一定义和管理。指标数据标准与基础数据标准一样，也包含业务属性、技术属性、管理属性三部分，如图17-7所示。

指标业务属性一般包括指标编码、指标中文名称、指标英文名称、指标主题、指标分类、指标类型、指标的业务定义、指标的业务规则、指标的数据来源、取数规则、统计维度、计算公式、显示精度、相关基础数据标准等。

指标技术属性一般包括数据来源系统、指标使用系统、数据源表、数据类型、度量单位、取值范围、指标生成频度、指标计算周期、指标取数精度等。

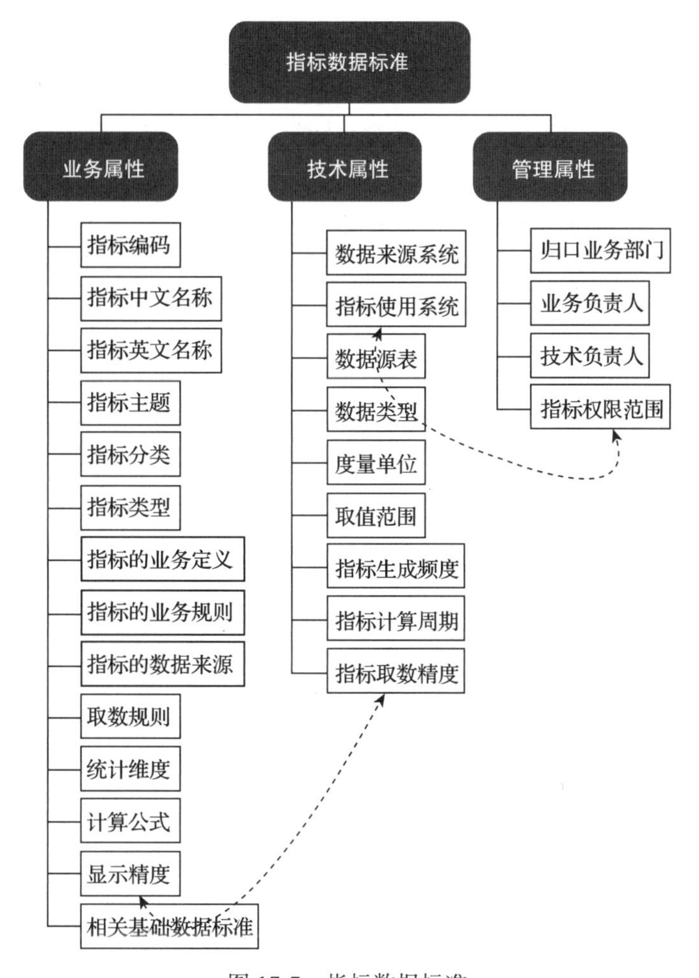

图 17-7　指标数据标准

指标管理属性一般包括归口管理部门、业务负责人、技术负责人、指标权限范围等。

指标数据标准化需要收集指标的基本信息、管理信息、统计规则定义及维度信息等，适用于业务数据描述、数据管理及数据分析和可视化。指标数据标准的统一能够明确指标的业务含义、统计口径，使得业务部门之间、业务和技术之间形成统一认识。

17.3　数据标准管理体系

数据标准管理是企业数据治理的一部分，强调采用什么样的标准管理数据。数据标准管理经常与其他数据管理领域（如元数据管理、主数据管理、数据安全管理等）一起实施，也可自成体系。数据标准管理体系一般包括数据标准管理组织、数据标准管理流程、数据标准管理办法等。

17.3.1 数据标准管理组织

数据标准管理的实施绝非某一个部门的事情，企业的单一部门无法完成，需要从企业全局考虑，建立专业的数据治理组织，来主导数据标准的梳理和定义，并推动和监督数据标准的贯彻与执行。

数据治理组织从职能上可以划分为 3 层，如图 17-8 所示。

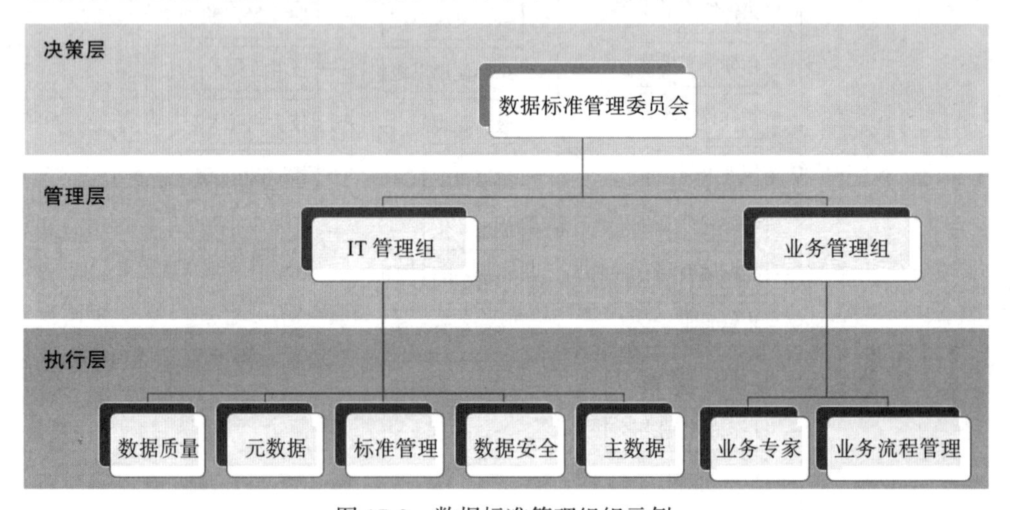

图 17-8 数据标准管理组织示例

- 决策层：设置数据标准管理委员会，主要负责制定企业数据战略，把控数据治理的总体策略，审批数据标准发布，并考核数据标准的执行情况。
- 管理层：设置 IT 组和业务组，IT 组提供标准梳理和制定过程中的技术支持，业务组主要负责企业数据标准的梳理、制定、发布和贯彻。
- 执行层：按照不同的数据管理领域可以设置数据质量、元数据、数据安全等专题小组，主要负责数据标准的贯彻和执行，并对于数据标准执行情况反馈优化意见。

17.3.2 数据标准管理流程

数据标准管理从需求发起到落地执行，一般需要经过数据标准梳理、数据标准编制、数据标准审查、数据标准发布、数据标准贯彻五个阶段，如图 17-9 所示。

1. 数据标准梳理

企业数据标准项目的实施，要根据行业标杆经验和企业实际情况确定实施范围，并制定数据标准的优先级和难易度。

数据标准梳理需要从企业业务域、业务活动、数据对象（数据实体、指标）、数据关系等方面层层递进，逐步展开，我们将这个方法称为 BOR 法（Business-Object-Relationship）。

采用 BOR 法梳理和定义数据标准的步骤如图 17-10 所示。

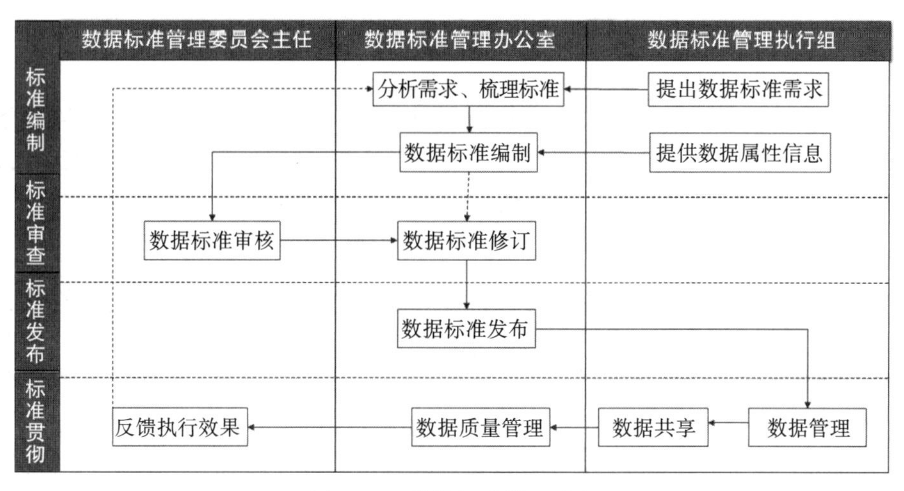

图 17-9　数据标准管理流程

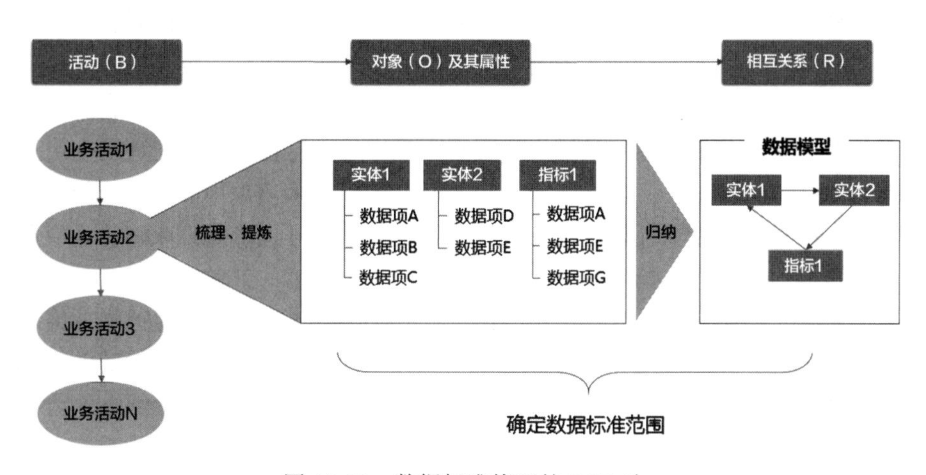

图 17-10　数据标准梳理的 BOR 法

第一，根据企业业务情况划分业务域，识别每个业务域的关键业务活动，并对每个业务域中的业务活动进行梳理和定义，同时处理该活动输入和输出的各类业务单据、用户视图，并梳理每个单据和用户视图的数据对象。

第二，对数据对象进行分析，明确每个数据对象所包含的数据项（属性），同时，梳理并提炼出该业务域中所涉及的数据指标和数据项。分析并定义每个数据实体或指标的数据元标准，包括数据元的名称、编码、类型、长度、业务含义、数据来源、质量规则、安全级别、域值范围、管理部门等，尽可能描述企业数据对象的业务逻辑。

第三，梳理和抽象所有数据实体、数据指标的关联关系，并对数据之间的关系进行定义，进一步明确数据对象间的数据关系。

第四，通过以上梳理、分析和定义，确定企业数据标准管理的主体范围，并基于系统实现的逻辑进行归纳和抽象，形成企业级数据标准模型。这个过程可能涉及对数据对象的合并或拆分。

数据标准梳理方法并不难掌握，关键是建设过程中需要收集并整理大量的业务规范、制度章程、法律法规、监管规定、国家标准，并将这些内容落实到数据标准定义的信息项中。对于一个从未做过数据标准的实施团队而言，这意味着巨大的工作量。

2. 数据标准编制

数据标准编制是根据企业的业务需求和数据管控要求，对数据对象及其数据项进行明确定义的过程，包括数据项名称、数据项编码、数据类型、长度、业务含义、数据来源、质量规则、安全级别、域值范围等。数据标准的编制可以参考国际标准、国家标准或行业标准，也可以根据企业业务需求制定特定的企业级数据标准。

中国信通院 2019 年发布的《数据标准管理实践白皮书》指出，企业数据标准的制定应遵守以下六大原则。

- **共享性**：数据标准定义的对象是具有共享和交换需求的数据。同时，作为全企业共同遵循的准则，数据标准并不为特定部门服务，它所包含的定义内容应具有跨部门的共享特性。
- **唯一性**：标准的命名、定义等内容应具有唯一性和排他性，不允许同一层次下标准内容存在二义性。
- **稳定性**：数据标准需要保证其权威性，不应频繁对其进行修订或删除，应尽量在特定范围和时间区间内保持其稳定性。
- **可扩展性**：数据标准并非一成不变的，业务环境的发展变化可能会触发标准定义的需求，因此数据标准应具有可扩展性，能够以模板的形式定义初始的数据标准。模板由多个模块组成，部分模块的变化不会影响其余模块，因而能够方便模板的维护更新。
- **前瞻性**：数据标准定义应积极借鉴相关国际标准、国家标准、行业标准和规范，并充分参考同业的先进实践经验，使数据标准能够充分体现企业业务的发展方向。
- **可行性**：数据标准应基于企业现状，充分考虑业务改造风险和技术实施风险，并能够指导企业数据标准在业务、技术、操作、流程、应用等各个层面的落地工作。

数据标准管理办公室根据数据需求开展数据标准的编制工作，确定数据项，数据标准管理执行组根据所需数据项提供数据属性信息。数据标准管理办公室参照国际、国家或行业标准对这些数据项进行标准化定义并提交审核。

以下是数据标准制定的 3 个最佳实践，供参考。

（1）头脑风暴会议

召集相关干系人开一个形式自由、集思广益的头脑风暴会议，进行数据标准定义的讨论，对涉及的数据对象、业务术语、关键指标进行标识，记录在案，并讨论出更精确的定义，便于所有干系人达成共识。头脑风暴法对于数据对象的识别、数据标准的定义及工作效率的提升都很有好处，也是解决数据标准含义不清、存在歧义的有效方法。

（2）标准差异分析

首先通过查询确定数据标准是否已经存在定义，如果存在，则需要结合企业需求，确定给数据标准附加什么信息或修改定义，形成完整且可接受的元数据定义和规范。如果查询存在多个数据对象标准，则需要分析每个标准的含义、定义、数据元标准是否都一致，然后接受某个定义，修改定义或创建新定义，以寻求共识，并删除多余的定义。

（3）标准影响评估

数据标准管理过程中必然会涉及新旧系统、不同部门、不同业务的冲突，这些冲突如果解决不好，将会直接导致标准化的失败。在数据标准落地过程中要充分做好影响评估和各干系人的沟通。通过业务影响分析，识别出数据标准对业务的影响范围、影响程度、所带来的价值和所面临的风险，确定业务人员可接受的影响范围和程度，为进一步的沟通做好准备。

3. 数据标准审查

对数据标准初稿进行审查，判断数据标准是否符合企业的应用和管理需求，是否符合企业数据战略的要求。如数据标准没有通过审查，则由数据标准管理办公室进行修订，直到满足企业数据标准的发布要求。

数据标准审查是从数据标准的需求符合性、实用性、稳定性、前瞻性、可行性等方面，判断数据标准是否满足企业需求和符合企业的管理现状。

数据标准的审查工作由数据标准管理委员会发起，主要分为两个步骤。

（1）数据标准征集意见

意见征集工作是指就拟定的数据标准初稿在公司范围内广泛征集相关部门的意见，以减小数据标准不可用、难落地的风险。这个过程涉及对标准初步的培训和宣贯。

就数据标准在全公司范围内征求意见，设定征求意见日期。征求意见时间为一周至三个月不等，具体视数据标准涉及的业务范围而定。若无意见或者无反馈，则设定为接受此标准。

（2）数据标准专家评审

标准制定和执行过程中需要专家团队的支撑，专家团队须对企业某个业务领域的业务非常熟悉，能给出数据标准定义的权威性建议，解决数据标准存在歧义的问题。此外，要在标准贯彻执行过程中解决相关业务部门的争议，不断完善数据标准体系。

4. 数据标准发布

数据标准意见征集完成、标准审查通过后，由数据标准管理委员会以正式的形式向全公司发布数据标准。

数据标准一经发布，各部门、各业务系统都需要按照标准执行。遗留系统的存量数据会存在一定的风险，企业应做好相应的影响评估。

5. 数据标准贯彻

数据标准贯彻通常是指把企业已经发布的数据标准应用于信息建设和改造中，消除数据不一致的过程。把已定义的数据标准与业务系统、应用和服务进行映射，标明标准和现状的关系以及可能影响到的应用。

在这个过程中，对于企业新建的系统应当直接应用定义好的数据标准，对于旧系统一般建议建立相应的数据映射关系，进行数据转换，逐步将数据标准落地。同时，在数据标准贯彻过程中还需要加强对业务人员的数据标准培训、宣贯工作，以帮助业务人员更好地理解数据标准。

数据标准贯彻阶段的 3 个关键实践如下。

（1）数据标准宣贯

要发挥出数据标准的各项效果，需要在标准实施前认真宣贯，让全公司对数据标准达成共识，以便更好地将其应用到实践中去。数据标准的宣贯能够检验数据标准的质量，更好地发挥数据标准的作用，从而为企业业务和管理赋能。

数据标准的宣贯方法有文件传阅、集中培训、专题培训等。

- **文件传阅**：将数据标准文件以正式文件的形式在全公司范围内发布，让各部门、各分子公司传阅。尤其是对于涉及数据录入、维护、使用等操作的利益干系人，数据标准文件将作为其数据维护工作的重要参考资料。
- **集中培训**：由数据标准管理委员会组织，制定数据标准集中培训计划，落实培训场地、培训方式、培训课件等内容，实施数据标准宣贯培训，学员反馈学习心得，培训老师总结宣贯经验。
- **专题培训**：针对不同业务领域的数据标准开展专题培训，让相关的业务人员清楚地了解数据标准的各项规则，并通过上机实操强化培训效果，让数据标准真正融入业务人员的实际工作中，推动数据标准的落地。

（2）对业务部门的要求

数据标准的贯彻执行应从业务的源头抓起，例如：产品数据标准的贯彻就需要从产品的设计环节着手，引用既定的数据标准，使用规范的产品名称和编码，这样可以避免后续工作中的很多麻烦。

在数据标准的执行过程中，应避免对标准的随意改动，如果标准确实存在问题、必须修改，则需要提请数据标准变更流程，经数据标准管理委员会审查后方可变更。

（3）对应用系统的要求

数据标准对企业信息化建设起到规范作用，应用系统应严格按照发布的数据标准执行。

在系统需求分析阶段，系统建设方应提出数据使用需求，然后数据标准管理委员会参与数据需求的评审，并给出数据标准的使用建议。

在系统设计开发阶段，应基于现行的数据标准进行数据库和应用的设计和开发。

在系统正式运行阶段，系统应纳入公司的数据治理范围，符合公司在数据标准、数据质量、数据安全等方面的要求。数据标准管理执行组对应用系统的数据标准贯彻执行情况进行监督考核，对于不符合数据标准要求的，提出改进要求，并监督其完成整改。

17.3.3　数据标准管理办法

为规范企业对数据标准的管理，确保企业范围内数据标准的有效性和适用性，解决企业数据多来源、指标口径不一致、数据整合困难、管理权责不清等问题，数据治理企业应根据自身情况制定数据标准管理办法，以对数据标准管理进行规范性指导和约束。

一份完整的数据标准管理办法一般包含但不限于：数据标准的目的、适用范围和数据标准内容，数据标准的管理组织、管理流程、执行要求、考核机制、附则等。

可以参考以下模板来制定企业数据标准管理办法。

数据标准管理办法模板

（1）数据标准目的

明确数据标准的目的，企业为什么需要数据标准管理。

（2）数据标准适用范围

明确数据标准的适用范围，是全公司适用还是只在某些部门生效？

（3）数据标准管理组织

明确数据标准的管理组织和职责分工，并规定各组织在数据标准的制订、评审、发布、执行、变更等各环节的职责。

（4）数据标准的执行要求

明确在哪些数据操作环境（如录入、维护、应用、归档等）中应遵循数据标准要求，明确在 IT 系统构建或改造中应遵循数据标准要求。

（5）数据标准管理流程

明确数据标准需求的来源、数据标准编制的原则、数据标准编制使用的模板、数据标准编制的注意事项、数据标准编制完成后的提审流程等内容。

明确数据标准审核及发布的要求，一般包含数据标准的评审原则、评审方式、评审内容、发布要求、发布范围、执行范围、版本控制等内容。

明确数据标准变更流程（如标准变更的发起、审核、复审流程）、标准变更注意事项、影响评估等。

（6）数据标准绩效考核

明确数据标准的绩效考核办法，如考核指标、考核对象、考核周期、考核方式等。

明确数据标准执行过程的奖惩条件、奖惩措施。

（7）附则

附则主要用于描述数据标准管理办法的监督检查规定、办法的制定依据、存在争议或分歧时的解决方式，并说明办法的制定单位、批准单位、解释单位以及办法的开始执行时间。

17.4 数据标准管理的4个最佳实践

数据标准管理的目的在于让企业内信息系统的建设和集成遵循这些标准，同时作为数据治理制度的延伸，保证信息系统所需数据标准的完整性、适用性并得以执行。

有效的数据标准管理将企业信息的获取、转换、存储、检索、开发、传递直到用户使用等环节紧密衔接起来，有利于深层次地开发和利用数据资源，并发挥海量数据的整合利用效果。在数据标准的贯彻和落地过程中，应在业务部门、业务系统中循序渐进、迭代式地执行数据标准，并获得管理层的充分支持、系统开发部门的大力配合，这样数据标准才能够切实执行下去。

数据标准管理的最佳实践如下。

（1）业务主导

数据标准来源于业务，服务于业务，数据标准化问题归根到底还是管理问题，应从业务入手。

建立数据标准，不仅是为了解决不同信息系统之间的数据互通问题，还为了让不同业务部门之间达成共识。数据标准的制定以企业的价值链为主线，按业务域一点点地梳理，这个工作量比较大。单靠工具不能做好标准化，技术和工具是最后用来固化数据标准执行的，而标准梳理工作主要靠各业务条线的人员。

（2）循序渐进

从价值链、业务流程角度进行分段实施，不要企图一次实施所有的数据管理标准。企业应根据业务需求，结合系统改造和新系统建设的契机，选择适当的数据标准落地范围和层次，对亟待解决的标准问题进行落地。

分段的目的是明确各业务部门的数据职责，使数据与业务流程相匹配。

（3）动态管理

对于数据标准管理，最重要的是保持数据定义、标准设计和标准使用的一致性。但数据标准不是一成不变的，比如企业在拓展新业务的时候，需要增加相应的标准，对于没有价值的标准，要及时废弃。

数据是动态变化的，数据标准也要与时俱进，并具有前瞻性。企业需要建立数据标准体系的持续更新机制和具备数据标准动态管理的数据治理平台，实现数据标准版本的管理，便于持续维护改进，方便问题查找。

（4）应用为王

中国重汽CIO邢红波说："数据标准化是企业信息化建设最根本、最基础的基石性工作，数据的标准化工作要着眼于企业信息系统的整体规划及应用方向和需求，必须做到标准、统一、一致。数据标准化工作做得好，会为后续的BI、大数据分析建模打下良好的基础。"

任何一个企业建设数据标准都不是为了建标准而建标准，而是为了让数据标准服务于业务，提升业务效率。应结合企业IT系统的现状，以落地应用为目的，以企业现行的各类国标、行标为基础，以对现有系统的影响最小为原则编制和落地标准，这样才能确保标准切实可用，让数据标准最终回归到业务应用中，发挥作用。

17.5 本章小结

企业数据治理的成效很大程度上取决于数据标准的合理性和统一实施的程度。企业数据标准体系的建设应既满足当前的实际需求，又能着眼未来与国际、国内的数据标准接轨。

企业数据标准主要包括数据模型标准、主数据标准与参考数据标准、数据指标标准等，每类数据标准都可以作为是一个独立主题实施。后续章节会介绍数据标准在主数据、数据质量、数据安全等主题中的应用。

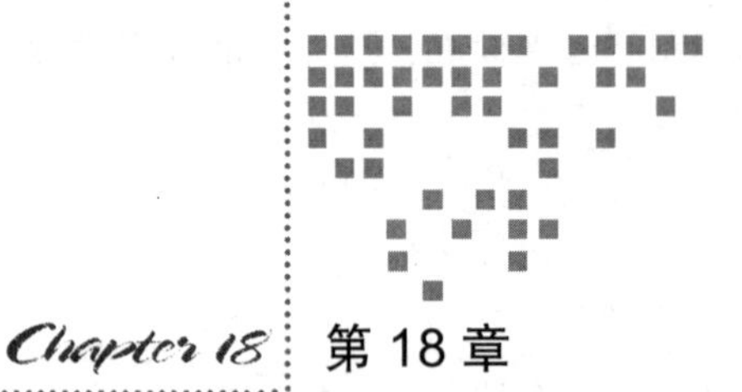

Chapter 18 第 18 章

主数据管理

主数据被誉为企业数据中的“黄金数据”，是业务应用、数据分析、系统集成的基础。主数据管理是企业数据治理工作中的核心内容，构建完善的主数据管理体系，统一企业核心主数据是支撑企业数字化转型的基石。

本章重点介绍主数据管理的概念、方法、技术及最佳实践。

18.1 主数据管理概述

在企业数据治理的各专业领域中，主数据管理是一个比较“老”的领域，但到目前为止大家对于主数据管理的认知并未统一。本节介绍主数据和主数据管理的相关定义，以及主数据管理的意义。

18.1.1 什么是主数据

“主数据（Master Data）是具有共享性的基础数据，可以在企业内跨越各个业务部门被重复使用，比如，可以是与客户、供应商、账户及组织单位相关的数据，因此通常长期存在且应用于多个系统。”

以上是百度百科对主数据的定义，比较复杂，笔者更喜欢用“3 个特征、4 个超越”来解释主数据，如图 18-1 所示。

1. 主数据的 3 个特征

主数据具有高价值、高共享、相对稳定 3 个基本特征。

- **高价值**：主数据是所有业务处理都离不开的实体数据，其数据质量的好坏直接影响到数据集成、数据分析和数据挖掘的结果。

- **高共享**：主数据是跨部门、跨系统高度共享的数据。
- **相对稳定**：与交易数据相比，主数据是相对稳定的，变化频率较低。变化频率较低并不意味着一成不变，例如：客商更名会引起客商主数据的变动，人员调动会引起人员主数据的变动，等等。

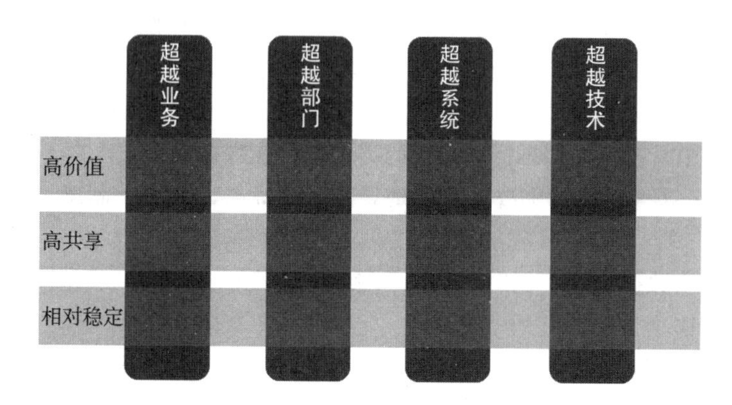

图 18-1　主数据的 3 个特征、4 个超越

2. 主数据的 4 个超越

主数据具备超越业务、超越部门、超越系统、超越技术四大特点。

- **超越业务**：主数据是跨越了业务界限，在多个业务领域中被广泛使用的数据，其核心属性也来自业务。例如物料主数据，它既有自身的自然属性，如规格、材质；也有业务赋予的核心属性，如设计参数、工艺参数、采购、库存要求、计量要求、财务要求等。同时，物料主数据也要服务于业务，可谓是“从业务中来，到业务中去”。
- **超越部门**：主数据是组织范围内共享的、跨部门的数据，它不归属某一特定的部门，是企业的核心数据资产。
- **超越系统**：主数据是多个系统之间的共享数据，是应用系统建设的基础，也是数据分析系统的重要分析对象。
- **超越技术**：主数据要解决不同异构系统之间的核心数据共享问题，从来不会局限于一种特定的技术。在不同环境、不同场景下，主数据的技术是可以灵活应对的。主数据的集成架构是多样的，如总线型结构、星型结构、端到端结构；集成技术也是多样的，如 Web Service、REST、ETL、MQ、kafka 等。企业在做技术选型的时候，要充分考虑企业的核心业务需求和未来的发展要求，并据此构建自身的主数据技术体系。

18.1.2　什么是主数据管理

对于主数据管理，不同的人有不同的认知，以下是几种较为常见的认知。

- 主数据管理是侧重于数据标准建设的一项信息化任务，主数据标准是企业主数据管理的基础。
- 主数据管理的重点是“管理”，要将主数据管理作为业务流程的补充，通过优化业务系统来提升主数据的质量。
- 主数据管理是企业的一项信息化集成项目，重点是要按照信息系统的集成需求，完成各系统主数据的对接和融通，进而提升信息系统的业务集成能力。
- 主数据管理是一种技术或数据管理工具，能够实现位于不同数据源的主数据的统一汇集和集中管控，并根据应用系统的需求进行主数据的分发。

笔者更倾向于这种理解：主数据管理是**集方法、标准、流程、制度、技术和工具为一体**的解决方案。

- 方法是指主数据梳理、识别、定义、管理、清洗、集成和共享所需要的一系列咨询和管理方法。
- 标准涵盖了主数据的分类、编码、建模、清洗、集成、管理、运营等的相关标准和规范。
- 流程是指规范主数据生产、管理和使用的相关流程，例如主数据新增流程、主数据变更流程、主数据冻结流程等。
- 制度确保主数据的一致性、正确性、完整性，规范主数据的管理、维护、运营的相关管理办法、规定和考核手段。
- 技术和工具是实现主数据管理和集成所涉及的技术平台与工具，如MDM系统、ESB、ETL等。

简单地说，主数据管理保证系统能够协调和重用通用、正确的主数据。

通常，企业会把主数据管理作为应用流程的补充，通过从各个操作/事务型应用、分析型应用中分离出主要信息，使其成为一个集中的、独立于企业中各种系统的核心资源，从而使企业的核心数据得以重用，确保各系统间核心数据的一致性。

18.1.3 主数据管理的意义

主数据是企业的“黄金数据”，具有很高的价值，是企业数据资产管理的核心。通过统一数据标准，打通企业的数据孤岛，主数据管理对于企业的数字化建设、业务和管理能力提升、核心竞争力构建、“数据驱动”的实现具有重要意义。

（1）打破孤岛，提升数据质量

建立统一的主数据标准，规范数据的输入和输出，打通各部门、各系统之间的信息孤岛，实现企业核心数据的共享，提升数据质量。另外，主数据管理可以增强IT结构的灵活性，能够灵活地适应企业业务需求的变化，为业务应用的集成、数据的分析和挖掘打下良好基础。

（2）统一认知，提升业务效率

在企业的业务执行中，主数据的数据重复、数据不完整、数据不正确等问题是造成业务效率低下、沟通协作困难的重要因素。例如，“一物多码”问题常常让企业的采购部门、库房管理、财务部门头痛不已。实施主数据计划，对主数据进行标准化定义、规范化管理，可以建立起企业对主数据标准的共同认知，提升业务效率，降低沟通成本。

（3）集中管控，提升管理效能

当企业的核心数据分散在各单位、各部门的应用系统中时，缺乏统一的数据标准约束，缺乏管理流程和制度的保障对于企业的集约化管理是非常不利的，因为无法实现跨单位、跨部门的信息共享。企业希望加强集团管控，实现人、财、物的集约化管理，如统一财务共享中心，共享人力资源，集中采购等，而部署和实施统一集中的主数据管理是其重要前提。

（4）数据驱动，提升决策水平

数字化时代，企业的管理决策正在从经验驱动向数据驱动转型。主数据作为企业业务运营和管理的基础，如果存在问题将直接影响企业的决策，甚至误导决策。实施有效的主数据计划，统一主数据标准，提高数据质量，打通部门、系统壁垒，实现信息集成与共享，是企业实现数据驱动、智能决策的重要基础。

18.2 主数据管理方法

从方法论上，企业主数据管理项目的建设可分为 4 个阶段，笔者将其总结为 12 个字：摸家底，建体系，接数据，抓运营（见图 18-2）。

摸家底	建体系	接数据	抓运营
□ 企业战略理解	□ 主数据组织体系	□ 搭建平台	□ 主数据运维
□ 业务需求理解	□ 主数据标准体系	□ 数据准备	□ 主数据推广
□ 信息化现状调研	□ 制度与流程体系	□ 数据清洗	□ 主数据质量
□ 主数据梳理	□ 主数据技术体系	□ 数据集成	□ 主数据变现
□ 主数据识别	□ 主数据安全体系	□ 切换运行	
□ 管理成熟度评估			

图 18-2 主数据管理的 4 个阶段

18.2.1 摸家底阶段

企业的主数据管理从“摸家底”开始，摸家底即针对企业开展全面的调研和数据普查工作，切实摸清企业主数据管理现状和需求，以便做出客观的主数据管理评估，制定合适的主数据管理路线。

1. 企业战略理解

企业战略是关乎企业获得竞争力、实现增长的一套计划，包含战略目标、策略和行动方案。企业战略代表了企业的价值主张和对未来的判断，是企业经营管理的核心指导。

通过理解企业战略，对企业价值链、产业链以及业务模型和业务结构进行分析，明确企业对于数据管理的定位，形成全局的业务体系和主数据管理的思路框架，为制定主数据管理策略指明方向。

以上信息可通过高层访谈获得，高层访谈的目的有三个：

第一，了解高层对主数据管理的态度；

第二，引导客户将主数据管理作为企业战略的一部分；

第三，获得高层领导对项目的支持。

2. 业务需求调研

数据来源于业务，并服务于业务。企业主数据管理不是为了管理数据，而是为了给业务和管理提供服务。因此，一定要清楚企业管理主数据背后的业务目标。

业务需求的调研和分析是个不断细化的过程，不要期望一次访谈 / 调研就能将业务目标完成，首先要通过对企业业务需求的调研和分析，找到企业的业务痛点，然后再分析解决这些业务痛点都会涉及哪些主数据，从而为主数据管理圈定一个范围和目标。

3. 系统现状调研

系统现状调研是对企业的信息系统进行全面调研，以形成对企业信息化现状的深入理解，它是了解主数据分布情况的主要手段。

系统现状调研需要对每个业务系统的基本情况进行摸底，了解企业运行中的系统有哪些，哪些是核心系统，系统的使用单位和部门，系统的基本架构情况，系统的主要功能，系统中的基础数据有哪些，系统的接口集成情况等。同时还需要了解企业正在建设的系统情况以及正在规划建设的系统情况，对企业 IT 架构进行一次全面的盘点，摸清企业主数据的分布情况。

4. 主数据梳理

常用的企业主数据梳理方法有两种：一种是自顶向下的梳理和调研，另一种是自底向上的梳理和调研。

（1）自顶向下的梳理和调研

自顶向下的梳理和调研一般用在主数据咨询项目中，从企业战略分解到业务域划分，再到数据建模，层层递进，分析和梳理企业的主数据。常用的方法有 IRP（信息资源规划）和 BPM（业务流程管理）等。

这里重点介绍一下 IRP。根据高复先教授的《信息资源规划》一书，信息资源规划（Information Resource Planning,IRP）是指对所在单位信息的采集、处理、传输和使用的全面规划。

IRP 的核心是运用先进的信息工程和数据管理理论及方法，通过总体数据规划，奠定信息资源管理的基础，促进实现集成化的应用开发，构建信息资源网。

IRP 是信息工程方法论、总体数据规划和信息资源管理标准的结合体，其实现方法可概括为 IRP= 两个阶段 + 两条主线 + 三个模型 + 一套标准，如图 18-3 所示。

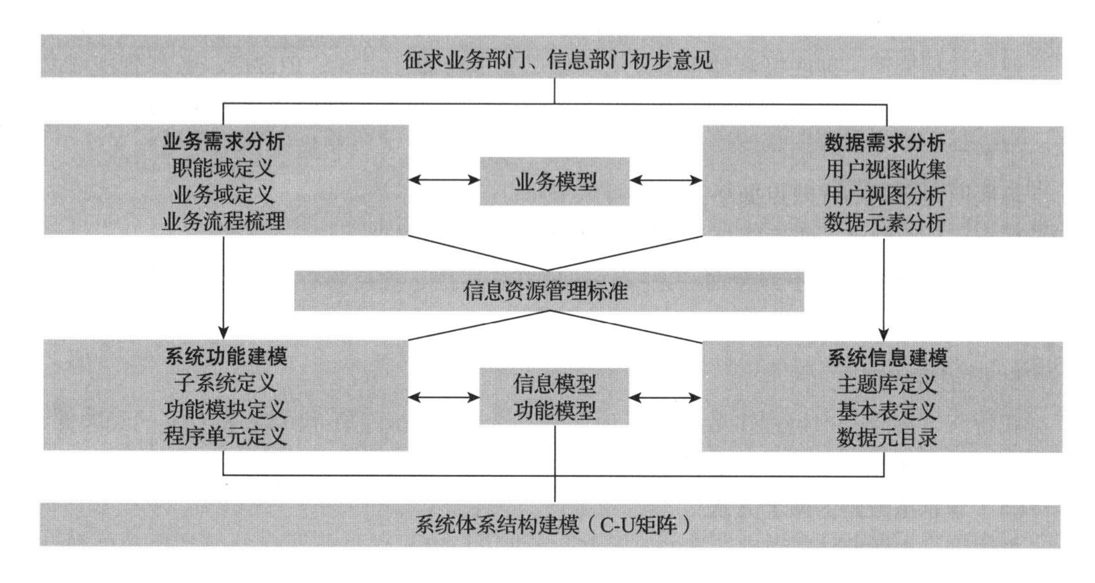

图 18-3　IRP 方法论

两个阶段：需求分析阶段和建模阶段。需求分析阶段主要涉及职能域、业务域、业务流程的梳理和定义，以及业务过程所涉及的数据需求，例如用户视图、数据元素的分析等。建模阶段主要包括系统功能建模和系统信息建模，定义系统的功能模块、程序单元、数据基本表、数据元目录等。

两条主线：业务流程主线和信息资源主线。业务流程主线是基于每个职能域、业务域，对业务流程进行分析，明确哪些流程能够信息，哪些流程还需要在线下处理。信息资源主线是对业务流程属性过程所涉及的用户视图、数据对象等信息的统一梳理，例如主题库定义、基本表定义等。

三个模型：业务模型、信息模型和功能模型。

一套标准：信息资源管理标准，涉及信息资源的建模和管理的相关要求和规范。

IRP 这种自顶向下方法的优缺点如下。

优点：能让企业对现有数据资源有个全面、系统的认识。特别是通过对职能域之间交叉信息的梳理，使企业更加清晰地了解到企业信息的来龙去脉，有助于企业把握各类信息的源头，有效消除信息孤岛和数据冗余，控制数据的唯一性和准确性，确保获取信息的有效性。

缺点：成本较高，周期较长。这种方法适用于包含咨询的主数据项目建设。

（2）自底向上的梳理和调研

由底向上的主数据梳理和调研一般是在主数据范围已确定的前提下，从企业信息系统入手，对已建系统、在建系统、待建系统的数据视图进行梳理和分析，识别出主数据在信息系统中的分布情况，理清数据的来源和去向、数据的管理现状等。另外，还需要对未在系统中管理的数据（我们常说的线下数据）进行整理和分析。

通过数据梳理，彻底搞清楚企业现有关键数据的分布、主要管理部门、数据管理情况、数据的共享交换情况等至关重要的内容，从而为构建主数据管理模式和建立主数据管理体系打下基础。

自底向上方法的优缺点如下。

优点：针对性强，快速实施，成本和周期可控，快速见效。

缺点：梳理的数据不够全面和系统。这种方法适用于项目目标和范围相对明确的主数据管理项目。

5. 识别主数据

在茫茫“数海”中识别主数据是一项非常复杂的工程，它不仅要依靠专家的经验并结合行业的具体情况，还要有一定的方法。

（1）识别主数据的两个方法

方法一：主数据特征识别法

该方法主要评估企业全部数据中的各类主数据是否符合主数据的每个特征（见图 18-4），如发现任何不符合主数据特征的数据，则将其剔除出主数据管理的范畴。

图 18-4 主数据的 6 大特征

- **高价值性**。主数据具备极高的业务价值。主数据描述企业最核心的数据，是企业最有价值的数据资产。
- **高共享性**。主数据一般是不同业务部门、不同业务系统之间高度共享的数据，如果数据只在一个系统中使用，并且未来也不会共享给其他系统，则一般不将其纳入主数据管理。
- **实体独立性**。主数据是不可拆分的数据实体，如产品、客户等，是所有业务行为和交易的基础。
- **识别唯一性**。在组织范围内同一主数据要求具有唯一的识别标志，如物料、客户都必须有唯一的编码。

- **相对稳定性**。与交易数据相比，主数据是相对稳定的，变化频率较低。
- **长期有效性**。主数据一般具有较长的生命周期，需要长期保存。

方法二：业务影响和共享程度分析矩阵

采用定性分析和定量分析相结合的方式，根据数据的共享程度及业务实体相对业务的重要性进行评估，建立业务影响和共享程度分析矩阵（见图 18-5），从而确定适合纳入主数据管理的数据范围。

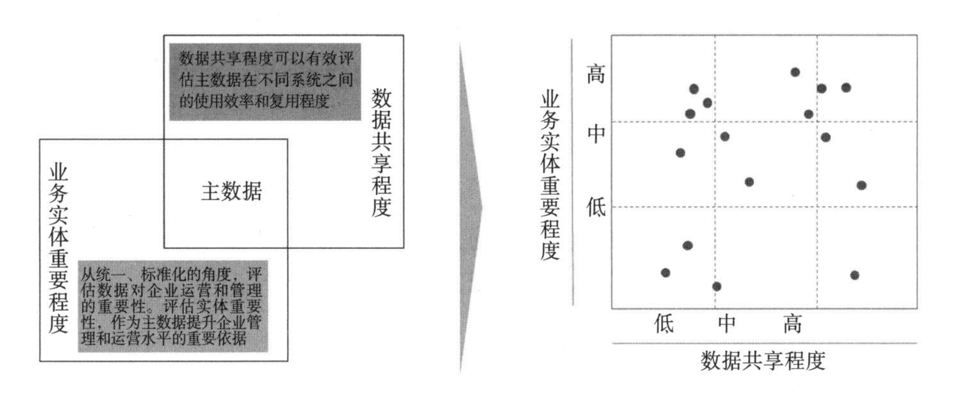

图 18-5　业务影响和共享程度分析矩阵

（2）识别消费者和生产者

识别产生主数据的应用系统和消费主数据的应用系统，有助于我们完全了解 MDM 实施的范围，受影响的系统数量以及数据的流向。

基于主数据识别结果，结合企业业务需求，确定主数据的生产方和消费者，明确主数据的来源和去向。在这一过程中，一个重要的输出物是主数据的 U/C 矩阵，如表 18-1 所示。其中，C 表示创建，是对应主数据的生产者；U 表示对应主数据的消费者。通过 U/C 矩阵可以反映主数据管理的范围和主数据的数据流向。

表 18-1　主数据 U/C 矩阵

主数据	业务系统 A	业务系统 B	业务系统 C	业务系统 D	业务系统 E	业务系统 F	业务系统 G
组织	C	U	U	U	U	U	U
部门	C	U	U	U	U	U	U
人员	C	U	U	U	U	U	U
客户				C	U	U	U
供应商		U		U	U	C	U
物料分类				U	U	C	U
物料		C		U	U	U	U

6. 评估管理能力

第 8 章详细介绍过企业数据管理成熟度评估模型和评估方法，可以参照其中的内容来开展主数据管理成熟度的专项评估，重新认识企业主数据管理的能力和水平，以明确改进方向和行动路线。

数据管理能力成熟度评估的意义在于发现企业数据管理中的问题和不足，找到与行业先进标杆企业的差距，以便制定切实可行的解决方案。

主数据管理成熟度评估应重点关注以下内容：主数据管理组织、主数据标准规范、主数据管理制度和流程、主数据质量、主数据技术和主数据全生命周期管理。

18.2.2 建体系阶段

企业的主数据现状普遍是“先污染，后治理”，因此主数据管理必然会带来新标准的确立和旧系统的改造。整个主数据建设是一个有破有立、不破不立的过程，涉及大量的跨部门、跨条线、跨系统的沟通与协调，同时也涉及不小的投资。为了不使投入的人力、物力付诸东流，在项目实施前期就应该做好主数据管理体系的规划和建设。

1. 主数据组织体系

有效的组织机构是项目成功的有力保证，为了达到项目预期目标，在项目开始之前对组织及其责任分工做出规划是非常必要的。

（1）建立主数据管理组织的原则

主数据涉及的范围很广，牵涉到不同的业务部门和技术部门，建立主数据管理组织是企业的全局大事，成立什么样的组织、如何成立，应该依据企业的发展战略和目标而定。

（2）建立主数据组织的目标

主数据管理组织的建立是为了通过企业主数据管理工作，建立全公司范围内的主数据标准，监督和控制主数据管理流程，确保主数据标准贯彻到位，提升企业的主数据质量，为业务协同提供支撑。

（3）建立一个什么样的组织

结合业界最佳实践，根据企业的业务需求和管理现状，建立覆盖企业范围、集中的主数据管理组织体系，明确各主数据归口部门，明确组织角色分工，支持企业主数据的“统一管控，集中共享”。

主数据管理组织应在企业整体的数据治理组织体系框架下建设，包括数据治理委员会、数据治理办公室、主数据管理员等（见图 18-6）。

数据治理委员会由企业高层领导组成，负责主数据管理方向的把控以及重大事项的推进和协调。

数据治理办公室由业务小组和 IT 小组组成。业务小组负责主数据标准、主数据管理流程、主数据管理制度的建设，IT 小组负责主数据实施过程中的各种技术支持，包括主数据建模、主数据维护、主数据同步等。

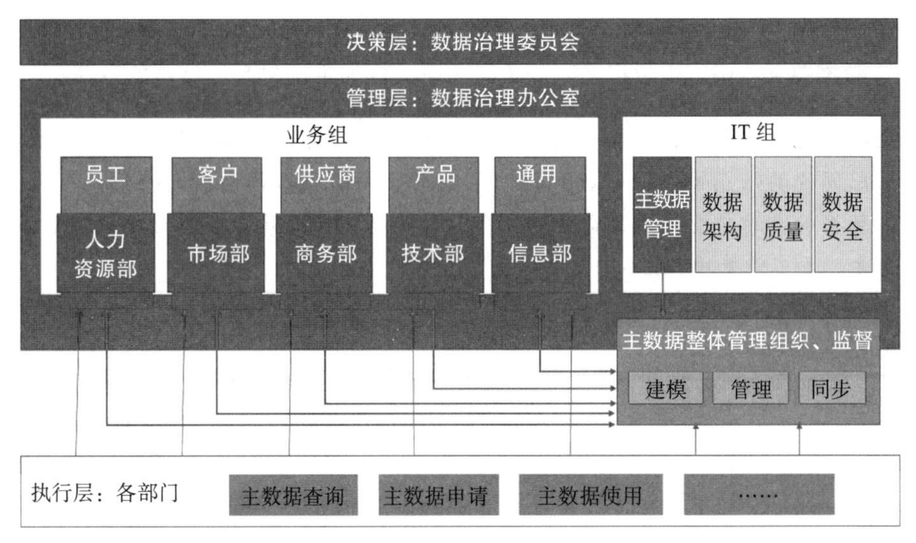

图 18-6　主数据管理组织示例

主数据管理员可以按照不同的主题来配置，例如物料主数据管理员、客户主数据管理员等。主数据管理员负责按照既定的主数据标准维护主数据，包括主数据的申请、审批、数据质量治理等。主数据管理员一般由业务人员担任根据企业规模和数据量配置相应的人数。主数据管理岗位可以是兼职的，也可以是全职的，根据企业实际情况而定。

2. 主数据标准体系

主数据标准体系包括主数据来源、主数据分类、主数据编码、主数据结构和主数据关系，如图 18-7 所示。

- **主数据来源**：确定数据的唯一出处。
- **主数据分类**：确定主数据的分类体系。主数据分类是根据信息的属性或特征，将其按一定的原则和方法进行区分和归类，并建立起一定的分类系统和排列顺序，以便于管理和使用。例如，物料主数据分类就是一种常见的主数据分类。
- **主数据编码**：确定主数据的编码规则。主数据编码是在信息分类的基础上，将信息对象赋予有一定规律性、易于计算机和人识别与处理的符号。主数据编码应具有唯一性、易识别、易管理等特点。
- **主数据结构**：确定每个主数据的属性视图和数据结构。明确主数据的属性组成、字段类型、长度、是否唯一、是否必填及校

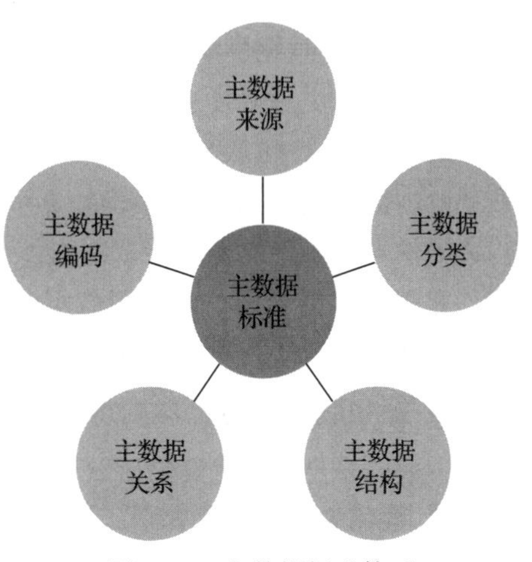

图 18-7　主数据标准体系

验规则等。

- **主数据关系**：确定主数据之间的关联关系，例如主从关系、参照关系等。

小贴士 主数据属性视图的设计不能贪大求全，要切合实际。推荐方法如下：抽取多系统、部门间的共性属性和核心属性作为主数据管理的核心属性，剔除掉单一业务属性。主数据标准的建设要适合企业的业务，适应企业的发展，数据标准的建设不能先入为主，更不能直接照搬。

---

3. 制度与流程体系

主数据管理制度与流程体系的建设是为了保障在主数据管理过程中，严格执行企业主数据标准和相关规范，做好数据运营管理工作，定期检查数据质量，进行数据清洗和整合，从而实现企业数据质量的不断优化和提升。

主数据管理制度建设的主要内容是明确主数据管理组织，明确每个主数据的归口管理部门，明确主数据的申请和填报规范以及主数据管理的考核机制。

主数据管理流程建设是为了规范主数据管理的过程，确保数据的输入规范化、管理流程化、输出标准化。主数据管理流程建设的主要内容是明确每个主数据的申请、审批、变更、使用流程，确定每个流程的岗位 / 角色、业务操作和注意事项。

制度和流程体系的建设是主数据成功实施的重要保障。

4. 主数据技术体系

主数据技术体系的建设应从主数据平台和主数据集成两个层面考虑。

- **平台层面**：主数据管理需要考虑元模型管理、主数据管理、主数据清洗、主数据质量、主数据集成、权限控制，以及数据的映射（mapping）、转换（transforming）、装载（loading）等各方面的能力。
- **集成层面**：需要定义主数据生产系统及消费系统与主数据平台集成的接口方法和规范。主数据集成规范明确了主数据的集成方式（如推送、拉取）、接口类型（如 Web Service、REST）、接口地址、接口的输入参数和输出参数，以及与主数据平台的对接要求、注意事项等。

业内流行的主数据管理产品更多的是定位为数据管理和集成平台，一般采用 SOA 架构，提供数据服务总线功能。国内外 90% 以上的主数据产品采用的是这种技术架构。互联网行业的主数据管理一般采用微服务架构，每个主数据都可以发布多个微服务，例如，会员主数据提供的微服务有注册、登录、注销、锁定等。

5. 主数据安全体系

主数据安全体系建设包括以下几个方面。

- **数据安全**。数据安全，尤其是混合云下的数据安全是当前客户最关注的问题。建议基于混合云部署的主数据系统采用单向数据流控制，即只允许公有云数据向内流入，不允许私有云数据向外流出。另外，主数据平台应提供的数据加密存储、加密传输、脱敏脱密功能是保证主数据安全的重要功能。

- **接口安全**。接口安全即接口数据的传输安全。由于主数据解决的是异构系统的数据一致性问题，所以需要保证主数据在给异构系统同步数据过程中的数据安全。主数据管理平台须具备接口访问控制和数据加密传输的能力。
- **应用安全**。主数据平台应提供身份认证、访问控制、分级授权、安全审计等功能，保障系统的应用安全。

18.2.3　接数据阶段

接数据是指搭建主数据管理平台，执行主数据管理策略，打通应用系统之间的数据孤岛，解决主数据的不一致、不完整、不准确等问题，让高质量的数据服务于业务，从而使企业获益。

在许多企业中，主数据分布在多个系统中，并没有通过一套通用的数据完整性和质量规则来集中管理，而是在多个位置进行复制和修改。这是 MDM 要解决的问题，也是一项艰苦的工作。这个阶段的主要任务是主数据接入、清洗和分发，如图 18-8 所示。

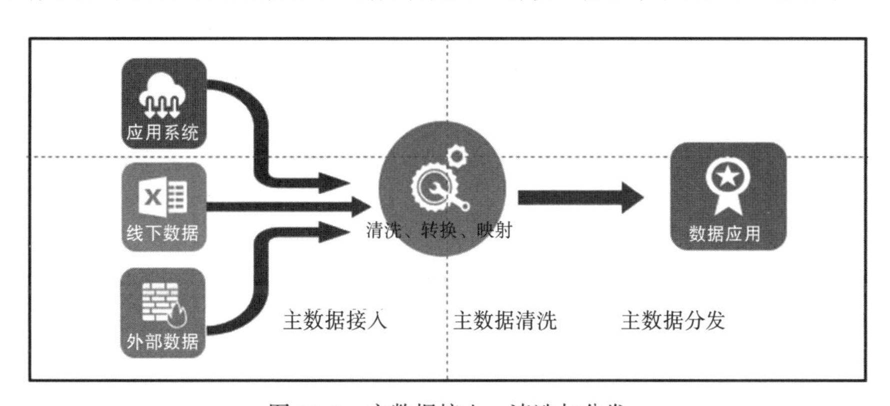

图 18-8　主数据接入、清洗与分发

1. 主数据接入

主数据接入是将主数据从数据源系统接入并汇集到主数据平台的过程。该过程用到的技术有很多，常见的有 ETL 抽取、文件传输、消息推送、接口推送等。

- **ETL 抽取**：采用 ETL 工具将数据从数据源系统采集到主数据库中。
- **文件传输**：采用文件传输方式将文件中的数据导入主数据库中。
- **消息推送**：采用消息的方式将数据从数据源系统采集到主数据库中，一般需要借助消息中间件（如 MQ）。
- **接口推送**：采用接口方式将主数据从数据源系统采集到主数据库中，一般需要借助企业服务总线（ESB）。

2. 主数据清洗

主数据清洗是通过对企业的存量主数据进行加工处理（清洗、转换、补录、去重、合并等），形成一套标准的主数据代码，为企业的信息系统集成和数据分析提供支撑的过程。

（1）主数据清洗方案

主数据清洗工作包含期初数据的收集整理和遗留系统历史数据的处理，需要提前制定主数据清洗方案，以指导主数据的清洗工作。主数据清洗方案主要涵盖以下内容：

- 主数据清洗的原则；
- 主数据清洗范围和目标；
- 主数据清洗的计划；
- 主数据清洗的组织和角色分工；
- 主数据清洗的流程、要求和注意事项；
- 主数据清洗的模板，定义每个主数据数据元素的质量规则和填报规范；
- 遗留系统历史数据处理策略。

（2）主数据清洗方式

主数据清洗的方式一般有人工线下清洗和工具辅助线上清洗两种。

- 人工线下清洗：由主数据归口部门的业务人员根据主数据清洗模板和填报规范，完成主数据的整理，形成标准的期初数据。
- 工具辅助线上清洗：通过主数据接入工具将相关主数据从数据源系统装载到主数据系统，并利用主数据管理系统内置的数据清洗功能完成数据清洗，形成标准的期初数据。这种清洗方式一般由业务人员与 IT 人员共同完成。

（3）主数据清洗操作

主数据清洗操作包括主数据归类、主数据去重、缺失值处理、规范性描述等。

- 主数据归类：根据定义好的主数据分类体系将清洗范围内的数据逐一归类到相应的分类中。
- 主数据去重：利用工具 + 人工识别的方式，找到重复或疑似重复的数据，并进行剔除或合并。执行这一过程时，强烈建议先去除关键属性中的空格，因为多了空格就会导致工具误判，比如认为“张 三”与“张三”不是一个人。
- 缺失值处理：由于主数据的唯一性属性是不允许为空的，因此需要通过工具找到有唯一性属性为空的数据并进行填补。对于其他附加的且可以为空的属性不作特殊要求。
- 规范性描述：主数据的属性填写得不规范是造成主数据质量低下的主要原因，不规范问题包括字母大小写、全半角、特殊字符书写、空格等问题。例如：表示直径的符号 Φ 不可以写成 ϕ、∮、Ψ 或 φ。

3. 主数据分发

主数据分发即将标准化的主数据分发给下游业务系统（消费系统）使用的过程。主数据分发过程的各系统厂商都应按照《主数据集成规范》约定的集成方式、接口标准、注意事项进行对接。

在企业实施主数据分发的过程中，需要根据不同场景选择不同的集成方式。

- 定期数据共享：一般采用 ETL 或接口方式定期将主数据抽取到业务系统指定的数据表中。
- 实时数据共享：一般采用消息订阅的方式，通过数据接口将主数据推送给业务系统。

主数据分发对消费系统的要求如下。

1）对于新建系统，要求新建的系统不能创建主数据，必须接入主数据系统，使用与主数据系统同步的标准数据。

2）对于历史遗留系统，要求能改造的必须完成改造，以满足主数据统一管理的要求；对于不能改造的系统，必须手动建立与标准主数据的映射关系，以保证数据集成与分析过程中主数据的唯一性和一致性。

18.2.4 抓运营阶段

主数据管理是一个不断优化、持续运营的过程，不能一蹴而就。企业应根据项目实施阶段制定的各种数据标准、管理流程、管理制度进行长效、持续的运营，从而不断提升企业的数据质量，为企业数字化转型提供支撑。

主数据运营管理包括主数据管理、主数据推广、主数据质量管理、主数据变现等。

1. 主数据管理

主数据管理系统既是主数据的管理平台，也是主数据的集成平台，它需要企业各相关业务系统连接，为各系统提供核心数据。主数据管理系统出现故障将会对企业的信息化带来灾难性的影响。

主数据管理的核心任务是常态化地贯彻执行主数据标准和管理规范，主要包括以下内容。

- **日常管理**：包括对主数据的增加、删除、变更、查询、使用等过程的规范，对这些服务的要求是最大限度地让系统中的数字化数据与数据所描述的真实事物相符。
- **版本管理**：对数据的每次变更进行版本管理，记录以往的数据内容及状态。
- **采集分发**：从不同的数据源和应用程序中采集主数据，在主数据系统进行排重和处理，将可信的主数据与下游应用程序和数据仓库进行同步。
- **系统接入**：企业新增的应用系统按照主数据集成规范要求进行集成接入，保证数据的统一性。

2. 主数据推广

主数据推广是指将主数据逐步推广到企业的各个业务中，包括线上业务和线下业务。主数据管理是保证数据唯一性、一致性、完整性和正确性的整体管理思路。一方面，对于线上的各应用系统需要遵循主数据标准，保证各应用系统主数据的一致性；另一方面，对于线下的业务也应当与主数据标准保持一致。

主数据的推广工作主要包括以下三方面。

第一，组织的横向推广，即将已实现标准化的主数据推广至更多的单位、部门或系统。

在很多企业，尤其是多业态的集团型企业，主数据实施是分步推广的，应做好相应的推广策略和计划表，比如：先在集团总部实施，再推广至分子公司；或者先在核心板块实施，再推广至其他板块。

第二，数据的纵深推广，即主数据的分阶段、分批次迭代实施。

根据主数据对业务的重要程度、实施难易程度、对当前系统的影响程度等多个方面的评估，进行主数据实施优先级排序，制定分阶段、分批次的主数据实施和推广路线，由易到难、分步迭代地完成主数据推广。

第三，做好主数据的培训和宣贯。

主数据的培训和宣贯是主数据推广中的一项重要工作，目的是将主数据管理理念、主数据标准、主数据管理方法、主数据管理价值让企业内更多的人知悉和认可，以在企业范围内达成共识，并获得更多人的支持。

3. 主数据质量管理

整个主数据运营过程中最核心的目标就是持续提升数据质量。主数据质量管理是一个基于 PDCA 的闭环管理过程，主要活动包括主数据质量规则定义、主数据质量核查、主数据质量整改、主数据质量报告、主数据质量考评等，如图 18-9 所示。

- 主数据质量规则定义
- 主数据质量核查
- 主数据质量整改
- 主数据质量报告
- 主数据质量考评

图 18-9　主数据质量管理

- ❑ **主数据质量规则定义**：在建立主数据标准阶段定义主数据及其质量规则，比如唯一性规则、完整性规则、正确性规则（常见输入问题的数据转换等）。
- ❑ **主数据质量核查**：基于主数据管理平台来制定主数据质量检核任务，并基于定义的主数据质量规则定期对中央主数据库进行核查。
- ❑ **主数据质量整改**：通过分析数据质量问题进行相应的整改，持续提升数据质量。例如：优化和调整流程，改进数据管理办法或标准，规范数据录入规则，等等。
- ❑ **主数据质量报告**：基于检核出来的主数据质量问题形成报告，并自动发送给相关的业务人员和管理人员。

- **主数据质量考评**：监督主数据标准的执行情况，将主数据质量管理纳入企业的 KPI，对相关部门进行考核。

4. 主数据变现

主数据是企业的核心数据资产，具备为企业带来经济利益的潜力，而主数据运营工作就是要加速提升主数据为企业变现的能力，主要体现在以下几个方面。

（1）整合协同，降本增效

统一各系统主数据的标准，解决数据重复、不一致、不正确、不准确、不完整的问题，打通企业的采购、生产、制造、营销、财务管理等各个环节，大大提升业务部门之间的协作效率，降低由数据不一致引起的沟通成本。这两个指标是可以量化的，例如将主数据实施前后的应用系统集成成本、人员沟通成本、业务处理效率进行量化和对比。

（2）增加收入，提升盈利

准确、一致的主数据将为数据分析与挖掘提供保障，准确的客户关系图谱将为企业的精准营销、市场推广带来很大帮助，从而提升企业整体的盈利能力。

（3）控制风险，确保合规

建立全属性的主数据视图、明确的主数据确权、清晰的主数据安全策略，这是企业控制经营风险、确保数据安全合规的重要措施。

（4）数据驱动，智能决策

主数据作为企业最核心的数据，是实现数据驱动业务、数据驱动管理、数据驱动决策的重要前提。通过数据驱动，能够帮助企业判断趋势，从而展开有效行动，帮助企业发现问题、制定解决方案或推动创新。

（5）数据即服务，数据即资产

一方面，可以利用主数据来优化内部运营管理和客户服务水平；另一方面，通过对主数据进行匿名化和整合，并结合各种用户场景提供给客户或供应商，可以实现整个产业链的打通。

18.3　主数据管理技术

从技术的角度看，主数据管理包含主数据梳理与识别、主数据分类与编码、主数据清洗、主数据集成等。有关主数据梳理和识别、主数据清洗在前文中已经介绍过，本节重点讲解主数据分类与编码技术和主数据集成技术。

18.3.1　主数据分类

主数据分类是指出于某种目的，在指定范围内，以一定的分类原则和方法为指导，按照信息的内容、性质及管理者的使用要求等，将信息按一定的结构体系分门别类地组织起来，并建立起一定的分类体系和排列顺序。

1. 主数据分类原则

为了实现数据共享和提高处理效率，主数据分类必须遵循以下原则和方法。

- **科学性**：信息分类的客观依据。通常会选用事物最稳定的本质属性或特征作为分类的基础和依据，这样有利于保证分类的稳定性和持久性。
- **系统性**：将选定的事物属性或特征按一定的排列顺序进行系统化，形成一个合理的分类体系。
- **扩展性**：分类体系的建立应满足事物不断发展和变化的需要。
- **兼容性**：某一系统的信息分类涉及一个或几个其他信息系统时，信息的分类原则及类目设置应尽可能与有关标准取得一致。
- **实用性**：在满足企业总体管理要求的前提下，尽可能满足各部门业务的实际使用需求。

2. 主数据分类方法

主数据的基本分类方法有三种，即线分类法、面分类法和混合分类法，其中线分类法又称层级分类法，面分类法又称组配分类法。

（1）线分类法

线分类法将要分类的对象按其所选择的若干个属性或特征，按最稳定本质属性逐次分成若干层类目，并排列成一个层次逐级展开的分类体系。

某电子制造企业将电子元器件进行了线分类，分为 4 级，如图 18-10 所示。

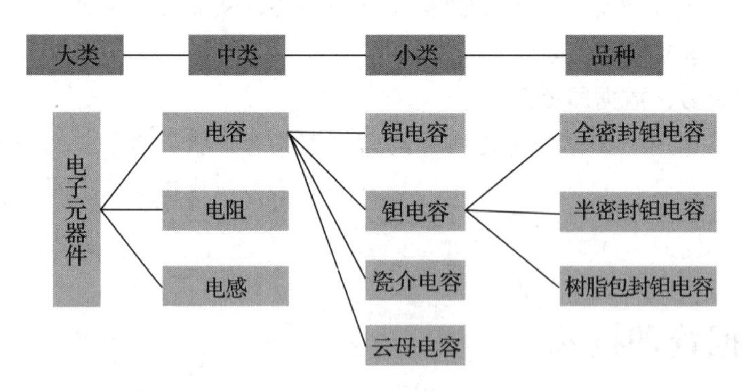

图 18-10 线分类法的结构示例

线分类法的优缺点如下。

优点：分类层次性好，不重复，不交叉，能较好地反映类目之间的逻辑关系，它既符合手工处理信息的传统习惯，又便于计算机处理。

缺点：揭示事物特性的能力差，具有一定的局限性，不便于根据需要随时改变，也不适合多维度的信息检索。

（2）面分类法

面分类法是指将所选定分类对象的若干标志视为若干个面，将这些面划分为彼此独立的若干个类目，排列成一个由若干个面构成的平行分类体系。

某电子制造企业对电子元器件中的电容器进行了面分类，如图 18-11 所示。

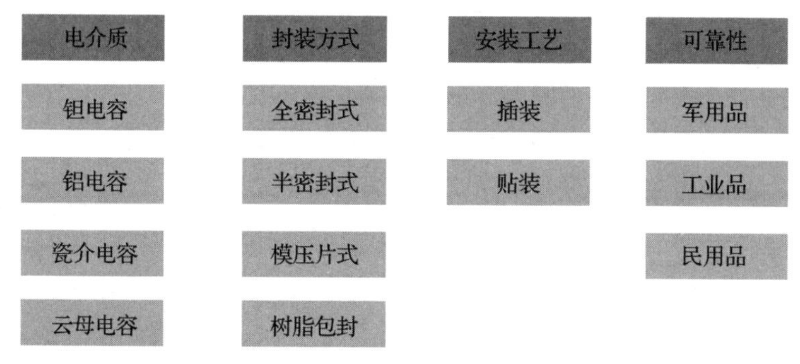

图 18-11　面分类法的结构示例

面分类法的优缺点如下。

优点：具有一定的伸缩性，易于添加和修改类目，一个面中的类目改变，不会影响到其他的面，而且可以对面进行增删。适应性强，可根据任意面的组合方式进行分类的检索，有利于计算机的信息处理。

缺点：不能充分利用编码空间，编码的组配方式很多，但实际应用到的组配类目不多。

（3）混合分类法

混合分类法是在已有的分类中，同时使用线分类和面分类两种方法进行分类，以满足业务的需要。混合分类一般以一种分类方法为主，将另一种作为补充。例如：在上面的示例中，我们可以用线分类法作为企业电子元器件的主分类，将面分类中的“安装工艺”和“可靠性”作为电子元器件的辅助分类属性进行管理，以满足信息查询和业务使用的需要。

18.3.2　主数据编码

主数据编码是为了方便主数据的标识、存储、检索和使用，在进行主数据处理时赋予具有一定规律、易于计算机和人识别处理的符号。设计合理的主数据编码是建立主数据标准的关键。

1. 主数据编码原则

同一条主数据在不同部门的编码及名称不一致，这是普遍存在的问题，也是实施主数据项目需要重点解决的问题。开展主数据编码工作时，项目组应统一协调各部门，综合考虑各业务部门的需求，选择最优方案。主数据编码应遵守如下原则。

- 唯一性。确保每一个编码对象有且仅有一个代码。
- 稳定性。编码属性要具备稳定性，确保规则稳定。

- 简易性。码位短，录入操作简便，减小编码工作强度，节省机器存储空间，降低代码差错率。
- 扩展性。主数据编码要留有适当的容量，以便满足数据编码不断增值的需求，各类编码应预留足够的位数。
- 适用性。主数据编码应与分类体系相适应，并适用于不同的相关应用领域。编制中应考虑必要的反复确认过程，各单位应指定熟悉业务的人员专门配合编制事宜，以使编码更符合实际应用的需要。
- 规范性。主数据代码的类型、编码规则和结构需要统一。
- 统一性。同一个主数据必须使用统一的编码，不允许各自为政。

2. 主数据编码方法

《GB/T 7027—2002 信息分类和编码的基本原则与方法》给出了两种编码方法，分别是有含义的代码和无含义的代码，如图 18-12 所示。

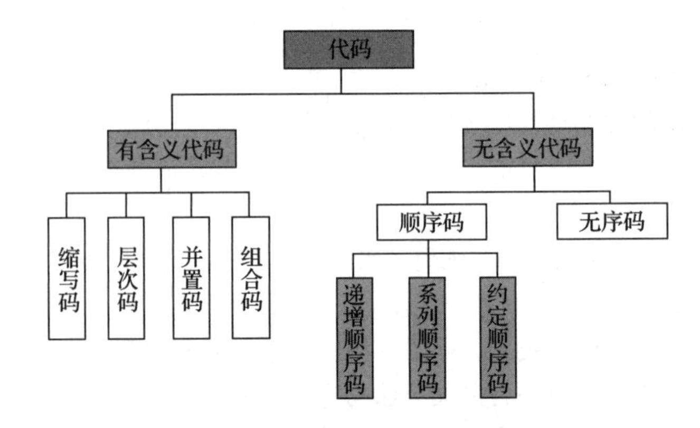

图 18-12 GB/T 7027—2002 信息编码方法

有含义的代码即每一个编码项都具有一定的业务含义，这种编码适用于编码量较少、信息分类层次清晰的情况。无含义的代码仅仅起唯一性标识作用，不带有分类或业务特征属性之类的有业务意义编码，更适合计算机的处理。

在实际的主数据编码中，通常会将两者结合起来。基于大、中、小类的层次码进行编码很有必要，这样便于归类和检索，但一般不建议分得太细，例如把物料、规格、型号等都考虑进去就没有太大的意义。

采用分类码 + 顺序码的组合编码方式如图 18-13 所示。

3. 主数据编码颗粒度

主数据编码颗粒度主要是指主数据管理的属性数量及管理属性值的大小程度，它决定了主数据编码量的多少。

主数据属性分为以下 3 类（见图 18-14）。

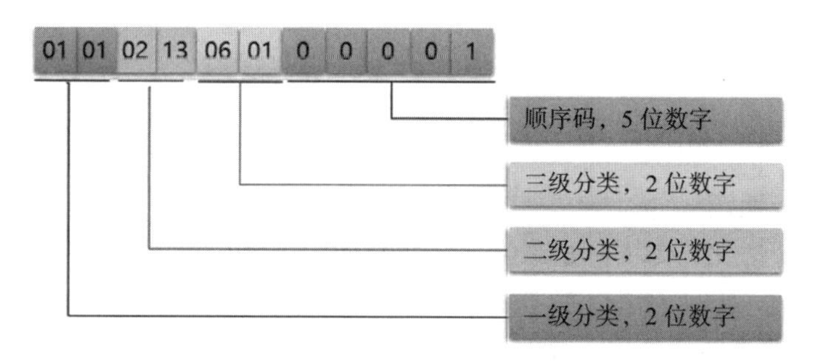

图 18-13　基于分类的主数据编码规则示例

- 核心特征属性：反映主数据核心或本质特征的属性，是用来识别事物的特有属性，例如电子元器件的名称、型号和规格。
- 普通特征属性：用于对事物进行更细颗粒度的识别和管理，例如电子元器件的封装方式、安装工艺、可靠性等。
- 附加属性：根据管理需要为事物附加的属性，例如电子元器件的价格、是否批次管理、采购周期等。

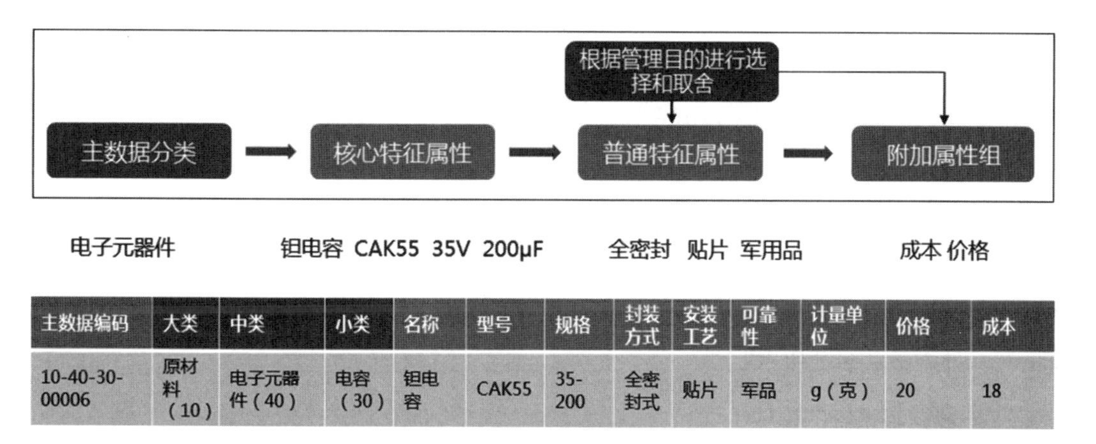

主数据编码	大类	中类	小类	名称	型号	规格	封装方式	安装工艺	可靠性	计量单位	价格	成本
10-40-30-00006	原材料（10）	电子元器件（40）	电容（30）	钽电容	CAK55	35-200	全密封式	贴片	军品	g（克）	20	18

图 18-14　主数据编码颗粒度规划示例

一般来说，主数据编码必须包含核心特征属性，而普通特征属性和附加特征属性可根据管理的目的进行取舍。选择的普通特征属性越多，则主数据编码的颗粒度就越细，编码量就越大。而选择几个、选择哪些特征属性与主数据编码绑定，这涉及企业的销售管理、成本管理、生产管理等业务，应根据企业的业务需求和目的而定。

18.3.3　主数据集成

主数据集成主要包括两个方面：

第一，主数据平台与权威数据源系统的集成，实现主数据从权威数据源的采集并装载到主数据平台中；

第二，主数据平台与主数据消费系统的集成，将标准的主数据代码按照约定的集成方式分发到主数据的消费系统中。

1. 主数据集成架构

主数据集成过程中涉及以下系统（见图 18-15）。

- 权威数据源系统：生产主数据的系统。
- 主数据消费系统：使用主数据的系统。
- 主数据管理平台：实现主数据管理的系统。
- 数据集成平台：提供主数据接口开发和管理的中间件，如 ESB、ETL 工具。

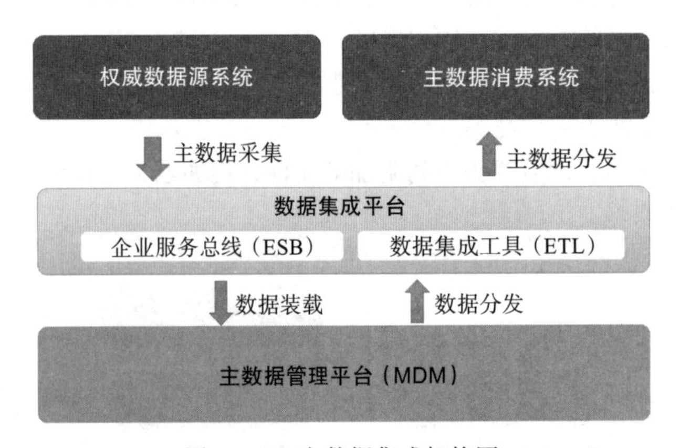

图 18-15 主数据集成架构图

主数据的增加、修改、删除等操作都是在权威数据源系统中管理维护的，通过主数据系统与权威数据源系统和主数据消费系统的集成，实现主数据的“单一数据源”，支持主数据的“一处维护，多处使用”。

2. 与数据源系统的集成

主数据系统与数据源系统的集成有两种常用方式。

（1）基于标准 Web 服务的数据同步

基于标准 Web 服务的数据采集是由主数据系统提供标准 Web 服务，并注册到企业服务总线上，以供业务系统调用。数据源系统调用 ESB 上的数据同步接口，将主数据传输给主数据系统，并保存到主数据系统数据库中。

（2）基于 ETL 工具的数据同步

基于 ETL 工具的数据采集主要涉及数据源系统、ETL 工具和主数据中央库，通过 ETL 工具的数据抽取、数据转换、数据清洗等能力，实现将主数据从数据源系统抽取到主数据的中央数据库中。

当然，利用定制开发的脚本程序也可以实现主数据从源头系统到目的系统的同步，但没有使用 ETL 工具灵活。

3. 与数据消费系统的集成

主数据系统与数据消费系统的集成一般有三种方式。

（1）基于 Web 接口的“推送”模式

“推送”式数据分发也叫消费系统被动接收，由主数据的消费系统按照主数据集成统一接口标准，开发主数据接收接口，并在 ESB 中进行注册。主数据系统调用该接口服务，将主数据推送给主数据消费系统。

（2）基于 Web 接口的“拉取”模式

“拉取”式数据分发也叫消费系统主动查询，是由主数据平台提供标准 Web 服务，并注册到 ESB 中，以供主数据消费系统调用。业务系统调用该数据接口，查询所需主数据并保存到业务系统数据库中，实现主数据的同步。

（3）基于 ETL 的数据同步

基于 ETL 工具的数据同步是将主数据系统作为数据源库，将数据消费系统作为目标库，通过 ETL 流程进行主数据的全量 / 增量同步。

4. 主数据集成联调流程

主数据的集成联调涉及集成需求确认、集成接口设计和开发、数据集成和联调等步骤。图 18-16 所示为一个主数据集成联调流程的示例，具体步骤如下。

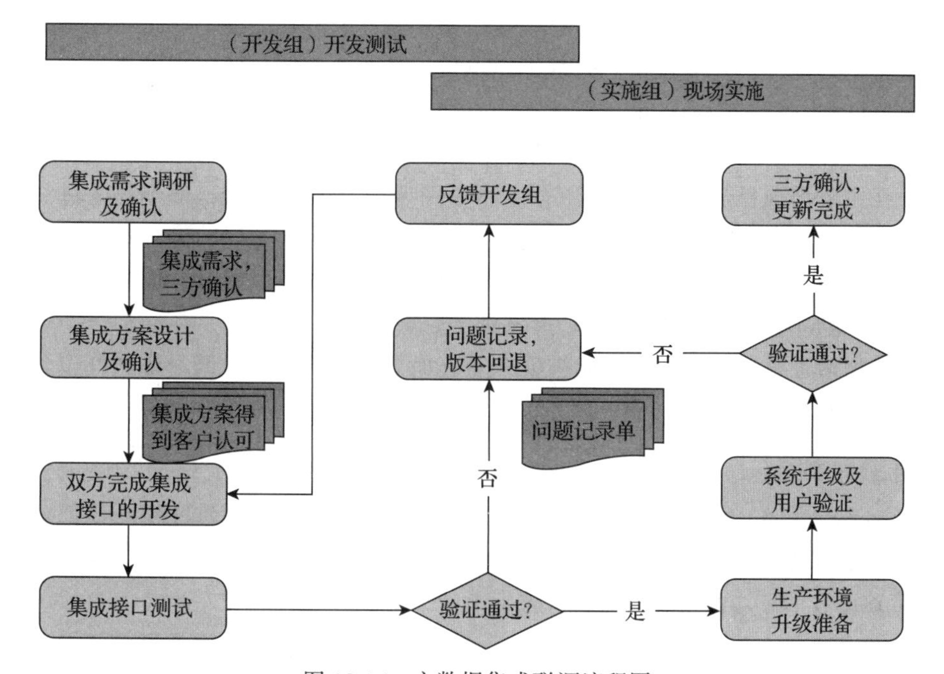

图 18-16　主数据集成联调流程图

1）主数据集成需求和集成方案要经过主数据平台实施方、客户方和第三方系统厂商的三方确认，以达成一致。

2）按照集成方案的要求完成接口开发，需要在测试环境完成接口的联合调试，注意每个流程环节都需要测试到位。

3）联调过程中，现场的实施团队应做好问题记录和跟踪，将存在的问题及时反馈给集成系统双方的开发人员。

4）测试环境测试通过后，才能将接口程序升级到生产环境中。

5）升级完成后，需要与客户进行测试验证，每个功能点都要测试到位。

6）由客户方、主数据平台实施方以及第三方系统厂商完成对升级后的功能和数据的确认。

18.4 主数据管理的7个最佳实践

本章多次提到主数据是企业最为核心的数据，是企业数据集成共享、分析挖掘的基准数据，主数据管理很重要。那么，企业主数据管理实施过程中会遇到哪些“坑”？如何避免？本节重点介绍主数据管理的7个最佳实践，帮你规避掉主数据管理中常见的“坑”。

1. 大目标，小步骤

主数据管理在企业数据架构中占据重要位置，是企业数据战略中最重要的一环。企业在规划设计主数据管理项目时，既要有广度，又要有深度。在广度上，应站在全局的视角进行主数据规划设计，要覆盖企业的各组织单位、各业务领域、各应用信息系统。在深度上，主数据的规划不仅需要满足企业现有的应用需求、数据交换共享需求，还需要考虑未来主数据在大数据分析、决策支持方面的应用要求。

企业在主数据项目落地时往往会陷入这样一个误区：贪大求全，恨不得通过一个项目一次就把企业多年沉积下来的各种数据问题全部解决。殊不知这样的做法却让企业的数字化治理陷入泥潭。结果投入了大量的人力、物力和财力，却不见成效，或者在项目建设期有一定效果，但过了一段时间似乎一切又回到了原点。

企业数据治理是场马拉松，不能被前方琐碎而繁杂的事务所吓倒，要做好整个赛程的规划，逐步推进。

小贴士 日本的马拉松选手山田本一曾两次获得全国马拉松大赛冠军，他说：“起初，我把我的目标定在40多公里的那面旗子上，结果我跑到十几公里的时候就已经疲惫不堪了，我被那段遥远的路程吓到了。后来，我每次比赛前都要把赛程仔细看一遍，把沿途醒目的标志画下来，比赛开始后我先朝第一个冲，冲过第一个目标后，又朝第二个目标努力，然后是第三个目标……就这样，40多公里的赛程就被我分解成多个小目标而轻松跑完。”

企业会有很多主数据，如果一次把所有主数据都管理起来，工作量会非常大，周期会很长，倒不如分阶段、分批次推进。采用“总体规划，分步实施”的原则来开展项目的设计和施工，可使项目总体目标能够支持企业发展战略，实施步骤符合企业运营现状。

（1）总体规划

通过全面的需求调研和统一的主数据识别，结合企业现状和业界标杆案例，规划出企业主数据管理的总体蓝图。

（2）分步实施

按照企业业务需求的紧迫程度和主数据实施的难易程度，对每个主数据的实施优先级进行排序，制定出主数据实施的行动路线图，分阶段完成主数据管理目标。

“小步快跑，快速迭代”是主数据项目建设的一个最佳实践，它能够将企业主数据管理的难题逐步化解。

2. 业务驱动，技术引领

主数据管理绝对不是为了做主数据而做主数据，而是为了服务于企业的业务目标。主数据项目建设不是一个部门的任务，也不只是 IT 部门的事情，需要技术和业务协同，为实现企业的业务目标而服务。**主数据项目建设需要业务驱动和技术引领的双引擎。**

业务驱动是业务的需求驱动，业务需求来自各个具体的生产单位，业务驱动的本质是生产单位“一把手”推动。主数据建设从需求规划、标准设计、管理流程、平台建设都需要业务部门的深度参与。主数据的分类、编码、属性模型的制定都需要由业务部门主导，将业务管理人员纳入主数据的管理组织中来，才能保障业务连贯性和数据的一致性、完整性和准确性。只有如此，才能让主数据来源于业务，服务于业务，从而让主数据达到一种“自治”的状态。

技术引领是将新技术、新思维应用到主数据管理中来。主数据 + 新技术将改变主数据管理模式和业务形态，例如：

- 主数据 + 大数据，形成融合互补的关系，通过大数据的分析结果，会动态更新主数据标签，通过主数据体系不断完善，提高大数据分析的质量；
- 主数据 + 云计算，主数据管理将打通企业内部数据和云端数据的融合通道，实现混合云模式下的数据管理和应用；
- 主数据 + 人工智能，人工智能将应用于主数据的清洗、转换、集成、融合、共享、数据关系管理、运营管理等环节中，增强数据管理；
- 主数据 + 微服务，每个主数据作为一个微服务，可以独立部署、独立运行，性能将更好，更能适应混合云下的主数据应用，更有利于前端业务的创新。

企业要做的是让业务和技术协同起来，基于业务进行主数据管理，利用技术引领业务创新。主数据管理通过业务驱动、技术引领，对贯穿主数据全生命周期的关键数据要素进行管理，颁布数据标准，建立主数据管理平台，进而提升企业的数据管控能力，提升数据质量，为企业的数据集成和数据分析系统提供支撑。

3. 重视主数据编码设计

主数据编码是保证数据的唯一性、一致性的关键属性。编码的目的在于将数据编码化繁为简，便于主数据的管理，如果编码过于繁杂，则违反了编码的目的。通常情况下，会使用系统自动生成的流水码来作为主数据的编码，用于机器识别，重点解决的是异构系统之间的数据映射问题。

主数据编码看似简单，但在应用过程中却并不简单。以物料主数据举例，编码中会遇到以下问题。

1）同一种物料，供应商不同，那么在进行主数据管理时是给一个码还是多个码？

对于这种情况，一般来说，设计环节、生产环节只需要一个物料码，而财务核算可能要分开进行。物料的给码建议是：如果仓库区分摆放，分开管理，且不同供应商价格变动大，影响产品成本，则建议设置多个代码；如果库房没有分开管理，实物无法区分是哪个供应商的，且价格变动较小，则建议设置一个代码。

2）同一种物料，型号、规格都相同，但颜色不同，是给一个码还是多个码？

这种情况涉及物料管理的颗粒度问题，同时也反映出企业的管理颗粒度。对于精细化管理的企业，虽然是同一种物料，型号、规格相同，制造成本相同，但由于颜色不同，可能面对的客户受众不同（细分市场不同），价格和销量也不一定相同，因此必须分不同的物料码管理。但如果颜色这个属性对于销售业务以及下游的客户市场影响不大，甚至没有影响，则可以用一个物料码进行管理。

3）物料编码到底是用无含义的编码还是有含义的编码？

对于这个问题不同的人有不同的意见，有人认为："按分类或特性进行逐段编码是传统的编码方法，主要在手工时代使用，因为通过分类可以大大提高检索和核对的效率；而现在用计算机处理，不需要这样，计算机可以准确地记忆并检索出来，只需要有一个唯一对应的编码即可。"也有人认为："对于一般使用者，如物料发放员来说，编码有一定的含义会方便很多，BOM 编制人员也会感觉有含义与无含义的物料编码差别很大。"

物料编码是否需要表达含义，要看具体情况。一般情况下，如果一个物料会被多次反复使用，编码最好是有一定的含义。当然，在物料编码非常多，且业务部门不依赖物料编码来管理物料的情况下，是完全没有必要设置有含义的编码的。

有含义的编码也好，无含义的编码也好，核心都是确定物料管理的颗粒度，也就是说，需要识别出物料的哪些特征属性要与编码绑定，哪些属性是作为业务属性管理的。这涉及企业管理的精细化程度问题，应按企业的实际管理情况进行定义，没有最好的方式，只有更合适的方式。

主数据编码作为一类重要的数据资源，在信息化建设中具有重要的地位和作用，是保证现有信息系统和未来新系统建设成功的关键因素，决定着系统中的信息一致性。

4. 数据清洗是个苦差吗

数据清洗，从字面上理解就是把脏数据洗掉，这里"脏数据"是指重复、不一致、不完整、不正确的数据。数据清洗是发现并纠正数据集中数据质量问题的过程，包括检查数据唯一性、一致性，处理重复数据和缺失值等。

从定义上能够看出，数据清洗是个脏活。企业拥有的主数据的量有多有少，有些中小企业的物料主数据也能够达到几十万条记录，对企业来说，几十万数据的清洗工作是个累活。我们都知道，主数据是业务运行、系统集成及数据分析的基础，主数据中如果存在脏数据，将直接降低业务的效率，影响管理决策的准确性。因此，数据清洗还是一个责任大、任务重的活，是数据治理中的一个苦差。

那么，如何使企业的这项苦差变成光鲜亮丽、人人都想干的美差呢？笔者结合个人经验，给出以下三方面的建议。

（1）思想文化建设

企业需要逐步培养全体员工的数据思维，让他们认识到数据是企业的重要资产，虽然很苦很累，但数据清洗是一件很有意义的事情。主数据质量的高低影响到的不只是业务效率，还可能是决策方向。

（2）管理政策的倾斜

企业需要将数据管理作为一项战略性任务，给予数据清洗工作一定力度的支持，采取相应的激励和考核措施。采用约束和奖励的方式来激发数据清洗人员的积极性。

令人欣慰的是，当前多数企业已意识到主数据的重要性，不仅安排核心骨干力量来完成数据清洗环节，还会奖励做得好的人员。

（3）“人工智能”的应用

这里说的“人工智能”是以人工＋智能的方式进行数据清洗。

智能清洗是利用数据清洗工具和强大的算法模型找出脏数据，并进行自动化处理。这种方式效率高，但存在可靠性风险，很可能将有效数据清洗掉。

人工清洗是通过查找原始记录、标准文件或请教专家来填补缺失数据、剔除重复数据和处理脏数据。这种方式能够在一定程度上保证清洗出的数据的可靠性，但效率低下。

在项目实际执行过程中，常常需要两种方式结合使用，首先利用“智能化”的计算机技术迅速排查和找到脏数据，再利用人工的方式进行核对、填补、修正。这种方式比单纯的机器清洗可靠性高，比单纯的人工清洗效率高。

5. 主数据标准如何平滑落地

主数据标准的落地是主数据项目实施中的一个难点。有些企业信息化起步较早，已经建设了多个系统，这些系统有很多是购买的套装软件，数据库不一致、开发语言不一致、系统架构不一致等问题突出，想要将主数据标准在这些异构的系统中落地不是一件轻松的事。新老标准的兼容和历史数据的处理是主数据标准落地过程中不得不面对的两个难题。

对于新建系统，可以直接引用清洗后的标准主数据，这种情况比较容易操作；对于已在运行的系统，主数据标准的落地可以参考以下方法。

（1）简单粗暴式

企业强力推行主数据标准化，规定所有业务系统必须按照主数据标准进行整改，一次性彻底解决遗留系统的主数据问题。这种方式虽然简单粗暴，但操作起来并不容易。由于遗留系统多年来一直使用旧的编码体系，对于历史数据还有没有结清的业务来说，想要彻底替换成新的编码体系，除了建立映射，似乎也没有更好的办法。

（2）断点切换模式

选择一个相对合适的时间点建立断点，这个时间点之前的数据就不再处理了，对这个时间点之后的数据进行清洗、转换和映射，替换成新的主数据标准。这种方式的优点是操作简单，遗留系统的改造难度低；缺点是查询历史数据还需要按旧标准，对于企业数据的整体统计分析造成两层皮，无法有效利用历史数据，影响分析结果。

（3）平滑过渡模式

所有数据按照新的主数据标准引入并与现有的数据建立映射关系，对于新增的数据直接按新标准执行，对于历史数据可以依旧使用旧标准。同时，新旧体系之间存在映射关系，因而可以为企业提供完整的数据统计分析。

这是笔者比较推荐的方式，但这种方式也有弊端，那就是要求已在运行的系统中历史数据的质量要相对较好。如果遗留系统中的主数据质量非常差，与新的主数据标准体系无法建立映射关系，那么就需要先花大量时间和精力去处理已在运行系统中的历史数据。

6. 企业小数据融合社会大数据

所谓企业小数据融合社会大数据，其实就是通过引入外部数据服务，增强企业的主数据管理能力。例如：对于客户、供应商主数据的管理，就可以引入外部的企业信息资源，改变传统主数据新增、变更的管理模式。目前国内有很多数据平台（如天眼查、启信宝等），通过与工商局、法院等部门的数据打通，能够及时获取可信的企业信息资源，企业主数据管理只需要调用这些平台提供的 DaaS（数据即服务），就能轻松获取高质量的企业数据。

这种模式能够改变主数据管理维护和数据清洗的传统人工模式，在主数据管理和清洗过程中直接调用社会化数据服务，帮助企业进行智能数据治理。例如：通过自动填充客商新增的数据、自动清洗客商数据、动态更新数据，降低企业人力成本，提升数据质量。

企业小数据融合社会大数据为企业提供主数据清洗、主数据补全、主数据初始化服务，建立社会化主数据标准体系、管理规范，并向社会应用提供数据智能服务，提供基于知识图谱的数据分析服务，从而帮助企业提升供应链风控管理、投融资风控管理，增强企业风控管理能力。

随着 DaaS 的不断增多和完善，传统的企业主数据管理模式必将迎来挑战。目前国内有远见的主数据产品供应商已经在这方面进行了布局，并取得了一定的成绩。

7. 主数据运营平凡但不简单

主数据管理在 IT 架构中是偏底层的，它既不像业务应用那样会被业务人员直接使用，也不像数据分析那样有很好的可视化效果，业务人员和领导都能直观看到，因此，主数据管理员往往做了企业最重要的信息化工作，默默为企业做贡献，但付出不能被他人及时感知，甚至连领导也不知道他们每天在忙什么。

我们经常看到，很多企业对主数据运维工作的重视程度不高，将主数据运维看作一项基础性的简单工作，安排的运维人员多数是非骨干人员，甚至有的企业根本没有专职的主数据管理员。

存在这种情况的企业有两个极端：要么就是主数据标准化程度非常高，企业对于主数据标准的认知高度一致，数据质量较高；要么就是企业管理层完全没有意识到主数据管理的重要性，管理随意，主数据质量堪忧。

对此，笔者提出以下两方面的建议。

一方面，企业应当认识到主数据是企业最重要的数据资产，应高度重视主数据的管理。

主数据管理员需要对专业领域的业务非常娴熟，企业应当安排相应的业务骨干管理主数据，即便不安排业务骨干，也要对该岗位的人员做好培训。例如：物料管理员首先要能识别物料，其次要了解物料的来源、用途、价值、关键特征等，最后还应该了解在设计、生产、仓储、物流和售后各环节对物料的不同管理要求，只有这样才好对物料进行归类和赋码，以更好地支持业务协同。

另一方面，主数据管理员要清楚主数据是企业最重要的数据资产，要将主数据管理作为一项核心工作，认真对待，不可懈怠，更不可麻痹大意。主数据质量将直接影响业务运营效率和管理决策水平。

一个优秀的主数据管理员不仅能够将日常的数据运维工作做好，还能够影响周围的同事，为企业建立全员的数据思维和数据文化提供支撑，是企业数字化转型的中坚力量。

18.5　本章小结

主数据是企业的核心数据资产，在一定程度上，主数据质量的好坏决定了数据价值的高低。主数据不仅是实现企业各部门之间、各信息系统之间、企业与企业之间数据互联互通的基础，也是数据分析、数据挖掘的基础，这个基础如果打得不牢，企业的数字化转型将举步维艰。

Chapter 19 第19章

数据质量管理

大数据蕴藏着大价值，但想要将大数据的价值充分发挥出来，首先必须要确保收集来的数据质量可靠，否则即使拥有最好的硬件、应用系统和数据分析平台，也难以保障业务的最终成果。数据质量差的大数据带来的很可能不是洞见，而是误导，甚至是惨痛的损失。

本章重点介绍数据质量管理的相关概念、数据问题的根因分析方法、数据质量管理的体系框架，以及事前、事后、事中数据质量管理的策略和技术等。

19.1 数据质量管理概述

数据质量会影响系统运行和业务效率，数据质量差会导致决策失败。那么，到底什么是数据质量？它有哪些评估的维度？数据质量如何评估？如何管理？本节就来一一解答这些问题。

19.1.1 什么是数据质量

根据 *DAMA-DMBOK* 一书，数据质量（DQ）指与数据有关的特征，也指用于衡量或改进数据质量的过程。

如图 19-1 所示，在 DIKW 金字塔模型中，数据处于底层，在数据之上，是经过数据加工之后形成的信息，即上下文的数据。再往上，我们将知识视为可操作的信息，并将顶级智慧视为可应用的知识。如果数据质量差，则信息质量将不佳。信息质量差，业务操作方面将缺乏可应用的知识，而使用错误的知识将对业务结果带来高风险。

所有数据都有一定程度的质量，该程度在一定意义上是可评估、可测量的。关于高质量的数据有很多定义，主要包括：

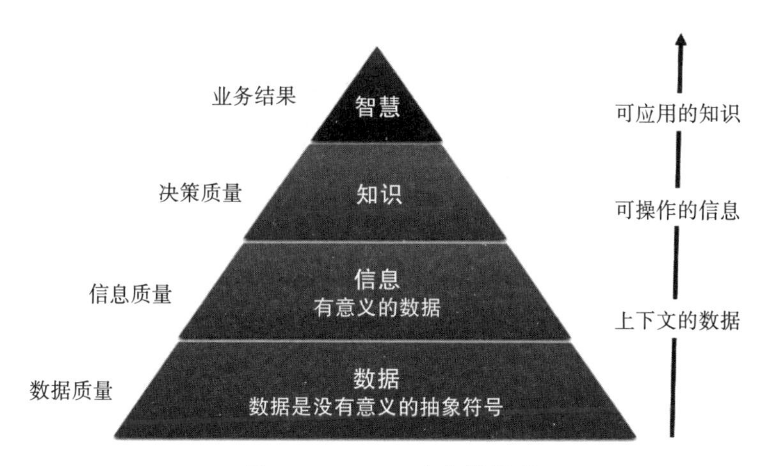

图 19-1 DIKW 金字塔模型

- 如果数据适合预期的使用目的，那么数据就是高质量的；
- 如果数据正确地表达了所描述事物和现象的真实构造，那么数据就是高质量的；
- 如果数据符合某个标准或达到人们期望的水平，那么数据就是高质量的。

无论从哪个定义来看，数据质量都是指数据满足人们的隐性或显性期望的程度。人们判断数据质量的高低取决于人们的预期，高质量的数据比低质量的数据更加符合人们的期望。

人们的期望很复杂，不仅在于数据应该表示什么，还在于使用数据的目的以及如何使用它们。所以，数据质量是相对的、主观的，有时可能存在矛盾。例如：同一条客户信息，对于销售部门来说可能是高质量的数据，因为销售部门关注的只是产品卖给了谁；对于物流部门来说，除了客户的姓名、电话以及客户已经付款的信息外，还需要知道收货人地址、收货人姓名、收货人电话等；对于财务部门来说，除了以上信息，还关注客户的开票信息（一般在收到付款时开具发票）。如果这条客户信息是不完整的，则无法进行客户服务，因为该数据没有完整且正确地描述在业务运营中所需的真实身份和地点，而这会对企业业务带来影响。

19.1.2 数据质量差的后果

数据质量差会给企业带来哪些不良影响？

1. 经济损失

数据质量差给企业带来的直接影响就是使企业遭受经济损失。如果不了解客户的最新产品和动态，就会失去客户和潜在客户，以及他们可能带来的收入。如果系统中的客户联系信息不正确（比如电话、电子邮箱等），客户的家庭关系错误，就无法对客户进行精准分析，甚至连营销信息都无法送达客户，更不用说销售产品了。数据错误可能会给企业带来巨大的经济损失甚至名誉损失。

据媒体的公开报道，亚马逊在2019年7月的Prime Day促销期间，将价格为13 000美元的相机镜头和其他高价摄影产品的定价定为94.48美元，这显然是错误的。虽然99%的产品的价格在被消费者发现前已经进行了调整，但仍有部分客户在价格调整之前就下了订单。亚马逊的亡羊补牢及时避免了更大的经济损失，但不得不为其数据质量上的失误向消费者道歉。

2. 增加成本

如果企业中存在大量不完整、不正确的数据，可想而知，这将会给业务的协同带来额外的沟通成本。如果企业使用这些质量较差的数据进行数据分析或预测性分析，不仅会浪费时间，而且有可能被误导。同样，如果数据中存在重复项和缺少字段的情况，企业数据管理效率也会降低。

"垃圾进，垃圾出"，基于低质量数据做出的分析结果一定是不可信的，不具备任何辅助决策意义，只能造成成本的浪费。

3. 名誉受损

在大数据领域有一个很有意思的故事：美国一家叫塔吉特的超市因给一个顾客还在上高中的女儿寄送婴儿服和婴儿床的优惠券，而被这位父亲登门投诉，后来这位父亲发现女儿真的怀孕了，又向塔吉特超市道歉。先不论这个故事的真假，假设这家超市的数据质量有问题，它还能准确预测这个还在上高中的女孩已经怀孕了吗？如果预测错误会发生什么？如果婴儿用品的优惠券寄错地址又会发生什么？显而易见，数据质量差将可能使企业面临声誉受损的风险，从而在竞争中处于不利地位。

4. 无形成本

数据质量差带来的沟通成本、运营成本及经济损失属于有形成本，是可衡量的。而基于不准确的数据所做出的错误决策造成的成本是无形的，这种无形成本最终可能导致更大、更严重的问题。

因此很多企业宁愿凭借个人经验来做决定，也不愿冒险用数据来做决策。这也许就是数据仓库、BI这类系统在很多企业中并没有真正用起来的原因。

要让领导相信数据，首先要提供高质量的数据！

5. 运营风险

低质量的数据不仅会给企业带来经济上的损失，增加企业的运营成本，给企业的声誉带来影响，还可能存在潜在的运营风险。

运营风险是与企业核心业务职能执行相关的风险，很大程度上与人员、流程和日常业务活动所使用的系统有关，主要包括内部流程、外部监管、法定义务、人力资源等方面的风险。例如：数据质量差，不满足监管部门的要求，面临审计通不过的风险；数据质量差，会给数据所产生的衍生品带来负面影响，引起用户的不满和质疑，甚至引发纠纷等。

19.1.3　什么是数据质量维度

数据质量类似于人类健康。影响健康的因素有很多，比如饮食、运动、情绪等，准确测量这些健康的影响因素非常困难。同样，准确测量数据质量中影响业务的数据元素也非常困难。数据质量差对业务而言是不“健康”的，数据质量维度将帮助我们认识数据质量对业务的重要性。

数据质量维度就是用来测量或评估数据质量的哪些方面，也可以理解为数据治理问题分类，通过测量维度来对数据质量进行量化，通过改进数据质量维度来提高数据质量。针对不同的数据集，数据质量维度可能不同，一般包含数据的一致性、完整性、唯一性、准确性、真实性、及时性、关联性等（见图 19-2）。

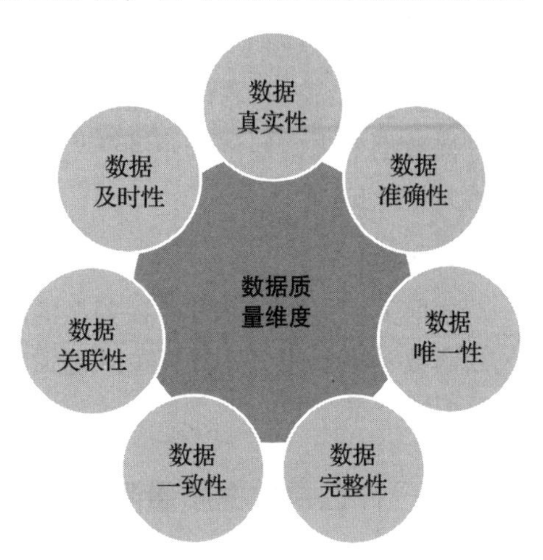

图 19-2　数据质量维度

1. 一致性

数据一致性主要体现在多个数据源之间：第一，多个数据源之间的元数据的一致性；第二，多个数据源之间数据记录的一致性。

多源数据的元数据的一致性主要包括命名一致性、数据结构一致性、约束规则一致性。数据记录的一致性主要包括数据编码的一致性、命名及含义的一致性、数据分类层次的一致性、数据生命周期的一致性等。

在相同的数据有多个副本的情况下，也会产生数据不一致、数据内容冲突等问题。

2. 完整性

数据完整性主要体现在三个方面：第一，数据模型的完整性，例如唯一性约束的完整性、参照数据的完整性；第二，数据记录的完整性，例如数据记录是否丢失或数据是否不可用；第三，数据属性的完整性，例如数据属性是否存在空值等。

不完整的数据的价值会大大降低，数据完整性是数据质量问题中最为基础和常见的一类问题。

3. 唯一性

数据唯一性用于识别和度量冗余数据。冗余数据是导致业务无法协同、流程无法追溯的重要因素，例如，主数据治理中的“一物多码，多物一码”问题。为每个数据实体赋予唯一的“身份 ID”是数据治理需要解决的基本问题。

4. 准确性

数据准确性也叫可靠性，用于分析、识别和度量不准确或无效的数据。数据准确性体现为数据描述是否准确，数据计算是否准确，数据的值是否准确等。不可靠的数据可能会导致严重的问题，会造成有缺陷的方法和糟糕的决策。

5. 真实性

数据真实性用于度量数据是否真实、是否正确地表达了所描述事物和现象的真实构造。真实可靠的原始数据是数据分析的灵魂。但事实上，数据的真实性往往难以保证，有时候数据不真实并不是因为原始的数据记录有问题，而是人为因素所致，尤其是一些需要层层上报的数据，数据失真很常见。

6. 及时性

数据的及时性是指能否在需要的时候获得数据。统计学认为，获得数据的时间不应当超过该数据对未来经济或业务产生影响的平均时间。数据也是有时效性的，过期数据的价值将大打折扣。

7. 关联性

数据关联性用来度量存在关系的数据，即关联关系是否缺失或错误。数据的关联关系包括函数关系、相关系数、主外键关系、索引关系等。数据之间存在关联性问题会影响数据分析的结果。

19.1.4 什么是数据质量测量

数据质量测量是指为了达到某一预期，按照一定的标准从数据质量维度进行衡量，以确定数据达到预期的程度。通过测量，我们可以在不同对象之间跨越不同时间、不同空间进行比较，从而做出决策。

要保证数据预期的达成，首先要保证数据质量测量是有效的。有效的数据质量测量具有以下特点。

1. 数据测量必须要有目的

古人用“风马牛不相及”来形容互不相干的事物，我们也经常说“不能拿苹果和香蕉比较”，意思是苹果和香蕉差异大，拿它们进行比较没有意义。这意味着要有两个“相同”的对象，才能形成有意义的测量。

当然，苹果和香蕉之间也有共同之处，比如它们都是水果，都有果皮，果肉中都含有维生素和糖分。它们也有不同之处：香蕉是长的，苹果是圆的；香蕉是黄色的，苹果有红色的、绿色的、黄色的；它们的口感也不一样。

那么，我们为什么要比较它们呢？这是问题的关键，我们需要一个“原因”来测量我们要测量的东西。

2. 数据质量测量必须可重复

测量涉及一个对比前后的变化程度，只与抽象的结果比较是远远不够的。就像我们测量孩子的身高，孩子身高是会随着时间的推移发生变化的，重复的测量能够让我们获得这种变化的规律和程度。这就是为什么测量必须是可重复的，而不能是单次的。重复的测量意味着对事物真实性的持续探索。

3. 数据质量测量必须可解释

数据质量测量的可解释性是保证数据测量有效的前提。如果人们无法理解被测量的是什么，那么这个测量结果就是无用的，不能帮助人们减少不确定性。例如：企业通过统计职工的平均年龄来分析员工的年龄结构。一般认为：企业员工平均年龄在 30 岁以下，说明这个企业比较有活力；平均年龄在 30～40 岁之间，说明企业是以中青年劳动力为主力军，员工年龄结构处于合理区间；平均年龄超过 45 岁，说明企业的老龄化程度较高。如果企业员工的平均年龄超过了 60 岁，这就很难理解了，是统计数据出了问题，还是企业就只有几名老员工？

用不能被理解的方式进行测量，或者测量的结果不能被理解，都是无意义的。数据测量既是一个交流的工具，也是一个分析的工具。

19.1.5　什么是数据质量管理

我们知道了什么是数据质量、数据质量的维度和数据质量测量，那么什么又是数据质量管理呢？

百度百科给出了这样的定义："数据质量管理，是指对数据从计划、获取、存储、共享、维护、应用到消亡生命周期的每个阶段可能引发的数据质量问题，进行识别、测量、监控、预警等一系列管理活动，并通过改善和提高组织的管理水平使数据质量获得进一步提高。数据质量管理的终极目标是通过可靠的数据提升数据在使用中的价值，并最终为企业赢得经济效益。"

我们可以简单地将数据质量管理理解为一种业务原则，需要将合适的人员、流程和技术进行有机整合，改进数据质量各维度的数据问题，提高数据质量。实际上，企业数据治理的各个关键领域和关键活动都是围绕如何提升数据质量，以获得更大的业务成果或经济利益而展开的。

数据质量管理是数据治理的重要组成部分，通常用在数据模型设计、数据资产管理、主数据管理、数据仓库等解决方案中。数据质量管理可以是反应性的被动管理，也可以是预防性的主动管理。很多公司将数据质量管理的技术与企业管理的流程相结合，用来提升主动管理数据质量的能力，这是一个很好的实践。

19.2　数据问题根因分析

数据质量管理最行之有效的方法就是找出发生数据质量问题的根本原因，然后采取相应的策略进行解决。首先需要确定根本原因：找到引起数据质量问题的相关因素，并区分它们的优先次序，形成解决这些问题的具体改进建议。然后，制定和实施改进方案：确定关于行动的具体建议和措施，基于这些建议制定并改进方案，预防未来数据质量问题的发生。

19.2.1 什么是根因分析

每个问题的发生都必有其根本原因，数据质量管理的核心是找到发生质量问题的根本原因，并对其采取改进措施。

1. 根因分析的概念

所谓根因分析，就是分析导致数据质量问题的最基本原因。引起数据质量问题的原因通常有很多，比如环境条件、人为因素、系统行为、流程因素等，因此要通过科学分析，找到问题发生的根源性原因。根因分析是一个系统化的问题处理过程，包括确定和分析问题原因，找出适当的问题解决方案，并制定问题预防措施。

- 问题：发生了哪些数据质量问题？
- 原因：为什么发生这些问题？是人的因素，技术上的原因，还是流程不合理？
- 措施：采取什么解决方案能够防止问题再次发生？

2. 为什么需要进行根因分析

通常，企业中的每个人都认为拥有良好的数据质量对业务有利，在这一点上非常容易达成共识。尤其是在当前的数字化时代，企业对数据质量的关注超过以往任何时期。

但是，当涉及谁应该对数据质量负责，谁必须对此做些什么，以及谁应该为必要的数据质量管理活动埋单时，事情就会变得复杂而艰难。我们经常看到的是各部门相互推诿和指责。

技术部门经常说："数据的定义和生产都在业务部门，所以业务部门应该对数据质量负责！"

业务部门说："我们输入的数据都是正确的，是你们在数据传输、处理过程中搞错了！"

在很多情况下，企业会把数据质量问题的责任推给技术部门，技术部门成了数据质量问题的"背锅侠"。他们尽管有满腔的怨气和不满，但也不得不先去查找和处理问题。如果不明确数据问题的根因，这样的矛盾、指责、推诿将永无休止！

企业的数据质量问题通常只是一个现象，人们往往只看到了数据不准确、不一致、不完整，却没有细致地剖析这些问题发生的原因。只顾解决表面问题，而不管发生问题的根本原因，这是当前企业在数据问题处理中的普遍现象。企业试图通过技术手段来解决数据质量问题，例如清理脏数据，建立对照关系表，甚至采用AI算法对不完整的数据进行插补。笔者并不反对用技术手段解决数据质量问题，相反，笔者是非常支持通过技术改善数据质量的。但是，这里要特别强调，在通过技术手段处理数据质量问题之前，我们应当先进行数据质量问题的根因分析，这有助于我们找到更合适的解决方案，达到事半功倍的效果。不能只看到问题的现象就采取措施，这种急功近利的问题解决办法“治标不治本”，数据治理问题免不了要复发，其结果是组织不得不一而再、再而三地重复应对同一类问题。可以想象，这样的问题处理方式成本肯定是惊人的。

“拨开迷雾见明月”，分析任何问题都应该找到问题的本质。进行数据质量问题的根因分析，不仅在于解决业务部门和技术部门的矛盾，更重要的是能够帮助企业利益干系人发现数据质量问题的症结所在，从而找到适当的解决方案。

19.2.2 产生数据问题的阶段

数据和人一样，也是有生命周期的。从出生到死亡，人在一生中可能会得各种各样的疾病，这些疾病或大或小，或轻或重，要是头疼脑热，挺一挺也就过去了，要是重疾，就得治疗了。

数据也一样，数据的“一生”要经历规划设计（定义）、数据创建、数据使用、数据老化、数据消亡五个阶段，每个阶段都有可能发生数据质量问题。企业数据质量管理应关注数据生命周期的每个阶段。

1. 规划设计阶段

在规划设计阶段，数据的定义或设计不当会产生数据质量问题。比如：在数据建模时没有对数据对象进行清晰的定义，存在二义性，导致水果蛋糕和水果味蛋糕分不清。再比如：在建立数据库时，可能会发现某些数据项含糊不清，从而导致不确定是否能够输入数据、如何输入数据以及在何处输入数据。

例如：程序员小 K 为某程序创建了一个手机号码表并对其设置了手机号码的约束条件——11 位数字，而这个程序是跨境使用的，这个约束将直接导致部分数据填写错误，因为国外的手机号码不一定是 11 位。

2. 数据创建阶段

在数据创建阶段，数据录入不当会产生数据质量问题。数据是否正确进入了系统？尽管如今企业的信息系统中有很多功能已经实现了自动化，但是仍然无法避免将错误或不合格的数据输入系统。数据不准确的问题常常是因为输入数据的人犯了一个不经意的错误，例如数据拼写错误，丢失数据记录，从列表中选择了错误的阈值，在输入框中输入值时张冠李戴（比如在“客户名称”输入框中录入了客户的联系信息）。

3. 数据使用阶段

在数据使用阶段，要关注是否正确使用和解释了数据。如果企业需要跨多个系统输入相同的数据，例如某“客户档案”数据要在 ERP 系统、CRM 系统等多个系统中重复录入，则很可能会发生人为错误。重新输入数据是一项漫长而艰巨的任务，很容易导致数据产生多个版本（数据不一致），在没有任何形式的数据验证时更是如此。这种情况下，进行必要的数据集成是很有效果的。

然而，在将数据迁移到新系统或整合系统数据时，也会给企业带来数据质量风险。在数据的集成和传输过程中，数据的值可能不规则、丢失或放错位置，甚至通过简单的电子表格导出 / 导入也可能会发生不一致问题。

4. 数据老化阶段

数据不是静止的，它可能随时发生变化。你现在的手机号码或职务是否仍然与两年前的相同？你的信息会发生变化，你的客户也一样。企业应该注意保持数据是最新的，否则数据会“过期失效”，这将会对你的业务产生很大影响。

5. 数据消亡阶段

在数据消亡阶段，对使用完的数据进行归档及销毁操作。通常来说，数据归档和数据销毁可以再分为两个阶段，前一个阶段关注数据被正确归档，后一个阶段关注数据被安全销毁。这与数据质量、数据安全都有关系。

19.2.3 产生数据问题的原因

数据研究机构 Experian Data Quality 的一项研究发现，在数据不准确的主要原因中，59% 是人为因素，其中 31% 是部门之间缺乏沟通，24% 是数据管理策略不充分。

这项研究中的数据告诉我们，数据质量问题的主要原因集中在企业经营管理、业务应用和技术操作 3 个层面，如图 19-3 所示。

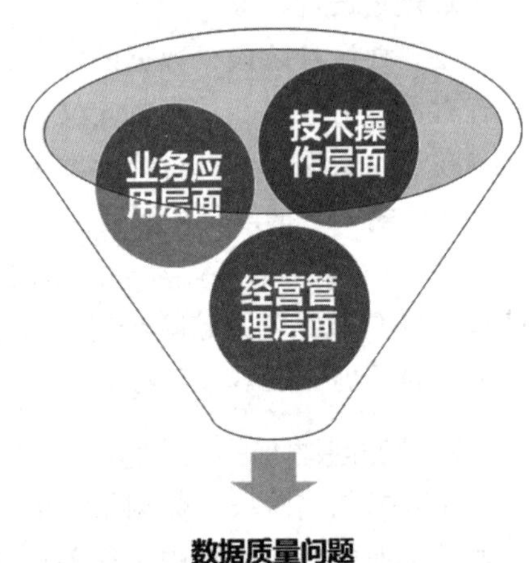

图 19-3 产生数据质量问题的 3 个层面

1. 经营管理层面

（1）企业的发展和并购

随着企业规模的不断扩大，很多企业选择通过并购快速布局新市场或新业态，以实现多元化业态的创新升级。企业在并购的过程中需要将两家公司的数据以某种方式合并，两家公司可能使用完全不同的数据系统，系统的数据标准不统一，因而会产生各种摩擦和问题。

（2）缺乏有效的管理策略

很多企业的信息化现状都是先建设后治理。

早期缺乏整体的数据规划，没有统一的数据标准和明确的数据质量目标，导致不同的业务部门在处理业务时，容易出现数据冲突或矛盾。

缺乏有效的数据认责机制，没有明确数据归口管理部门和岗位职责，导致出现数据质量问题时找不到负责人，各业务部门之间相互推诿。

缺乏有效的数据管理制度和流程，数据质量问题从发现、指派、处理到优化没有统一的流程和制度，导致数据质量问题的解决没有流程上的保障。对于历史数据质量检查、新增数据质量校验没有明确有效的控制措施，导致数据质量问题无法考核。

（3）缺乏统一的数据标准

数据质量管理中的一大挑战是使各个部门达成一致。如果缺乏统一的数据标准，对于同一数据理解不一致，业务之间的协作和沟通就如同“鸡同鸭讲”。数据标准是企业数据管理的第一道防线，然而遗憾的是，很多企业对数据标准的重视程度不足，它们对数据的“重视”还停留在口头上，没有实际行动。

2. 业务应用层面

（1）数据需求模糊不清

数据需求不清晰，对于数据的定义、业务规则描述不清晰，导致建模人员无法构建出合理、正确的数据模型。我们经常见到在需求阶段业务人员对需求的描述不清楚，等到数据应用开发完后，他们却发现结果不是自己想要的，于是就开始了永不休止的需求变更，最终技术人员和业务人员相互不满意。

需求描述不清、频繁的需求变更对数据质量的影响非常大，需求一变，数据模型设计、数据录入、数据采集、数据转换、数据传输、数据存储等环节都要跟着改变，即使再谨慎也难以避免数据质量问题。

（2）录入数据不规范

业务部门既是数据需求的提出方，也是数据的生产方。业务部门的人为因素是造成企业数据质量低下的一个非常重要的原因。常见的人为因素有拼写错误，将数据输入不匹配的字段，大小写、全半角、特殊字符录错等，这些都会导致数据输入不规范问题。在技术上做一些输入控制和校验能够减轻这个问题，但始终很难避免。

3. 技术操作层面

（1）数据设计过程

在设计阶段对数据模型质量的关注不足，需求理解不到位，甚至没有与业务部门达成共识，结果可想而知，这样的设计带来的就是永无休止的需求变更。

数据库表结构、数据库约束条件、数据校验规则的设计开发不合理，就会造成数据录入无法校验或校验不当，引起数据重复、不完整、不准确。

（2）数据传输过程

数据传输包含数据采集、数据转换、数据装载、数据存储等环节。

数据采集和转换常见的问题，例如采集过程中采集点、采集频率、采集内容、映射关系等采集参数和流程设置不正确，或者数据采集接口效率低，导致数据采集失败、数据丢失、数据映射和转换失败。

数据装载和存储常见的问题，例如数据存储设计不合理，数据的存储能力不够，在后台人为调整数据，会引起数据丢失、数据无效、数据失真、记录重复。

同时，数据接口本身也可能存在问题，例如数据接口参数配置错误、网络不可靠等会造成数据传输过程中发生数据丢失或传输错误等数据问题。

（3）数据迁移过程

数据迁移是将数据从旧系统过渡到新系统，或从一个数据源迁移到另一个数据源。业务人员可能很难理解数据从一个应用系统切换到另一个应用系统时会有哪些困难。凭直觉，一个外行会期望事情已经准备好，这样迁移对于业务用户来说既容易又轻松。

但这绝对不符合现实。暂且不说迁移过程中涉及的数据采集、清洗、转换、装载等问题，可能你要迁移的数据源本来就存在质量问题，如果不对数据源的数据质量进行识别和处理，即使顺利迁移，数据质量也无法保证。

19.2.4 根因分析的方法

要了解究竟发生了什么，就需要进行深入的研究。对于数据质量问题的剖析，笔者建议采用根因分析法，这是一种常见的因果问题分析方法，它有助于深入挖掘并找到有效的解决方案。采用根因分析法进行数据质量问题根因分析主要有 4 个步骤，如图 19-4 所示。

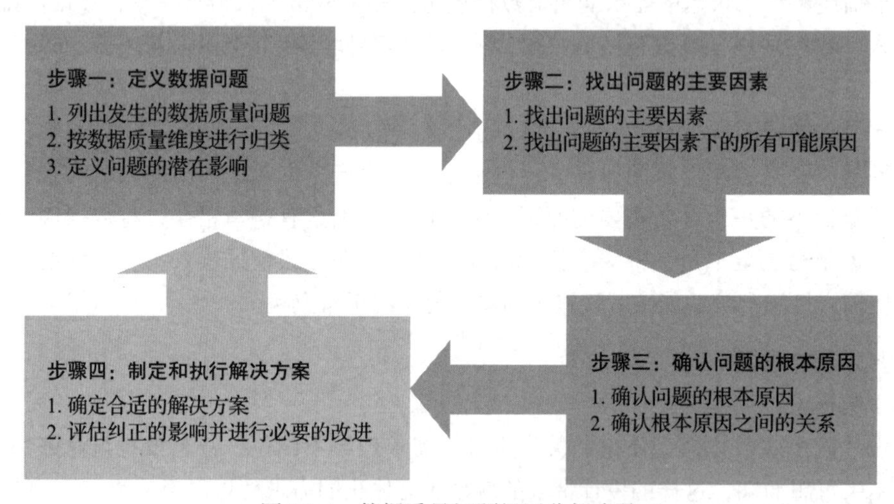

图 19-4 数据质量问题根因分析步骤

步骤一：定义数据问题

定义企业数据质量问题，可以采取问卷调查、现场调研等方式，尽可能收集到全部的企业数据质量问题，并收集与之相关的数据和证据，这对于了解当前情况是必要的。对于轻微的异常事件，可考虑进行个人专访，如采访业务系统的管理员或业务部门的关键用户。

对收集到的数据问题进行归纳和整理，并根据数据质量维度进行适当的归类。归类的好处是有助于对每类数据问题进行深度剖析，便于找出纠正措施。

创建数据问题的描述，其中应包含数据问题的基本信息，例如谁、在什么时间、什么地点（或系统）、发生了什么问题、造成了哪些影响（包括实际影响和潜在影响）。定义问题的影响是为了确定数据问题处理的优先级，为后续制定适当的解决方案提供支撑。

步骤二：找出问题的主要因素

找到造成数据质量问题的直接因素，包括人为因素、技术因素、系统因素、设备因素、可控或不可控的外在环境因素、流程因素等。

一方面，找到数据质量问题涉及的业务流程和相关标准文件，明确执行的业务流程操作是否与数据标准设计相一致，例如必输项输入是否完整准确；另一方面，评估数据标准设计或数据管理涉及的操作流程是否有问题。在这个过程中，需要召集直接参与流程和执行纠正措施的人员及专家，他们的意见有助于快速找到数据问题的解决方案。考虑每个因素，集思广益，探讨可能与之相关的问题的原因。

采用 5Why 法（连续问 5 个为什么）进一步深入探究：首先，提问为什么会发生当前的数据质量问题，并对可能的答案进行记录；然后，逐一对每个答案问一个为什么，并记录下原因，努力找出问题的主要因素，再对所有的原因进行分析。这种方法通过反复问为什么，能够逐渐深入问题，直到找到问题的根本原因。

这个过程可以使用 5Why 图或鱼骨图表示，见 19.2.5 节。

步骤三：确认问题的根本原因

经过以上两个步骤，基本上能够筛选出数据问题发生的根本原因了，这时还需要对引发数据质量问题的根本原因和根本原因之间的关系进行确认。可以做以下 3 个假设。

- 假设此原因不存在，数据质量问题还会发生吗？
- 假设此原因被纠正或排除，此数据质量问题还会因其他相同或相近因素而再次发生吗？
- 假设此原因被纠正或排除，还会发生类似的数据质量问题吗？

此时，列出与数据问题相关的系统分类，例如管理方面、业务方面、技术方面、环境与设备方面等。从系统分类中筛选出根本原因并确认其与根本原因之间的关系。

步骤四：制定和执行解决方案

找到根本原因后，就要进行下一个步骤：制定并执行解决方案，从根本上解决问题。这是另一个独立的过程，也被称为改正和预防。我们在寻找根本原因的时候，必须对每一个已找出的原因进行评估，给出改正的办法，因为这样做有助于整体改善和提高。例如，假设某个数据质量问题是由业务人员操作不当引发的，这就需要一方面加强对相关业务人员的培训，另一方面从技术上进行适当的调整，提供更友好、更易用的功能，以避免数据问题再次发生。

19.2.5　根因分析的工具

我们在进行数据质量问题的根因分析时，可以使用的工具有很多，常用的工具有鱼骨图、5Why 图、故障树图、帕累托图等。

1. 鱼骨图

鱼骨图是由日本管理大师石川馨先生提出的一种把握结果和原因的方便而有效的方法，故名“石川图”。它是一种透过现象看本质的分析方法，非常适用于数据质量问题的根因分析。

鱼骨图是因果分析中常用的工具。首先，需要从多个维度对引发问题的直接原因进行归集；其次，依次列出直接原因所导致的问题“事实”；然后，分析每一个“事实”发生的原因；最后，找到导致问题发生的根本原因。鱼骨图有助于探索阻碍结果的因素，适用于数据质量问题的分析。鱼骨图的组成见图 19-5。

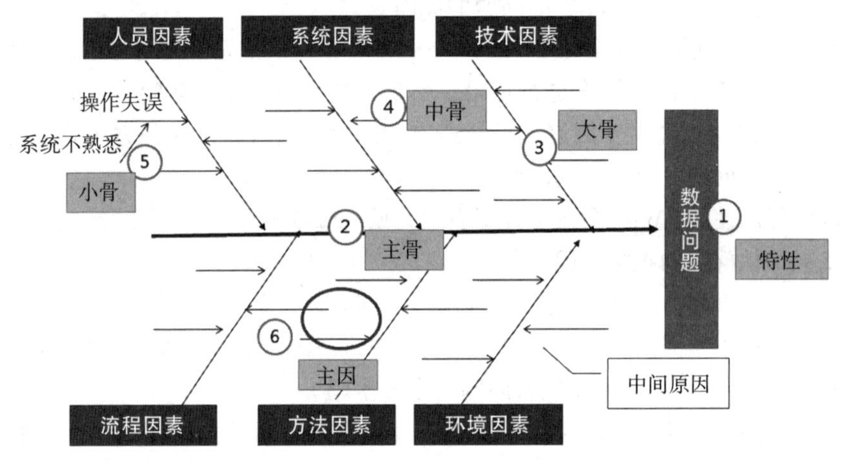

图 19-5 鱼骨图分析法

①**特性**就是“问题的结果”，例如同一客户不能唯一标识。

②**主骨**用来引出问题，“问题”写在右端，用方框框起来，主骨用粗线画，加箭头标志。

③**大骨**用来表示问题的直接原因，例如图 19-5 中的人员因素、系统因素、技术因素、流程因素、方法因素和环境因素。

④**中骨**用来描述事实，例如业务操作不当、操作失误等。

⑤**小骨**用来描述为什么会那样，例如对系统操作不熟悉、随意性输入等。

⑥**主因**用红色的椭圆圈定，主因不一定发生在末级，在大骨、中骨、小骨每一级均有可能发生。

2. 5Why 图

5Why 图，也称 5Why 分析法或丰田 5 问法。5Why 分析法在日系企业中用得很多，其首创是丰田公司的大野耐一，来源于一次新闻发布会。有人问：“丰田公司的汽车质量怎么会这么好？”他回答：“我碰到问题至少要问 5 个为什么。”

简单来说，5Why 分析法的精髓就是多问几个为什么，鼓励解决问题的人努力避开主观假设和逻辑陷阱，从结果着手，沿着因果关系链条顺藤摸瓜，穿越不同的抽象层面，直至找出原有问题的根本原因（见图 19-6）。

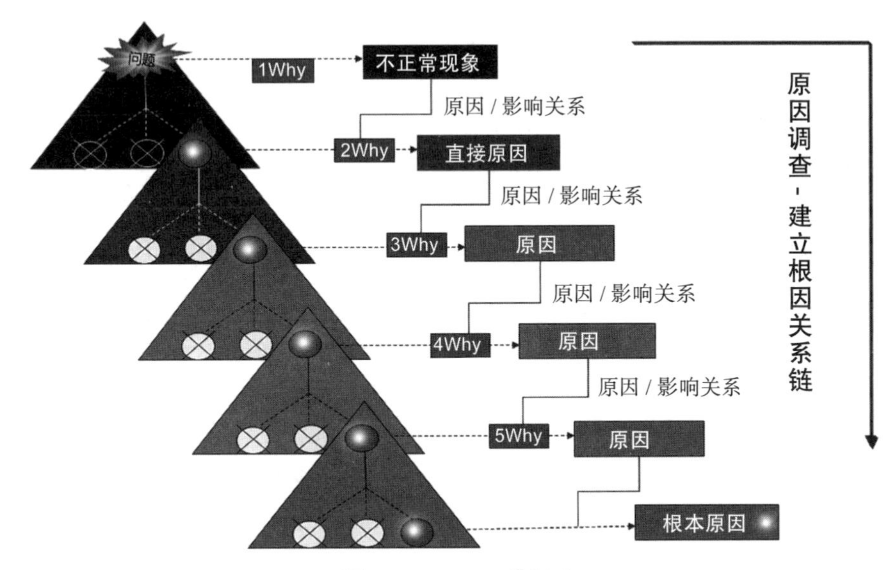

图 19-6 5Why 分析法

举个例子，我们分析这个问题：同一客户为什么不能唯一识别？

- 为什么不能识别？
  数据集中至少有两条重复的记录，这是现象。
- 为什么会有重复记录？
  数据源系统中的客户数据重复了，这是直接原因。
- 为什么数据源系统中的客户数据会重复？
  业务员输入的客户数据重复了，这是进一步的原因。
- 为什么业务员会重复输入？
  新来的业务员对系统操作不熟悉，这是更深入的原因。
- 业务员不熟悉系统就会重复输入吗？
  信息系统缺乏对客户 ID 的唯一性校验。好了，找到问题的根本原因了。

5Why 分析法可以帮助我们找出问题的根本原因，以便采取适当的改进措施，并为每个人分配需要采取的纠正措施。但是，“5Why”不是必须问 5 个为什么，也可以是 4 个、6 个，找到问题的根本原因并解决问题就好。

3. 故障树图

故障树图是一种逻辑因果关系图，是一种图形演绎法，是故障事件在一定条件下的逻辑推理方法，可针对某一故障事件进行层层追踪分析（见图 19-7）。故障树图的特点是直观明了，思路清晰，逻辑性强，既可以进行定性分析，也可以进行定量分析。它体现了以系统工程方法研究安全问题的系统性、准确性和预测性。

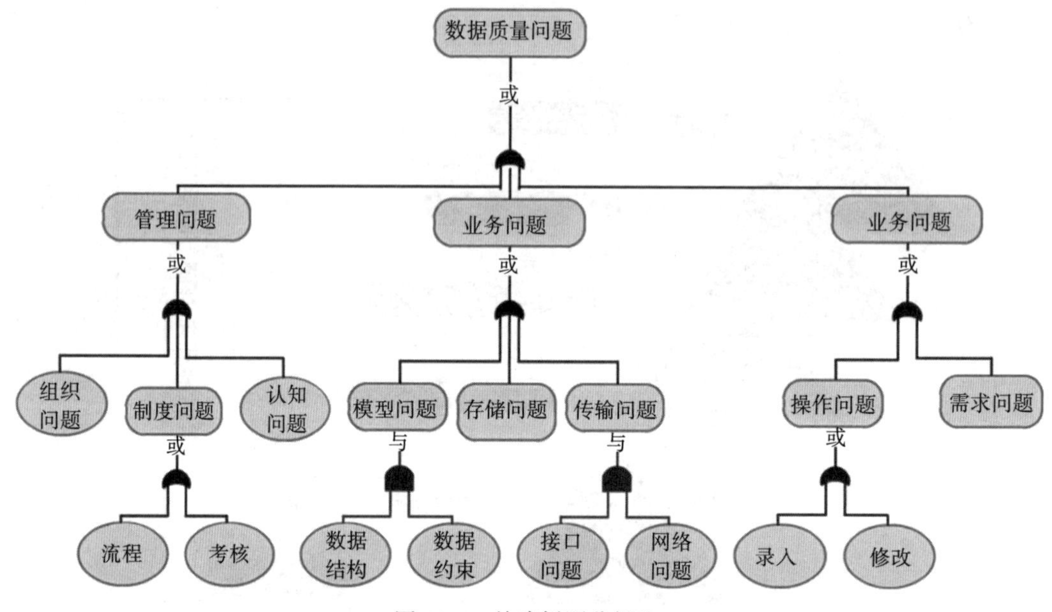

图 19-7 故障树图分析法

使用故障树图来确定数据质量问题的可能原因时，故障树从问题的顶部开始，而可能的原因在下面，这是一种自上而下的推演方法。首先，分析顶问题发生的直接原因，将顶问题作为逻辑的输出事件，将所有引起顶问题的直接原因作为输入事件，将它们之间的逻辑关系用适当的逻辑连接起来。然后，对每一个中间问题用同样的方法逐级向下分析，直到所有的输入问题都不需要再分解（找到问题的根本原因）为止。

4. 帕累托图

帕累托图是条形图和折线图的组合，条形图的长度代表问题的频率，折线表示累积频率，横坐标表示影响质量的各项因素，按影响程度的大小（出现频数）从左到右排列（见图 19-8）。通过对排列图的观察分析可以抓住影响质量的主要因素，进而确定问题的优先级。

帕累托图是基于 80/20 法则的分析，即认为发生的全部问题中有 80% 是由 20% 的问题原因引起的。这意味着，如果有针对主要问题的解决方案，则可以解决大部分的数据质量问题。

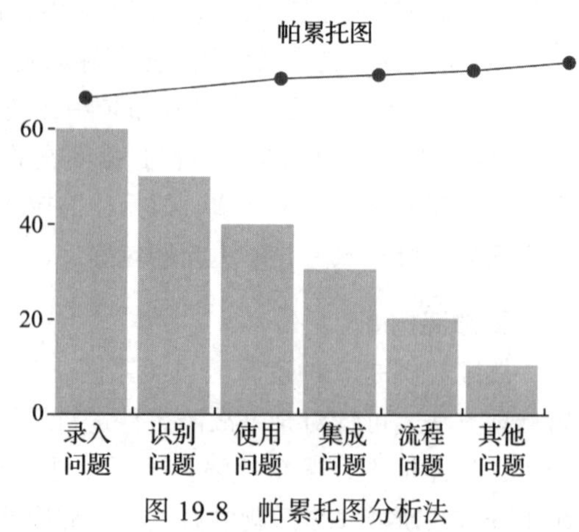

图 19-8 帕累托图分析法

19.3 数据质量管理体系框架

在之前的章节中，我们介绍了多个企业数据治理框架，这些框架能够为企业数据治理的整体策略和部署提供参考。然而在数据质量的管理方面，成熟的体系框架并不多。

虽然数据质量管理还没有成熟的方法论，但是产品和服务的质量管理体系已非常成熟。国际上有权威的质量管理体系 ISO 9001、六西格玛等，这些质量管理体系同样适用于数据质量管理。

19.3.1 基于 ISO 9001 的数据质量管理

1. ISO 9001 质量管理体系简介

ISO 9001 质量管理体系由 ISO/TC 176/SC 2（国际标准化组织质量管理和质量保证技术委员会）负责制定和修订，旨在为组织质量管理体系的建设提供指导。采用质量管理体系是组织的一项战略决策，能够帮助其提高整体绩效，为推动可持续发展奠定良好基础。

ISO 9001 质量管理体系结合了 PDCA（策划、支持和运行、绩效评价、改进）循环与基于风险的思维，能够帮助企业策划其质量管理和持续优化的过程（见图 19-9）。PDCA 循环使企业能够对质量管理的过程进行恰当管理，提供充足资源，确定改进机会并采取行动。基于风险的思维使企业能确定可能导致质量管理体系偏离策划结果的各种因素，进而采取预防控制，最大限度地减少不利影响。ISO 9001 质量管理体系同样适用于企业对数据质量的管理。

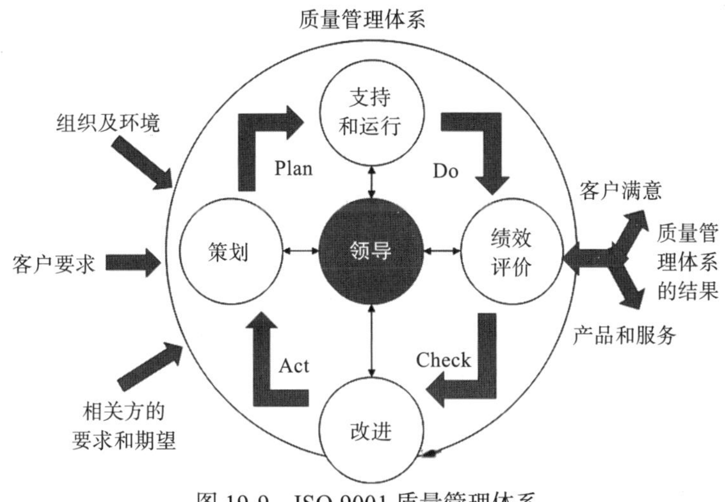

图 19-9 ISO 9001 质量管理体系

ISO 9001 质量管理体系的核心思想是以客户为中心，强调领导作用、过程方法、持续改进、循证决策和关系管理。

2. ISO 9001 在数据质量管理中的应用

以下内容是笔者根据自己对 ISO 9001 质量体系的理解和多年的数据治理实践总结出来的企业数据质量管理方法论，或有偏误，仅供学习和参考。

（1）以客户为中心

在企业的数据质量管理中，谁是客户？

笔者认为在企业中凡是使用数据的人都是数据质量管理的客户，包括企业的中高层管理者、业务部门、IT部门，甚至相关的业务系统或数据库。企业的数据质量管理必须以用户的最终需求为中心，实现数据的可用、适用、易用。

毋庸置疑，对于企业而言，数据的质量越高越有价值，坚持“以客户为中心”能够帮助企业梳理用户需求，识别关键问题和业务痛点，并规划合适的数据治理实施路线，制定稳步提升企业数据质量的策略。

（2）领导作用

数据质量管理体系的建设特别强调领导作用，在数据质量管理、数据治理甚至所有数据类项目中，领导的作用都非常大。企业的数据治理涉及范围广，协调难度大，项目要想成功，必须获得高层领导的支持。高层领导在数据质量管理体系建设中的作用如下：

- 作为企业数据战略的制定者和主要推动者、企业数据质量体系建设的决策者；
- 制定数据质量管理体系的方针和目标，并确保其与企业环境和战略方向相一致；
- 确保数据质量管理策略融入企业的业务流程中，并提供数据管理所需的各种资源支持；
- 推动建设企业数据文化，培养员工数据思维；
- 推动企业数据质量的持续改进；
- 推动实现企业数据质量管理的最终目标；
- 进行数据治理过程中重大问题的决策和协调。

（3）数据质量策划

基于“以客户为中心”的原则，明确企业数据质量管理的目标，通过对企业数据质量管理现状的评估，制定适合企业的数据质量管理策略和计划。

中医看病讲求“标本兼治”，企业数据质量管理也一样，应从引发数据质量问题的根源抓起。从管理入手，对数据运行的业务全流程进行监控，强化数据思维、数据质量管理的思想观念，并把这一观念渗透到数据生命周期的全过程。企业数据质量管理的计划应具备以下特点：

- 数据质量目标与企业战略目标保持一致；
- 数据质量目标可实现、可测量；
- 考虑到适用性要求，不能为了治理而治理；
- 明确为了实现数据质量目标，企业要采取的措施和具体的时间计划表；
- 明确所需的资源并指定负责人。

（4）数据质量过程执行

根据制定的数据质量目标和计划执行数据质量管理。

- 资源的准备。企业应确定并提供为建立、实施、保持和持续改进数据质量管理体系所需的资源，包括现有内部资源的能力和约束，以及需要从外部供应商获得的资源。

- 环境的准备。企业应将数据质量改进所涉及的应用系统、数据仓库和相关工具准备就绪。
- 定义数据质量维度和数据质量指标。
- 对目标数据集实施监控和测量，对测量出来的数据质量问题进行汇总，形成数据质量报告。

（5）数据质量分析与评估

根据数据质量报告，进行数据质量问题的评估和根因分析，确定数据治理改进策略和方案。

- 评估和分析数据质量维度、数据质量指标的有效性；
- 评估和分析产生数据质量问题的直接原因；
- 评估和分析产生数据质量问题的根本原因；
- 评估和分析是否存在潜在的、类似的数据质量问题和风险；
- 制定合适的数据质量改进方案；
- 明确数据质量改进计划和负责人。

（6）数据质量改进

企业应确定并选择改进机会，采取必要措施，以满足数据治理目标要求，增强客户满意度。这些措施包括但不限于：

- 数据清洗和转换，包括修正错误数据，清理脏数据，补齐不完整的数据；
- 数据模型优化，数据结构改进，应用程序改造；
- 业务流程优化，数据操作培训；
- 数据管理制度的约束和绩效考核；
- 数据质量的持续改进和预防措施。

3. 基于 ISO 9001 实施数据质量管理总结

基于 ISO 9001 质量管理体系，以客户需求为中心，以提高数据质量、提升客户满意度为目标，制定企业数据质量方针，实施企业数据质量管理的 PDCA。基于 ISO 9001，企业能够建立全面的数据质量管理体系，从而支持数据质量的持续提升。

19.3.2　基于六西格玛的数据质量管理

1. 六西格玛质量管理体系简介

六西格玛（6 sigma）是基于度量的过程改进策略，是一种改善企业质量流程管理的技术，它以客户为导向，以业界最佳为目标，以数据为基础，以事实为依据，以流程绩效和财务评价为结果，持续改进企业经营管理的思想方法、实践活动和文化理念。它是一套追求“零缺陷”的质量管理体系。

DMAIC 模型是实施六西格玛的一套操作方法。DMAIC 是指定义（Define）、测量（Measure）、分析（Analyze）、改进（Improve）、控制（Control）五个阶段，它是用于改进、优化和维护业务流程与设计的一种基于数据的改进循环，如图 19-10 所示。

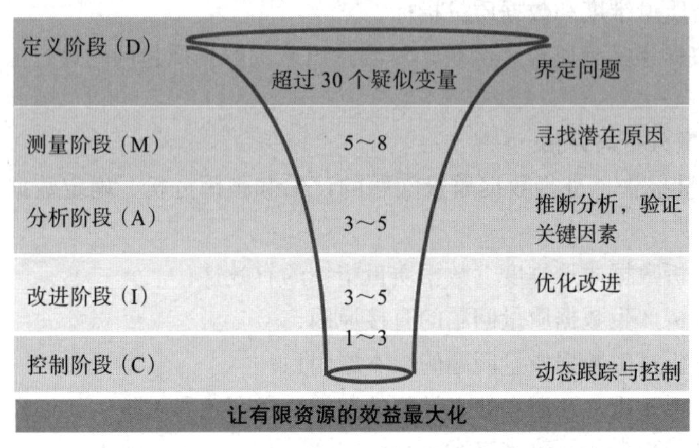

图 19-10 DMAIC 模型（六西格玛实施方法论）

2. 六西格玛在数据质量管理中的应用

数据治理领域的管理成熟度与传统行业相比有很大的差距，数据治理的体系化理论、方法都还比较匮乏，处于“婴儿期”。数据质量是质量的一个子集，因此用六西格玛的思路和方法来管理企业的数据质量是比较合适的。

根据 DMAIC 模型，我们将数据质量管理划分为定义、测量、分析、改进、控制五个阶段，每个阶段的主要工作内容如下。

（1）定义阶段（D 阶段）

定义阶段最重要的任务是界定数据质量的目标和范围，并将数据质量改进的方向和内容界定在合理的范围内。在该阶段，使用主数据识别法、专家小组法、问卷调查法、漏斗法等，定义出数据质量管理的对象。

该阶段有一个重要的任务是对数据的理解，包括理解数据的含义、数据质量的规则以及这些数据何时使用、如何使用。这些数据稍后将在项目中用于识别可能发生质量问题的根本原因，进行统计测试等。

（2）测量阶段（M 阶段）

测量阶段的核心任务是定义数据质量的测量参数，选择数据样本和测量工具并开展数据质量测量。

数据质量的测量参数一般包括度量标准、操作定义、测量频率等。

- 度量标准：需要测量数据集的数据质量维度和指标。质量维度我们之前介绍过，主要包含一致性、完整性、正确性、有效性、及时性、唯一性等；质量指标是指衡量数据质量目标的参数，预期中要达到的指数、规格、标准，一般用数据表示。

- 操作定义：定义如何进行数据质量测量，例如选择数据质量维度、选择数据质量指标、选择测量数据源等。
- 测量频率：需要明确对测量数据源的测量频率。

选择测量工具

在测量阶段，可以使用不同的工具，例如控制图（箱线图）、基准测试等。

数据质量测量

对测量数据源执行测量操作，输出测量结果。在这个过程中，需要对数据源的结构完整性和一致性、数值的有效性、统计异常、重复值、缺失值以及其他违反业务规则或预期行为的数据错误进行统一稽核，输出数据质量测量结果。

（3）分析阶段（A 阶段）

这个阶段主要对数据质量测量结果进行分析，验证在测量阶段确定的原因，逐步找到导致数据质量问题的根本原因。

数据质量根因分析遵循一种追溯方法，通过数据分析，找到发生数据质量问题的“重灾区”，从最初确定的各种潜在原因中找出影响数据质量的确切的关键因素。分析阶段的主要步骤如下：

1）找到数据质量问题的“重灾区”，明确哪些问题发生频率高、影响范围大；

2）列出导致数据质量问题的所有可能原因；

3）通过假设和统计工具，对这些原因进行验证和确认；

4）通过验证确定导致问题的根本原因；

5）设计优化和改善问题的流程。

通过六西格玛改进数据质量的有效性取决于对根本原因的正确识别，因此在分析阶段需要格外小心，正确识别和验证根本原因后才能对症下药。

在分析阶段，常用的工具有鱼骨图、帕累托图、5Why 分析、头脑风暴、假设检验、时间序列图和散点图等。使用这些经典工具，能够更准确、更直观地定位到数据质量问题的症结所在。

（4）改进阶段（I 阶段）

这个阶段的主要工作是确定改进业务流程、优化数据质量的方案，并同步执行改进措施，以消除或减轻数据质量问题对业务的影响。

- 改进意见征询，向涉及数据质量问题的所有人咨询完善业务流程、优化数据质量的建议。
- 行动计划制定，明确采取什么行动、谁来实施、何时实施等内容。
- 行动计划发布，将行动计划分发给利益干系人。
- 行动计划实施，实施和落地数据质量改进的各种措施，例如数据管理流程优化、数据模型优化、数据管理策略优化，以最大限度地消除或降低数据质量问题带来的影响。

再次强调，企业数据质量的提升不单单是技术问题，应将数据管理的技术、流程、工具以及组织和人员进行有效融合，以支持数据质量的持续改进。

（5）控制阶段（C阶段）

这个阶段的主要目标是生成详细的数据质量监控策略，确保维持数据质量所需的能力，包括固化数据标准，优化数据管理流程，并通过数据管理和监控手段确保流程改进成果，持续提升数据质量。

在此阶段，将评估实施后的结果，确定是否达到了预期的目标。在大多数情况下，控制阶段是过渡阶段，从当前的实践和系统过渡到新的实践。按照六西格玛体系，该阶段的主要方法有标准化、程序化、制度化，笔者将其总结为数据标准化、标准制度化、制度流程化。

- 数据标准化：建立企业数据标准化体系，包括数据模型标准（元数据标准）、基础数据标准、主数据和参考数据标准、指标数据标准、数据质量标准等。数据标准化是数据治理的基础。
- 标准制度化：将制定的相关标准与企业的管理制度相结合，明确数据的归口部门、管理职责、管理流程、绩效考核等，形成企业数字化进程中的一部“法律总则”。将数据标准制度化不仅有利于数据标准在各业务系统中的贯彻执行，更有利于在企业各业务部门之间达成共识，从而促进企业业务效率的提升。
- 制度流程化：流程是制度的落实节点，制度是指导流程的操作规范。制度流程化指将数据标准、管理制度融合到企业的业务流程中，以优化业务流程，规范业务操作，从而提升数据质量。

这个阶段还有一件很重要的事情是，为所有利益干系人提供有关数据质量改进的培训和数据标准的宣贯，培养企业数据思维和数据文化。

3. 基于六西格玛实施数据质量管理总结

基于六西格玛的DMAIC模型为企业的数据质量管理提供了一系列原则、思路、方法和工具，它通过对数据质量的定义、测量、分析、改进和控制等一系列过程的闭环管理，形成了企业数据质量管理的完整参考框架。

六西格玛是一个在传统行业广泛应用的全面质量管理体系，而数据质量管理相对于传统行业来说还是非常新的领域，管理的理论和方法都比较匮乏，六西格玛为企业数据质量管理体系的建设提供了可参考的完整视角。六西格玛是一个全面质量管理体系，实施六西格玛会涉及生产和计划流程的所有方面，可能会产生僵化和官僚主义，也可能增加企业的数据管理成本，甚至影响企业的创新能力。

因此在实际应用中，企业需要探索一种敏捷的、精益的六西格玛数据治理模式，在可控的成本范围之内，实现数据质量管理的利润最大化。

19.3.3　数据质量评估框架

1. DQAF 简介

DQAF（Data Quality Assessment Framework，数据质量评估框架）是国际货币基金组织（IMF）以联合国政府统计基本原则为基础构建的数据质量评估框架体系，于 2003 年 7 月正式发布。

DQAF 最初的目的是建立一种测量数据质量的方法，为数据消费者提供有意义的数据测量结果，并帮助提高数据质量。DQAF 对数据质量内涵的界定比较完整，归纳性也比较强，同时提供了具体的数据质量测量类型和数据质量指标，并给出了相应的详细解释，这些因素使该框架的可操作性较强。

DQAF 给定了数据质量的测量基本框架，如图 19-11 所示。

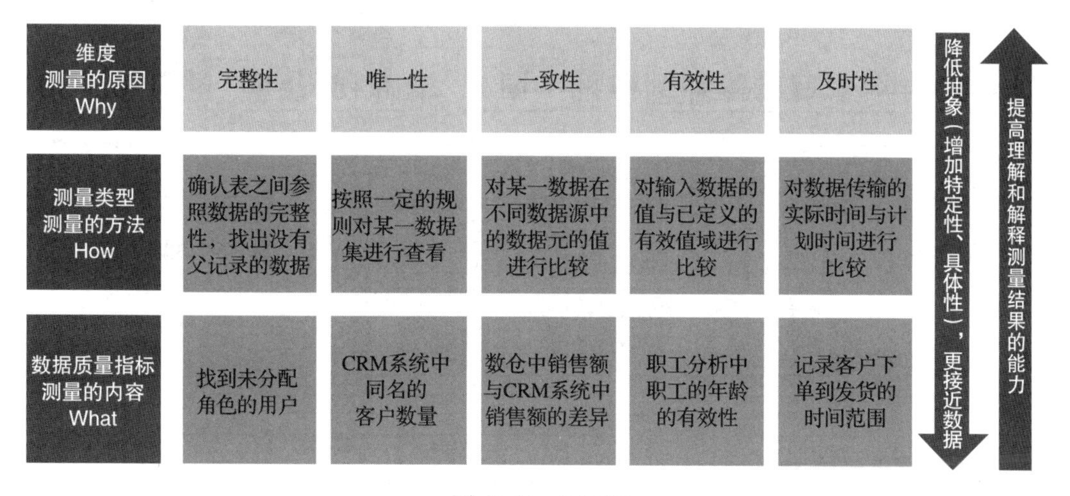

图 19-11　DQAF

- 测量的原因（Why）：数据测量维度，用来确定测量数据的哪些方面，并且通过什么来对其进行量化。DQAF 中探讨的维度包括完整性、唯一性、一致性、有效性和及时性。数据质量维度非常重要，因为它使人们能够理解为什么要测量数据。
- 测量的方法（How）：有持续测量和定期测量两种。
  - **持续测量**即对关键的或有风险的数据源实施联机持续测量，目的是维持数据质量，它有三个任务：一是监控数据的状况并为数据在某种程度上符合预期提供保障；二是监控和发现数据质量问题；三是确定改进的机会。
  - **定期测量**即对非关键性数据和不适合持续测量的数据进行定期重新评估，为数据所处状态符合预期提供一定程度的保证。定期评估可以确保参考数据保持最新，预防业务和技术演进导致意外的数据更改。
- 测量的内容（What）：数据质量测量的内容通常称为数据质量的指标，即衡量数据质量目标的参数，预期中要达到的指数、规格、标准，一般用数据表示。特定的数据质量指标在某种程度上是不言自明的，它们定义了测量的特定数据应采取的特定方法。

2. DQAF 的应用

DQAF 最初被研发出来是为了描述联机数据质量测量，这些测量可以在数据仓库或其他大型系统中作为数据处理的一部分来持续执行。在数据生命周期的不同时点分别执行数据质量评估，效果会更好。在特定的数据治理或数据质量改进项目中，通过联机测量、监控和控制，执行应用系统数据质量的持续评估。DQAF 的数据质量测量流程如图 19-12 所示。

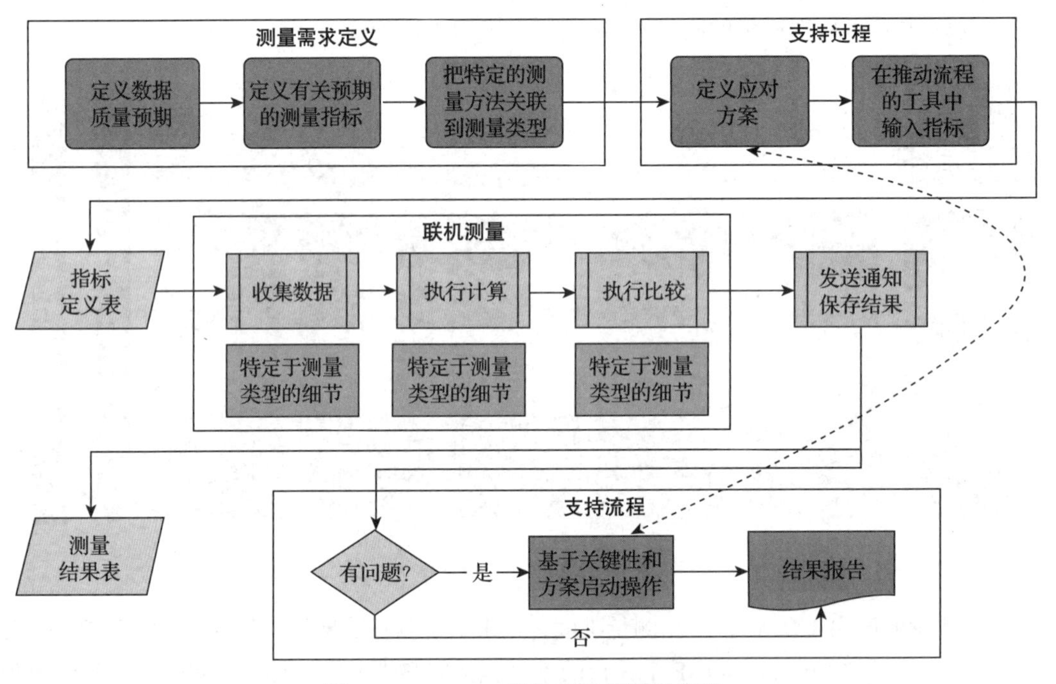

图 19-12 DQAF 的数据质量测量流程

（1）测量需求定义

测量需求定义即收集业务需求，定义数据质量测量的维度和指标，将特定的测量方法关联到测量类型，并将测量方法和规则落实到工具中。

1）收集业务需求。

调研业务人员，了解企业的业务目标以及业务人员对数据质量的期望。在调研过程中要充分发挥业务人员的积极性和参与度，充分挖掘业务人员对数据质量的诉求。

2）定义数据质量测量的维度和指标。

将业务人员对数据质量的需求和期望与数据质量问题对业务造成的影响相结合，定义出测量数据质量维度的关键指标，例如某数据集数据的完整性、采集数据的有效性和及时性、异构系统的数据一致性等。

谨记：数据质量的规则定义更多的是由业务人员而不是 IT 人员负责。因为在大多数情况下，数据质量水平与业务用途的适用性有关，所以一般来说，业务人员既是数据的消费者，也是数据质量的定义者。

3）将特定的测量方法关联到测量类型。

这一步是对数据质量维度和指标的进一步细化，以保障测量的有效性。例如：对于数据完整性的测量，不同场景下需要的方法可能不同。我们需要思考如何细化和扩展测量方法才能达到业务人员对数据质量的要求。

有了这些思考，我们就可以针对不同的数据对象和数据质量维度制定不同的数据质量测量方法，形成纠正数据质量问题的解决方案。

4）将测量方法和规则落实到工具中。

通过数据质量测量定义，明确数据质量测量维度和类型，并通过数据质量管理工具创建和处理这些数据质量规则，形成数据质量指标定义表。例如：匹配记录，删除重复项，验证新数据，插补不完整字段，建立数据修正策略，识别数据集中的隐私数据，识别数据集中可能出现的异常值等。

（2）联机数据质量测量

联机数据质量测量是基于数据质量管理工具，将定义好的数据质量规则作用于数据质量评估的数据对象上，然后通过数据计算和分析比较，得出数据质量的测量结果。联机测量的主要内容如下。

- 数据模型：用于评估数据模型与元数据标准是否一致的活动。
- 接收数据：用于确保正确接收数据的活动。
- 数据处理：用于评估数据处理流程质量和数据处理结果的活动。
- 数据内容：用于评估数据内容的各种活动，包括数据的有效性、特定数据类型的一致性等。

联机数据测量具有可复用性，可持续检查数据有效性，通过数据质量管理工具配置自动化任务，并根据定义的质量规则对指定的数据源进行测量和评估。此外，还可将测量结果输出到测量报告中，或者直接将通知和警报发送给数据管理员以解决严重异常和高优先级的数据缺陷，并将汇总指标的数据质量仪表板和记分卡推送给与数据质量相关的业务人员和数据管理员。

（3）数据质量的初步评估

初步评估的目的是了解企业数据状况，发现数据质量问题的“重灾区”，帮助理解我们知之甚少的数据结构和内容。

初步评估为我们提供了企业数据质量的全貌，帮助我们深入了解数据质量的原因，以便找到改进机会。

（4）启动数据质量改进项目

数据质量改进项目的目标是使数据更加符合业务需求，以支撑数据消费者做出更明智的决策。数据质量改进项目可大可小：既可以包含多个主题域的数据质量全面优化（例如企业级的数据仓库项目），也可以只包含一个主题域的主数据质量改进项目（例如客户主数据管理）。

3. DQAF 应用总结

DQAF 采用的是级联式结构，从综合评估框架中所描述的全部数据集共有的质量维度，延伸到专项评估框架中适用于特定数据集的更为详细的内容，即对数据质量评估标准从一般到具体再到更为详尽的描述过程。

作为一个权威性的国际规范，DQAF 所采用的标准定义、概念和良好统计实践可以用于全面、客观地评估统计数据的质量，为企业的数据质量管理提供可借鉴的范本。

19.4 数据质量管理策略和技术

数据质量管理包含正确定义数据标准，并采用正确的技术、投入合理的资源来管理数据质量。数据质量管理策略和技术的应用是一个比较广泛的范畴，它可以作用于数据质量管理的事前、事中、事后三个阶段。数据质量管理应秉持预防为主的理念，坚持将“以预控为核心，以满足业务需求为目标”作为工作的根本出发点和落脚点，加强数据质量管理的事前预防、事中控制、事后补救的各种措施，以实现企业数据质量的持续提升，如图 19-13 所示。

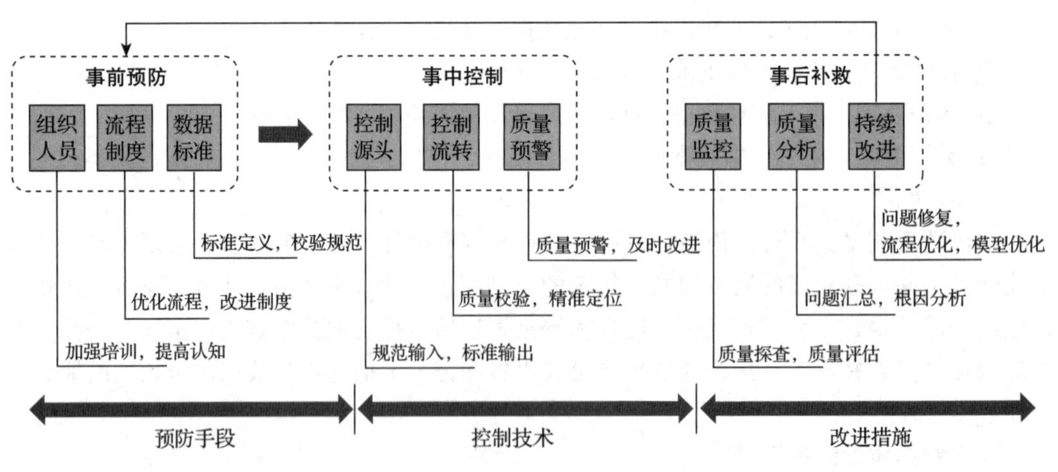

图 19-13 数据质量管理的事前、事中、事后

19.4.1 数据质量管理之事前预防

东汉史学家荀悦在《申鉴·杂言上》中提到对皇帝进献忠告的三种方法，也称进忠三

术："一曰防，二曰救，三曰戒。先其未然谓之防，发而止之谓之救，行而责之谓之戒。防为上，救次之，戒为下。"

事前预防即防患于未然，是数据质量管理的上上之策。数据质量管理的事前预防可以从组织人员、标准规范、制度流程三个方面入手。

1. 加强组织建设

企业需要建立一种文化，以让更多的人认识到数据质量的重要性，这离不开组织机制的保障。建立数据质量管理的组织体系，明确角色职责并为每个角色配置适当技能的人员，以及加强对相关人员的培训和培养，这是保证数据质量的有效方式。

（1）组织角色设置

企业在实施数据质量管理时，应考虑在数据治理整体的组织框架下设置相关的数据质量管理角色，并确定他们在数据质量管理中的职责分工。常见的组织角色及其职责如下。

- 数据治理委员会：为数据质量定下基调，制定有关数据基础架构和流程的决策。数据治理委员会确保在整个企业范围内采用与数据质量相关的类似方法和政策，并在组织的所有职能部门之间进行横向调整。数据治理委员会定期开会以新的数据质量目标，推动测量并分析各个业务部门内数据质量的状态。
- 数据分析师：负责数据问题的根因分析，以便为数据质量解决方案的制定提供决策依据。
- 数据管理员：负责将数据作为公司资产进行管理，保障数据质量，例如定期数据清理、删除重复数据或解决其他数据问题。

（2）加强人员培训

数据不准确的主要原因是人为因素，加强对相关人员的培训，提升人员的数据质量意识，能够有效减少数据质量问题的发生。

数据质量管理培训是一个双赢的过程。对于员工来说，通过培训，自己不仅能够认识到数据质量对业务和管理的重要性，还能学习到数据管理理论、技术、工具等知识和技能，确保上游业务人员知道他们的数据对下游业务和应用程序的影响，让自己在工作中尽可能不犯错、少犯错，提高自己的业务处理效率和质量。对于企业来说，通过培训，可以使数据标准得到宣贯，提升员工的数据思维和对数据的认识水平，建立起企业的数据文化，以支撑企业数据治理的长治久安。

有关数据治理培训机制的相关策略在第 6 章中已经详细描述过，此处不再赘述。

此外，企业应鼓励员工参加专业资格认证的培训，这样能够让相关人员更加系统地学习数据治理知识体系，提升数据管理的专业能力。

2. 落实数据标准

数据标准的有效执行和落地是数据质量管理的必要条件。数据标准包括数据模型标准、主数据和参考数据标准、指标数据标准等。

（1）数据模型标准

数据模型标准数对数据模型中的业务定义、业务规则、数据关系、数据质量规则等进行统一定义，以及通过元数据管理工具对这些标准和规则进行统一管理。在数据质量管理过程中，可以将这些标准映射到业务流程中，并将数据标准作为数据质量评估的依据，实现数据质量的稽查核验，使得数据的质量校验有据可依，有法可循。

（2）主数据和参考数据标准

主数据和参考数据标准包含主数据和参考数据的分类标准、编码标准、模型标准，它们是主数据和参考数据在各部门、各业务系统之间进行共享的保障。如果主数据和参考数据标准无法有效执行，就会严重影响主数据的质量，带来主数据的不一致、不完整、不唯一等问题，进而影响业务协同和决策支持。

（3）指标数据标准

指标数据是在业务数据基础上按照一定业务规则加工汇总的数据，指标数据标准主要涵盖业务属性、技术属性、管理属性三个方面，相关内容详见第 17 章。

指标数据标准统一了分析指标的统计口径、统计维度、计算方法的基础，不仅是各业务部门共识的基础，也是数据仓库、BI 项目的主要建设内容，为数据仓库的数据质量稽查提供依据。

3. 制度流程保障

（1）数据质量管理流程

数据质量管理是一个闭环管理流程，包括业务需求定义、数据质量测量、根本原因分析、实施改进方案、控制数据质量，如图 19-14 所示。

① 业务需求定义

笔者的一贯主张是：企业不会为了治理数据而治理数据，背后都是为了实现业务和管理的目标，而数据质量管理的目的就是更好地实现业务的期望。

第一，将企业的业务目标对应到数据质量管理策略和计划中。

第二，让业务人员深度参与甚至主导数据质量管理，作为数据主要用户的业务部门可以更好地定义数据质量参数。

第三，将业务问题定义清楚，这样才能分析出数据数量问题的根本原因，进而制定出更合理的解决方案。

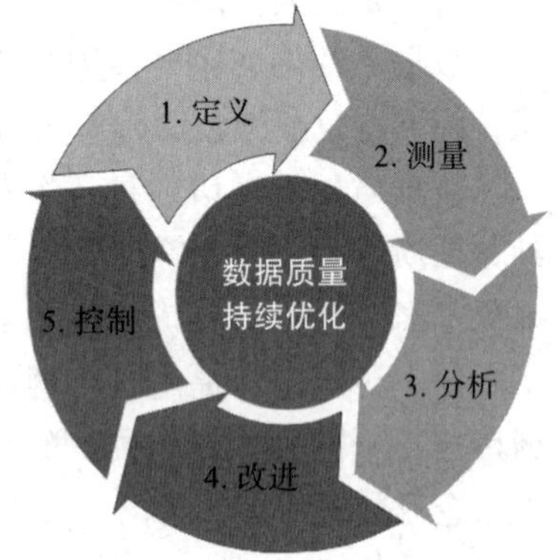

图 19-14 数据质量的闭环管理

② 数据质量测量

数据质量测量是围绕业务需求设计数据评估维度和指标，利用数据质量管理工具完成对相关数据源的数据质量情况的评估，并根据测量结果归类数据问题、分析引起数据问题的原因。

第一，数据质量测量以数据质量问题对业务的影响分析为指导，清晰定义出待测量数据的范围和优先级等重要参数。

第二，采用自上而下和自下而上相结合的策略识别数据中的异常问题。自上而下的方法是以业务目标为出发点，对待测量的数据源进行评估和衡量；自下而上的方法是基于数据概要分析，识别数据源问题并将其映射到对业务目标的潜在影响上。

第三，形成数据治理评估报告，通过该报告清楚列出数据质量的测量结果。

③ 根本原因分析

产生数据质量问题的原因有很多，但是有些原因仅是表象，并不是根本原因。要做好数据质量管理，应抓住影响数据质量的关键因素，设置质量管理点或质量控制点，从数据的源头抓起，从根本上解决数据质量问题。

19.2 节已经详细描述过数据质量问题的根因分析步骤和方法，这里不再赘述。

④ 实施改进方案

没有一种通用的方案来保证企业每个业务每类数据的准确性和完整性。企业需要结合产生数据问题的根本原因以及数据对业务的影响程度，来定义数据质量规则和数据质量指标，形成一个符合企业业务需求的、独一无二的数据质量改进方案，并立即付诸行动。

⑤ 控制数据质量

数据质量控制是在企业的数据环境中设置一道数据质量“防火墙”，以预防不良数据的产生。数据质量“防火墙”就是根据数据问题的根因分析和问题处理策略，在发生数据问题的入口设置的数据问题测量和监控程序，在数据环境的源头或者上游进行的数据问题防治，从而避免不良数据向下游传播并污染后续的存储，进而影响业务。

（2）数据质量管理制度

数据质量管理制度设置考核 KPI，通过专项考核计分的方式对企业各业务域、各部门的数据质量管理情况进行评估。以数据质量的评估结果为依据，将问题数据归结到相应的分类，并按所在分类的权重进行量化。总结发生数据质量问题的规律，利用数据质量管理工具定期对数据质量进行监控和测量，及时发现存在的数据质量问题，并督促落实改正。

数据质量考核制度实行奖惩结合制，每次根据各业务域数据质量 KPI 的检核情况，给予相应的奖罚分值，并将数据质量专项考核结果纳入对人员和部门的整体绩效考核体系中。

数据质量管理制度的作用在于约束各方加强数据质量意识，督促各方在日常工作中重视数据质量，在发现问题时能够追根溯源、主动解决。

19.4.2 数据质量管理之事中控制

数据质量管理的事中控制是指在数据的维护和使用过程中监控和管理数据质量。通过建立数据质量的流程化控制体系，对数据的创建、变更、采集、清洗、转换、装载、分析等各个环节的数据质量进行控制，如图 19-15 所示。

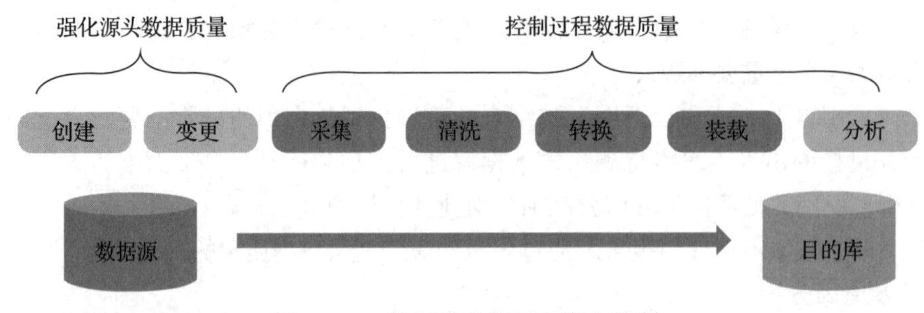

图 19-15 数据质量管理的事中控制

1. 加强数据源头的控制

“问渠那得清如许，为有源头活水来。”了解数据的来源对于企业的数据质量至关重要，从数据的源头控制好数据质量，让数据“规范化输入、标准化输出”是解决企业数据质量问题的关键所在。企业可以考虑从以下几个方面做好源头数据质量的管理。

（1）维护好数据字典

数据字典是记录标准数据、确保数据质量的重要工具。数据会随着时间累积，如果数据积累在电子表格等非正式数据系统中，那么这些宝贵的数据就可能会存在一定的风险，例如可能会随着关键员工的离职而丢失。通过建立企业级数据字典对企业的关键数据进行有效标识，并清晰、准确地对每个数据元素进行定义，可以消除不同部门、不同人员对数据可能的误解，并让企业在 IT 项目上节省大量时间和成本。

（2）自动化数据输入

数据质量差的一个根本原因是人为因素，手动输入数据，很难避免数据错误。因此，企业应该考虑自动化输入数据，以减少人为错误。一个方案，只要系统可以自动执行某些操作就值得实施，例如，根据关键字自动匹配客户信息并自动带入表单。

（3）自动化数据校验

对于疾病，预防比治疗更容易，数据治理也一样。我们可以通过预设的数据质量规则对输入的数据进行自动化校验，对于不符合质量规则的数据进行提醒或拒绝保存。数据质量校验规则包括但不限于以下几类。

- 数据类型正确性：数字、整数、文本、日期、参照、附件等。
- 数据去重校验：完全重复的数据项、疑似重复的数据项等。
- 数据域值范围：最大值、最小值、可接受的值、不可接受的值。
- 数据分类规则：用来确定数据属于某个分类的规则，确保正确归类。
- 单位是否正确：确保使用正确的计量单位。
- 数据权限的识别：数据新增、修改、查看、删除、使用等权限是否受控，例如，数据字段中是否包含不能向游客开放的专有信息。

（4）人工干预审核

数据质量审核是从源头上控制数据质量的重要手段，采用流程驱动的数据管理模式，控制数据的新增和变更，每个操作都需要人工进行审核，只有审核通过数据才能生效。例如：供应商主数据发生新增或变更，就可以采用人工审核的方式来控制数据质量。

2. 加强流转过程的控制

数据质量问题不止发生在源头，如果以最终用户为终点，那么数据采集、存储、传输、处理、分析中的每一个环节都有可能出现数据质量问题。所以，要对数据全生命周期中的各个过程都做好数据质量的全面预防。数据流转过程的质量控制策略如下。

（1）数据采集

在数据采集阶段，可采用以下质量控制策略：

- 明确数据采集需求并形成确认单；
- 数据采集过程和模型的标准化；
- 数据源提供准确、及时、完整的数据；
- 将数据的新增和更改以消息的方式及时广播到其他应用程序；
- 确保数据采集的详细程度或粒度满足业务的需要；
- 定义采集数据的每个数据元的可接受值域范围；
- 确保数据采集工具、采集方法、采集流程已通过验证。

（2）数据存储

在数据存储阶段，可采用以下质量控制策略：

- 选择适当的数据库系统，设计合理的数据表；
- 将数据以适当的颗粒度进行存储；
- 建立适当的数据保留时间表；
- 建立适当的数据所有权和查询权限；
- 明确访问和查询数据的准则和方法。

（3）数据传输

在数据传输阶段，可采用以下质量控制策略：

- 明确数据传输边界或数据传输限制；
- 保证数据传输的及时性、完整性、安全性；
- 保证数据传输过程的可靠性，确保传输过程数据不会被篡改；
- 明确数据传输技术和工具对数据质量的影响。

（4）数据处理

在数据处理阶段，可采用以下质量控制策略：

- 合理处理数据，确保数据处理符合业务目标；
- 重复值的处理；
- 缺失值的处理；
- 异常值的处理；
- 不一致数据的处理。

（5）数据分析

- 确保数据分析的算法、公式和分析系统有效且准确；
- 确保要分析的数据完整且有效；
- 在可重现的情况下分析数据；
- 基于适当的颗粒度分析数据；
- 显示适当的数据比较和关系。

3. 事中控制的相关策略

（1）质量规则的持续更新

数据质量管理不是一次性的工作，而是一个不间断的过程，企业需要定期检查数据质量规则对业务的满足度，并不断改进它们。另外，企业和业务环境在不断变化，因此企业需要提出新的数据质量规则来应对这些变化。

（2）数据质量的持续监控

DQAF 给出了一种数据质量的持续监控方法，叫作联机测量，它强调利用数据质量管理工具的自动化功能，将定义好的数据质量规则作用于数据测量对象（数据源），实现对数据质量有效性的持续性检查，以便发现数据质量问题和确定改进方案。

（3）使用先进的技术

我们可以利用人工智能技术来进行数据质量监控、评价和改善，以应对不断增加的数据和日趋复杂的数据环境等的挑战。人工智能技术在数据质量管理中的应用包括：

- 更好地识别和解析企业的数据；
- 更好地了解和量化数据质量；
- 更好地进行数据质量问题分析；
- 更好地进行数据匹配和删除重复数据；
- 更好地丰富企业的数据。

（4）数据质量预警机制

数据质量预警机制用于对在数据质量监控过程中发现的数据质量问题进行预警和提醒。例如，通过微信、短信的形式提醒数据管理员发生了数据质量问题，通过电子邮件的形式向数据管理员发送数据质量问题列表等，以便相关人员及时采取改善或补救措施。

（5）数据质量报告

数据质量报告有利于清晰地显示数据质量测量和评估情况，方便相关数据质量责任人分析数据问题，制定处理方案。数据质量报告有两种常见的形式：一种是以仪表板的形式统计数据质量问题，显示数据质量 KPI，帮助数据管理者分析和定位数据质量问题；另一种是生成数据质量问题日志，该日志记录了已知的数据问题，能够帮助企业预防数据质量问题和执行数据清理活动。

19.4.3　数据质量管理之事后补救

是不是做好了事前预防和事中控制就不会再有数据质量问题发生了？答案显然是否定的。事实上，不论我们采取了多少预防措施、进行了多么严格的过程控制，数据问题总是还有“漏网之鱼”。你会发现只要是人为干预的过程，总会存在数据质量问题，而即使抛开人为因素，数据质量问题也无法避免。为了尽可能减少数据质量问题，减轻数据质量问题对业务的影响，我们需要及时发现它并采取相应的补救措施。

1. 定期质量监控

定期质量监控也叫定期数据测量，是对某些非关键性数据和不适合持续测量的数据定期重新评估，为数据所处状态符合预期提供一定程度的保证。

定期监控数据的状况，为数据在某种程度上符合预期提供保障，发现数据质量问题及数据质量问题的变化，从而制定有效的改进措施。定期质量监控就像人们定期体检一样，定期检查身体的健康状态，当某次体检数据发生明显变化时，医生就会知道有哪些数据出现异常，并根据这些异常数据采取适当的治疗措施。

对于数据也一样，需要定期对企业数据治理进行全面“体检”，找到问题的“病因”，以实现数据质量的持续提升。

2. 数据问题补救

尽管数据质量控制可以在很大程度上起到控制和预防不良数据发生的作用，但事实上，再严格的质量控制也无法做到 100% 的数据问题防治，甚至过于严格的数据质量控制还会引起其他数据问题。因此，企业需要不时进行主动的数据清理和补救措施，以纠正现有的数据问题。

（1）清理重复数据

对经数据质量检核检查出的重复数据进行人工或自动处理，处理的方法有删除或合并。例如：对于两条完全相同的重复记录，删除其中一条；如果重复的记录不完全相同，则将两条记录合并为一条，或者只保留相对完整、准确的那条。

（2）清理派生数据

派生数据是由其他数据派生出来的数据，例如：“利润率”就是在“利润”的基础上计算得出的，它就是派生数据。而一般情况下，存储派生出的数据是多余的，不仅会增加存储和维护成本，而且会增大数据出错的风险。如果由于某种原因，利润率的计算方式发生了变化，那么必须重新计算该值，这就会增加发生错误的机会。因此，需要对派生数据进行清理，可以存储其相关算法和公式，而不是结果。

（3）缺失值处理

处理缺失值的策略是对缺失值进行插补修复，有两种方式：人工插补和自动插补。对于“小数据”的数据缺失值，一般采用人工插补的方式，例如主数据的完整性治理。而对于大数据的数据缺失值问题，一般采用自动插补的方式进行修复。自动插补主要有三种方式：

- ❑ 利用上下文插值修复；
- ❑ 采用平均值、最大值或最小值修复；
- ❑ 采用默认值修复。

当然，最为有效的方法是采用相近或相似数值进行插补，例如利用机器学习算法找到相似值进行插补修复。

（4）异常值处理

异常值处理的核心是找到异常值。异常值的检测方法有很多，大多要用到以下机器学习技术：

- ❑ 基于统计的异常检测；
- ❑ 基于距离的异常检测；
- ❑ 基于密度的异常检测；
- ❑ 基于聚类的异常检测。

检测出异常值后，处理就相对简单了，有如下处理方法：

- ❑ 删除异常值；
- ❑ 数据转换或聚类；
- ❑ 替换异常值；
- ❑ 分离对待。

以上涉及的机器学习算法不在本书的讨论范围之内，有兴趣的读者可以参考相关的机器学习图书。

3. 持续改进优化

数据质量管理是个持续的良性循环，不断进行测量、分析、探查和改进可全面改善企业的信息质量。通过对数据质量管理策略的不断优化和改进，从对于数据问题甚至紧急的数据故障只能被动做出反应，过渡到主动预防和控制数据缺陷的发生，如图 19-16 所示。

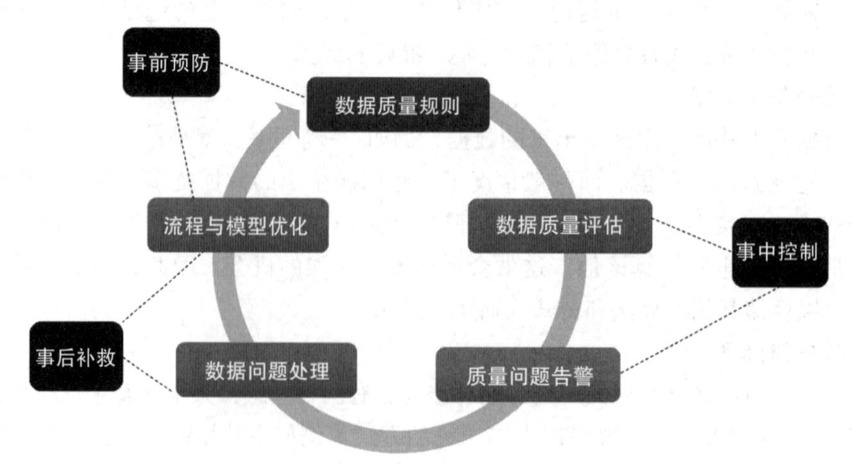

图 19-16　数据质量持续优化模型

经过数据质量测量、数据问题根因分析以及数据质量问题修复，我们可以回过头来评估数据模型设计是否合理，是否还有优化和提升的空间，数据的新增、变更、采集、存储、传输、处理、分析各个过程是否规范，预置的质量规则和阈值是否合理。如果模型和流程存在不合理的地方或可优化的空间，那么就实施这些优化。

事后补救始终不是数据质量管理的最理想方式，建议坚持以预防为主的原则开展数据质量管理，并通过持续的数据质量测量和探查，不断发现问题，改进方法，提升质量。

19.5　本章小结

数据质量影响的不仅是信息化建设的成败，更是影响企业业务协同、管理创新、决策支持的核心要素。对于数据质量的管理，坚持“垃圾进，垃圾出”的总体思想，坚持“事前预防、事中控制、事后补救”的数据质量管理策略，持续提升企业数据质量水平。尽管可能没有一种真正的万无一失的方法来防止所有数据质量问题，但是使数据质量成为企业数据环境 DNA 的一部分将在很大程度上能够获得业务用户和领导的信任。

随着大数据的发展，企业用数需求与日俱增，解决数据质量问题变得比以往任何时候都重要。技术的发展、业务的变化、数据的增加让企业的数据环境日益复杂多变。因此，企业的数据质量管理是一个持续的过程，永远也不会出现所谓的“最佳时机”，换句话说，企业进行数据质量管理的最佳时机就是现在！

Chapter 20 第20章

数据安全治理

数字化时代，数据是企业的命脉，无论是敏感的知识产权、商业秘密、交易记录，还是从员工到客户和业务合作伙伴的所有与业务相关的数据。这些数据对于企业具有巨大的价值，对于试图通过窃取数据来获取利益的人也具有极大的诱惑。大数据的发展给企业带来了前所未有的机遇，也带来了前所未有的数据安全挑战。因此，做好企业数据的安全治理迫在眉睫！

本章主要介绍企业数据安全治理的相关概念、政策和法规、策略和技术。

20.1 数据安全治理概述

数据安全是买不到的，即插即用并能提供足够安全防护能力的产品根本不存在。那么，什么是数据安全？数据安全的脆弱性体现在什么地方？数据安全风险来自哪里？数据安全治理与数据治理有什么关系？对于这些问题，本节将会一一解答。

20.1.1 什么是数据安全

数据安全是数据的质量属性，其目标是保障数据资产的保密性（Confidentiality）、完整性（Integrity）和可用性（Availability），简称CIA，也被称为数据安全三要素模型（见图20-1）。数据安全三要素模型可帮助企业保护其敏感数据免受未经授权的访问和数据泄露。

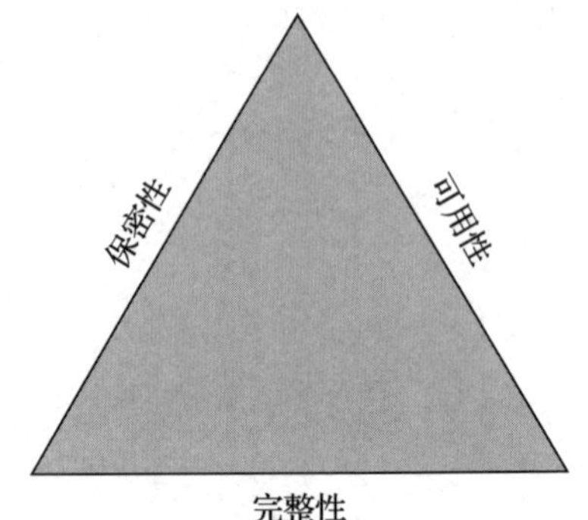

图20-1 数据安全三要素模型

（1）保密性

数据保密性又称数据机密性，是指个人或组织的信息不为不应获得者获得，确保只有授权人员才能访问数据。

（2）完整性

数据完整性是指在传输、存储或使用数据的过程中，保障数据不被篡改或在被篡改后能够迅速被发现，从而确保信息可靠且准确。

（3）可用性

数据可用性是一种以使用者为中心的设计概念，指确保数据既可用又可访问，以满足业务需求。可用性的重点在于让产品的设计符合使用者的习惯与需求。高并发访问或者 DoS 网络攻击会引起网络堵塞，破坏数据的可用性，例如：2013 年年底，春运抢票造成了 12306 网站的瘫痪，严重影响了用户的购票体验。

20.1.2　数据安全的脆弱性

数据安全的脆弱性是存在数据安全风险的脆弱点的集合，包括管理与技术两个方面。管理上，数据安全脆弱性主要涉及数据安全治理、管理体系建设、系统运维管理等方面存在的风险；技术上，数据安全脆弱性主要涉及操作系统、应用程序和数据库方面存在的风险，如表 20-1 所示。

表 20-1　数据安全脆弱性的表现

类型	对象	数据安全脆弱性
管理方面	管理目标	企业数据管理的总纲中不包含数据安全目标及相关内容的说明，或没有成文的，经过专门部门制定、审核、发布的数据安全管理总纲
	组织人员	未建立数据安全治理组织机构并形成数据安全管理的机制
		未指定数据安全管理员或明确数据安全相关的岗位，并定义相关岗位的职责
		缺乏对数据安全相关人员的数据安全意识教育和岗位技能培训
		未将数据安全相关岗位纳入绩效考核
	制度流程	缺乏数据安全管理流程和制度体系的建设
		未建立数据审计制度来定期对数据日志进行数据安全方面的审计
		未建立数据加密制度来对相关的结构化数据、半结构化或非结构化数据进行加密
		未建立数据脱敏制度来对敏感数据进行脱敏处理
		未建立数据的申请和使用规范
		未建立从数据安全风险评估到数据安全改进的闭环管理体系
		未建立数据的备份和恢复策略
		未建立数据安全的应急预案

（续）

类型	对象	数据安全脆弱性
技术方面	操作系统	一般通过专业机构或软件进行评测，以检查操作系统漏洞、防火墙、网络访问控制（NAC）、防病毒软件安装等是否存在安全风险
	数据库	数据库是否存在安全漏洞（可通过专业的机构或软件进行检测）
		未对数据库进行全量或增量备份
		数据库口令薄弱或长时间未修改数据库口令
	应用程序	未识别敏感数据并对数据进行分类、分级管理
		缺乏对敏感数据的访问控制策略
		数据在使用、传输、共享过程中未脱敏
		未对敏感数据进行加密存储
		未提供数据安全审计功能，无法进行数据安全审计

对于数据安全脆弱性，需要从其对数据资产的损害程度、技术实现的难易程度及该脆弱点的流行程度等多个维度进行评估，对脆弱性严重程度进行赋值，以便制定有针对性的数据安全治理策略。

20.1.3 数据安全风险来自哪里

你是否遭遇过如下场景：

一大清早，你的手机暴响："大哥，你最近炒股赚钱了吗？我拉你进一个免费的股票交流群吧！"

你果断挂掉电话，将其拉入黑名单，并将手机调成震动模式。不久，手机又开始肆意地震荡："先生，我们是 ×× 豪府，我们这里开盘大酬宾，现在预交定金，能够立减……"

"我不需要买房，谢谢！"你礼貌地挂断电话，打开电脑查收工作邮件。这时，你的邮箱"砰砰砰"冒出十几封新邮件，有向你推荐保险的，有询问你是否需要购买发票的，有卖茶叶的，还有向你推销保健产品的……

"理财推荐""房屋中介""保险推荐""健康理疗"，我们的生活正在被这些无穷无尽的询问、搭讪、骚扰、窥探所包围！

还有让你更惊恐的：当你刚买完房子，就有人问你要不要装修；当你刚买完车子，就有人问你要不要买车险；当你刚生完孩子，就有人问你要不要买母婴用品……你不禁要问：**"到底是谁泄露了我们的信息？！"**

关于数据泄露及数据安全威胁，威瑞森（Verizon）发布的《数据泄露调查报告》（*DBIR*）提供了重要的观点。从 2008 年起，Verizon 每年都会发布 *DBIR*。2019 年版的 *DBIR* 基于的是对 41 686 起安全事件（其中有 2013 起数据泄露事件）的分析，数据由共计 73 个数据源提供，其中 66 个是威瑞森之外的组织，这些组织是来自世界各地的公共或私有实体。报告显示：69% 的安全事件是外部人员所为；34% 的违规行为涉及内部参与者；2% 涉及合作伙伴；5% 涉及多方当事人；39% 的数据泄露事件的幕后主使是有组织犯罪集团；23% 的数据泄露事件被确定为有民族或国家的行为者参与。

从这份报告中，我们可以将导致数据泄露的人分为 4 类：黑客（有目标性攻击的外部人员）、第三方（合作商、供应商）、恶意的内部人员、操作失误的内部人员。

（1）有目标性攻击的外部人员

数字化时代，数据是企业的宝贵资产，能够为企业创造经济利益，在不法分子眼中，数据同样具有很高的利用价值。随着有组织网络犯罪活动的不断上升，目标性攻击越来越倾向于窃取信息，以获取经济利益。通过一定的网络技术对信息或数据进行攻击、篡改、窃取的行为者一般被称为“黑客”。来自黑客的数据安全威胁如表 20-2 所示。

表 20-2　来自黑客的数据安全威胁

攻击类型	说　明
恶意软件	恶意软件也叫作“流氓软件”，是为了获得未经授权的访问或造成损害而开发的软件。恶意软件的类型多种多样，例如行为记录软件、浏览器劫持软件、搜索引擎劫持软件、欺诈性广告软件、自动拨号软件、盗窃密码软件等
网络病毒	可以通过网络传播，同时破坏某些网络组件（服务器、客户端、交换和路由设备）的程序，例如病毒、蠕虫、特洛伊木马等。一旦网络病毒感染一台计算机，它就可以在网络中迅速传播，对计算机系统造成非常大的伤害，甚至使服务器瘫痪
DDoS 攻击	DDoS 攻击即分布式拒绝服务攻击，它可以使很多计算机在同一时间遭受攻击，使攻击目标无法正常使用
电子邮件轰炸	电子邮件轰炸也就是通常所说的邮件炸弹，指的是用伪造的 IP 地址和电子邮件地址向同一信箱发送数以千计、万计内容相同的垃圾邮件，致使受害人邮箱被“炸”。严重者可能会给电子邮件服务器带来危险，甚至使其瘫痪
网络欺诈	攻击者佯称自己为系统管理员（邮件地址和系统管理员完全相同），向用户发送邮件要求其修改口令（口令可能为指定字符串），或者在看似正常的附件中加载病毒或木马程序
网络监听	网络监听是主机的一种工作模式，在这种模式下，主机可以接收到本网段在同一条物理通道上传输的所有信息，而不管这些信息的发送方和接收方是谁

（2）第三方

缺乏足够网络安全性的合作伙伴和承包商也可能是企业数据泄露的一个重要渠道。无论是由于服务提供者所管理的在线资源配置不当，还是不安全的第三方软件，或是与第三方的不安全通信渠道，如果企业没有关注与防范，那么与第三方的合作很可能会使企业面临巨大的数据安全风险。

2018 年 3 月，Facebook 发生 5000 万用户信息被泄露和滥用事件，据报道，这些信息是被第三方合作伙伴剑桥分析公司泄露和滥用的。

2018 年 6 月，赛门铁克的身份保护服务 Lifelock 网站上的一个程序漏洞暴露了数百万客户的电子邮件信息，而问题就出在由第三方负责管理的网站页面。

2018 年 5 月，为医疗机构提供医疗转录服务的语音识别软件供应商 Nuance，因系统漏洞，导致包括旧金山卫生局和加州大学圣地亚哥分校在内的客户信息泄露，曝光了4.5万份患者记录。

（3）恶意的内部人员

恶意的内部人员是指故意窃取数据或破坏系统的员工，他们利用窃取的数据来开展竞争性业务，在黑市上出售所窃取的数据，或者针对真实或可感知的问题向雇主进行报复。*DBIR*显示，有34%的数据泄露行为涉及内部参与者。而国内媒体《财经》曾报道称，目前已有80%的数据泄露是企业内部员工所为。黑客攻击不过是数据泄露来源的冰山一角。

据《潇湘晨报》报道，投资失败的民警肖某在苦寻投资之道时发现了“商机”——盗取公民信息出售。他利用工作便利，盗用同事的数字证书，登录公安“云搜索”，非法获取公民行踪轨迹、住宿信息、车辆轨迹等个人信息，并通过支付宝、QQ群打广告，非法出售。不到两年时间里，获利180余万元。

2012年8月，据《东方早报》报道，数十万条新生儿信息遭倒卖，30岁的张某到案后，交代了其利用开发、维护市卫生局出生系统数据库的职务便利，于2011年年初至2012年4月，每月两次非法登录该数据库，下载新生儿出生信息累计达数十万条并出售给李某，非法获利3万余元。

企业数据泄露的一个重要威胁来自企业内部，内部人员导致的数据泄露造成的破坏往往是巨大的，并且让人防不胜防。尽管很多企业都意识到了这一点，与能够接触到数据的员工签订了保密协议，并进行了数据安全教育和培训，然而在利益的驱使下，还是会有人铤而走险。

（4）操作失误的内部人员

企业缺乏数据安全管理体系或对数据不关心，导致数据被破坏；企业人员缺乏数据安全意识，也没有接受有效的数据安全培训，而在无意中泄露了数据；企业人员缺乏数据安全的专项技能，不具备岗位技术要求，导致数据泄露或被盗。疏忽和意外是造成企业数据安全事件的一个主要原因。使用数据的用户或系统管理员的意外失误代价高昂，例如，内部人员将包含敏感数据的文件复制到其个人设备，误将该文件通过电子邮件发送给了非授权的收件人。

风险是数据安全保障的起点，正是由于有了风险，有了特定威胁动机的威胁源使用各种攻击方法，利用信息系统的各种脆弱性对信息资产造成各种影响，才引起了数据安全问题。

20.1.4 什么是数据安全治理

国际标准化组织（ISO）对计算机系统安全防护的定义是：“为数据处理系统建立和采用的技术与管理的安全保护，保护计算机硬件、软件和数据不因偶然或恶意的原因而遭到破坏、更改或泄露。”

在Gartner 2017安全与风险管理峰会上，分析师Marc发表了题为“2017年数据安全态势”的演讲，并提及了“数据安全治理”（Data Security Governance）。Marc将其比喻为

“风暴之眼”，以此来形容数据安全治理（DSG）在数据安全领域中的重要地位及作用。

Gartner 对数据安全治理的基本定义是：“数据安全治理绝不仅是一套用工具组合而成的产品级解决方案，而是从决策层到技术层，从管理制度到工具支撑，自上而下、贯穿整个组织架构的完整链条。组织内的各个层级需要对数据安全治理的目标和宗旨达成共识，确保采取合理和适当的措施，以最有效的方式保护信息资源。”

由此我们可以将数据安全治理理解为：确保数据的可用性、完整性和保密性所采取的各种策略、技术和活动，包括**从企业战略、企业文化、组织建设、业务流程、规章制度、技术工具等各方面提升数据安全风险应对能力的过程，控制数据安全风险或将风险带来的影响降至最低。**

数据安全策略和技术可以识别数据集信息敏感性、重要性、合规性等要求，然后应用适当的保护措施来保护这些数据资源。数据安全治理涉及多种技术、流程和实践，以确保数据安全和防止未经授权的非法访问。同时，数据安全治理还应专注于保护个人敏感数据，例如个人身份、联系信息或关键业务知识产权。

20.1.5 数据治理与数据安全治理

数据安全治理是通过制定数据安全策略和流程来保护企业数据，涉及数据、业务、安全、技术、管理等多个方面。数据安全治理是数据治理的一个子集，安全治理既可在数据治理框架下进行，也可独立实施。数据治理与数据安全治理的关系如表 20-3 所示。

表 20-3 数据治理与数据安全治理的关系

比较维度	数据治理	数据安全治理
实现目标	数据治理的目标是通过规范数据管理过程，提高数据质量，从而提升企业数据资产价值	数据安全治理的目标是让数据使用更安全，保障数据保密性、完整性、可用性，以及数据使用的安全合规性，本质上也是保障数据资产价值
发起部门	数据治理多为 IT 部门或相关业务部门（如财务部门）驱动	数据安全治理一般是由安全合规部门发起的
输出成果	指导数据管理的各种策略和措施，例如数据治理组织、管理办法、管理流程、数据标准等	完成对企业数据访问的安全策略的分级分类和对数据的合规安全访问措施，例如身份认证、统一授权、安全审计等
管控力度	数据治理通过数据质量进行绩效评估	一旦发生数据安全事件或泄露事件，需要追究法律责任
数据资产梳理	数据治理的资产梳理是对企业数据资源的全面盘点，包括信息系统、数据库表以及线下的数据资产，从而形成数据资产目录	数据安全治理中的资产梳理要明确数据分级分类的标准，以及敏感数据资产的分布、访问状况和授权信息

数据安全治理从战略和战术层面支撑数据治理的开展，通过实施安全访问、分级分类、合规使用的数据安全策略，实现业务的目标，例如满足法律法规要求、保护消费者隐私等。

最后，引用前阿里巴巴集团技术副总裁和首席安全专家杜跃进的一段话为本节作结：

我们的世界正在进入一个奇怪的分裂状态：一方面人们为大数据时代即将在各个领域发生的革命性进步而激动难眠，一方面人们也在为数据安全和隐私保护问题担心得睡不着觉。围绕大数据的创新和安全，各种政策、法律、标准、产品和学术研究表现出空前的热情。然而眼花缭乱的声音却使人们陷入了混乱，陷入了数据恐慌。如果我们不能尽快找到清晰的思路，不能尽快找到方法实现围绕大数据的发展与安全之间的平衡，我们可能丧失人类历史上迄今为止最大的一次发展机会，或者陷入最大的安全危机。

20.2 数据安全治理策略

数据安全治理是数据治理的一个专项分支，其治理体系可以架构在数据治理的整体框架下，也可以单独构建，实施数据安全的专项治理。数据安全治理是战略层面的策略，强调在战略、组织、政策的框架下，定义数据治理的策略，形成一种协作的秩序，让数据安全管理从“无序”到“有序”，从“人治”到“法制”。

20.2.1 数据安全治理体系

数据安全治理主要是围绕着数据安全的脆弱性，针对面临的各种风险制定针对性的策略，将风险降至可接受的程度。在整个数据安全治理的过程中，最为重要是制定合适的数据安全策略。

企业数据安全治理体系是一个以风险和策略为基础，以运维体系为纽带，以技术体系为手段，将三者与数据资产基础设施进行有机结合的整体，它贯穿于数据的整个生命周期。

如图 20-2 所示，企业数据安全治理体系主要包含以下五部分，保证数据的全生命周期的可用性、完整性、保密性以及合规使用。

- 数据安全治理目标：重点强调安全目标与业务目标的一致性。数据安全治理的目标是保证数据的安全性，确保数据的合规使用，为业务目标的实现保驾护航。
- 数据安全管理体系：主要包括组织与人员、数据安全认责策略、数据安全管理制度等。
- 数据安全技术体系：主要包括数据全生命周期的敏感数据识别、数据分类与分级、数据访问控制、数据安全审计等。
- 数据安全运维体系：主要包括定期稽核策略、动态防护策略、数据备份策略、数据安全培训等。
- 数据安全基础设施：重点强调数据所在宿主机的物理安全和网络安全。

如图 20-3 所示，在数据安全治理体系架构中，数据安全策略是核心，数据安全管理体系是基础，数据安全技术体系为支撑，数据安全运维体系是应用。数据安全策略通过管理体系制定，通过技术体系创建，通过安全运维体系执行。

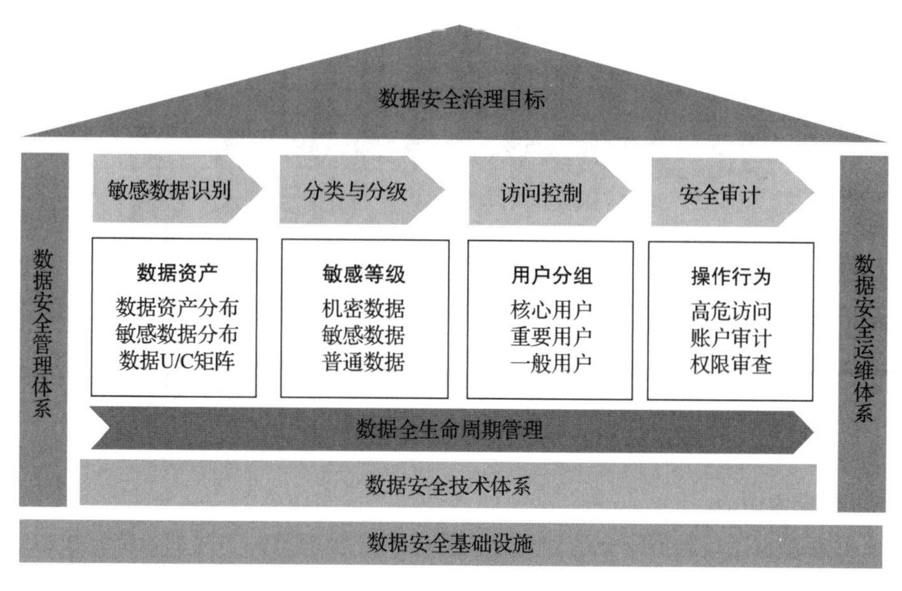

图 20-2　数据安全治理体系构成

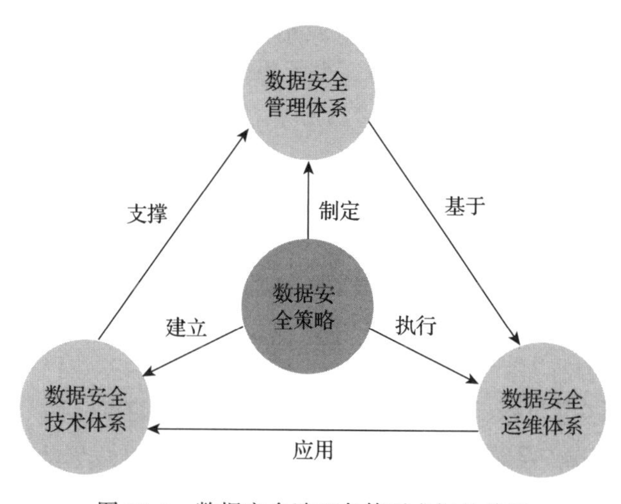

图 20-3　数据安全治理各体系之间的关系

20.2.2　数据安全治理目标

大数据时代，从企业内部到企业关联的上下游产业链，每天都在源源不断地产生大量数据，这些数据能够为企业带来无限商机。数据也因此被称为新时代企业的“黄金”和“石油”，正成为企业的核心资产、国家的战略资源。保证数据安全能力已成为大数据时代企业的重要竞争力。

传统的数据安全管理更多的是防止网络入侵系统数据被窃取，而这只是数据安全治理的一部分，数据安全治理应该以数据为中心，通过建设可见、可控、可管的能力，让企业的数据资产看得见，控得住，管得好（见图 20-4）。

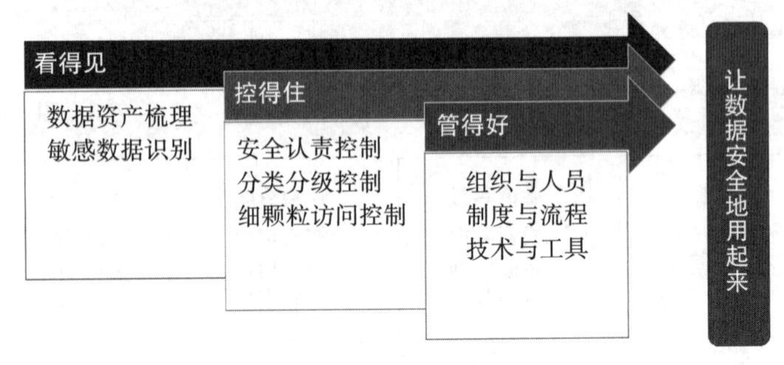

图 20-4 数据安全治理的目标

（1）以数据为中心

“以数据为中心”是数据安全治理与传统数据安全管理最大的区别，传统数据安全管理是“以系统为中心”，重心是防止网络入侵带来的数据被窃取、篡改、破坏。

大数据时代，数据是流动的，只有让数据流动起来才能发挥出数据的价值，这对企业来说是机遇也是挑战。机遇不言而喻，挑战就是数据安全的不确定性更高了，治理更复杂了，即使我们做好了所有系统的安全防护，也无法保证数据流转过程中的数据安全。因此，数据安全治理的重心是在数据上而不是系统上。

（2）建立数据可见、可控、可管的能力

可见是指摸清企业数据资产的家底，识别出敏感数据，让数据资产看得见；可控是指数据的创建、采集、传输、存储、处理、使用、销毁全生命周期中的各个风险点都有控制手段，让风险控制得住；可管是指数据的安全的运营能力，数据环境是变化的，数据风险也是动态的，因此数据安全治理需要持续运营，让数据管得好。

数据安全治理的目标是“让数据看得见，控得住，管得好”吗？事实上，这只是数据安全治理的手段，并不是目标。那么什么才是数据安全治理的目标呢？

有专家认为：“数据安全管理是实现敏感数据最小化访问，以保证数据的安全。”而在笔者看来，这是战术层面的数据安全管理，而从战略上讲，对于数据安全和敏感信息的保护，要站在企业级数据共享和应用的视角，以合规要求为前提，以数据应用为基础，以满足业务用数需求为驱动，将数据安全目标与企业业务目标对齐，来进行统筹规划。换句话说，数据安全治理的目标是通过安全地使用数据来支撑业务目标的实现。脱离了使用，数据安全就没有了意义；脱离了业务目标，数据资产就没有了价值；脱离了“安全”业务将处于风险之中。

20.2.3 数据安全治理组织

数据安全治理作为数据治理的一个子集，其组织的建设应在数据治理组织机构的整体框架下进行，涉及的角色主要有数据治理委员会、数据管理者、数据生产者、数据所有者、数据使用者等。

（1）数据治理委员会

数据治理委员会一般作为企业数据安全治理的决策机构，负责制定企业数据安全战略，批准数据安全策略，执行数据安全管控流程，监督承担重大安全责任的人员并确保人员得到适当培训。此外，数据治理委员会还负责数据安全重大事项的决策和处理。

（2）数据生产者

数据生产者即数据的提供方，对于企业来说，数据的生产者是人、系统和设备。例如：企业员工的每一次出勤、财务人员的每一笔账单、会员的每一次消费都能一一被记录；企业的 ERP、CRM 系统等每天都会产生大量的交易数据和日志数据；企业的各类设备会源源不断地生产大量数据，并通过 IoT 整合到企业的数据平台中。

（3）数据所有者

关于数据所有权的归属一直存在两种不同意见：一种是归用户所有，因为数据所记载的信息是用户的操作行为产生的，离开了用户，数据就会失去价值；另一种是归企业所有，因为企业要花费大量的资源来进行数据的收集和整理。笔者认为，数据应当归属于能够产生数据价值的一方，让数据产生价值才是数据治理的本质，让数据产生价值更有利于整个社会的进步。

（4）数据使用者

数据使用者即使用数据的部门或个人。在企业中，数据的生产者、所有者和使用者有可能是同一个部门。例如：销售部门以 CRM 系统为依托，既是客户数据的生产者，也是客户数据的使用者，还是客户数据的所有者。

（5）数据管理者

数据管理者是由数据治理委员会指定的数据安全专员，负责数据安全管理细则的制定、数据安全检查、数据安全相关技术的导入、数据安全审计与监控、数据安全事件的处理。

数据安全治理不只与以上几类角色相关，它涉及从董事会到每个员工的所有人员。企业数据安全需要每一个人参与，人人都应该了解企业数据安全治理政策，培养数据安全意识，在日常事务中养成良好习惯，发现异常事件及时报告。

20.2.4 数据安全认责策略

数据安全，人人有责。话虽如此，但一旦出现数据安全问题，到底应该由谁来负责一直是一个颇具争议性的话题。

提到数据安全认责，很多人的第一反应是：“不是由 IT 部门负责吗？”然而，从前文中大量的数据泄露案例来看，数据安全真的不应该由 IT 部门责任，IT 部门也负不起这个责任。

事实上，IT 部门只是企业信息系统的实施者、维护者或部分数据的管理者，在企业的数据安全治理过程中，数据的生产者、拥有者、使用者同样负有数据安全责任。

按照“谁拥有谁负责，谁管理谁负责，谁使用谁负责，谁采集谁负责”的原则，确定数据安全治理工作的相关各方的责任和关系，明确数据安全治理过程中的决策、执行、解释、汇报、协调等活动的参与方和负责方，以及各方承担的角色和职责等，形成由数据治理负责部门牵头、全员参与的主动认责文化。

数据安全治理涉及的角色和责任划分如图 20-5 所示。

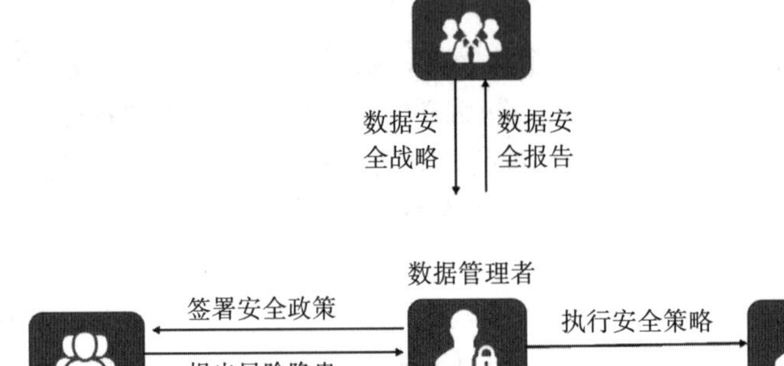

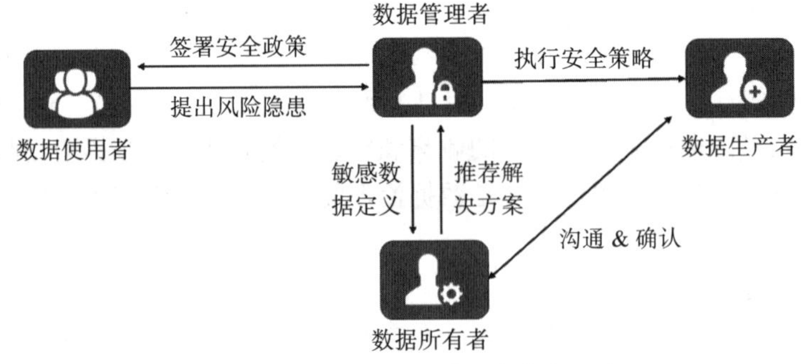

图 20-5 数据安全治理各角色职责

（1）数据使用者

数据使用者需要理解企业数据安全管理的目标、制度和规则，遵守和执行数据安全治理相关的流程，根据数据合规性的要求使用数据，并报告数据使用过程中的安全风险。对于敏感数据的接触人员，应明确定义数据的使用权限和范围，签署可接受的使用政策。

（2）数据所有者

数据所有者对数据资产和数据安全治理的政策、标准、规则、流程负责，提供数据的业务需求，识别敏感数据，分配数据的使用权，制定政策和程序以监督其生成、处理、收集、处置和传播。解释数据的业务规则和含义，向系统所有者提供有关充分保护敏感信息所需的安全控制和要求的输入。执行关于数据分类分级、访问控制和数据运营管理的最终决策。

（3）数据生产者

数据生产者负责按相关的数据标准、数据制度和规则、业务操作流程的要求生产数据，并对数据的质量和安全负责。

（4）数据管理者

数据管理者负责实施数据安全管理，保证数据的完整性、可用性和保密性，负责识别数据安全风险的来源、数据安全的脆弱性，并根据法律法规或企业要求对数据实施安全措施。一些企业会雇用数据安全专业人员来监督其数据安全治理的流程，并定期向员工提供数据安全培训。

20.2.5　数据安全治理制度

数据安全治理制度是保证企业数据安全的基础，需要通过实施一系列规章制度来确保各类人员按照规定的职责行事，做到各司其职、各负其责，避免责任事故的发生，防止恶意侵犯。

数据安全治理强调人、技术和流程之间的相互作用，通过建立完善、合适的制度来进行规范化，并通过持续不断地宣贯、考核和评价来落实，最终使企业数据安全治理实现从“人治”到“法制”，从被动防御到主动管理。

企业数据安全治理制度包括数据、信息系统、人员三方面的内容，如图 20-6 所示。

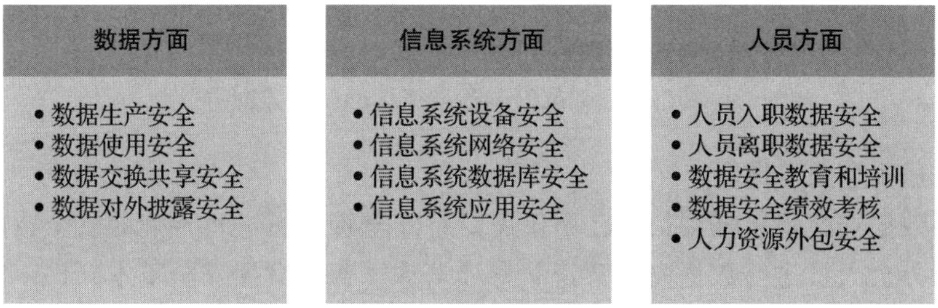

数据方面	信息系统方面	人员方面
• 数据生产安全 • 数据使用安全 • 数据交换共享安全 • 数据对外披露安全	• 信息系统设备安全 • 信息系统网络安全 • 信息系统数据库安全 • 信息系统应用安全	• 人员入职数据安全 • 人员离职数据安全 • 数据安全教育和培训 • 数据安全绩效考核 • 人力资源外包安全

图 20-6　数据安全治理制度的组成

（1）数据安全治理

- 《敏感数据生产及使用的安全管理规定》
- 《数据交换共享的安全管理要求》
- 《数据权限申请和审批的管理规定》
- 《数据的对外披露安全管理要求》

（2）信息系统安全治理

- 《信息系统介质安全管理规定》
- 《信息系统网络安全管理规定》
- 《信息系统数据库安全管理规定》
- 《信息系统应用安全管理规定》
- 《计算机病毒防范管理规定》

（3）人员安全治理

- 《员工录用数据安全管理规定》
- 《员工离职数据安全管理规定》
- 《数据安全绩效考核管理办法》
- 《数据安全意识教育和培训管理规定》

- 《外部人员访问的数据安全管理规定》
- 《人力资源外包的数据安全管理办法》

20.2.6 数据安全治理培训

根据用户的不同层次制定相应的教育培训计划及培训方案，并在教育培训的过程中融合企业安全体系的内容，对员工进行体系的宣贯，主要包括数据安全意识培训、数据安全技能培训两个方面，如图 20-7 所示。

数据安全意识培训	数据安全技能培训
☐ 普及数据安全知识	☐ 传统安全技术培训
☐ 宣贯数据安全管理制度	☐ 安全治理技术培训
☐ 提升数据安全管理意识	

图 20-7 数据安全治理培训的两个方面

（1）数据安全意识培训

为了将数据安全隐患降到最低，不仅需要对安全管理员进行专业的安全技能培训，还需要对一般办公人员进行数据安全意识教育和培训，普及数据安全基本知识，宣贯数据安全管理制度，提升数据安全管理意识。

值得注意的是，第三方供应商或临时人员通常是企业数据安全教育中被遗忘的对象，但是我们看到在数据安全风险来源中，来自第三方的数据安全威胁也是不容忽视的。因此，企业需要确保在公司内工作的每一个人都接受过数据安全意识教育和培训。

（2）数据安全技能培训

安全技能培训一般是针对安全管理人员开展的专业技能培训。传统的安全技术培训一般是面向网络安全管理员开展的，内容包括物理安全、网络安全攻击与防御、网络安全协议、应用层安全技术、数据保密技术、数字签名技术、计算机病毒等。

数据安全治理更贴近数据应用，旨在确保实现业务目标过程中数据的合规使用。这个过程中主要用到的技术有数据资产的梳理、敏感数据的识别、数据的分类分级、数据安全 5A 方法、数据脱敏技术、数据水印技术等。

以上技术的培训对象不限于数据安全管理员，还包括数据所有者、使用者、生产者以及信息系统的开发人员、测试人员、实施人员等。

20.2.7 数据安全运维体系

1. 定期稽核策略

数据安全的定期稽核是数据安全运维阶段不可或缺的关键步骤，它能帮助企业了解存在的数据安全漏洞，并检查制定的安全策略是否得到有效执行。

（1）定期的合规性检查

由数据安全管理人员对数据安全策略的执行情况进行稽核，以确保数据安全策略已被安全执行，例如网络完全情况检查，操作系统、数据库的安全检查，以及应用程序的安全检查。

（2）定期的用户行为审计

用户行为审计是对用户操作数据库的行为进行审查，以保证能够及时发现针对数据库的异常行为，进而及时做出应对。

用户行为包括登录、操作、账户和权限变更等，提供的审计手段有人工核查、内置应用程序中自动化稽查、利用第三方工具稽查。

2. 数据备份策略

数据备份是容灾的基础，旨在防止系统因操作失误或系统故障而发生数据丢失。备份是对数据的定期归档，这样当服务器因勒索软件或其他攻击而发生故障、意外删除或恶意破坏时，可以快速恢复数据。

从安全角度来看，需要关注三种备份类型：全量备份、增量备份和差异备份。

（1）全量备份

全量备份也叫完整备份，是指对某一时间点的所有数据进行备份，包括信息系统和所有数据。这种备份方式每次都需要对信息系统和所有数据进行全量备份。它最大的好处就是在恢复丢失数据时，只需要对一个完整的备份进行操作即可。但它也有缺点，就是每次备份消耗的时间长，占用资源大。

（2）增量备份

增量备份即在第一次全量备份的基础上，分别记录每次的变化。增量备份在备份前会判断数据是否发生变化，并仅记录每次的变化情况，因此相较于其他两种备份方式，它最大的好处在于所需的存储空间最少，备份速度最快。

（3）差异备份

差异备份就是在第一次全量备份的基础上，记录最新数据较第一次全量备份的差异。简单来说，差异备份就是记录累积的变化。因此，恢复系统或者数据时，只需要先恢复全量备份，然后恢复最后一次的差异备份即可。差异备份占用的存储空间、所需的恢复时间都介于全量备份和增量备份之间。

对于数据安全备份恢复策略，没有唯一正确的选择，如何选择取决于企业的需求。无论选择哪种备份策略，都必须定期对其进行测试。最佳的做法是将备份存储在不同的介质甚至不同的物理位置上，以防止自然灾害或事故破坏。

3. 数据动态防护策略

数据安全是动态发展的，昨天安全不代表今天安全，今天安全不代表明天安全。其实说到底，数据安全是个攻击与防御的对抗过程。

在数据安全动态防护方面，建议参考 P2DR 模型。P2DR 模型由美国 ISS 公司提出，是动态网络安全体系的代表模型，也是动态数据安全防护模型的雏形。P2DR 模型是在整体安全策略的控制和指导下，在综合运用防护工具（如防火墙、系统身份认证、数据加密等）的同时，利用检测工具（如漏洞评估、入侵检测等）了解和评估系统的安全状态，通过适当的响应将系统调整到“最安全”和“风险最低”的状态。

防护、检测和响应组成了一个完整、动态的安全循环，在安全治理策略的指导下保证数据资产的安全（见图 20-8）。

- ❑ **策略**：策略是模型的核心，所有的防护、检测和响应都是依据安全策略实施的。
- ❑ **防护**：防护是根据系统可能出现的安全问题而采取的预防措施，这些措施利用传统的静态安全技术实现。常用的防护技术有数据加密、身份认证、访问控制、授权和安全审计、防火墙、安全扫描和数据备份等。
- ❑ **检测**：当攻击者穿透防护系统时，检测功能就发挥作用，与防护系统形成互补。检测是动态响应的依据。
- ❑ **响应**：一旦系统检测到入侵，响应系统就开始工作，进行事件处理。响应包括应急响应和恢复处理，恢复处理又包括系统恢复和数据恢复。

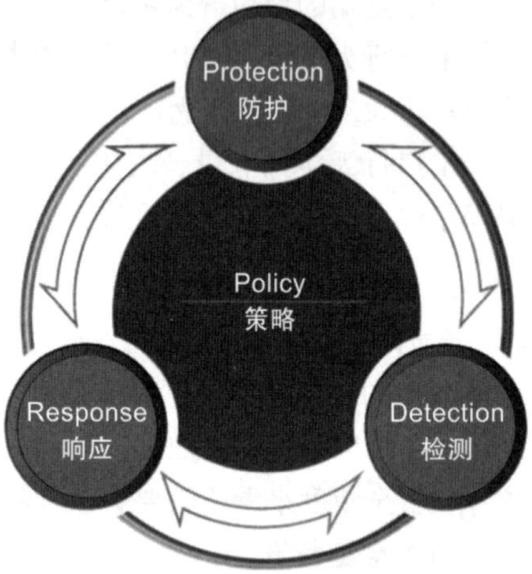

图 20-8 数据安全动态防护模型（P2DR）

虽然很多企业已经认识到数据安全的重要性，并制定了数据安全管理策略，但实际上大多企业还是将精力放在处理数据本身上，数据安全运维体系成为摆设。另外，时间少、数据安全管理人员能力不足、业务方面的安全要求不够明确，使得此类审计更加不切实际。对此，有专家开玩笑说：“对于数据安全，嘴上说**重要**，做起来变成了**次要**，一旦忙起来了就变成了**不要**。”因此，企业应该将数据安全运维机制与企业的业务流程、应用程序进行融合，让数据驱动业务和数据安全防护成为实现业务目标的双引擎。

20.3 数据安全治理技术

传统解决网络安全问题的基本思想是“隔离”，即划清安全的边界，通过在每个边界设立网关设备和网络流量控制设备，守住边界来解决安全问题。而随着移动互联网、云服务的出现，网络边界实际上已经消亡了。数据安全的威胁正在进一步升级，在 APT、DDoS、用户行为异常风险、网络漏洞等数据安全威胁下，传统防御性、检测型的安全防护措施已经力不从心，无法满足新形势下的新要求。本节重点讲述新形势下的数据安全治理技术。

20.3.1　数据梳理与敏感数据识别

要进行企业数据安全治理，首先要搞清楚治理对象。如果连哪些是敏感数据、敏感数据存储在哪里都不知道，何谈治理呢？通过数据梳理，能够对企业资产安全状况进行摸底，识别出敏感数据的分布，确定哪些是机密数据，哪些是敏感数据，哪些是普通数据，明确敏感数据是如何被访问的，以及当前的数据访问账号和授权情况等，为下一步制定合理的数据安全治理策略奠定基础。

（1）数据资产梳理

数据资产梳理的方法主要有自顶向下的全面梳理和需求驱动的自下向上梳理，这两种方法第 18 章都介绍过，这里不再赘述。

（2）敏感数据定义

如表 20-4 所示，敏感数据识别是从数据资产梳理开始的，从业务域、数据类型、数据清单、数据来源、数据项定义层层细化，在法律法规的框架下根据企业的业务需求，定义出需要重点保护的敏感数据。

表 20-4　企业数据资产梳理及敏感数据识别表（示例）

业务域	数据类型	数据清单	数据来源	数据项定义	敏感字段定义
人资域	组织人员	组织机构	HR 系统	组织编码、名称、上级组织、职能、组织属性、组织负责人、所属板块，部门编码、名称、上级部门、负责人、部门分管领导、部门类型	
		人员		工号、姓名、身份证号、入职日期、组织、部门、岗位、学历、职称、政治面貌、岗位序列、职级、人员类别、工作履历、教育信息、语言能力、培训、家庭、紧急联系人、职业资格、参加党派记录、奖励 / 惩罚、护照签证信息	姓名、身份证号、学历、职称、家庭、紧急联系人、奖励 / 惩罚、护照签证信息
		岗位		岗位编码、岗位名称、所属部门、岗位序列、基准岗位、关联职级	
	业务类	入转调离		入职信息、转正信息、调转信息、离职信息、兼职信息	
		合同管理		合同开始日期、合同结束日期、合同期限、合同签订类型、合同主体单位	
		薪酬数据		人员姓名、薪酬项目（薪资项目分类、增减属性、是否扣税、数据类型、取数来源）、部门、财务组织、财务部门、金额	人员姓名、金额
		考勤数据		缺勤编号、业务编号、人员姓名、缺勤原因、缺勤天数、缺勤小时、通知日期、终止日期、缺勤类型	
		招聘信息		招聘活动信息、招聘岗位信息	

（续）

业务域	数据类型	数据清单	数据来源	数据项定义	敏感字段定义
营销域	客户类	个人客户	CRM系统	姓名、证件类型、证件号码、联系信息、工作单位名称、单位地址、职务、照片、婚姻状况、民族、籍贯、家庭住址等	姓名、证件号码、联系信息、工作单位名称、婚姻状况、家庭住址等
		企业客户		客户名称、统一社会信用代码、法人代表姓名、法人代表证件号码、工商注册时间、工商注册地址、注册资本、工商注册号、企业性质、工商登记电话、是否上市、上市类型、上市公司代码、公司主页、失信被执行人信息	法人代表证件号码、失信被执行人信息
	交易类	销售数据		订货数据（订单日期、业务员、金额、客户、仓库、配送方式、物料、申请数量）、发货数据、退货数据（单据日期、业务区域、客户、公司、业务员、物料、退货数量、退货金额、退货原因）、收款数据、IP 地址	IP 地址、金额
		销售政策		销售组织、政策类型、单据日期、政策名称、业务年度、政策开始日期、政策结束日期、部门、政策状态、客户、行政区域、物料、金额（保证金、货款、预定金）	金额、物料、客户
		市场营销		营销活动（活动类型、地点、客户、活动时间、行政区域、人数、图片、实到人数、费用单价、提交时间）、营销费用、宣传品、促销品、拜访对象及联系方式、拜访地址、拜访内容、市场容量、渠道详情、市场大户等主体信息、渠道、渠道入库数量、库存数量、渠道出库数量	拜访对象及联系方式、拜访地址、拜访内容

（3）敏感数据识别

可以通过人工的方式进行敏感数据的梳理和识别，也可以借助一些自动化程序来识别敏感数据。基于用户指定或预定义的敏感数据及特征，借助自动化程序可以自动识别敏感数据并导出清单。例如：

- 银行卡号、证件号、手机号有明确的规则，可以根据正则表达式和算法匹配；
- 姓名、特殊字段没有明确信息，可能是任意字符串，可以通过配置关键字来进行匹配；
- 营业执照、地址、图片等没有明确的规则，可以通过自然语言处理技术来识别，使用开源算法库。

同时，还需要借助数据可视化技术，构建企业数据地图，将企业数据资产可视化，并通过数据地图准确定位敏感数据，让数据资产和安全风险可见。

20.3.2 数据分类分级策略

数据分类分级策略包括数据分类和数据分级。数据分类是按照一定的原则和方法对数据进行归类，建立起一定的分类体系，以便更好地管理和使用企业数据的过程。数据分级属于数据安全范畴，按照一定的分级原则和涉密程度的高低对分类后的企业数据进行定级，从而使企业数据得到安全合规的使用。

1. 数据分类

（1）数据分类的原则

数据分类有以下几条原则。

- **科学性原则**。以自然属性为基础，按照企业数据的多维特征及其相互间客观存在的逻辑关联进行科学和系统性的分类。
- **实用性原则**。企业数据分类以业务为驱动，按业务主题进行划分，不设没有意义的类目，数据类目划分要符合相关用户对数据分类的共识。
- **稳定性原则**。以企业数据最稳定的特征和属性为依据制定分类方案，确保分类体系的稳定。
- **扩展性原则**。数据分类在总体上应具有概括性和包容性，既要实现当前各种类型数据的分类，又要支持将来可能出现的数据类型。

（2）数据分类的方法

数据分类就是通过人工或自动化程序将某一数据项按照一定的分类维度归并到某一分类类目的过程。

数据分类有多种维度，常见的有数据主题、数据结构、数据元特征、数据颗粒度、数据部署地点、数据的更新方式等。各种分类之间交叉重叠，因此如何选择适用于数据资产安全管理的分类维度成为首先需要解决的问题。

2. 数据分级

与数据分类以业务为驱动不同，数据敏感等级划分是以数据的涉密程度进行划分的，根据数据的价值和数据泄露所造成的影响来划分敏感等级。考虑到管理的可执行性，企业的数据敏感等级不用太多，通常分3～5级为宜，表20-5给出了一个示例。

表20-5 企业数据敏感等级说明

敏感等级	等级说明及管控要求
普通数据	普通数据泄露对企业或个人造成的影响范围可控，企业内所有人员可以访问。普通数据应获得授权才可以对外披露或共享
敏感数据	涉及企业商业利益和个人隐私的数据，数据泄露将对企业经济利益、声誉造成较大影响，并且存在一定的法律风险。企业须设置访问控制策略，只允许部分人员访问。使用敏感数据必须获得授权并进行脱敏处理
机密数据	涉及国家秘密的数据，数据泄露不仅会对企业产生严重的后果，还会使国家安全和利益遭受不同程度的损害。只有核心涉密人员才可访问，原则上机密数据不可对外共享

分类分级除了可以满足合规需求，更是提升企业信息化水平和运营能力的良方。基于业务主题的分类可以更好地将数据资产化，持续为企业提供精准的数据服务；同时数据分

级可以在安全方面为企业保驾护航，哪些数据可以使用、哪些不可以使用、哪些能对外开放、哪些不能开放、不同等级的数据在不同场景使用哪种安全策略，都一目了然。

当然，保证数据安全仅靠数据分类分级是不够的，企业需要创建一个数据访问控制策略，该策略指定访问类型，基于分类分级的数据访问条件，明确有权访问数据的用户或用户组，确保数据的访问和使用过程受控等。同时，还需要支持数据安全审计并关注数据资产的全生命周期安全。这就是我们经常说的数据安全“5A 方法论”，即身份认证、授权、访问控制、安全审计和资产保护。

20.3.3 身份认证

用户身份认证是访问控制策略的第一步，数据系统应为每个用户设置唯一的标识，并确定对其进行鉴别使用的信息，该信息应具有唯一性、保密性和难以仿造性。常用的鉴别技术有 PKI/CA、用户名 / 口令、智能卡或令牌、生物识别信息等。

用户在登录系统时应提供鉴别信息，系统则根据用户提供的鉴别信息来验证用户身份的真实性。只有通过身份认证的用户才可以访问系统和已授权的数据。

1. 身份认证架构

统一身份认证架构由身份认证管理服务器和访问网关两大组件构成，如图 20-9 所示。身份认证管理服务器提供集中的身份认证服务，识别和鉴定用户身份，基于自由联盟（Liberty Alliance）Web 服务框架实现身份信息的传递等。访问网关是受保护应用系统资源的统一入口，提供 Web 形式的安全访问，基于反向代理技术实现单点登录和访问控制，并通过缓存访问数据，大幅提高访问效率。

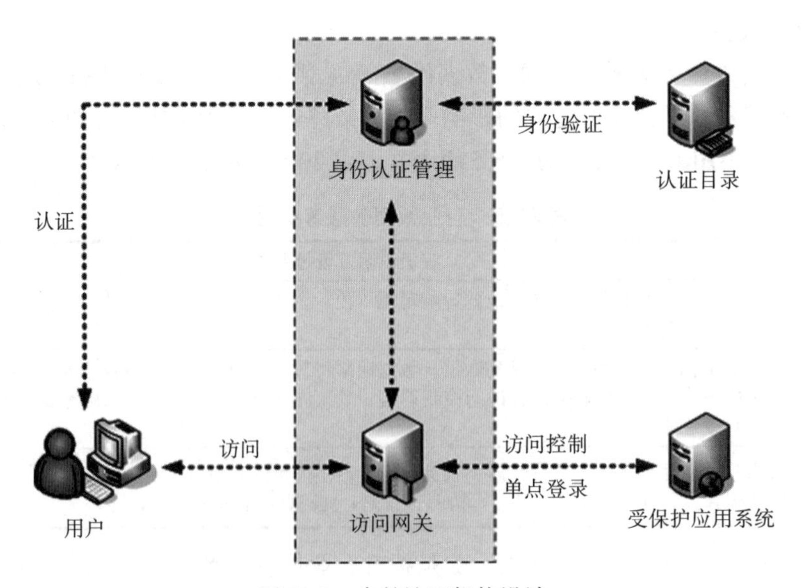

图 20-9 身份认证架构设计

2. 单点登录流程

统一认证提供基于用户名 / 密码、数字证书、令牌等多种方式的认证，支持基于 SAML、Liberty 等协议的联盟认证，通过自动填表和身份注入机制实现各应用系统间的单点登录。单点登录的流程如下。

1）用户在浏览器中输入信息系统 URL，访问请求到达访问网关；

2）访问网关检查当前用户是否已登录，如果用户尚未登录，利用 HTTP 协议重定向机制将用户重定向到身份认证管理服务器上，通过统一的认证页面获取用户登录信息；

3）身份认证管理服务器将获取的用户登录信息与认证目录中存放的用户信息进行匹配，验证用户的合法性；

4）如果用户存在并且已被授权访问信息系统，身份认证管理服务器认证成功，将用户重定向回访问网关代理的信息系统；

5）访问网关与身份认证管理服务器协商，确认用户认证成功，并从身份认证管理服务器中获取用户信息；

6）访问网关使用身份认证模式将身份凭证等信息填入信息系统登录页面以提交给信息系统；

7）信息系统从请求中获取到用户身份凭证，查询认证目录以判断该用户是否合法，如果合法，向访问网关返回用户请求的资源，访问网关在缓存后将资源返回给用户。

3. 身份认证模式

身份认证的模式主要有以下几种。

- 基于用户名 / 口令认证：用户在登录页面中输入用户名 / 密码提交给身份认证管理服务器，身份认证服务器对用户身份进行鉴别。
- 基于数字证书认证：基于公钥密码体制和 SSL 协议，由用户出示数字证书来识别用户身份，用户无须记忆自己的密码，且身份识别信息不容易被盗用，适用于对安全性要求较高的应用系统。数字证书可存放在 USB 盘或智能卡中。
- 基于生理特征认证：基于指纹、虹膜等生理特征进行识别。认证方将用户生物特征编成唯一的特征码，然后基于该特征码实现用户身份的鉴别。

4. 密码管理策略

密码是一种在用户访问信息系统和服务时对其进行身份验证的方法。应该通过正式的管理程序来控制密码的分配，具体如下。

1）要求用户签署声明，保证个人密码安全。

2）如果要求用户维护自己的密码，请确保在开始时先向他们提供一个安全的临时密码并要求他们立即更改密码。用户忘记密码时，必须在对该用户进行适当的身份识别后才能向其提供临时密码。

3）密码设置应符合一定的长度和复杂度要求，避免被轻易猜到或破解。

4）密码应以加密的方式进行存储，绝不应在计算机系统上以无保护的形式存储密码。

5）定期更改密码。

20.3.4 授权

严格限制权限的分配和使用，即授权是数据安全治理的一个重要策略。系统权限使用不当常常是系统出现故障，进而导致系统遭到破坏的主要因素。对于要求防范非法访问的信息系统，制定正式的授权程序，控制权限的分配。

1. 系统授权步骤

确定访问权限是访问控制的关键步骤，应基于数据分类分级明确谁有数据的访问权限。授权的步骤如下。

1）确定安全防护对象（如数据、应用程序）相关的访问权限，并确定需要分配到这些权限的员工角色。

2）应按照最小授权原则，依据具体业务需求为个人分配权限，即根据需要确定最低权限要求。

3）对分配的所有权限的授权程序和记录进行维护，对于不符合授权程序的用户，不授予权限。

2. 建立权限矩阵

（1）用户信任等级访问

权限与用户的业务实际需要、用户信任级别有关，对于高层领导与初级员工，安全策略可能具有不同的条款。也有企业将用户信任等级叫作涉密等级。不同信任等级的角色可访问的敏感数据等级不同，如表20-6所示。

表20-6 用户信任等级示例

信任等级	等级说明及管控要求
一般用户	一般人员为信息环境中的普通用户，可以访问业务所需的非敏感数据。如果因业务需要，要访问敏感数据，必须获得书面授权
重要用户	对应国家涉密人员管理中的重要涉密人员，可以访问权限范围内涉及商业秘密的数据和敏感数据
核心用户	对应国家涉密人员管理中的重要涉密人员，只有核心用户才可访问机密级数据

（2）用户授权模型

为了对许多拥有相似权限的用户进行分类管理，企业定义了角色的概念，例如系统管理员、业务主管、业务用户、访客等角色。角色具有上下级关系，可以形成树状视图，父级角色的权限是其自身及其所有子角色的权限的总和。应根据不同的用户角色和信任等级，从系统权限、功能权限和数据权限三个层面进行权限划分，如图20-10所示。

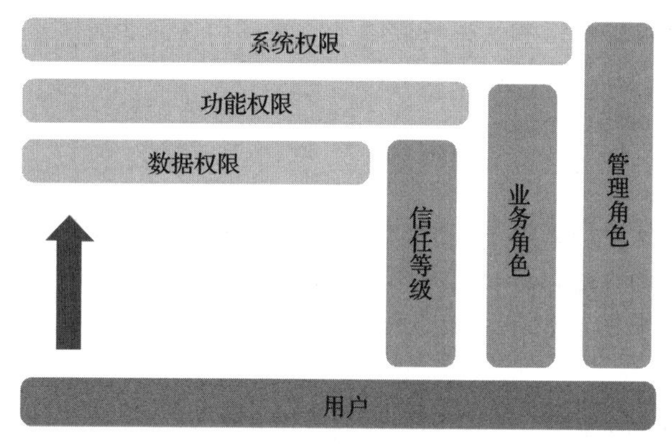

图 20-10 用户授权模型

(3)访问控制矩阵

根据已分类的数据资产由业务部门根据数据的价值、敏感程度、影响范围进行敏感分级，将分类的数据资产划分为公开、内部、敏感等敏感级别。将不同等级的数据分配给相应的用户角色，形成敏感分级数据与用户角色的访问控制矩阵，如表 20-7 所示。

表 20-7 用户角色访问控制矩阵示例

数据分类 \ 用户角色		财务部			计划部			……
		财务总监	部门领导	成本会计	部门领导	计划员	……	
财务主题	总营业收入	✓	✓		✓			
	总营业成本	✓	✓	✓				
	资产负债	✓	✓	✓				
	现金流	✓	✓					
运营主题	客户档案	✓	✓		✓	✓		
	总销售额	✓	✓	✓	✓	✓		
	个人销售业绩	✓	✓		✓	✓		
……								

3. 最小授权原则

访问控制策略应基于最小授权原则来限制用户对敏感数据的访问，用户仅能获得其开展业务所需数据的使用权限，这将有助于确保让适当的人访问适当的数据。

根据业务场景设计，为不同身份的用户设置不同的访问权限，例如：销售人员只需要拿到客户清单和向客户推荐的产品清单；物流人员只需要知道客户的名称、收货地址和联系方式；计划和生产人员只需要知道哪款产品卖得好，不需要知道具体卖给了谁；数据分析人员需要知道的数据信息可能要多一些，但是不需要知道客户身份证号等对数据分析关联不大的敏感信息。

在设计数据访问权限时，要结合数据安全等级，切合业务实际，让数据安全治理回归业务，以达到数据使用的安全合规。

20.3.5 访问控制

访问控制策略是一个数据安全领域的重要策略，通常是指批准或者限制对数据资源的访问，监控和记录访问日志，进行访问用户身份的认证和识别，并确定其访问是否得到授权。制定访问控制策略的原则是，除非明确允许，一律禁止访问，而不是除非明令禁止，一律允许访问。

1. 常用的访问控制策略

常用的访问控制策略如下。

- 基于用户或用户组的访问控制：通过用户身份鉴别，获取该用户身份拥有的权限列表，判断资源是否允许访问。
- 基于角色的访问控制：根据用户是不是某个角色的成员，判断其是否拥有该角色对应的权限。
- 基于属性的访问控制：通过对比访问资源对象的属性（如所有者、责任人、所属部门等）来决定是否允许访问。
- 基于 ACL 的访问控制：ACL 即访问控制列表（Access Control List），例如设置访问控制的白名单或黑名单。
- 基于 IP 的访问控制：限制允许访问的 IP 网段，可以作为辅助访问控制措施。

2. 数据安全访问控制策略

在制定应用的访问控制策略时，应谨慎考虑以下情况。

1）明确允许访问的具体数据、敏感等级、最高限额等，数据访问服务应实时认证鉴权，严格禁止未经允许的访问。

2）对于应用交互过程中的会话，必须实施安全存储、验证，并在空闲或超时时及时销毁，以防止被捕获，导致会话劫持和会话伪造。

3）对于应用内部访问控制，应当细化到用户菜单呈现内容及操作权限，对于重要事件及关键操作应及时记入日志。

4）实现用户操作功能权限的横向、纵向隔离，保证用户登录后只能访问该用户的相关信息，不能非法访问其他用户的相关信息，并且只能访问开放给用户的业务功能。

5）业务流程应具备必要的安全控制，保证流程衔接正确，防止关键鉴别步骤被绕过、重复、乱序。

20.3.6 安全审计

安全审计是安全管理部门的重要职责，旨在保障数据安全治理的策略和规范被有效执行和落地，以确保快速发现潜在的风险和行为。数据安全审计能够帮助我们明确数据安全防护方向，调整和优化数据安全治理策略，补足数据安全脆弱点，使防护体系具备动态适应能力，真正实现数据安全防护。

1. 安全审计类型

安全审计是对非法攻击、操作行为、高危访问、账户异常、权限异常等内容的监测和审查，以便及时发现数据安全风险并制定相应的解决措施，如表 20-8 所示。

表 20-8　安全审计的类型和内容示例

审计类型	审计内容
非法攻击	利用数据安全监控技术和相关工具对系统漏洞攻击、SQL 攻击、口令攻击等非法行为进行实时监控和预警
操作行为	根据用户操作行为，从操作类型、操作人员、操作机构、操作时间等多维度对数据的被访问情况进行无死角、交叉透视、综合监控和分析，并针对异常行为进行风险预警
高危访问	在指定时间周期内，记录和监控不同访问来源的用户 ID、MAC 地址、操作系统、主机名等，以便及时发现高危的异常访问，例如一段时间内重复查询客户信息几百次
账户异常	同一账号被多个人使用，同时登录或登录 IP 地址经常变化；账户连续多次登录失败
账户审查	确保每位离职员工都不能访问企业 IT 基础架构，这对于保护企业系统和数据至关重要。如果有员工心怀不满，而其仍然可以访问企业的数据资产，则可能会使企业受到严重损害。账户审查是防止“删库跑路”的重要手段
权限审查	由于用户角色、业务需求和 IT 环境在不断变化，需要定期检查权限的变化，控制企业内部的安全风险。权限变化监控是指监控所有账号权限的变化情况，包括账号的增加和减少、权限的提高和降低。权限审查是数据安全审计中的重要一环

2. 实时告警机制

实时监测用户在数据访问、使用、流转过程中的操作行为，一旦出现可能导致数据外泄、受损的恶意行为，审计机制可以第一时间发出威胁告警，通知管理人员，如图 20-11 所示。

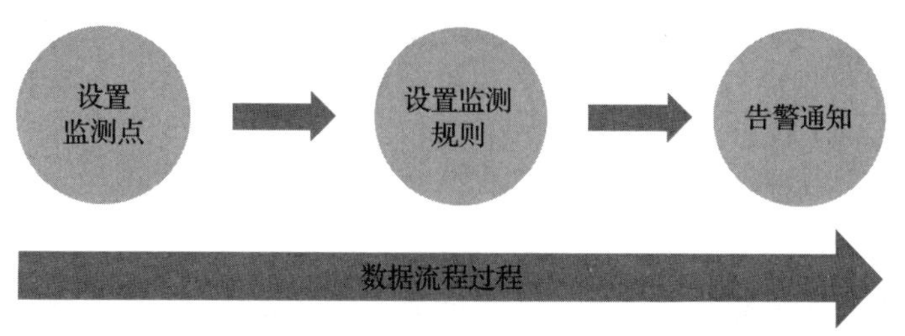

图 20-11　数据安全监测和告警

（1）设置监测点

在数据的新增、变更、采集、处理、存储、使用等过程中，设置数据安全监测程序，以在发生非法访问时及时发出告警。

（2）设置监测规则

数据安全监测规则是对非法访问控制策略的细分，例如异常的账户、异常的授权、恶意的攻击、黑 / 白名单等。

（3）告警通知

当发现导致意外破坏、丢失、篡改、擅自披露或非法访问的事件或安全漏洞时，第一时间发出告警，通知数据安全管理员和相关的业务角色，然后他们可以有针对性地阻止威胁的发生或降低威胁发生带来的影响。

3. 事后溯源机制

数据的访问、使用过程中出现安全事件之后，可以通过审计机制对该事件进行追踪溯源，确定事件发生的源头（谁做的，什么时间做的，什么地点做的，等等），还原事件发生的过程，分析事件造成的损失。这样不但能够对违规人员进行追责和定责，还能为调整安全防控策略提供非常重要的参考。事后溯源主要包括以下内容。

（1）业务异常行为分析

业务异常行为分析是通过对大量业务行为的检测数据进行统计分析，定位异常的访问行为，为合法访问用户和非法访问用户的业务行为进行用户画像，找到非法访问的用户，并针对非法行为改进安全措施，对非法访问造成的企业损失进行追责。

（2）业务安全脆弱点分析

业务安全脆弱点分析是对每次进行业务漏洞与配置合规性监测的结果进行记录，并进行不同维度的对比分析，对当前业务系统的安全脆弱点管理的效果进行全面评估，并为以后改进提供数据支持。

（3）业务场景安全分析

业务场景安全分析是对企业应用系统的不同场景（财务管理、市场营销、生产管理、物资采购、人力资源等）提供数据安全分析报告，或者根据不同的安全需求定制个性化的安全分析报告。

一套完善的审计机制是基于安全脆弱点、安全应对策略等多个维度的集合体，对数据的生产流转、数据操作进行监控、审计、分析，及时发现并告警异常数据流向、异常数据操作行为，以便管理人员对该威胁做出应对。

20.3.7 资产保护

资产保护就是保护数据资产全生命周期的安全性。按照数据全生命周期的阶段，我们可以将数据安全分为数据全生命周期的通用安全和各阶段关注的安全，如图 20-12 所示。

1. 数据全生命周期的 6 个阶段

一般来讲，数据全生命周期是基于数据在组织业务中的流转情况定义的，分为以下 6 个阶段。

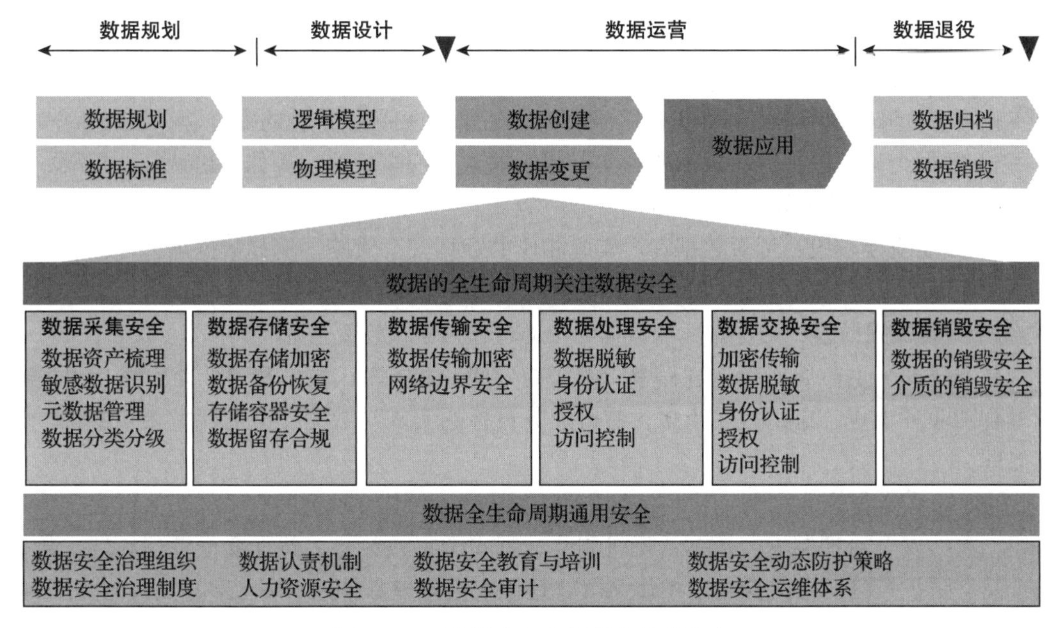

图 20-12　数据全生命周期的数据安全

- **数据采集**：在企业内部系统中新生成数据和从外部收集数据的阶段。
- **数据存储**：数据以任何数字格式进行物理存储或云存储的阶段。
- **数据传输**：数据在企业内部通过网络从一个实体流动到另一个实体的阶段。
- **数据处理**：企业内部对数据进行查询、变更、计算、分析、可视化等操作的阶段。
- **数据交换**：数据在企业内部各系统之间进行集成和共享，以及企业内部数据与外部企业或个人进行数据交换的阶段。
- **数据销毁**：通过对数据及数据存储介质进行销毁，使数据彻底消除且无法通过任何手段恢复的阶段。

并非所有数据都会完整经历这 6 个阶段，特定数据所经历的生命周期由实际业务场景决定。另外，基于数据治理“预防为主，治理为辅”的原则，我们在数据产生之前的规划、设计阶段就应该考虑数据的安全了。所以，数据安全治理中的数据全生命周期应该是从数据规划阶段开始的。

2. 数据全生命周期安全策略

数据的安全治理应贯穿于数据的整个生命周期，在数据的规划设计、创建 / 采集、存储、传输、处理、交换、销毁的各个阶段应设置相应的管控点和管理流程。

1）**数据规划设计阶段**：应将数据资产分配到对应的分类体系中，根据重要程度、敏感程度及泄露后的影响程度对其进行定级，并制定该数据资产的访问控制规则。

2）**数据创建 / 采集阶段**：采用流程化控制机制进行审批和审核，保障数据的安全生产。

3）**数据存储阶段**：可根据数据安全等级的不同进行分库、分表存储，对关键涉密或敏感数据进行加密存储。

4）**数据传输阶段**：可对敏感数据进行加密传输，在使用的时候用约定密钥解密，还可以实施网络传输的边界防护（如设置网络防火墙），以加强数据传输的安全。

5）**数据处理阶段**：可对数据资产实施相应的数据安全策略，例如身份认证、授权、访问控制、脱密脱敏处理等。

6）**数据交换阶段**：可对数据资产实施相应的数据安全策略，例如数据加密传输、脱密脱敏处理等。

7）**数据销毁阶段**：确保销毁的数据无法通过任何手段恢复。

整个数据全生命周期管理过程中，需要充分调动业务部门的积极性，将敏感信息的处理融合到业务流程、应用程序当中，使得业务目标的实现与数据安全的保护相互协调、相互促进。

同时，在数据全生命周期中还需要部署数据安全治理的通用策略，例如数据安全治理组织、数据安全治理制度、数据认责机制、数据安全审核策略、数据安全管理培训、数据安全动态防护策略、数据安全运维体系等。这些安全策略在20.2节中已经说明，此处不再赘述。

20.3.8 数据脱敏

数据脱敏（Data Masking）又称数据漂白、数据去隐私化或数据变形。数据脱敏就是对敏感数据进行加密以防泄露。通俗地说，数据脱敏技术就是给数据打个“马赛克”。

（1）脱敏后数据的特征

数据脱敏不仅要执行数据漂白，抹去数据中的敏感内容，还要保持原有的数据特征、业务规则和数据关联性，保证开发、测试、培训等业务不会受到脱敏的影响，达成脱敏前后数据的一致性和有效性。

保持原有数据特征，即脱敏后数据的含义、数据类型等特征保持不变。例如：身份证、地址、姓名脱敏后依然是身份证、地址、姓名。

保持原有数据关系，即脱敏后数据与数据之间的关联性保持不变，例如出生日期与年龄之间的关系。脱敏后数据的业务规则关联性保持不变，例如主外键关系、数据实体语义之间的关联关系等。

（2）数据脱敏过程

对于脱敏的程度，一般来说只要处理到无法推断出原有的信息，不会造成信息泄露即可，如果修改过多，容易丢失数据原有特性。

举例：表20-9是一个客户信息表，其中对敏感信息进行了识别，并定义了在交换过程中是否脱敏（0代表不脱敏，1代表脱敏）。

编写数据脱敏规则引擎，通过应用程序根据数据库字段的配置，将数据源表中的敏感信息进行脱敏处理，并将脱敏的数据输出给目的数据库，如图20-13所示。

表 20-9　安全审计的类型和内容示例

编号	数据项名称	业务定义	数据格式	是否脱敏	备注
1	客户编码	客户的唯一编码	文本	0	
2	客户名称	营业执照上的企业名称		0	
3	统一社会信用代码	营业执照上的统一社会信用代码		0	
4	联系人	客户联系人的姓名		1	
5	联系人电话	客户联系人的手机号码		1	
	……				

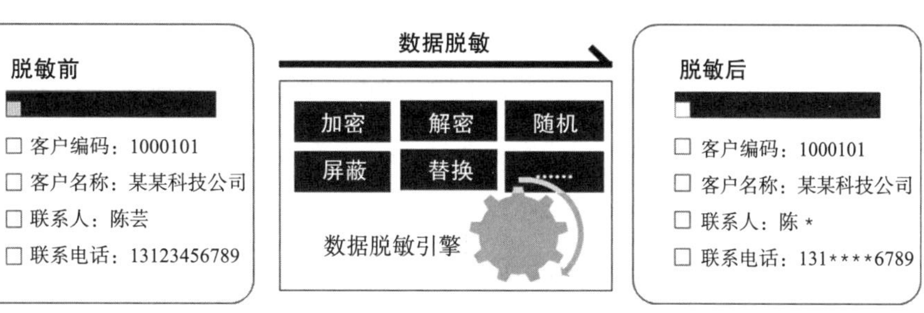

图 20-13　数据脱敏过程

使用脱敏规则引擎可以按照业务场景要求自行定义和编写脱敏规则，比如对于上面的人员信息，对姓名、手机号码等进行不落地脱敏，满足数据脱敏需要。脱敏规则引擎可以自行开发，也可以利用成熟的数据脱敏中间件工具。常见的数据脱敏规则有同义替换、随机替换、偏移、加密和解密、随机化、可逆脱敏等。

20.3.9　数据加密技术

数据加密技术是数据防窃取的一种安全防治技术，指将信息经过加密钥匙及加密函数转换，变成无意义的密文，而接收方可将此密文经过解密函数、解密钥匙还原成明文。与脱敏技术相比，加密技术的主要优点在于它的可逆性。但加密算法改变了数据的原始结构，使用数据的唯一方法是通过解密密钥解码数据，而脱敏数据仍然便于使用。

数据的加密 / 解密过程如图 20-14 所示。

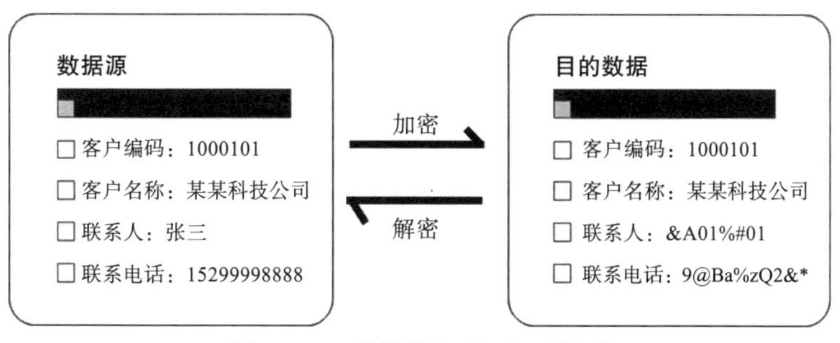

图 20-14　数据的加密 / 解密过程

按照网络分层，数据加密技术重点作用于网络层和存储层，所以数据加密又可以分为数据传输加密和数据存储加密。数据的发送方和接收方使用不同的密钥进行数据加解密。常用的加密技术有对称加密、非对称加密、数字证书、数字签名、数字水印等。

（1）对称加密

在对称加密算法中，加密和解密使用的是同一把钥匙，即使用相同的密匙对同一密码进行加密和解密。常用的对称加密算法有 DES、3DES（Triple DES）、AES 等。

（2）非对称加密

非对称加密有两个钥匙：公钥（Public Key）和私钥（Private Key）。公钥和私钥是成对存在的，如果对原文使用公钥加密，则只能使用对应的私钥才能解密。非对称加密算法的密钥是通过一系列算法得到的一长串随机数，通常随机数的长度越长，加密信息越安全。常用算法有 RSA、ECC 等。与对称加密相比，非对称加密的优点是安全性高，缺点是加密算法复杂，加解密的效率低。

（3）数字证书

数字证书类似于现实生活中的居民身份证，它是由证书颁发机构（Certificate Authority）颁发的，简称 CA 证书。CA 证书绑定了公钥及其持有者的真实身份，基于互联网通信用于标记通信双方身份，广泛用在电子商务和移动互联网中。

（4）数字签名

数字签名是一种类似于写在纸上的普通物理签名，但是使用公钥加密技术实现，用于鉴别数字信息的方法。数字签名能够验证所收到信息的完整性，发现中途信息被劫持篡改或丢失。对方可以根据数字签名来判断获取到的数据是不是原始数据。

（5）数字水印

数字水印是一种特殊的数据加密方式，即为了能够追踪分发后的数据，在分发数据中掺杂不影响运算结果的数据（该数据可以标识数据的来源），使泄密源可追溯，为企业核心数据提供有效的安全保护措施。数据从源系统经过脱敏进入数据共享过程，通过数据标记，对每个访问者下载的数据集打上隐式水印，在数据泄露后可精准追溯到泄密者。数字水印的加密和使用方式如下。

1）掺杂数据。通过增加伪行、伪列、隐藏字符等形式，为数据做标记。

2）建立数据分发项目清单，记录数据集、数据去向、水印特点。

3）拿到泄密数据的样本，可追溯数据泄露源。

20.4 数据安全的政策法规

面对层出不穷的安全事件，面对愈演愈烈的网络威胁，面对不断滋生的黑色产业、灰色产业，个人隐私、企业资产乃至国家安全面临巨大挑战。因此，各国都相继出台了大量的法规，对个人、企业和国家的重要数据进行保护。

20.4.1　欧盟的数据安全法律法规

在欧盟：

1981 年，出台《个人信息自动处理中的个人保护公约》；

1995 年，发布《欧盟 1995 年指令》；

2002 年，发布《电子通信指令》；

2016 年，发布《通用数据保护条例》(GDPR)；

2018 年，GDPR 正式实施。

我们重点看 GDPR。GDPR 是欧盟通过的一项新法律，旨在遏制个人信息被滥用，保护个人隐私。GDPR 规定了企业如何收集、使用和处理欧盟公民的个人数据。该条例于 2018 年 5 月 25 日正式全面施行。GDPR 在个人数据处理和保护方面的特点如下。

(1)强调目的的合法性与一致性，且需遵循数据最小化原则

数据控制者应合法、公平和透明地收集和处理数据当事人的个人数据。在收集个人数据时是为了明确且合法的目的，且在之后对数据的进一步处理中要与最初的目的相符合。在数据处理中要遵循数据最小化原则，所处理的数据是适当的、相关的并且限于与目的有关的。

(2)数据管理员信息披露

在收集个人数据时，数据控制者须向数据当事人披露以下信息：数据管理员的身份及联络资料；个人数据收集目的；个人数据处理和使用的法律依据等。

(3)保证数据准确，保持数据更新，可修正或删除数据

数据控制者应采取合理的措施保证数据的准确性并在必要时保持数据更新，数据当事人可以要求修正或删除正在被处理的数据。

(4)史上最严个人隐私保护法

GDPR 对企业违法行为的惩处力度非常大，行为轻微的要罚款 1000 万欧元或全年营收的 2%(两者取较高值)，行为严重的则要罚款 2000 万欧元或全年营收的 4%(两者取较高值)。鉴于 GDPR 的条款非常细致和严苛，很少有企业敢保证自己完全不会触犯这部法律。对一些中小企业来说，巨额罚款无异于灭顶之灾，而即使是亚马逊这样的科技巨头，营收的 4% 已经相当于大部分的净利润了。

GDPR 的适用范围是欧盟，但不限于欧盟境内。即使公司不在欧盟，也不为欧盟的人提供服务，也有可能违反 GDPR 条例。只要你的业务面向欧盟境内的数据主体（自然人，包括但不限于用户、客户、商业联系人、雇员等）提供产品或服务，或监控欧盟境内的个人活动，就需要遵守 GDPR。

GDPR 规定，任何存储或处理欧盟国家内有关欧盟公民个人信息的公司，即使在欧盟境内没有业务，也必须遵守 GDPR，具体如下：

- 在欧盟境内拥有业务；
- 在欧盟境内没有业务，但是存储或处理欧盟公民的个人信息；

- 超过 250 名员工；
- 少于 250 名员工，但是其数据处理方式影响数据主体的权利和隐私，或是包含某些类型的个人敏感数据。

GDPR 的处罚力度大，适用范围广，被称为“史上最严个人隐私保护法”。

20.4.2 美国的数据安全法律法规

在美国：

1966 年，发布《信息自由法》；

1974 年，发布《隐私权法》；

1986 年，发布《电子通信隐私法》；

1987 年，发布《计算机安全法》；

1998 年，发布《儿童网上隐私保护法》；

2002 年，发布《联邦信息安全管理法》；

2012 年，发布《消费者隐私权利法案》(2015 年正式生效)；

2016 年，发布《应用程序隐私保护和安全法案》；

2018 年，加利福尼亚州发布《加州消费者隐私法案》(CCPA)。

我们重点看 CCPA。2018 年 6 月 28 日，加州颁布 CCPA，旨在加强消费者隐私权和数据安全保护。CCPA 被认为是美国国内最严格的隐私立法，于 2020 年 1 月 1 日生效。

CCPA 规定：

企业必须披露收集的信息、商业目的以及共享这些信息的所有第三方；

企业需依据消费者提出的正式要求删除相关信息；

消费者可选择出售他们的信息，而企业则不能随意改变价格或服务水平；

对于允许收集个人信息的消费者，企业可提供财务激励；

加州政府有权对违法企业进行罚款，而每次违法行为将被处以 7500 美元的罚款。

该法案还规定，从 2020 年开始，掌握超过 5 万人信息的公司必须允许用户查阅自己被收集的数据，要求删除数据，以及选择不将数据出售给第三方。公司必须依法为行使这种权利的用户提供平等的服务。

20.4.3 中国的数据安全法律法规

在中国：

2013 年，工信部发布《电信和互联网用户个人信息保护规定》；

2016 年，国家互联网信息办公室发布《国家网络空间安全战略》；

2016 年，全国人大常委会通过《中华人民共和国网络安全法》(2017 年正式生效)；

2018 年，《信息安全技术个人信息安全规范》(GB/T 35273) 正式出台；

2019 年，公安部发布《互联网个人信息安全保护指南》；

2019年，国家互联网信息办公室颁布《网络安全威胁信息发布管理办法》和《网络信息内容生态治理规定》；

2020年，《中华人民共和国个人信息保护法（草案）》经第十三届全国人大常委会第二十二次会议进行了初次审议；

2021年，《中华人民共和国数据安全法》正式发布。

我们重点看最新出台的《中华人民共和国数据安全法》(以下简称《数据安全法》)。《数据安全法》的出台把数据安全上升到了国家安全层面，基于总体国家安全观，将数据要素的发展与安全统筹起来，为我国的数字化转型，构建数字经济、数字政府、数字社会提供法治保障。

《数据安全法》作为数据安全领域纲领性法规，强调了数据安全保护和促进数据开发使用双向并重的重要原则，为各部门、各行业、各领域制定相关的数据安全配套制度、措施、规范和标准过程中指明了方向。

《数据安全法》明确了分级分类保护、集中统一的数据安全机制、数据安全应急处理机制、数据安全审查制度、数据安全出口管制、数据投资贸易反制措施等方面的数据安全制度。

《数据安全法》指出了建立数据安全管理制度、组织培训、采取技术和其他必要措施保护数据安全。规定了风险检测、风险补救及安全事件告知和报告的义务；规定了重要数据的处理者的风险评估及风险评估报告报送义务；规定了合规、正当、必要的收集和使用数据的义务等。

《数据安全法》明确了违反数据安全法的法律责任。

国家在数据安全管理方面的制度和法律将越来越完善，能够预防和惩治侵害个人信息权益的行为。但是，有利益的地方就容易有犯罪，对于企业数据安全的防护，一方面需要国家立法和政策的保护，另一方面更需要企业主动强化数据安全防范的意识，加固企业数据安全采集、存储、处理、使用的各环节安全保护措施，筑起企业数据安全和个人信息保护的安全屏障。只有多措并举，不断营造让用户更加放心的个人信息授权和应用环境，才能让大数据更好地服务于社会、企业和个人。

20.5 本章小结

数字化时代，数据是企业的重要资产，但数据也是一把“双刃剑”，大数据在为企业的发展增添无限可能的同时，也带来了对数据安全的隐忧。网络攻击和个人信息贩卖形成的黑、灰产业正趋于链条化、产业化发展，并且呈愈演愈烈的趋势。

企业数据安全治理、个人隐私信息保护不仅需要有国家层面的立法，也需要做好企业内部的各种信息安全保护策略。通过法律、管理、技术、培训和教育等多方面入手，才能不断规范企业的数据应用环境。

Chapter 21 第21章

数据集成与共享

数据集成和共享是对企业内部各系统之间、各部门之间，以及企业与企业之间数据移动过程的有效管理。通过数据集成来横贯整个企业的异构系统、应用、数据源等，实现企业内部ERP、CRM、数据仓库等各异构系统的应用协同和数据共享。通过数据集成来连通企业与企业之间的数据通道，实现跨企业的数据共享，发挥数据价值。

本章从企业应用集成的4个层面讲起，重点介绍数据集成架构的演进、数据集成的4种典型应用、数据集成步骤和方法等。

21.1 应用集成的4个层面

应用集成是一种将基于各种不同平台的异构应用系统进行集成的方法和技术。典型的企业应用集成架构分为4个层面：门户集成、服务集成、流程集成和数据集成。

21.1.1 门户集成

企业门户是一个连接企业内部和外部的网站，它为企业不同角色的用户提供一个单一的、按角色访问企业各种信息资源的统一入口。

门户集成一般包括统一用户管理、统一身份认证、单点登录、界面集成、待办集成、关键指标集成、内容管理等。门户集成的重要思想是“统一入口，按需推送”。“门户”强调的是为不同角色的用户提供企业信息资源的统一入口，提升企业整体的信息资源查找效率。

（1）统一用户管理

统一用户管理是为了方便用户访问企业所有的授权资源和服务，简化用户管理，对企业中所有应用系统实行统一的用户信息存储、认证和管理接口。通过将用户归纳或分配到不同的角色、组织、部门、组来实现对用户的访问权限控制，通过设定角色、组织、部门、组的权限来对应用和数据的访问权限进行分类、分级管理和设置。

（2）统一身份认证

当用户登录到该系统时，用户应提供鉴别信息，系统则根据用户所提供的鉴别信息来验证用户身份的真实性，只有通过身份认证的用户才可以访问系统和已授权的应用与数据。常用的认证方式有 PKI/CA、用户名 / 口令、智能卡或令牌、生物信息识别等。

（3）单点登录

单点登录（Single Sign On，SSO）是指，当用户在身份认证服务器上登录一次以后，即可获得访问单点登录系统中其他关联系统和应用软件的权限，也就是说，用户只需一次登录就可以访问所有相互信任的应用系统。单点登录是门户安全服务中一个必需的特性，被作为一种标准门户服务提供给用户。

（4）界面集成

界面集成是采用网页 IFrame 技术将单点认证后的应用系统界面嵌入门户框架中，这样在门户中就能访问应用系统的界面。该技术实现方便、快捷，集成工作量小，适合完整的功能集成，也适合不便于改造的应用系统集成。界面集成一般要求集成的界面按照门户的主题风格要求进行适当的调整，以满足门户整体的风格要求。

（5）待办集成

待办集成是将用户在各个应用系统中需要处理的待办工作统一集成到门户中进行集中展示、统一处理。单点登录是实现待办集成的前提条件。用户利用待办服务能够快速办理工作中的待办事项，提高工作效率。

（6）关键指标集成

关键指标集成将应用系统中的关键业务指标按照一定的规则统一集成到门户中进行集中展示，为领导即时了解企业运营状况提供支持，构建了管理驾驶舱的雏形。关键指标集成一般会用到界面集成和数据集成两种技术。

（7）内容管理

内容管理系统（CMS）是企业门户平台的重要组件，它将企业的内容资源（如文本文件、HTML 网页、Web 服务、关系数据库等）统一集成到“门户”中进行统一发布、管理和查看。

21.1.2　服务集成

这里的服务即 Web 服务，它提供了一项不依赖于语言，不依赖于平台，可以实现用不同语言编写的应用程序相互通信的技术。Web 服务使用基于 XML 的协议来描述要执行的操作或者要与另一个 Web 服务交换的数据。

在企业应用集成体系中，服务集成是一项用来实现流程集成和数据集成的技术，通过标准化的 XML 消息传递操作，实现跨系统、跨平台的应用交互和数据共享。

服务集成目前有两种主流框架：一种是比较传统的面向服务的架构（SOA），另一种是微服务架构。

（1）SOA

SOA 是一个组件模型，它将应用程序的不同功能单元（称为服务）进行拆分，并通过这些服务之间定义良好的接口和协议联系起来，为企业提供灵活、便捷的应用集成。SOA 强调了服务的组合和重用，以更快地满足业务需求。企业服务总线（ESB）是 SOA 体系中的核心成员，主要提供服务注册、服务编排、服务发布、消息路由、消息解析、消息验证等功能。

（2）微服务架构

微服务架构（Microservice Architecture）是一种架构概念，旨在通过将功能分解到各个离散的服务中来实现对解决方案的解耦。与 SOA 类似，微服务架构的核心思想是将应用系统的共性功能抽象出来，形成可以独立运行的服务。微服务架构中的核心组件是微服务网关（API Gateway），微服务网关主要提供微服务的发现、注册、监控、熔断、限流、服务降级、安全控制等功能。

21.1.3 流程集成

流程集成也称业务流程集成，指通过编排各个业务应用系统中提供的功能，实现一个完整的业务流程。流程集成主要用于将分布在不同应用系统中的“片段式”业务流程，完整地整合到一起，真正实现业务流程的“端到端”。

流程集成能够协调及控制在多个业务系统中执行的、涉及不同角色人员参与的活动，主要管理跨系统的业务流程运行及其流程状态，涵盖工作流技术，实现自动化业务流程与人员参与流程的有机结合。流程集成的应用场景一般有以下三种。

（1）跨多个应用系统的自动业务流程

一个企业级的完整业务流程需要跨多个应用系统才能完成闭环。例如：对于差旅费报销，用户需要通过报销审批系统进行报销流程申请，申请通过后，由财务人员到财务系统进行付款冲账，自动生成财务凭证。这个流程需要借助流程集成工具（BPM）将报销审批流程、付款流程进行整合，实现业务流闭环。

（2）自动与人工协作完成的业务流程

一个企业级的完整业务流程有时不仅需要跨多个业务应用还需要部分的人工干预才能完成。例如：某制造企业的产品质量问题处理流程，首先需要在质量管理系统中进行质量问题登记，在 OA 系统中提交质量问题督办，督办的进展情况需要及时在质量管理系统中更新。这个过程也可以借助流程管理工具（BPM）、服务集成工具（ESB），将 OA 系统流程和质量管理系统的数据进行打通。质量系统登记完质量问题后，通过流程集成自动触发 OA 系统生成一个质量问题督办流程，当质量问题全部处理完成、形成闭环之后，OA 中的督办任务自动完成。

（3）纯人工完成的业务流程

一个企业级完整业务流程有时候需要并行在多个业务应用处理，由人工协调多个应用系统来完成。例如：某企业出国计划审批，需要人工完成OA的出国申请流程和安全保密系统中的出国登记，两个系统中的流程没有强依赖，所以都由人工来触发。

需要指出的是，在SOA集成平台中，流程集成是建立在服务集成和数据集成基础上的，流程执行模块通过编排各个应用中的服务实现流程集成。通过服务集成的方式也能实现流程的串联，完成一个完整的业务流程，但通过流程集成的方式可实现对流程更为精细的管理。

21.1.4 数据集成

数据集成是把不同来源、格式、特点性质的数据在逻辑上或物理上有机地集中，从而为企业提供全面的数据共享。数据集成的核心任务是将互相关联的异构数据源集成到一起，使用户能够以透明的方式访问这些数据源。数据集成的目的是维护数据源整体上的数据一致性，解决企业信息孤岛问题，提高信息共享和利用的效率。

从集成场景来分，数据集成主要有数据复制、数据联邦和接口集成三种形式。

（1）数据复制

数据复制的目的是保持数据在不同数据库间的一致性。数据库可以是同一厂商的，也可以是不同厂商的，甚至可以是采用了不同模型和管理模式的数据库。数据复制的基本要求是必须提供一种数据转化和传输的基础结构，以屏蔽不同数据库间数据模型的差异。

（2）数据联邦

数据联邦是将多个数据库和数据库模型集成为一种统一的数据库视图的方法。其基本原理是：在分布部署的数据库和应用之间放置一个中间件层，该层与每一个后台的数据库通过自带的接口相连，并将分布部署的数据库映射为一种统一的虚拟数据库（这种虚拟模型只存在于中间件中），然后就可以应用该虚拟数据库去访问需要的信息。

数据联邦的优点在于，将多种数据类型表示为统一的数据模型，支持信息交换，能够通过一个定义良好的接口访问企业中任何相连的数据库，也提供了一种利用统一接口进行数据集成的方法。

（3）接口集成

接口集成利用应用接口实现对应用包和客户化应用的集成，是目前应用最广泛的集成方法。其基本原理是：通过提供用以连接应用包和客户自开发应用的适配器来实现集成，适配器通过自身的开放或私有接口将信息从应用中提取出来。接口集成的优势在于，通过接口抽象提供了高效集成不同类型应用的方法。但是由于缺乏明晰的过程模型，也缺少面向服务的框架接口，该方法并不适用于那些需要复杂的过程自动化的场景。

根据笔者的经验，**企业80%的应用集成是数据集成。**

21.2 数据集成架构的演进

纵览企业信息化建设的历史可以发现，企业应用集成技术是伴随着企业信息系统的发展而产生和演变的。企业的价值取向是推动应用集成技术发展的原动力，而通过应用集成技术所实现的价值反过来也驱动着公司竞争优势的提升。

随着新技术的发展和企业业务需求的变化，数据集成架构也跟着发生着变迁。数据集成架构的发展可以分为4个阶段：点对点集成、EDI集成、SOA集成和微服务集成（见图21-1）。

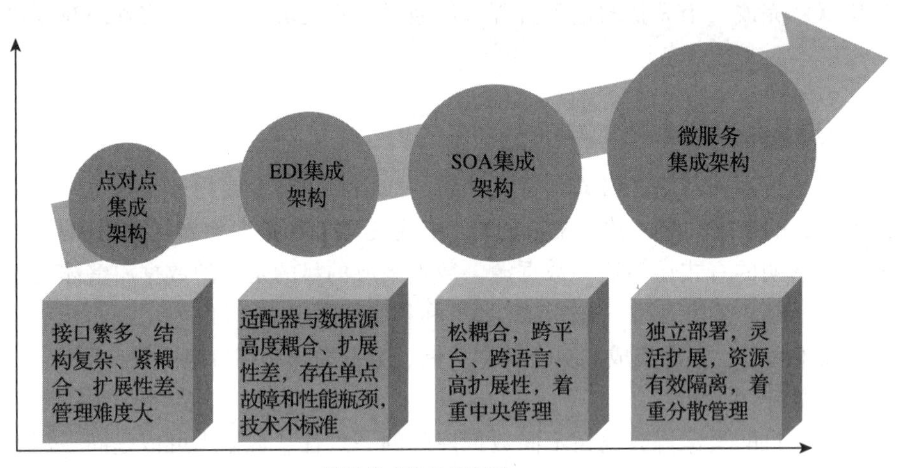

图21-1 数据集成架构的演进

21.2.1 点对点集成架构

点对点集成是最早出现的应用集成模式，它采用点对点的方式开发接口程序，把需要进行信息交换的系统一对一地集成起来（见图21-2），从而实现整合应用的目标。在连接对象比较少的时候，点对点的连接方式的确是一种简单、高效的连接方式，具有开发周期短、技术难度低的优势，但随着连接对象的增多，连接路径会呈指数级增长。

连接路径数与连接对象数之间的关系是：

连接路径数＝[连接对象数×(连接对象数－1)]÷2

点对点集成有着以下明显的缺陷。

- 当需要连接的应用系统越来越多时，点对点集成将把整个企业信息系统接口变成无法管理的“混乱线团”。

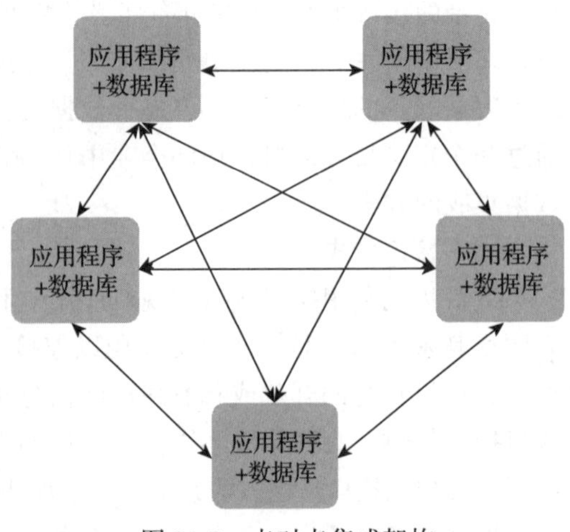

图21-2 点对点集成架构

- 点对点集成不能集中管理和监控接口服务，仅支持一对一的数据交换，如果交换协议不一致，开发就会非常困难。如果沟通的语言、文字、格式、方法等有差异，则每一个连接方都要同时支持和维护多种连接方式。
- 点对点集成是紧耦合的，当一个连接变化时，所有与其相关的接口程序都需要重新开发或调试。

基于以上几点，在多点互连时，点对点连接方式成本高，可用性和可维护性低，显然不是一个好的连接方式。

21.2.2　EDI集成架构

随着应用集成技术的发展，基于EDI（电子数据交换）的中间件方式逐渐取代了点对点的集成模式。基于EDI中间件的集成规则在中间件上进行定义和执行，其拓扑结构不再是点对点集成形成的无规则网状，而主要是Hub型的星型结构或总线结构，如图21-3所示。

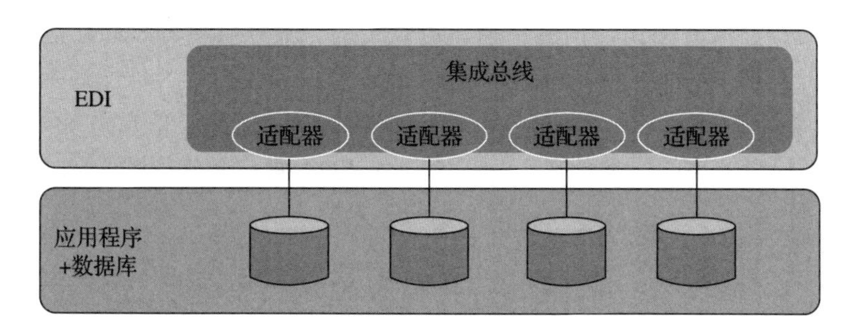

图21-3　EDI集成架构

与点对点集成架构相比，采用EDI的Hub型集成架构可以显著减少编写的专用集成代码量，提升集成接口的可管理性。不同连接对象如果连接方式有差异，可以通过Hub完全屏蔽掉，做到对连接对象透明，无须各个连接对象关心。Hub的连接方式最早在许多硬件设计上得到广泛的使用，如处理芯片的数据总线、网络节点的交换机、大型计算机系统处理器与外围存储设备连接的集线器等。通过Hub型结构，把原来复杂的网状结构变成简单的星型结构，极大提高了硬件的可靠性和可用性。

然而由于标准的匮乏，Hub型集成架构的缺陷逐渐暴露出来。各厂商的中间件多采用自己的专有协议或接口规范，开放程度非常低，一经采用，信息系统升级、完善的成本很高，周期很长，这导致企业管理流程受到系统固化，随着信息化应用的深化反而变得被动、僵化。受中间件具体产品功能的限制，在开展业务流程集成时，集成逻辑需要在中间件上通过编程完成定义与执行，具有较高的技术难度和复杂度，很难实现较复杂的流程集成，因而也就不能迅速满足随着业务变化而来的信息系统调整需求。

21.2.3 SOA 集成架构

随着 Web 服务规范的日渐成熟，Web 技术被应用于企业内部的应用集成，SOA 成为企业应用集成的主流。

SOA 的主要特征是基于一系列 Web 标准或规范（UDDI、SOAP、WSDL、XML 等）来开发接口程序，并采用支持这些规范的中间件产品作为集成平台，从而实现一种开放而富有弹性的应用集成方式。SOA 是一种开发思想，是一种松耦合的框架，其主要特点如下：

- SOA 是实现 IT 和业务同步的先进技术，它将企业应用中离散的业务功能提取出来，并组织成可互动的、基于标准的服务；
- SOA 以提供服务的方式向企业提供了灵活、快捷的系统整合选择，它将模块化、便携化的服务在复合应用中组合和重用，以更为快速地满足业务需求；
- SOA 本身配备的完整、成熟的安全管理保障体系满足了客户进行松耦合集成实施时所提出的安全需求。

在 SOA 中，ESB 扮演着重要的角色，被普遍认为是 SOA 落地的基础。ESB 提供了服务注册、服务编排、服务路由、消息传输、协议转换、服务监控等核心功能，支持将不同应用系统的服务接口统一连接到 ESB 上，进行集中管理和监控，为信息系统的真正松耦合提供了架构保障，并简化了企业整个信息系统的复杂性，提高了信息系统架构的灵活性，降低了企业内部信息共享的成本。基于 ESB 的典型 SOA 集成架构如图 21-4 所示。

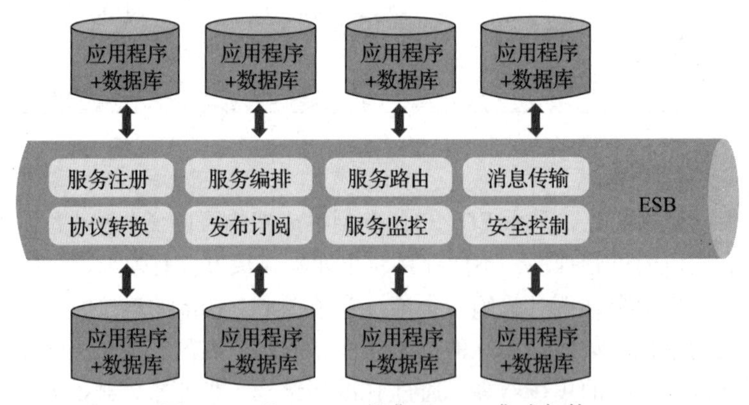

图 21-4 基于 ESB 的典型 SOA 集成架构

ESB 具有以下特点。

第一，ESB 是一个服务管理中心，服务的消费方无须关心服务的实际生产方，服务的名称、物理位置、传输协议和接口定义等内容都由 ESB 平台进行统一封装，并对外提供服务。

第二，ESB 是服务的中介平台，提供服务的可靠性保证、负载均衡、流量控制、缓存、事务控制，支持服务的监控异常处理、服务调用及消息数据记录、系统及服务的状态监控等。

第三，ESB是一个转换和解耦的平台，支持协议转换，如Web Service、HTTP、JMS等；支持消息转换，如消息的转换、过滤、填充等；支持消息路由，如同步/异步、发布/订阅、基于内容路由、分支与聚合等。

第四，ESB是一个服务编排和重组的平台，支持按业务的要求将多个服务编排为一个新服务。正是ESB的这种灵活的服务编排功能使得ESB具备了随需而变的能力。

ESB将多个业务子系统的公共调用部分抽离并整合为一个共用系统，降低了调用链路的复杂性，其服务编排能力提升了业务随需而变的灵活性。但是ESB本质上是一个总线型或星型的结构，所有服务的对接依赖于这个中心化的总线。ESB在数据量过大时会成为性能瓶颈，ESB宕机会导致多个系统无法正常提供服务。

21.2.4　微服务集成架构

随着互联网和移动互联网的发展，为加快Web和移动应用的开发进程，出现了一种去中心化的新型架构——微服务架构。微服务架构强调"业务需求彻底组件化及服务化"，这将成为企业IT架构的发展方向。原来的单个业务系统会被拆分为多个可以独立开发、设计、部署运行的小应用，这些小应用通过API网关进行管理，通过服务化进行交互，如图21-5所示。

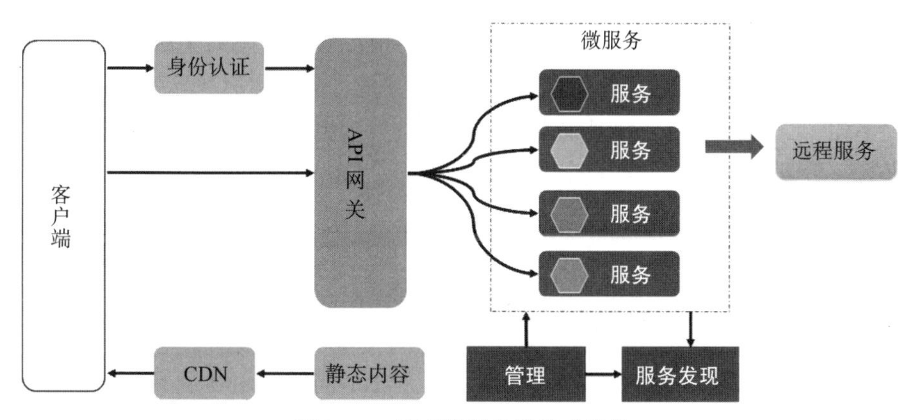

图21-5　基于微服务的集成架构

与SOA相比，微服务最大的特点是它可以独立部署，独立运行，不依赖于其他服务，并且是一个分布式架构。每个微服务专注做好自己的事情，提供了更好的可靠性，出现单点故障时不会对其他微服务造成影响。

SOA注重服务的重用，但微服务本质是对服务的重写，尽管微服务也需要集成。微服务通常由重写一个模块开始，企业向微服务迁移的时候通常从耦合度最低的模块或对扩展性要求最高的模块开始，把它们一个个剥离出来，用敏捷方法、微服务技术进行重写，然后单独部署。

微服务集成架构提升了全局稳定性。由于每个服务负责的功能单一，各服务的资源需求相对较低，因此可以将服务部署到多台中低配服务器上，而不是一台高配服务器上。如果某台机器上的服务出现故障，比如内存泄漏，故障只会影响到该机器上的某一个或几个服务，对全局影响不大。

微服务的集成主要涉及以下 4 个层面。

（1）接口集成

接口集成是服务之间集成的最常见手段，通常基于业务逻辑的需要进行集成。RPC、REST、消息传递和服务总线都可以归为这种集成方式。微服务使用 REST API 和轻量级消息系统实现系统集成。其中，消息系统仅提供可靠的异步消息传输通道，既不参与消息路由、编排、转换等环节，也不包含业务逻辑。

（2）数据集成

数据集成同样可以用于微服务之间的交互。可以选择用联邦数据库，也可以通过数据复制的方式实现数据集成。

（3）界面集成

由于微服务是一个能够独立运行的整体，有些微服务会包含一些 UI 界面，这意味着微服务之间也可以通过 UI 界面进行集成。

（4）外部集成

这里把外部集成剥离出来了，原因在于现实中很多服务之间的集成需求来自外部服务的依赖和整合，而在集成方式上可以综合采用接口集成、数据集成和界面集成。

在数字化、智能化时代，数据成为企业的重要基础设施，无论是技术还是应用都将围绕数据进行。合理地利用数据将为企业创造极大的价值，而在这一过程中，数据集成技术将为更好地利用数据提供支撑。

21.3 数据集成的 4 种典型应用

在企业数据集成领域有很多成熟的框架可用，在不同的使用场景下，应该选用不同的应用模式。目前数据集成的主要应用模式有以下几种：基于中间件交换共享模式、主数据应用集成模式、数据仓库应用模式、数据湖应用模式。这些数据集成应用模式的技术着重点不同，但在应用上都是解决数据交换共享和使用的问题，以实现数字化企业的数据驱动业务、数据驱动管理的目标。

21.3.1 基于中间件交换共享模式

基于数据集成中间件的数据集成模式是一种数据复制的方式。数据集成中间件是指支持不同来源、格式和性质的数据源进行逻辑上或物理上的有机集成，为分布、自治、异构的数据源提供可靠转换、加载与统一访问服务的中间件。

数据集成中间件的主要功能是通过对不同来源、格式和特性的数据的转换与包装，提供统一的高层访问服务，实现各种异构数据源的共享，如图 21-6 所示。

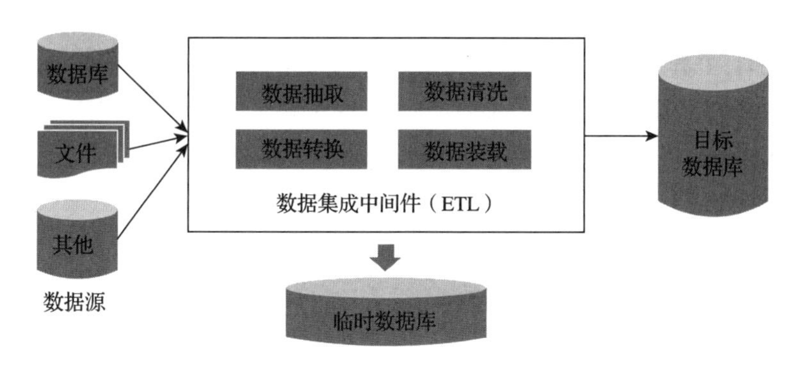

图 21-6　基于数据集成中间件的数据交换共享模式

当前数据集成中间件的主流是 ETL 工具，ETL 即数据抽取、转换、装载，是一种批量数据处理技术。ETL 能够按照统一的规则集成，负责完成数据从数据源向目标数据库转化的过程。在数据仓库、数据湖、数据资产管理等项目中，ETL 都是最核心的内容。

（1）数据抽取

ETL 通过 ETL 作业流（任务）从一个或多个数据源中抽取数据，然后将其复制到数据仓库。数据抽取类型有全量抽取、增量抽取、准实时抽取、文件提取等，可针对不同的数据提取场景设计不同的数据抽取类型。

在数据抽取过程中，需要先将不符合规则的数据过滤掉，然后按照一定的业务规则或数据颗粒度将剩余的数据转换成目标数据库可用的数据，这个过程就是数据的清洗和转换。最后，调用数据库的服务将数据装载至目标数据库中。

（2）数据清洗

数据清洗主要是筛选出在数据源中不能直接满足目标数据库要求的数据，并根据不同情况制定清洗规则，以使清洗后的数据满足目标数据库的装载要求。

数据清洗的内容包括记录排重、筛选不符合业务规则数据、筛选不符合外键规则数据、筛选空值记录等。

（3）数据转换

数据转换是将应用系统内的业务数据，通过内建函数库、自定义脚本以及其他扩展方式转换为符合目标数据库模型要求的格式的过程。为目标数据库中的每一个字段确定好转换规则后，需要对同一表中的所有字段进行综合，确定每个表的转换规则。同时，还需要对转换过程进行审计，审计内容包括：模型层面的冲突问题，例如命名冲突、主键冲突、结构约束冲突等；数据层面的错误问题，例如数据缺失、数据不正确、数据不一致等。

（4）数据装载

数据装载是将经过转换后满足目标数据库要求的业务数据装载到目标数据库中的过程。

在装载时，通常可以采用数据库厂商提供的数据装载工具进行批量装载，以提高装载效率；也可以编写代码，采用数据库服务器提供的 API 函数进行数据装载。

ETL 中间件的实现有多种方法，常用的有以下三种。

- **借助 ETL 工具**。借助 ETL 工具可以快速建立 ETL 工程，由于屏蔽了复杂的编码任务，虽然提高了速度，降低了难度，但是缺少了灵活性。常用的 ETL 工具有 Informatica、IBM DataStage、Talend，以及开源工具 Kettle、NiFi 等。
- **SQL 编码实现**。SQL 编码的优点是灵活，能提高 ETL 的运行效率，但是编码比较复杂，对技术要求较高。
- **ETL 工具和 SQL 组合实现**。这种方法综合了前两种方法的优点，能极大提高 ETL 的开发速度和效率。利用触发器机制建立 ETL 的增量抽取就是一个将 ETL 工具和 SQL 组合使用的例子。

21.3.2 主数据应用集成模式

主数据的集成模式本质上是一种数据交换共享模式，旨在保障各异构系统之间核心数据的一致性、正确性、完整性和及时性。

主数据集成强调单一数据视图，通过统一业务实体的定义，简化和改进业务流程，提升业务的响应速度。通过整合多个数据源，形成主数据的单一视图，保证单一视图的准确性和完整性。通过主数据统一数据集成服务将标准的主数据分发给各业务系统使用，保证主数据在各系统之间的一致性，如图 21-7 所示。

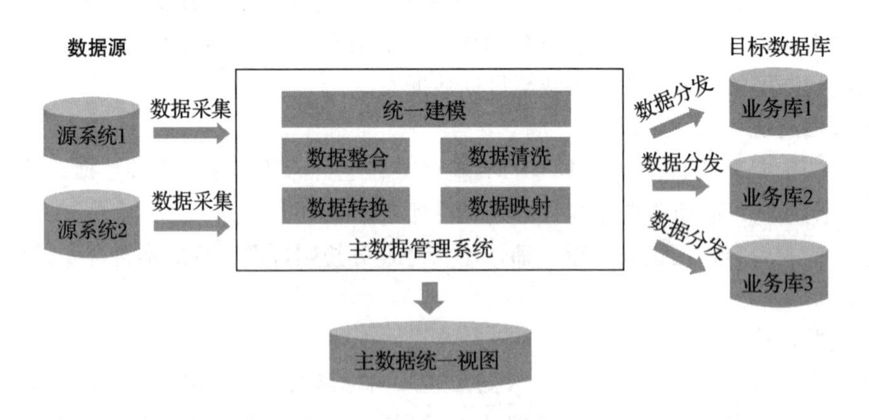

图 21-7 主数据应用集成模式

在主数据集成的应用中，主数据管理系统提供了统一建模、异构数据源的数据整合、数据清洗和转换、数据关系映射等能力，支持与各业务系统的数据采集和同步共享，是解决企业各异构主数据不统一的主要抓手。在主数据集成的应用中，会使用基于 Web 服务的数据集成技术和基于中间件的数据集成技术。

21.3.3　数据仓库应用模式

数据仓库是一个面向主题的、集成的、相对稳定的、反映历史变化的数据集合，用于支持管理决策和信息的全局共享。

- **面向主题**是指根据使用者实际需求，将不同数据源的数据在一个较高的抽象层次上进行整合，所有数据都围绕某一主题来组织，例如采购主题、生产主题、客户主题、销售主题等。
- **集成性**是指数据仓库中的数据是对来自多个数据源的数据的集成与汇总。由于原始数据来自不同的数据源，存储方式各不相同，要将其整合为最终的数据集合，需要进行一系列的抽取、清洗和转换操作。
- **相对稳定**是指数据仓库中存储的数据一般为"既成事实"，可理解为历史数据的一个快照，只做查询分析用，不允许修改且不随时间改变。
- **反映历史变化**是指数据仓库根据不断集成新的主题数据，反映出该主题的数据变化情况，例如销售业绩完成情况。

数据仓库可以整合来自不同业务条线、异构数据系统的数据，为管理分析和业务决策提供统一的数据支持。数据仓库能够帮助企业将运营数据转化为高价值的、可获取的信息，并在恰当的时候通过恰当的方式把恰当的信息传递给恰当的人。

如图 21-8 所示，数据仓库应用架构包括数据源、数据仓库和数据应用三部分。

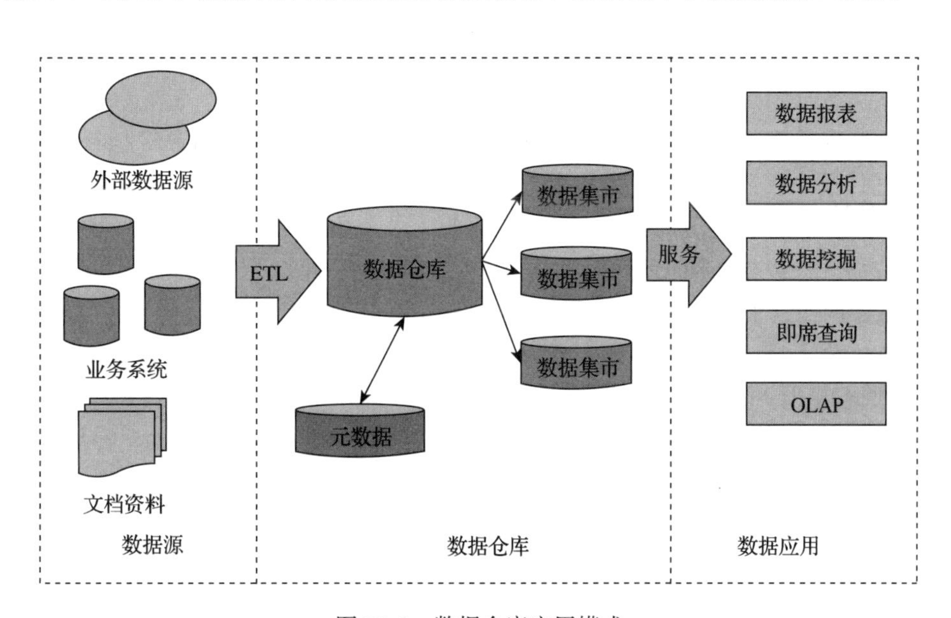

图 21-8　数据仓库应用模式

（1）数据源

数据仓库的数据源包括企业内部的各业务系统（如 ERP 系统、CRM 系统等）和外部数据源，企业可以从外部数据源交换、采集或购买数据，例如竞争对手的产品信息。

（2）数据仓库

数据仓库由ETL工具、元数据、数据模型等组成。元数据是对数据仓库的数据模型所涉及元数据的统一管理。数据仓库中的数据是利用ETL工具对来自不同数据源的原始数据进行抽取、清理，再进行系统加工、汇总和整理得到的。必须消除原始数据中的不一致性，以保证数据仓库内的信息是关于整个企业的一致的全局信息。

数据仓库的集成方式通常是采用ETL工具以全量或增量的方式，定期将数据从数据源抽取到数据仓库中。ETL的过程就是数据集成的过程，从不同异构数据源流向统一的数据仓库，其中数据的抽取、清洗、转换和装载过程可以串行或并行。

（3）数据应用

数据仓库通常提供能够直接访问数据仓库的前端应用，例如数据报表、数据分析、数据挖掘、即席查询等，这些应用也被统称为BI（商业智能）。

除了分析产品之外，数据仓库还包含数据集成、数据存储、数据计算、门户展现、平台管理等多个功能。

21.3.4 数据湖应用模式

数据湖是在数据仓库概念上发展出的新一代数据集成、管理和应用模式。数据湖的出现最初是为了弥补数据仓库的缺陷和不足，如开发周期漫长、开发成本高昂、细节数据丢失、信息孤岛无法解决、出现问题无法溯源等。

有人认为数据湖是数据仓库的加强版，增强了数据存储的能力。而实际上，数据湖不单是对数据仓库技术上的升级，更是数据管理思维的升级。数据仓库需要先定义好数据结构，然后进行报表取数。而随着大数据的发展，数据形式越发多样化，数据仓库这种定义数据结构、取数、出表的模式已经很难满足业务需求。数据湖以原始格式存储各种类型的数据，并按需进行数据结构化处理、数据清理，提供数据服务，以更加灵活的方式支持多种应用场景，因而越来越受欢迎。

数据湖本质上是一个可以存储和处理所有结构化、半结构化、非结构化数据，并对数据进行大数据处理、实时分析和机器学习处理等操作的统一数据管理平台，它为企业实现数据驱动提供完整的解决方案，如图21-9所示。

（1）数据入湖

数据湖是将来自不同数据源、不同数据类型（结构化、半结构化、非结构化）的数据以原始格式进行存储的系统，它按原样存储数据，不对数据进行结构化处理。

数据仓库要先进行数据梳理、数据结构定义、数据清洗再进行入库操作，而数据湖是连上数据源就将原始数据全部入湖，这就为后续数据湖的机器学习、数据挖掘能力带来了无限可能。

数据湖在灵活性上具备天然优势。即使互联网行业不断有新的应用，业务不断发生变化，数据模型也在不断变化，但数据依然可以非常容易地进入数据湖，而对于数据的采集、清洗、规范化处理完全可以延迟到有业务需求的时候。

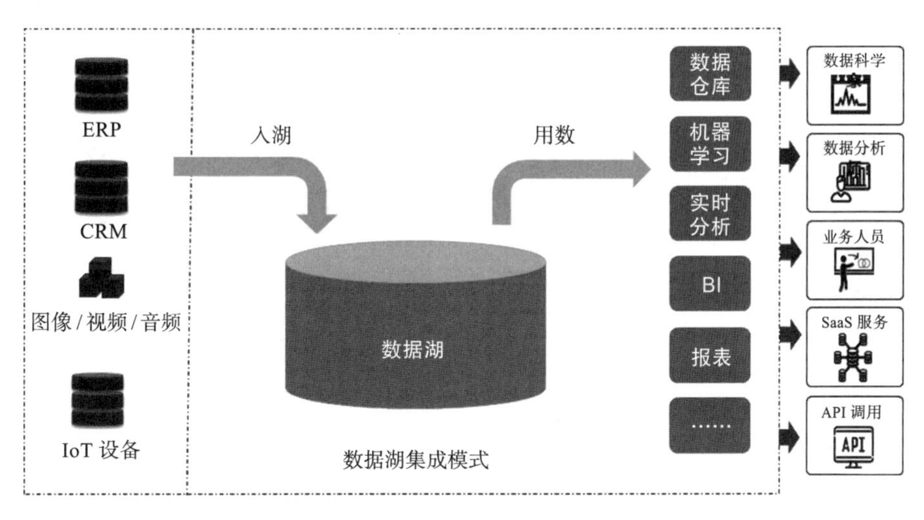

图 21-9 数据湖应用模式

（2）数据存储和处理

数据湖汇聚了各种数据存储和处理技术，包括数据仓库、实时和高速数据流技术、机器学习、分布式存储等。数据湖会用到大数据平台的相关技术，常用的有以下几种。

- ELK 日志处理框架：主要用于日志的收集、处理和存储以及日志数据的可视化。
- Spark Streaming：主要用于实时批处理。
- Storm、Flink：主要用于实时数据处理，但不支持数据批处理。
- Flume、Kafka：主要用于实时数据采集。

（3）数据治理

企业的业务是实时变化的，这意味着沉积在数据湖中的数据定义、数据格式随时都会发生转变，如果不加以治理，企业的数据湖就有可能变成“数据沼泽”。

数据湖利用智能数据目录功能，在数据从数据源迁移过来的时候就能对其进行一定的数据转换，形成清晰的数据目录。通过 ETL 等数据处理组件对数据湖中的数据分区域、分阶段进行清洗和处理，以净化湖中的“水源”。通过机器学习等数据深度加工组件，形成可利用的数据服务，这样循环往复，持续提升数据湖中的“水质”。

（4）数据应用

在应用层面，数据湖不仅提供了数据报表、数据分析、数据挖掘等数据仓库的前端应用能力，还提供了机器学习、数据探索等能力，为数据科学家、数据分析师、业务人员等角色提供不同层次的数据应用服务。

21.4 数据集成步骤和方法

在实施层面，不同的数据项目，如数据仓库、主数据、数据湖、数据资产管理等在实施方法上虽有不同，但整体思路和步骤是相近的。典型的数据集成项目主要分为集成需求分析、制定集成方案、接口开发与联调、部署运行与评价四个阶段，如图 21-10 所示。

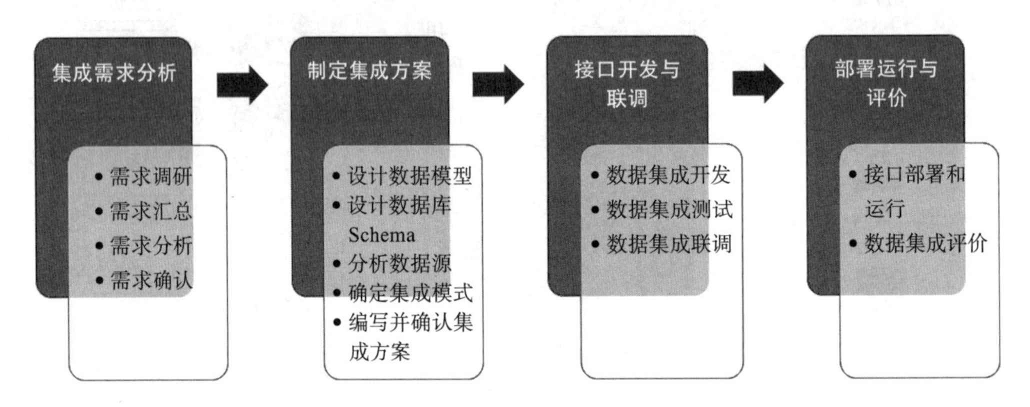

图 21-10 数据集成的 4 个阶段

21.4.1 集成需求分析

数据集成需求分析的主要任务是采集集成需求，确定集成目标和范围。该阶段的主要工作有需求调研、需求汇总、需求分析和需求确认。

（1）需求调研

需求调研需要说明调研目的、调研目标、调研范围、调研方法、调研内容等，并详细列出应用系统和信息资源的相关信息，包括有哪些应用系统，应用系统的功能和使用情况如何，分别生成哪些数据，生成时间和频率如何，生成的数据的用途，这些数据能对哪些需求提供支持等。

为了最大限度地减少需求的变更，更确切地了解最终用户的真实需求，就要在进行需求采集的过程中，提前制定详细周密的调研计划，采用各种高效的调研方式（如问卷调查、当面访谈等），充分利用调研的时间、资源，确定详细的调研大纲，充分了解企业不同层面的相关人员的需求。

（2）需求汇总

对调研所得的资料进行汇总、整理和归纳分析，总结出数据集成相关需求（可包含潜在需求）并在需求分析报告中详细描述。

在汇总数据集成需求时，基于“业务需求驱动”的原则，对企业业务进行梳理，设计数据概念模型，建立业务元数据。业务元数据从业务角度描述企业的数据和数据之间的关系，提供了介于使用者和实际系统之间的语义层，使不懂计算机技术的业务人员也能够理解数据。

（3）需求分析

需求分析是对企业的数据现状、数据集成和应用需求等进行分析，形成需求分析报告的过程。

数据现状分析主要从数据管理、数据质量、数据集成三个方面分析，找到问题并提出解决方案。

- 数据管理情况，例如是否有人对系统的数据质量负责，是否有数据管理的流程和管理办法。
- 数据质量情况，即集成系统的数据质量是否满足业务需求。
- 数据集成情况，例如当前系统是否有集成接口、接口的方式、数据传输的格式、存在的问题等。

数据集成和应用需求分析主要包括对数据集成的数据结构、数据集成方式、数据传输格式、数据传输频率、接口开发和系统改造等需求进行详细分析，形成数据集成需求分析报告。

（4）需求确认

基于梳理出来的需求分析报告，明确数据集成的目标和范围、各系统的数据流向、数据接口需求和数据应用需求等。基于此，需要经过业务用户以及数据集成项目的其他相关方充分讨论、一致认可，方可推进实施。

21.4.2 制定集成方案

对于数据集成项目来说，数据集成方案的设计可以分为设计数据模型、设计数据库Schema、分析数据源、确定集成模式、编写并确认集成方案五个步骤。

（1）设计数据模型

基于对业务需求的充分理解，设计数据逻辑模型。在需求分析报告中确定了企业数据集成的范围和目标，在这一步需要对这些材料进行分析和分解，定义数据集成主题，并将每个集成主题细化到数据模型为止。数据模型主要是指集成主题的逻辑模型，包含各集成数据的实体、实体之间的关系、实体属性等，它是下一步设计数据库Schema的基础。

（2）设计数据库Schema

数据库Schema即技术元数据，它是描述数据库系统技术细节的数据，主要包括数据结构描述、数据规则定义，以及存储结构、索引策略、数据存放位置、存储分配等。在很多数据集成项目（如数据仓库）中，因数据来自多个系统，虽然在数据主题划分时已经对数据模型进行了一定程度的归并，但对于来自不同业务系统的具体实体和相应的实体属性等，仍然需要通过技术元数据进行归并，以保证各数据实体的一致性。

（3）分析数据源

分析数据源是为了确定数据源中的哪些数据需要被抽取出来进行分析。同时，为了确定合适的抽取、装载方法，需要在抽取之前对数据源进行详细分析，包括范围分析、格式分析、更新分析、质量分析等。

在分析过程中，应尽可能全面地获取分析数据，以制定合适的抽取、装载方法。分析时，首先脱离实际应用系统，从逻辑上确定目标数据库需要哪些业务数据；然后根据各应用系统的实现方式，确定需要源数据库中的哪些数据；最后分析具体数据的存储格式、更新频率、更新方式、数据质量。

（4）确定集成模式

在数据集成项目中，用到的数据集成模式主要有ETL方式、接口服务方式、文件交换方式等。

ETL方式是将所需要的数据从应用系统中抽取出来，经过数据筛选、数据清洗、数据转换，按照预先定义好的数据模型将数据装载到目标数据库中。

接口服务方式是通过Web服务获取系统所需数据的抽取方式。通过这种方式可以方便地获取需要的数据，同时可以对这些数据进行校验等操作，缺点是在数据量很大时，网络传输速度会很慢，严重影响系统性能。

文件交换方式是指应用系统先将需要抽取的业务数据保存为有格式的文本文件，然后文件服务器通过读取此文件内容来获取业务数据的数据抽取方式。文件交换是对原数据库系统造成影响较小的一种方式。采用此方式时，应用系统将需要抽取的数据按照约定格式保存在文件中，并通过FTP、文件共享等方式将文件传递到约定位置。文件服务器从约定位置取出数据文件，并通过文件分析引擎对文件进行分析，取出业务数据。

（5）编写并确认集成方案

根据以上步骤编写数据集成方案，并与相关用户及干系人确认方案。

21.4.3 接口开发与联调

接口开发与联调阶段包括数据集成接口的开发、测试和联调，如图21-11所示。

1. 数据集成开发

参与数据集成开发的角色有业务用户、源系统方、目的系统方和集成开发方，各自的职责如下。

- ❑ 业务用户负责提出业务需求，并对功能及数据进行有效性验证。
- ❑ 源系统方负责按业务需求和技术约束提供数据，并配合集成开发方进行数据集成的开发。
- ❑ 目的系统方负责接收源系统提供的数据并确保数据满足业务的需要。
- ❑ 集成开发方负责按既定的方案进行数据接口或ETL脚本的开发，确保在满足需求

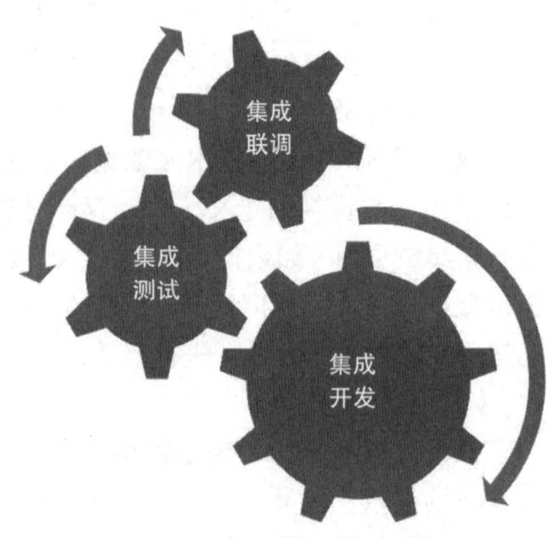

图21-11 数据集成开发与联调

的前提下，以最高的效率实现数据的采集、处理、装载和同步。

2. 数据集成测试

数据集成测试是由集成开发方对源系统提供的接口服务进行测试，测试的内容包括接口稳定性、数据传输正确性等，以确保接口满足业务需要。接口测试重点关注以下方面。

- **接口稳定性**：按照集成方案的业务规则约定，对每种场景进行测试验证，确保接口的稳定运行。做得好的接口会在错误日志中给出具体的错误信息，以便于调试。
- **文档齐备性**：接口说明文档齐全完备，对于接口的名称、地址、输入参数、返回结果等要清晰描述。

3. 数据集成联调

数据集成联调是由集成方将源系统（服务提供方）的接口服务部署到集成平台，并联合目的系统方（服务使用方），共同完成接口服务的调试，对集成数据的完整性、一致性、及时性进行验证。

- **数据完整性**：验证集成的数据是否完整，包括数据记录完整性、数据属性信息完整性。
- **数据一致性**：验证集成的数据与数据源中的数据是否一致，如果存在不一致的情况，则说明集成接口或配置存在问题。
- **数据及时性**：验证集成的数据是否能够按照接口或ETL脚本定义的时间规则按时完成数据的抽取和加载。

数据集成测试和联调的目标都是对数据接口的稳定性和传输数据的有效性的测试和验证。因此，很多集成项目中，数据集成测试和联调是在同一阶段完成的，统称它们为集成测试与联调。

21.4.4　部署运行与评价

（1）接口部署和运行

在接口的开发、测试和联调阶段，对数据接口的开发和调试都是在测试环境汇总进行的，而在部署和运行阶段要将接口服务部署到生产环境中，在生产环境中完成数据的抽取、清洗、转换和装载。

不同的数据集成方式下，数据接口的部署方式也不同：对于采用ETL工具的集成方式，主要是在生产服务器中部署ETL脚本任务，并测试ETL脚本的可用性和有效性；对于采用Web服务的集成方式，主要是在生产服务器发布接口服务，并测试接口的连通性和数据传输的有效性、完整性；对于实时数据流集成方式，与ETL方式类似，主要是在生产服务器中发布实时数据流作业和脚本，并测试数据流的及时性和完整性。

（2）数据集成评价

数据集成评价是对数据集成开发结果是否达到预期目标的评价和评估，以便制定改进和提升方案。数据集成评价可以从以下几个角度考虑。

- **数据整合程度**。通过数据集成消除了数据孤岛效应，消除了数据的不完备和不一致性，数据质量得到了保证。
- **业务协同情况**。通过数据集成打通了各系统的业务流程，实现了业务端到端的管理，提升了业务处理的效率，实现了业务数据的完整沉淀。
- **决策分析能力**。通过数据集成整合了不同来源的数据，并经过统一的数据清洗和处理，为数据分析和挖掘提供支撑。

21.5 本章小结

随着IT技术的不断发展，数据集成技术也在不断演进。从数据库之间的点对点集成到基于ESB的总线型集成模式，从主数据的中央式数据集成到微服务架构分布式的集成模式，从数据仓库的结构化数据集成到数据湖的融合各类数据源的数据集成模式，每一次集成架构的变革，每一次集成技术的升级，其背后的驱动力都是越来越高的数据应用需求和越来越复杂的数据集成环境。

企业在选择数据集成技术路线时，应充分考虑数据集成现状和未来的数据应用需求，结合企业的业务需求迫切度、技术实现难易度、投入产出比等因素，选择一条适合企业自身发展的数据集成技术路线。

第五部分 Part 5

数据治理之器

正所谓“工欲善其事，必先利其器”，一套好的数据治理工具能让企业的数据治理工作事半功倍。数据治理工具是企业数据治理体系落地的重要保证。数据治理的本质是管理数据资产，改善数据质量，防护数据安全和个人隐私，促进数据应用。不同企业的需求特点不同，会用到不同的技术平台和工具。

一般来说，数据治理平台和工具主要包含以下组件：数据模型管理工具、元数据管理工具、数据标准管理工具、主数据管理工具、数据质量管理工具、数据安全治理工具、数据集成与共享工具等。笔者将其称为企业数据治理的7把“利剑”。

Chapter 22 第22章

数据模型管理工具

很多企业在数字化转型的过程中，遇到的最大挑战是信息孤岛问题严重，数据难以连通。早期企业的信息化建设由于缺乏顶层的统一规划，而以业务部门主导信息系统建设，便形成了一个个信息孤岛。解决这个问题的最佳方式是全局规划，构建统一的企业级数据模型，形成统一的数据标准。

数据模型管理工具提供了可视化数据建模、数据模型管理、数据模型对比、数据模型分析等功能。

22.1 系统架构

数据模型是企业数据治理中最基础、最核心的组成部分，数据模型对上是承载数据业务需求的元数据，对下是数据标准管理的内容，同时，它是数据质量指标和规则定义的起点，是主数据和参考数据设计的根本，是数据仓库和BI的核心，也是数据安全管控的对象。

如图22-1所示，数据模型管理工具从功能上分为以下两部分：

- 数据模型管理功能，主要包括可视化建模、数据模型查询、数据模型管理、数据模型对比、数据模型稽查等；
- 数据模型应用功能，主要是基于数据模型管理工具的外延应用，包括应用系统开发管理、数据仓库建设、主数据管理、数据质量管理、数据安全管理等。

前者是数据模型管理工具的基本能力，后者是数据模型管理工具的衍生应用。

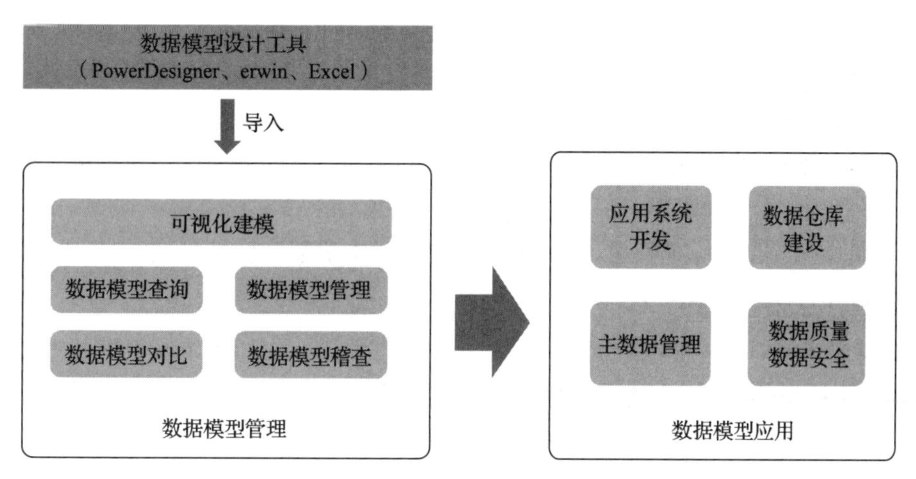

图 22-1　数据模型管理工具逻辑架构

22.2　数据模型管理

数据模型管理工具提供了企业级数据模型设计和管理的基础能力。

1. 可视化建模

数据模型管理工具提供前台可视化建模能力。

- 支持企业级数据模型的构建，站在企业全局视角，识别业务域、业务主题、数据实体及数据之间的关系，构建企业逻辑数据模型。
- 支持系统级数据模型开发，数据仓库、应用系统的数据模型均可基于企业级数据模型进行扩展，实现系统模型的正向建模。
- 支持数据模型的反向采集，可以将 Oracle、MySQL、SQL Server 等关系型数据库中的数据结构采集到数据模型管理工具中进行统一管理。
- 支持数据模型的导入，可以将数据建模工具中设计的数据模型导入数据模型管理工具中进行统一管理，例如 PowerDesigner、erwin、ER/Studio 等。

2. 数据模型查询

数据模型管理工具提供数据模型查询功能。

- 支持数据模型查询，可以通过数据模型分类的逐层查找或者通过输入关键字查询到指定的数据模型。
- 支持数据模型全景视图的查询，能够直观浏览企业数据的分布地图和各数据模型之间的关联关系并支持通过模型下钻功能进行模型的逐级展开，直到查询到模型最底层的元数据。

3. 数据模型管理

数据模型管理工具提供数据模型管理功能。

- 支持数据模型的新增、修改、删除等数据模型基础维护功能；
- 支持数据字典的管理维护；
- 支持数据模型基准管理和发布；
- 支持数据模型变更管理，模型变更需要经过审批才能生效，每一次变更会生成一个新的版本；
- 支持数据模型的版本管理，支持版本回溯、版本明细信息查询。

4. 数据模型对比与稽查

数据模型管理功能还提供数据模型的对比和稽查能力，支持系统级数据逻辑模型与企业级数据逻辑模型的对比、稽查，确保企业数据模型标准的落地，如图 22-2 所示。

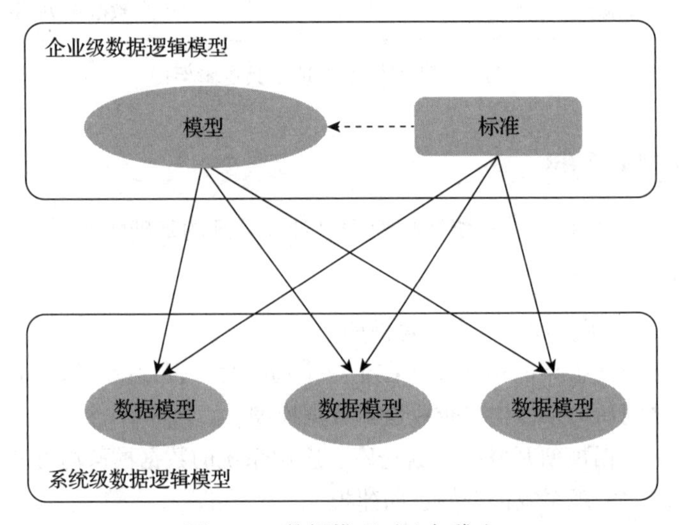

图 22-2 数据模型对比与稽查

数据模型对比功能主要是支持两个不同模型的对比分析，或者同一模型不同版本的对比分析。通过模型的对比分析，能够找到模型之间的差异，形成模型差异分析报告。

数据模型稽查功能主要是基于数据模型管理工具中的数据模型标准，对系统级数据模型的质量进行稽查，对系统级数据模型与标准数据模型、数据字典进行差异分析，确保数据模型标准在系统层的执行和落地。

22.3 数据模型应用

数据模型管理工具能够帮助实现数据模型的统一管理，为各应用系统数据标准的统一奠定基础。在企业数据治理中，数据模型管理工具提供数据标准的管控，为主数据管理、数据仓库的建设提供元数据，为应用系统的设计和数据库的开发提供逻辑模型与数据定义语言（DDL），如图 22-3 所示。

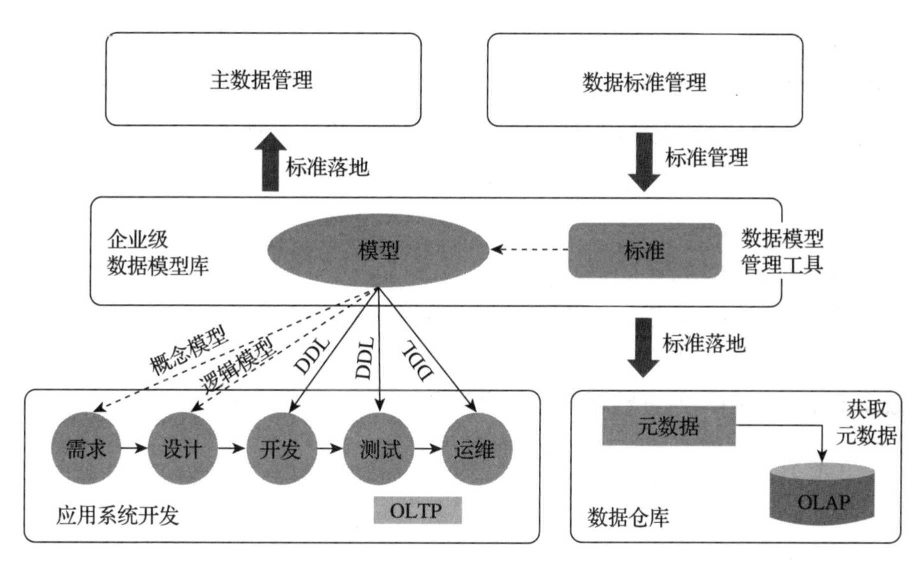

图 22-3 数据模型的应用

1. 应用系统开发

数据模型管理工具提供企业级的概念模型、逻辑模型、物理模型的统一管理，支持基于数据模型驱动应用系统的开发。

系统开发模型是基于企业级数据模型细分和扩展出来的，也被称为联机事务处理（OLTP）。OLTP 涉及的数据模型有三个状态，分别是需求态的数据模型（概念模型）、设计态的数据模型（逻辑模型）、开发和测试态的数据模型（物理模型及 DDL）。

通过数据模型管理工具对系统开发三个状态的数据模型进行统一管理和对比分析，能够有效降低元数据变更带来的风险，保证系统开发、测试、上线过程中元数据的一致性，并为企业各应用系统的数据模型的统一提供支撑。

2. 数据仓库与数据分析

在数据模型应用领域，除了系统开发模型（OLTP），还有一个重要的细分模型是数据仓库的数据分析模型，用来做联机分析处理（OLAP）。OLTP 主要是对数据的增删改，而 OLAP 是对数据的查询。

在数据仓库的设计开发过程中，可以通过数据模型管理工具获取相应的元数据，以支持数据仓库的快速建模。

3. 数据标准管理

数据模型标准作为数据标准的重要组成，是解决企业信息孤岛，实现数据统一的重要抓手。数据标准管理需要对企业级数据模型进行统一梳理和定义，数据模型管理工具用来支持数据模型的管理和落地。

4. 主数据管理

数据模型是主数据管理的核心，主数据维护、主数据质量、主数据接口等功能都是围绕主数据模型展开的。在主数据管理中，可以调用数据模型管理工具中设计好的逻辑模型，作为主数据模型的基础，以保证主数据模型与企业级数据模型的一致性，推动数据标准的落地。

5. 数据模型在数据治理中的其他应用

在数据质量管理中，数据模型管理工具可以为数据质量管理系统提供标准化的业务元数据，支持对数据质量管理所涉及的数据模型进行完整性、一致性的稽核。

在数据安全治理中，通过数据模型的设计和梳理，识别出企业模型中的敏感属性信息并进行标识，以支持对敏感数据的脱敏和加密处理。

22.4 本章小结

数据模型管理工具在数据治理过程中起着重要的作用，它能够帮助企业输出一组标准化的、与业务一致的数据定义，这组数据定义符合业务规则和监管要求且具有可重用性。由于数据模型与元数据、主数据、数据仓库、数据标准等数据治理领域都有着密不可分的关系，因此数据模型管理被认为是企业成功实施数据治理的关键推动因素。

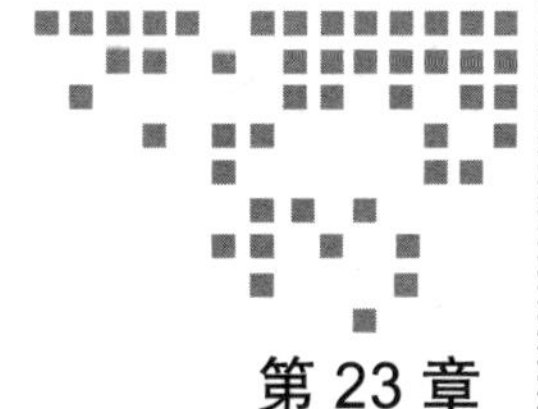

第 23 章 Chapter 23

元数据管理工具

元数据是数据的“说明书”，完善的元数据有利于数据使用者了解企业有什么数据，它们分布在哪里，数据的业务含义是什么，数据口径及颗粒度是怎样的，需要使用数据时应该向谁提出申请，以及如何获取数据。

元数据管理工具是企业数据治理的重要抓手，它可以帮助企业解决数据查找难、理解难等问题，促进数据的集成和共享。

23.1 系统架构

从应用角度看，元数据管理平台可分为数据源层、元数据采集层、元数据管理层、元数据应用层四层架构，如图 23-1 所示。

1. 数据源层

企业的元数据来自多个方面：

- ❑ 业务系统中的元数据，例如 ERP、CRM、SCM、OA 等；
- ❑ 数据管理平台中的元数据，例如数据仓库、ODS、数据湖等；
- ❑ 数据处理工具中的元数据，例如 ETL 工具的脚本元数据；
- ❑ 数据分析工具中的元数据，例如 Cognos、Power BI 中的元数据；
- ❑ 各种半结构化数据源，例如 Word、PDF、Excel 等各种格式化电子文件。

2. 元数据采集层

元数据管理工具是否强大部分体现在其对各类数据源的采集能力上，支持的各类数据源类型越多，说明元数据采集能力越强大。

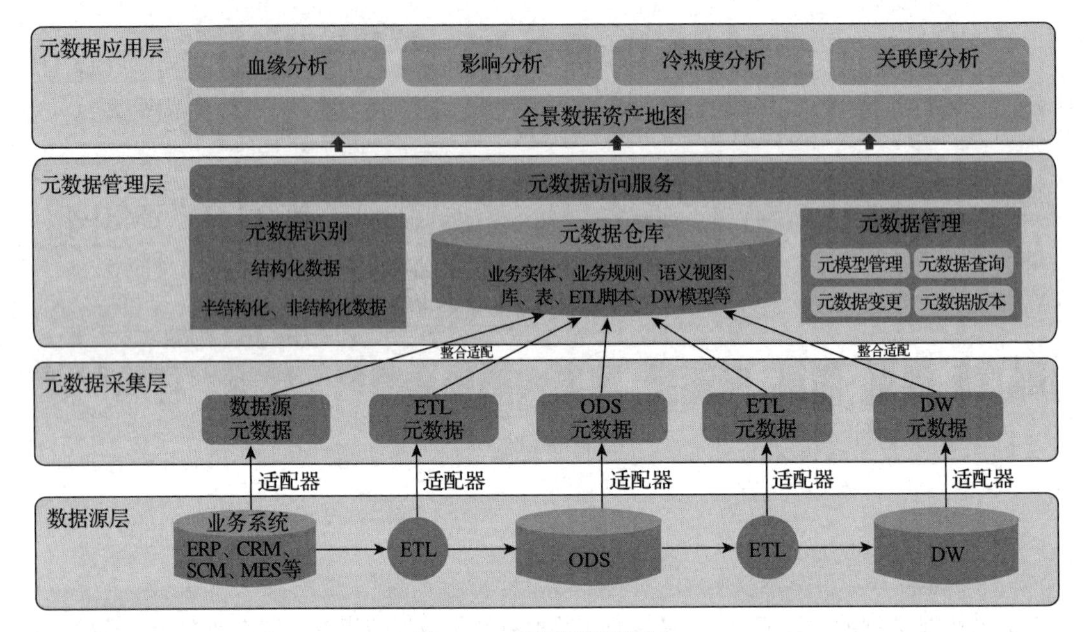

图 23-1 元数据管理平台

元数据采集层主要通过对各类数据源的适配，实现元数据的统一采集，并将其存储于符合 CWM 标准的中央元数据仓库中。

3. 元数据管理层

元数据管理层提供了对元数据的管理、维护、查询功能，包括元数据查询、元数据管理、元数据版本管理、元数据变更管理、元数据适配器管理等。

4. 元数据应用层

元数据应用层提供了元数据的浏览和分析功能，包括企业数据地图、元数据血统分析、元数据影响分析、元数据冷热度分析、元数据全链分析、元数据模型查询等功能。元数据管理工具可以指导企业数据资产管理的建设，支持数据质量的探查，促进企业数据标准的落地。

23.2 元数据采集

通过元数据管理平台可以将分散、异构的信息资源进行统一采集、描述、定位、检索、评估、分析，实现数据的结构化，为机器处理创造可能，从而大大降低数据治理的人工成本。

1. 采集内容

元数据采集内容主要包括业务元数据、技术元数据和操作元数据，详细说明见表 23-1。

表 23-1 元数据采集内容说明

元数据类型	元数据采集内容	备注
业务元数据	数据定义、业务规则、数据元素、数据关系、质量规则、安全要求、来源系统、使用系统、管理部门、管理人员、如何获取、联系方式等	
技术元数据	数据库、数据表、视图、列属性、数据类型、属性长度、数据约束、索引	
操作元数据	调度任务时间、调度任务顺序、数据抽取条数、抽取成功条数、抽取失败条数等	主要是指 ETL 处理过程中的统计数据

2. 采集方式

元数据采集方式主要有两种：自动化采集和人工采集。

（1）自动化采集

自动化采集主要是通过元数据管理工具提供的各类适配器进行元数据采集。元数据适配器是基于不同数据源的元数据桥接器，不同数据源内部的元数据桥是不同的，因此没有一个万能适配器可以用于所有类型数据源的元数据采集。

当前 MySQL、Oracle、PostgreSQL 等关系型数据库的元数据采集方式大都是通过 JDBC 连接各种数据源的元数据所在库，然后通过 SQL 的方式查询各数据源的元数据库表，提取出元数据信息。JDBC 就是关系型数据库的一个桥接器。

而对于一些半结构化、非结构化元数据，则需要用到图像识别、自然语言处理等人工智能技术，构建专业的元数据采集适配器，进行元数据的识别和采集。

在元数据采集过程中，元数据采集适配器十分重要，元数据采集既要适配各种 DB、各类 ETL、各类数据仓库和报表产品，还要适配各类结构化或半结构化数据源。元数据采集适配器可以通过自动化的方式对企业各类数据源的元数据进行统一采集、统一管理。

（2）人工采集

在元数据管理实践中，最难采集的往往不是技术元数据或操作元数据，而是业务元数据。由于企业缺乏统一的数据标准，业务系统竖井化建设，系统建设过程中没有对业务元数据进行统一定义，所以即使通过元数据适配器将业务系统的技术元数据采集到元数据仓库中，也很难识别这些表、视图、存储过程、数据结构的业务含义。这就需要采用人工的方式对现有数据的业务元数据进行补齐，以实现元数据的统一管理。

23.3 元数据管理

1. 元数据管理功能

市场上主流的元数据管理产品基本都包括元数据查询、元模型管理、元数据维护、元数据变更管理、元数据版本管理、采集适配器管理、元数据接口等功能。

- **元数据查询**：支持按关键字的全文搜索，通过元数据查询功能可以准确定位元数据。
- **元模型管理**：基于元数据管理工具构建符合 CWM 规范的元数据仓库，实现元模型统一、集中化管理，支持元模型导入与导出，支持新增、修改、权限设置等功能。
- **元数据维护**：提供对信息对象的基本信息、属性、被依赖关系、依赖关系、组合关系等元数据的新增、修改、删除、查询、发布等功能，以管理企业的数据标准。
- **元数据变更管理**：元数据的变更需要经过审核才能发布，元数据管理工具提供元数据审核、元数据版本等功能，以支撑元数据的变更管理。
- **元数据版本管理**：提供元数据的版本管理功能，对于元数据新增、修改、删除、发布和状态变更都有相应的流程，同时支持元数据版本的查询、对比、回滚。
- **采集适配器管理**：提供元数据采集适配器的新增、修改、删除、配置等功能。
- **元数据接口**：元数据管理工具提供统一的元数据访问接口服务，一般支持 REST 或 Web Service 等接口协议。通过元数据访问服务，支持企业元数据的共享。

2. 元数据分析功能

元数据分析功能包括数据资源地图、血缘分析、影响分析、冷热度分析、关联度分析、对比分析等。

- **数据资源地图**：基于企业元数据生成并以拓扑图的形式展示企业数据资源的全景地图，方便用户清晰直观地查找和浏览企业数据资源。
- **血缘分析**：也叫血统分析，采用向上追溯的方式查找数据来源于哪里，经过了哪些加工和处理。常用于在发现数据问题时，快速定位和找到数据问题的原因。
- **影响分析**：功能与血缘分析类似，只是血缘分析是向上追溯，而影响分析是向下追踪，用来查询和定位数据去了哪里。常用于当元数据发生变更时，分析和评估变更对下游业务的影响。
- **冷热度分析**：也叫活跃度分析，用于评估哪些数据是常用的，哪是数据是“沉睡”的。
- **关联度分析**：分析不同数据实体之间的关联关系，从而判断数据的重要程度。
- **对比分析**：对于选定的多个元数据或者一个元数据的多个版本进行比较，找出差异，再根据差异分析对业务的影响。

23.4 元数据应用

元数据是描述数据的数据，它可以帮助描述、理解、定位、查找企业的数据，支持数据的管理和使用。元数据不仅是数据治理的基础，而且在应用系统开发、数据仓库建设过程中也发挥着重要作用。

1. 元数据在数据治理中的应用

元数据管理是数据治理的基础，它用于定义和描述数据、数据之间的关系，以及数据如何管理、如何使用。元数据在数据治理中的主要应用如下：

- 定义和描述业务域、业务主题和数据实体；
- 描述数据结构和数据关系；
- 描述源系统、目标系统、表、视图、存储过程和字段属性；
- 定义和描述数据资产目录；
- 定义和描述主数据模型的属性；
- 管理数据标准；
- 描述数据质量规则和数据质量检核结果；
- 识别和定义数据集中的敏感数据、敏感属性；
- 血缘分析和影响分析；
- 描述数据流向，数据来自哪里、流向哪里；
- 描述数据管理，谁负责管理数据、在哪里管理；
- 描述数据的使用，谁有权使用数据、在哪里使用。

2. 元数据在应用系统开发过程中的应用

应用系统的开发一般需要 3 个环境：开发环境、测试环境和生产环境。在应用系统开发上线的过程中，经常会遇到在开发环境测试没有问题的应用系统，集成到测试环境中或迁移到生产环境中就会出现问题，例如 SQL 脚本执行不了，缺少数据表或视图，依赖的非空字段数据缺失，或者主外键关系、索引不正确等。

针对以上问题，元数据管理工具提供了一个行之有效的破解之法，如图 23-2 所示。

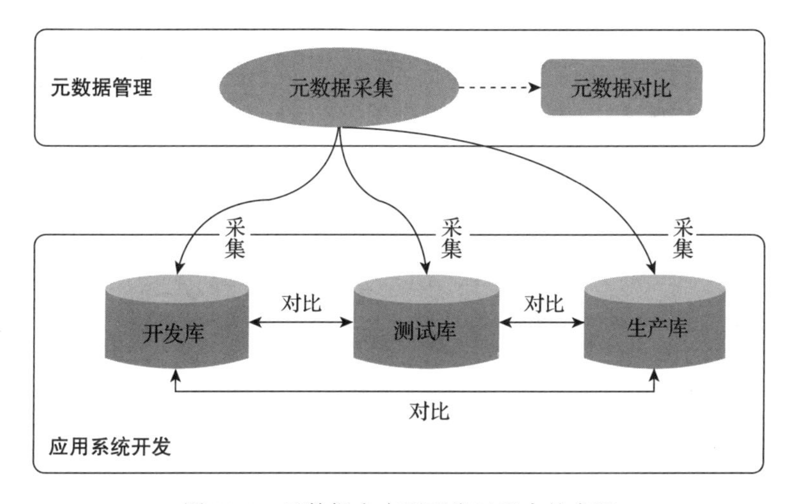

图 23-2　元数据在应用开发过程中的应用

1）通过元数据管理工具对应用系统所涉及的数据模型、库表结构进行规划设计，落地系统级逻辑模型。

2）基于反向工程将元数据管理工具中的数据模型导入应用系统的开发、测试、生产等环境中，应用系统的开发可以在元数据管理工具提供的数据模型基础之上构建物理库表。

3）通过元数据管理工具自动化采集开发、测试、生产三个环境的库结构、表结构、字段结构、视图与存储过程结构等元数据。

4）在应用系统开发过程中，从开发到测试部署之前，通过元数据管理工具的对比分析功能，迅速找到开发和测试环境中不一致的地方，支持在测试环境快速部署应用系统，并确保数据环境的一致性。

同理，应用系统在生产环境中的部署和运行也可以采用第4）步，以确保生产环境与开发、测试环境一致，支持应用系统的快速上线。

3. 元数据在数据仓库中的应用

数据仓库是用于数据分析、支持管理决策的系统。一个数据分析图表的诞生并不是一帆风顺的，需要经过多次的数据抽取、清洗、转换、汇总，才能将数据的结构、数据依赖关系、数据层次关系等理清晰，统一数据口径，将复杂的问题简单化，让设计者和使用者明确感知到数据的整个生命周期，以支持数据分析。

数据仓库是一个典型的分层设计的数据架构，其分层设计反映了数据在数据仓库中的加工处理过程。元数据作为数据仓库的核心组成部分，主要用于记录和管理数据在数据仓库中的整个流转过程，实现对数据仓库各层级数据进行统一管理，如图 23-3 所示。

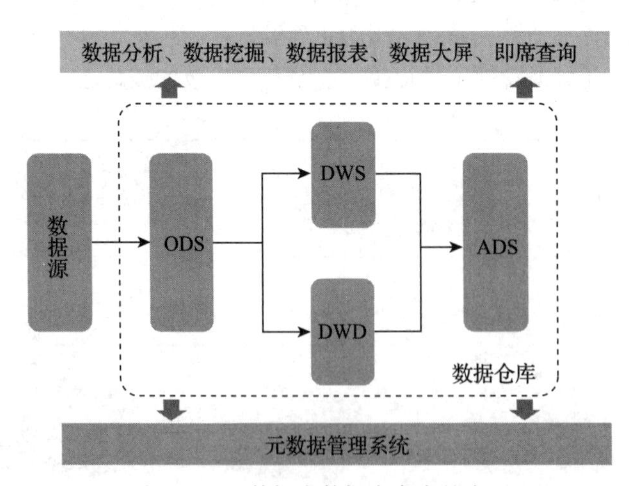

图 23-3 元数据在数据仓库中的应用

元数据在数据仓库中的应用如下：

- 描述数据源的库表结构、数据关系以及每个数据项的定义；
- 描述数据源中每个数据项的值域范围和更新频率；

- 描述数据源与数据仓库之间的数据映射关系；
- 描述数据仓库中有哪些数据以及它们来自哪里；
- 描述数据在数据仓库各层中的加工处理过程；
- 元数据管理工具为数据管理者和使用者提供了理解和查询数据的一致语言；
- 利用元数据管理工具的元数据变更和版本管理功能，管理数据仓库的数据模型，支持将元数据恢复到某一版本；
- 利用元数据管理工具的血缘分析、影响分析等功能，对数据仓库中的数据问题快速定位、快速查找；
- 利用元数据管理工具的开放式元数据交换标准，实现数据仓库中数据的交换和共享。

23.5 本章小结

元数据管理工具提供了可靠、便捷的工具，能够对企业分散的元数据进行统一、集中化管理，帮助企业绘制数据地图、统一数据口径、标明数据方位、控制模型变更。利用元数据管理工具可以更好地获取、共享、理解和应用企业的数据信息，降低数据集成和管理成本，提高数据资产的透明度。

Chapter 24 第 24 章

数据标准管理工具

数据标准管理本质上是元数据管理，管理的内容包括技术元数据、业务元数据和操作元数据。目前业界还没有体系化、标准化的数据标准管理工具，很多企业将其数据标准管理工具嵌入元数据管理平台，作为一个整体为企业提供数据治理服务。

24.1 系统架构

数据标准管理涵盖数据标准申请、制定、发布、变更和执行的全生命周期管理过程。从管理和应用层面，我们将数据标准管理工具分为数据标准采集、数据标准管理和数据标准查询三层架构，如图 24-1 所示。

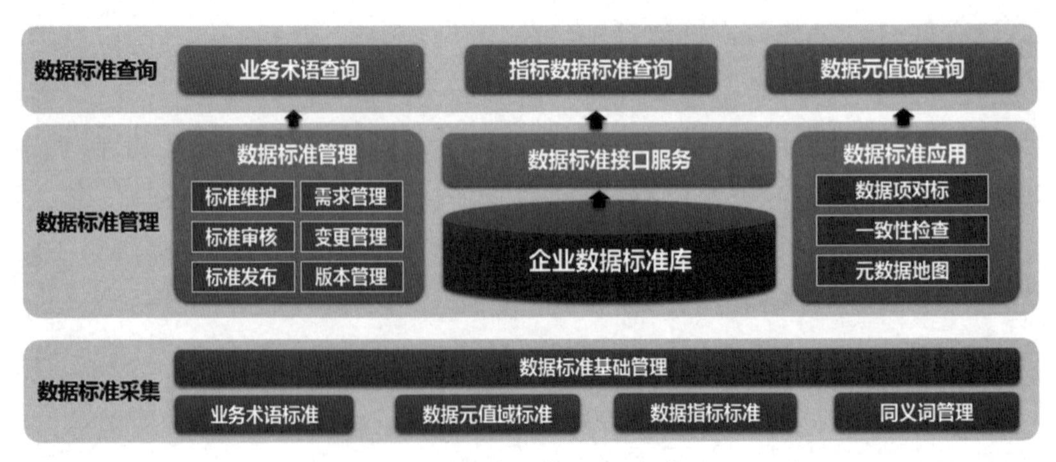

图 24-1　数据标准管理工具架构图

（1）数据标准采集

数据标准采集是指统一采集和管理实现企业的业务术语标准、基础数据元标准、数据指标标准等数据标准所涉及的数据标准类型、数据元名称、数据元规则、数据元值域、数据元管理属性、数据结构等信息。

（2）数据标准管理

数据标准管理工具提供数据标准的维护、审核、发布，以及数据标准的需求管理、变更管理、版本管理等基础管理功能；提供数据标准对外接口，实现数据标准的交换和共享，确保数据标准的落地；提供数据项对标、一致性检查、元数据地图等应用功能，为数据标准的落地提供支撑。

（3）数据标准查询

数据标准查询功能包括数据标准查询、全文搜索、数据导出、详情查看等功能。用户可根据自己的兴趣或业务需要来查询数据标准内容。数据标准查询只能查询自己权限范围内的数据，业务人员可以查询本业务条线和其他业务条线共享的数据，管理人员可以查询管辖范围内的数据标准。

24.2　数据标准管理

完整的数据标准管理工具涵盖数据标准需求管理，数据标准采集、制定、维护、审核、发布，数据标准变更管理、版本管理等功能。

1. 数据标准需求管理

数据标准的建设是一项基础性的、持续性的工作，需要分阶段开展。在需求阶段，可以利用数据标准管理工具的需求卡片全面收集企业各部门的数据标准需求，形成数据标准需求池。

通过需求卡片功能收集的数据标准需求一般包括以下内容。

- 需求编号：需求的顺序号，唯一性标识（系统自动生成）。
- 需求来源：需求从哪里来？最好有联系方式和相关背景资料等。
- 需求类型：业务术语、数据指标标准、主数据与参考主数据标准、数据元值域标准等。
- 业务场景：产生需求的时间、位置、环境等。
- 需求状态：待讨论、暂缓、拒绝、已确认、待开发、开发中、已发布。
- 提交时间：数据标准需求的录入时间。
- 需求描述：数据标准需求的简明阐述。
- 原因描述：为什么会有这个需求？
- 重要性：需求的重要程度和紧迫程度。

收集完各业务部门对数据标准的需求后，对这些需求进行业务影响分析、落地难度分析和实施优先级分析，以帮助企业确定数据标准制定和落地的行动路线。

2. 数据标准采集

通过开展数据标准需求的收集和梳理，确定数据标准管理的范围和主要内容，综合考虑国家和行业相关数据标准规定、企业业务运行和管理要求、企业信息和业务系统数据现状，对企业的数据标准进行采集。

数据标准采集是参考国际标准、国家标准、行业标准和企业现行标准，对数据对象进行标准化设计，主要包括数据对象的业务含义、数据标准分类、数据元定义、数据元属性规则、数据元值域范围、数据元管理属性以及数据对象之间的关系等。将所有的数据对象、数据元素、数据关系等数据统一采集、入库。

3. 数据标准制定

数据标准的制定主要包括数据标准现状分析、定义数据元及其属性两个关键环节。

（1）数据标准现状分析

根据数据标准需求采集情况，从业务和IT两个方面进行分析、诊断并归纳数据标准现状和问题。业务方面，主要对数据标准涉及的业务和管理现状进行分析和梳理，以了解数据标准在业务方面的作用和存在的问题；IT方面，主要对各系统的数据字典、数据记录等进行分析，明确实际生产中数据的定义方式及其对业务流程、业务协同的作用和影响。

（2）定义数据元及其属性

企业依据行业相关规定，借鉴同行业实践经验，并结合企业自身的数据标准需求，在各个数据标准类别下，明确相应的数据元及其属性，例如数据项的名称、编码、类型、长度、业务含义、数据来源、质量规则、安全级别、值域范围等。

4. 数据标准维护

提供对数据标准信息的新增、修改和删除功能，主要涉及业务术语表、数据元值域标准、数据指标标准等。

- **业务术语表**：定义企业级的公共业务词汇表，建立各部门对公共业务术语的共识，提供业务术语上下文的关联和控制，提升业务之间的协同、协作效率。
- **数据元值域标准**：数据元是用一组属性描述、定义、标识或表示数据的单元，值域是指允许值的集合。数据元值域标准也被称为数据字典，包括数据元分类、数据元名称、数据元编码、数据元业务定义、数据元值域范围等。
- **数据指标标准**：对业务和管理指标的标准化定义，涵盖指标的业务属性、技术属性和管理属性，例如指标名称、业务含义、统计维度、计算方式、分析规则等信息。

5. 数据标准审核

数据标准的审核是保证数据标准的可用性、易用性的关键环节，一般分为意见征询和审议两步。

1）数据标准意见征询，即通过对拟定的数据标准进行宣贯和培训，广泛收集相关业务部门、数据管理部门、系统开发部门的意见，以降低数据标准不可用、难落地的风险。

2）数据标准审议，即在数据标准意见征询的基础上，对数据标准进行修订和完善。

6. 数据标准发布

在数据标准审核完成，并根据审核意见进行修订后，通过数据标准管理工具进行数据标准发布，形成一个基线版本。

数据标准管理部门负责将审议通过的数据标准提请数据标准管理委员会以正式的渠道、正式的方式发布。

7. 数据标准变更管理

数据标准管理工具支持对数据标准的变更管理，监控数据元、值域和业务术语的变更，并将数据标准变更信息及时通知有关部门和人员。

8. 数据标准版本管理

数据标准管理工具提供数据标准版本管理功能，包括版本查看、版本发布、版本比对和版本恢复。

24.3　数据标准应用

（1）数据标准查询

数据标准管理工具提供数据标准查询功能，支持按照数据标准分类、数据标准关键字等多种数据标准查询方式，支持按照数据标准的上下文查询相关联的数据标准。

（2）元数据地图

数据标准管理工具提供元数据地图功能，支持按数据域进行数据标准的组织并进行可视化展示。数据标准的元数据地图可逐层展开，通过上下文描述展示数据标准之间的关联关系，以便于用户整体理解数据标准。

（3）数据标准对标

数据标准管理工具提供数据项对标功能，支持数据标准的一致性检查。业务系统、数据仓库、大数据平台等系统可调用数据标准的对标功能，对本系统中的数据标准进行一致性检查，以及时发现系统中存在的数据缺陷。

（4）数据标准访问接口

数据标准管理工具提供数据标准访问接口，以供其他系统调用，实现数据标准的落地。

24.4　本章小结

不论是作为一个独立的数据管理工具，还是被植入元数据管理平台中，数据标准管理功能都必须包含数据标准制定、数据标准发布、数据标准执行和数据标准监控等方面的功能。

同时，必须强调的一点是，在企业数据标准管理的过程中不存在技术上的瓶颈，系统只是一个工具，要想让数据标准管得好、用得好，还需要数据管理制度、数据管理流程以及数据思维、数据文化等方面的支持。

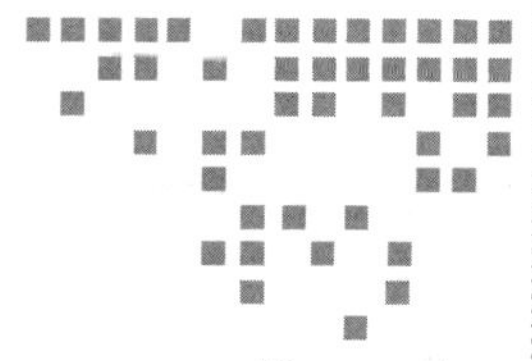

第 25 章 Chapter 25

主数据管理工具

主数据被誉为企业的“黄金数据”，具有很高的价值，是企业数据资产管理的核心。通过主数据管理，可以解决各异构系统的数据不标准、不一致问题，保障业务连贯性以及数据的一致性、完整性和准确性，提升业务条线之间的协同能力。同时，高质量的主数据也能为领导的管理决策提供支撑。

25.1 系统架构

主数据管理工具用来整合来自不同来源的数据，使企业能够为重要数据创建单一数据源，统一数据视图，从而提供标准、准确、一致的核心数据，帮助企业做出明智的决策。在应用层面，主数据管理工具自下而上可分为业务系统层、主数据集成层、主数据管理层和主数据应用层四层架构，如图 25-1 所示。

- ❑ 业务系统层：包括生产主数据的业务系统（数据源系统）和消费主数据的业务系统。通过主数据管理工具整合各数据源的主数据，从而形成主数据单一数据源，并为主数据消费系统提供准确、一致、权威的主数据。
- ❑ 主数据集成层：为业务系统的数据整合和同步共享提供集成能力，包括主数据的清洗、转换、装载、映射、分发等功能。
- ❑ 主数据管理层：主数据管理工具的核心层，主要提供主数据建模、主数据管理、主数据质量、主数据安全等功能。
- ❑ 主数据应用层：主要提供主数据标准、主数据目录、主数据查询、主数据订阅、主数据统计等功能。

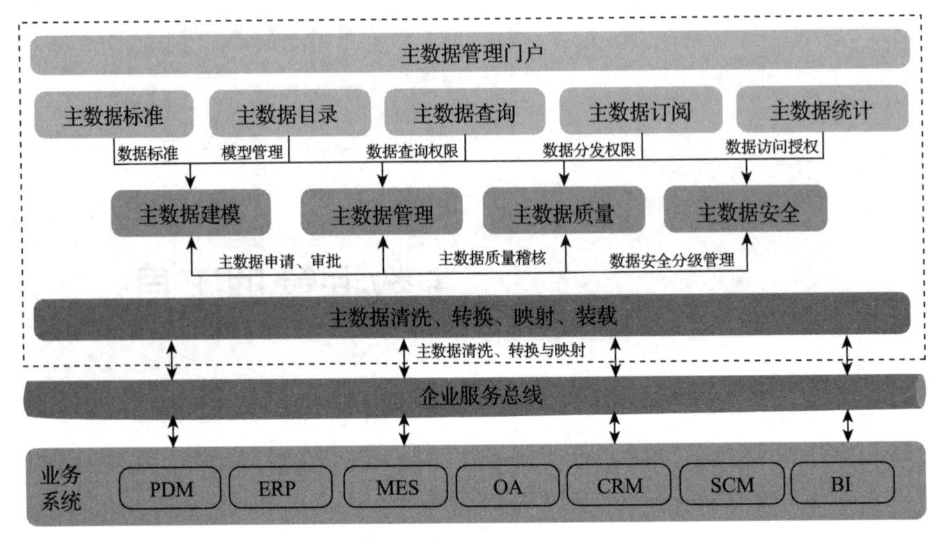

图 25-1 主数据管理系统功能架构图

25.2 主数据建模

主数据建模功能是主数据管理的基础，主数据的申请、审核、质量、安全、集成共享等功能都是围绕主数据模型展开的。主数据建模包括主数据分类、主数据编码、主数据属性模型、主数据界面模型及主数据审批模型。

- 主数据分类：按照一定的维度和特征对某主数据进行划分，以方便主数据的管理和使用，例如客户分类、供应商分类、产品分类等。
- 主数据编码：主数据的唯一识别属性。主数据管理工具提供多种编码方式，可以灵活设置码段、码位、步长，以支持不同主数据编码的业务需求。常见的编码方式有特征值编码、固定值编码、日期码、流水码、组合码、层级码、随机码等。
- 主数据属性模型：用于对主数据所有属性进行定义，包括中文名称、英文名称、字段类型、字段长度、唯一性约束、校验规则等。
- 主数据界面模型：也叫主数据管理模板，提供了主数据管理视图配置功能，在主数据模型的基础之上，为不同分类主数据分配不同的属性。
- 主数据审核模型：基于主数据管理工具提供的工作流引擎，为主数据的新增申请、变更申请提供流程配置，支持对每个审批节点进行设置，如流程 ID、流程描述、操作类型、审批人、通知模式等。

25.3 主数据管理

主数据管理工具提供创建、使用、管理和监控主数据功能，使用健全的工作流和审批功能，支持企业范围的数据治理政策和流程，并通过严格的管理流程，实现主数据申请、审核、变更、冻结和归档等全生命周期管理，让业务用户能够访问统一、可靠的主数据。

（1）主数据申请

基于主数据管理视图，正确填写主数据属性的值，生成主数据编码，并提交审核。

- 支持通过主数据管理系统进行主数据申请；
- 支持通过接口服务的方式进行主数据申请；
- 支持附件信息的上传，例如PDF、Word、Excel等格式文件；
- 支持图片文件的上传，例如PNG、JPG、GIF等格式文件；
- 支持申请过程的数据校验，例如空值校验、重复校验、数据有效性校验等。

（2）主数据审核

在主数据申请提交之后，根据预先设置好的主数据审批流程进行主数据审批。

- 提供主数据审批待办列表，待办信息可自动推送至审批人工作界面；
- 支持催办功能，对长时间没有审核的主数据发起催办通知，通知以短信、邮件、即时通信等方式推送给审批人，提醒审批人办理；
- 支持多节点串行审核、多人并行会签、分支审批流程等多种审核方式；
- 支持审批流程的跟踪和监控，可以查看每个审批节点的详细信息；
- 支持在审核节点修改主数据信息，填写审核意见，通过或驳回审批等。

（3）主数据变更

主数据在审核完成后将自动生效，如果需要对已生效的主数据进行修改的话，必须根据预先设置好的主数据变更流程，发起主数据变更申请和审核。

- 主数据变更内容包括主数据各属性的值、主数据的状态等。主数据编码一般不允许修改，一旦创建，永久有效。
- 主数据变更审批通过后，自动生成一个新的主数据版本。

（4）主数据冻结

某条主数据记录失效后，会对该条记录进行冻结操作。主数据冻结属于变更主数据状态，一旦冻结，将无法在业务流程中使用该条主数据记录。

（5）主数据归档

对于失效的主数据记录或无法满足业务需要的主数据进行归档操作，即将主数据系统中的待归档数据迁移到历史数据库中。归档的主数据不可修改，只能查询。

（6）主数据分析

用户可以跟踪主数据的血缘和历史记录，审核其主数据的合规性，并使用可自定义的仪表板显示最相关的信息，更有效地管理数据变化和异常情况，降低成本并提高工作效率。

25.4 主数据质量

主数据管理工具提供主数据质量规则设计、主数据质量稽核、主数据质量报告、主数据问题处理等功能，实现主数据质量从问题发现到问题处理的闭环管理。

（1）主数据质量规则设计

按照主数据质量评估维度和业务规则制定主数据质量规则。主数据质量评估维度有唯一性、完整性、正确性、规范性等。

（2）主数据质量稽核

主数据质量稽核任务是一组执行主数据质量规则的脚本。通过执行主数据质量稽核任务，可以实现对主数据库数据质量的检查，并自动记录检查出的数据质量问题。主数据管理工具支持快速匹配和准确识别重复数据：根据配置的规则，识别在多个系统中存在的潜在匹配对象；根据阈值定义，确定是否匹配，将疑似匹配结果通过业务流程提交人工确认，并将确认重复的数据进行合并。主数据管理工具支持可视化配置主数据质量稽核任务，支持定时自动执行、手动触发执行等多种执行模式。

（3）主数据质量报告

通过执行主数据质量稽核任务，自动记录数据质量问题，并按照主数据质量评估维度形成主数据质量报告。支持对清洗前和清洗后数据的质量进行评分对比，从宏观上把握数据质量，快速定位数据问题。支持主数据质量报告的下载和发送，可将主数据质量报告以系统消息、电子邮件等方式发送给相关干系人。

（4）主数据问题处理

对有问题的主数据记录进行自动或手动处理，包括自动合并、自动剔除、人工复核、人工补录等方式。

25.5 主数据安全

主数据管理工具提供用户身份认证、细颗粒度的权限控制、分级授权、安全审计、数据签名、敏感数据脱敏/加密等功能，以保证主数据管理的应用安全、接口安全和数据安全。

（1）用户身份认证

支持用户名/口令、PKI/CA等用户身份认证方式，以便于控制用户对系统、应用、接口、数据的访问。

（2）细颗粒度的权限控制

支持按主数据的类别、条目、属性视图等多个维度或多维度组合划分的权限控制方式，确保“让合适的人访问合适的数据”。

（3）分级授权

分级授权即支持多层级管理，是集团型企业主数据管理的常用功能。系统超级管理员管理系统的全局权限，支持将某些管理权限赋给下级管理员，下级管理员可以建立用户、为用户分配角色和授权。

（4）安全审计

记录主数据系统的登录操作、管理操作、应用操作、数据操作、接口操作等行为，提供多方位的安全行为监测，以便及时发现数据安全风险并制定相应的解决方案。

（5）接口传输安全

主要利用数据签名和数据加密等数据安全技术保证主数据接口传输的安全。

（6）数据脱敏

根据脱敏规则对主数据中的敏感信息进行数据变形，实现对敏感信息的保护。

25.6 主数据集成

主数据管理工具提供数据库集成、消息集成、Web 服务集成等多种主数据集成方式，可灵活实现全量 / 增量数据与异构系统的交互，实现主数据整合和分发。

- 数据库集成：数据源系统开放数据库接口，供其他系统调用，实现主数据集成共享。
- 消息集成：基于消息中间件，通过消息队列的方式实现主数据的集成共享。
- Web 服务集成：基于标准的 Web 接口服务实现主数据的集成共享，常用的主数据 Web 接口支持 SOAP、REST 两种接口协议。

25.7 本章小结

主数据管理工具提供主数据建模、主数据管理、主数据质量、主数据安全、主数据集成等功能，利用一个中央存储库来存储和管理整个企业中的主数据，为企业的关键业务数据提供统一、集中的数据视图。同时，该工具通过与企业中各相关业务系统集成，保证整个企业 IT 系统能够重用准确、一致、完整的主数据。

Chapter 26 第 26 章

数据质量管理工具

数据质量管理工具致力于数据的标准化和清理，根据一定的规则将数据按照统一的格式进行标准化，然后对数据进行匹配，去除不满足规则或者重复的数据，以提高数据的质量。

26.1 系统架构

数据质量管理工具用于为企业特定的数据集定义数据质量规则，进行数据质量评估，开展数据质量稽核，并促进企业数据质量及相关业务流程的优化和改进，其架构如图 26-1 所示。

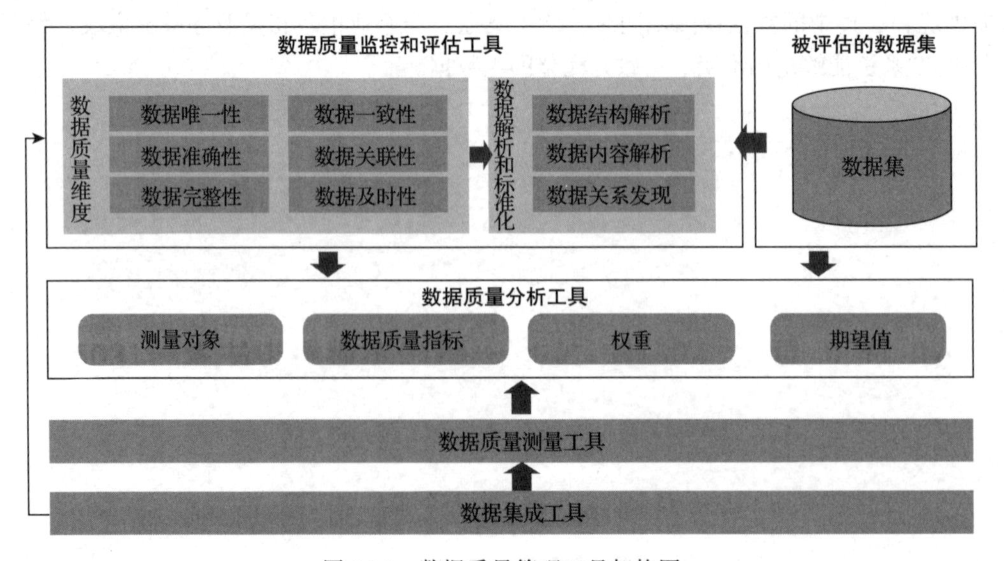

图 26-1 数据质量管理工具架构图

数据质量管理是用于识别、理解和纠正数据缺陷的过程，通过数据缺陷的发现和纠正提升企业数据质量，以支持企业的业务协同和决策支持。在实践中，数据质量管理工具具有一系列关键功能，如数据质量分析、数据解析、数据标准化、数据清洗、数据匹配、数据集成和数据质量监控等。

为了解决各种数据质量问题，企业不应只考虑使用一种工具，而应综合考虑。常见的数据质量管理工具及其作用如下。

- 数据解析和标准化工具：将数据进行分解和剖析，并将其统一化、标准化。
- 数据清理工具：删除不正确或重复的数据条目，修正数据项的值域，以满足某些业务规则或标准。
- 数据分析工具：收集有关数据质量的统计信息，然后将其用于数据质量测量和评估。
- 数据质量监控工具：对数据质量状态进行监控，及时发现数据质量问题。
- 数据集成工具：引入外部数据并将其集成到现有数据中。

26.2　数据质量指标

定义数据质量指标是数据质量测量和管理的第一步，主要涉及数据质量维度、数据质量指标、权重和期望值等。数据质量指标是由业务人员根据各测量类别对不同业务实体提出的数据质量衡量标准，它是各数据质量测量类别在不同业务实体上的具体体现。

（1）数据质量维度

企业的数据质量维度一般包括数据唯一性、一致性、准确性、关联性、完整性、及时性等。数据质量维度反映了数据质量不同的规格标准，也体现了高层次的指标度量的特点。

（2）数据质量指标

针对不同的数据质量检核对象，依据数据质量维度，定义数据质量指标，每个数据质量指标都是从业务实体的角度对质量问题进行简单描述，都包含一个或多个信息项，这些信息项就是每一个业务实体具体要检核的对象。我们可以在每一个数据质量指标的基础上根据不同的信息项确定具体的检核方法。

（3）权重和期望值

依据实际业务所需为数据质量指标定义度量的标准，一个数据质量指标可以设置多个度量标准，为每个度量指标设置可接受的阈值、权重等。例如：对“有效客户”的度量，就需要设置多个维度的度量指标，如最后一次登录时间、访问频次、有效交易次数、最后一次交易时间等。度量指标得分低于可接受水平的数据不符合业务用户的期望，必须加以改进以避免对业务和分析产生负面影响。

26.3　数据质量测量

数据质量测量是数据质量管理平台的核心功能，支持基于给定数据质量维度、数据质量规则和指标对目标数据集实施定期或持续的测量。

（1）测量方法

根据数据质量规则中不同的信息项定义不同的测量方法，每一个测量方法根据其测量对象定义各自的测量脚本以及相关的属性信息。测量方法中的测量脚本就是数据质量管理工具在执行数据质量测量操作时实际执行的脚本，它反映了质量问题的测量逻辑，根据测量类别的不同，其复杂度也不同。

（2）任务调度

数据质量工具提供了任务调度功能，通过任务调度配置稽查流程，生成相应的数据质量测量的脚本程序。然后执行调度任务脚本，将测量的数据质量问题自动记录到测量结果中，提供用户查询并及时解决问题。

（3）持续测量

持续测量是将调度任务与某数据系统或数据集的数据操作进行绑定，在数据操作时触发调度任务的联机持续数据质量监控。该方式能够识别错误数据的来源、发生错误的原因，隔离造成问题的因素并确定改进的机会，为数据在某种程度上符合预期提供保障。

（4）定期测量

通过系统定时任务调度，针对非关键性数据和不适合持续测量的数据进行定期测量，为数据所处状态符合预期提供一定程度的保证。

26.4 数据质量剖析

采用各种统计和分析算法以及业务规则来探究数据集的内容及其数据元素的特征。数据质量管理工具支持以下三种数据质量剖析类型。

- 数据结构解析：用于了解数据是否一致，格式化描述是否正确。通过检查数据中的统计信息，例如最小值和最大值、中位数、均值或标准差，了解数据的有效性。
- 数据内容解析：通过检查数据库中的单个数据记录，发现空值或错误值，包括格式错误。
- 数据关系发现：用于分析和理解数据集、数据记录、数据库字段或数据实体之间的关联关系。通过此分析，可以发现并消除数据集中可能出现的数据重复、数据参照不完整等问题。

26.5 数据质量问题分析与改进

通过对不同业务需求和数据质量问题的收集、分类、抽象和概括，采用定量和定性的数据质量分析方法，对数据质量问题进行评估，确定哪些数据缺陷对业务流程有重大影响，为下一步制定数据问题的解决方案奠定基础。

- ❑ 数据质量分析报告：数据质量管理工具提供了一个集中展示数据质量状况的窗口，相关人员可以对数据质量问题进行查询、统计、分析，找到引起数据质量问题的根因并付诸行动，从源头上解决数据质量问题，实现数据质量管理的闭环。
- ❑ 数据质量问题分析：数据质量管理工具提供对问题数据记录的检索和查询功能，重点关注对问题数据记录的监控、对问题数据数量变化的趋势分析、对不同测量类别的数据分布的分析等。
- ❑ 数据质量仪表板：以仪表板的形式展示对数据质量问题的统计分析，展示各评估维度的问题数据的数据量及变化趋势，以更直观的方式查看数据质量问题的变化以及对质量问题的治理结果。

26.6　本章小结

一个完整的企业数据质量管理方案应包含数据质量评估指标设计、数据质量管理工具构建、定期或持续的数据质量测量、持续的数据质量改进机制四方面内容。其中，数据质量管理工具是落实数据质量持续监控和不断改进的重要支撑，通过对企业数据持续实施数据清理和数据标准化，可以提升数据质量，满足管理和业务所需。

Chapter 27 第 27 章

数据安全治理工具

传统的数据安全治理以边界防护为主要安全手段，强调区域隔离、安全域划分，以防控黑客入侵为目标，而本书讨论的数据安全治理以数据分级分类为基础，以数据的合规使用和安全流动为目标。数据安全治理工具的重点体现在数据管理和数据应用层面的防护上。

27.1 系统架构

数据安全治理整体可分为 4 个层级：设施层、存储层、管控层和应用层。这 4 层为数据基础设施、数据存储和传输、数据安全管控和数据安全使用构筑了 4 道数据安全防线，对企业数据进行全方位的安全防控，如图 27-1 所示。

第一道防线：设施层安全

企业数据安全的第一道防线是对数据所在宿主机的安全防护，通过网络安全产品防止外部攻击带来的数据安全风险，确保数据的存储和计算安全。防护网络和主机安全的技术和产品有很多，常见的有网络准入控制（NAC）、防火墙、防毒软件、入侵检测和防御系统（IDS/IPS）、终端管控（如 Symantec、Check Point 等）、网关设备控制、堡垒机等。此外，设施层的安全防护还需要加强防水、防火等基础设施和设备的保养与维护，以防止自然灾害、电力故障等因素对宿主机的破坏。

第二道防线：存储层安全

确切地说，这一层应该叫作数据交易层，它的目的是确保数据通过网络传输到数据库进行存储这一过程的安全。存储层安全技术作为企业数据安全的第二道防线，主要作用有：提供漏洞扫描，及时发现并修复网络、服务器、数据库存在的安全漏洞；采用安全协议保证数据的安全传输，目前安全传输协议主要有两种，即安全套接层（SSL）协议和安全电子交易（SET）协议；利用数据加密算法（如 DES/ Hash）对敏感数据进行加密存储，使用时通过密钥进行解密，防止数据被窃取；采用备份恢复机制，确保关键数据已加密，备份并脱机存储到其他设备中。

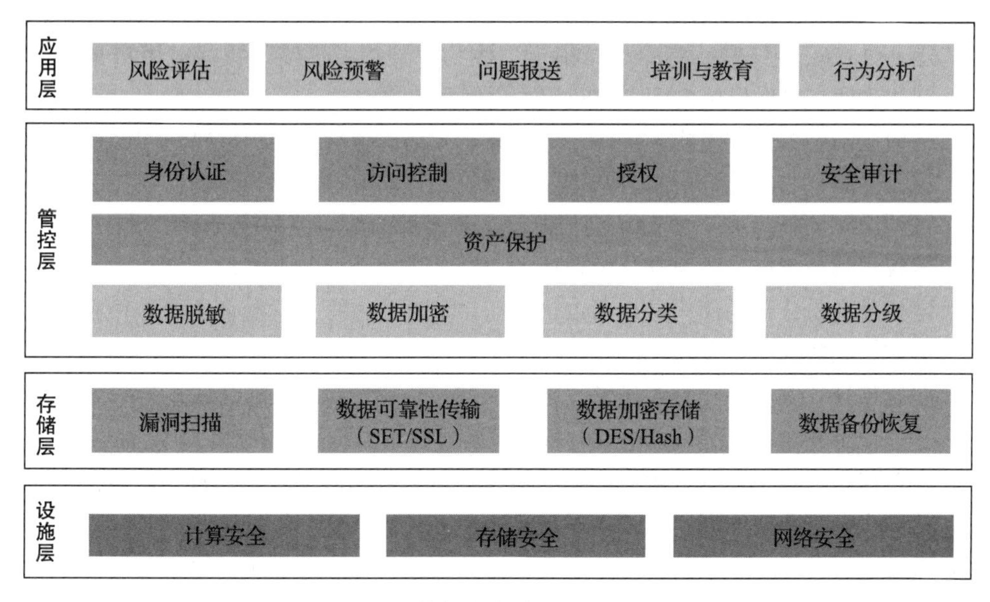

图 27-1　数据安全治理功能架构图

第三道防线：管控层安全

管控层主要是针对数据本身及数据应用的安全管理，这一层涉及的数据安全治理工具主要有身份认证（Authentication）、访问控制（Access Control）、授权（Authorization）、安全审计（Auditable）和资产保护（Asset Protection），也称为“5A 方法论”。除了“5A”，在数据使用中用到的安全技术还有数据脱敏 / 脱密、数据加密、数据分类分级等。这是数据安全治理的第三道防线。

第四道防线：应用层安全

应用层是面向数据使用人员提供的数据安全应用功能，如安全风险的评估、数据安全的预警、数据安全问题或风险报送、数据安全的培训等。这是企业数据安全治理的最后一道防线，笔者称之为“数据安全文化”，它是通过数据安全应用促进企业数据安全文化的构建和员工数据安全意识的培养。企业文化是企业管理的灵魂，只有在企业中形成数据安全文化，人人有了数据安全意识，才能真正实现数据安全从被动防御到主动治理。

27.2　数据安全治理

在数据安全治理的四道防线中，设施层安全和存储层安全侧重于对数据所在宿主机、相关网络设备、数据存储和传输介质的安全防控，这些是传统网络安全和数据安全治理的重点，不是本书要讨论的内容。本书重点关注管控层和应用层的数据安全治理，包括5A(身份认证、访问控制、授权、安全审计和资产保护)、数据分类分级、数据脱敏/脱密等。

- **身份认证**：提供统一用户身份认证功能，为每个用户赋予唯一性身份的标识，并采用PKI/CA、用户名/口令、智能卡、生物识别等身份鉴别技术对用户身份进行验证和确认，以确保用户可以访问相关应用和数据。
- **访问控制**：提供一组或多组访问控制策略，以确保合法用户可以访问受保护数据资源，并防止非法用户访问。常用的访问控制策略有基于用户组的访问控制、基于角色的访问控制、基于IP的访问控制、基于属性的访问控制等。
- **授权**：以最小授权为原则，为合适的用户分配合适的数据资源访问权限。授权是确定经过身份认证的用户是否可以访问特定资源的过程，它验证用户是否有权访问相关信息、数据库、文件等资源。
- **安全审计**：安全审计是对异常的账户、授权、操作行为及非法攻击等异常信息进行日志记录和实时监控，以便及时发现系统存在的数据安全漏洞，制定补救措施。
- **资产保护**：保护数据全生命周期的安全，包括数据采集安全、数据存储安全、数据传输安全、数据处理安全、数据交换安全、数据销毁安全等。
- **数据分类分级**：数据分类和分级管理是数据安全治理的基础。分类是按照一定的原则和方法对数据进行归类，方便为不同的数据分类制定相应的数据安全策略；分级是按照数据的涉密程度高低对分类后的数据进行定级，从而确保企业数据的安全合规使用。
- **数据脱敏/脱密**：利用加密技术对敏感数据进行加密，防止敏感数据泄露。数据脱敏不仅要执行数据漂白，抹去数据中的敏感内容，还要保持原有的数据特征、业务规则和数据关联性，保证开发、测试、培训等业务不受影响，确保脱敏前后的数据一致性和有效性。

27.3 数据安全应用

数据安全治理的应用功能主要包括以下几类。

- **数据安全风险监测**：数据安全治理工具提供了实时、定时监测数据的功能，对数据输入、采集、处理、使用等过程进行监测，对存在的问题和风险进行及时预警，确保数据的完整性和保密性。
- **数据安全预警**：数据安全治理工具提供了多种预警方式，包括系统消息、电子邮件等，并能够与企业微信、钉钉等协同办公软件集成，实现数据安全问题和风险的及时预警。
- **数据安全问题或风险报送**：数据安全治理工具提供了数据安全问题或风险报送的功

能，用户可以将自己发现的数据安全问题或风险通过手工填报的方式报送给相关负责人，以便及时修补数据安全漏洞。

- **数据安全培训**：培训的内容包括数据安全意识、数据安全脆弱性识别、数据安全治理工具的使用等。数据安全治理工具提供了培训视频、培训课件等内容的统一管理，支持培训视频和课件的在线播放、下载等功能。

27.4　本章小结

在数据治理项目中，在数据的采集、存储、传输、处理和使用等过程中，都会用到相关的数据安全治理工具。这些工具有的是独立的应用程序，有的是将多个数据安全工具和技术集成在一起的解决方案，企业应根据自身的数据管理需求选择相应的数据安全治理工具。

Chapter 28 第 28 章

数据集成与共享工具

数据集成与共享工具一般用于跨单位、跨部门的数据资源集成与共享。它不是一个独立的数据处理工具，而是由多个系统构件组成的，实现数据汇聚、融合、交换、共享的整体解决方案。它涉及的系统构件有数据交换共享系统、目录服务系统、数据管理系统等。

28.1 系统架构

数据集成与共享工具从逻辑上分为基础设施层、数据资源层、应用支撑层和平台应用层，如图 28-1 所示。

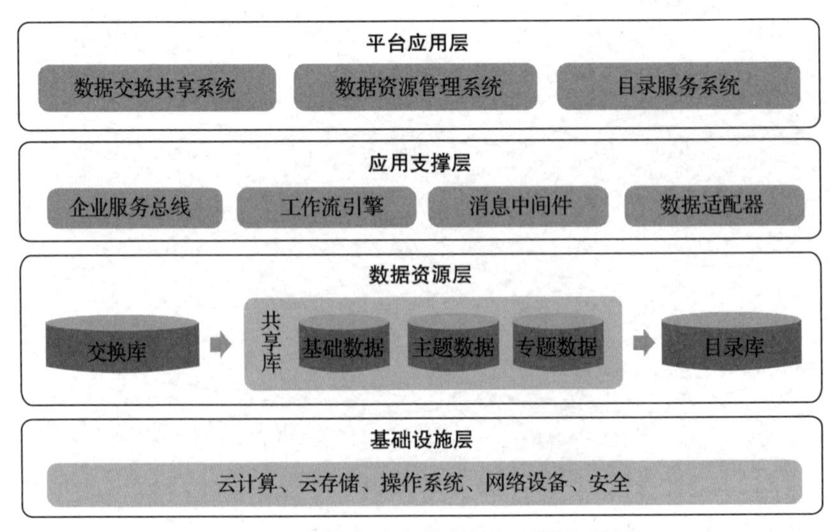

图 28-1 数据集成与共享工具逻辑架构图

（1）基础设施层

基础设施层是确保数据交换共享系统稳定运行的基础，主要涉及云计算、云存储、操作系统、网络设备、安全等。

（2）数据资源层

数据资源层集中管理需要交换和共享的数据资源，主要涉及以下 3 个数据资源库。

- **交换库**：为实现与各部门的数据交换而建立的中间存储数据库，主要包含提供和接收的交换信息。
- **共享库**：通过平台数据交换，各部门对业务信息库进行清洗、比对、过滤、整合加工后形成的提供给其他部门共享访问的数据库。按共享数据的类型，共享库可分为基础数据库、主题数据库和专题数据库。
- **目录库**：目录库主要存储由编目系统提取部门共享信息资源的基本特征而形成的目录内容，包括元数据信息、目录信息、目录分类信息、目录审核信息、目录发布信息等。

（3）应用支撑层

应用支撑层主要是实现数据共享交换所涉及的技术中间件，包括企业服务总线、工作流引擎、消息中间件、数据适配器等。

（4）平台应用层

平台应用层是集成与共享平台的核心，主要由数据交换共享系统、数据资源管理系统、目录服务系统等三大系统组成。

数据交换共享系统是实现与部门业务库进行数据交换的基础，提供数据交换前置服务，包括交换桥接、交换前置、交换传输等功能模块，实现不同部门异构应用系统间松耦合的数据交换。

数据资源管理系统是在数据交换库的基础之上经过数据抽取、清洗、转换、装载的过程形成共享信息库，并提供数据导入导出、数据版本管理、数据备份 / 恢复、数据分类管理、数据质量管理等功能。

目录服务系统采用元数据来描述共享信息资源特征，形成统一规范的目录内容，并通过对目录内容的有效组织和管理，提供数据资源的发现、定位服务，支持跨部门的数据共享。

28.2 数据交换共享系统

数据交换共享系统是整个平台的核心，主要由交换桥接子系统、交换前置子系统、交换传输子系统、数据加工子系统、管理与监控子系统组成，支撑跨部门、跨系统的数据交换和共享。

1. 交换桥接子系统

交换桥接子系统是部门业务数据与前置交换信息库之间的信息交换接口，以实现两个信息库之间的信息交换。

交换桥接子系统的主要作用是完成业务系统与数据交换共享系统之间的交换桥接。交换桥接子系统位于业务系统和交换前置机之间，在保证业务系统可靠、安全的前提下，实现业务系统与数据交换共享平台前置子系统之间的双向、单向、实时、定时数据同步。

交换桥接子系统提供灵活、安全的交换桥接功能，以松耦合方式实现与业务系统的桥接处理。支持数据库桥接、文件桥接等多种桥接服务，满足不同类型数据交换共享的需要。交换桥接子系统有利于迅速划分工作边界和工作安全区，能够在保证业务系统独立、可靠、安全的前提下，实现业务系统数据库与前置交换信息库之间的在线实时交换或定期数据导入。

2. 交换前置子系统

交换前置子系统部署在与业务系统相衔接的前置机上，是数据交换共享平台同各业务系统交互的技术通道，也是与业务系统及前置交换库相隔离的“堡垒”。它负责提供各类技术协议适配器来支持同各种业务系统的底层衔接，实现与各业务系统的数据交换。在前置机上安装前置交换数据库、应用适配器和数据交换软件，用于实现数据的发送和接收。

前置机是实现数据交换过程的载体，要实现数据的交换，必须在前置交换子系统中融入数据交换适配器组件，进行数据抽取、传输与加载，提供对 Oracle、DB2、SQL Server、MySQL 等关系数据库的支持，并提供对 HBase、Redis、MongoDB 等非关系数据库的支持。

前置交换子系统通过接入适配器提供给应用系统数据接入，从多种数据源中抽取数据存入前置数据库中。数据接收方式有四大类。

- 文件形式：业务系统通过 CSV、Excel、XML 等文件格式交互接入数据交换共享平台。
- 标准 Web 服务：业务系统通过 SOAP、REST 等标准 Web 接口协议实现与数据交换共享平台的交互接入。
- 非标准服务调用：业务系统通过 JMS、MQ、EJB、TCP、Socket 等方式与数据交换共享平台交互接入。
- 数据库方式：业务系统通过向平台开放数据库访问接口的方式，编程实现接入数据交换共享平台。

3. 交换传输子系统

交换传输子系统负责提供数据的同步及异步传输，为数据发送端和接收端提供接口，实现交换数据的打包、转换、传递、路由、解包等，为各交换前置子系统之间安全、可靠、稳定、高效的数据传输通道。

如图 28-2 所示，交换传输子系统分为发送端、接收端、数据传输三部分。数据发送端把数据发送到数据传输平台的通道中，数据接收端从数据传输平台的通道中获得数据，数据传输平台负责管理通道及通道中的数据。

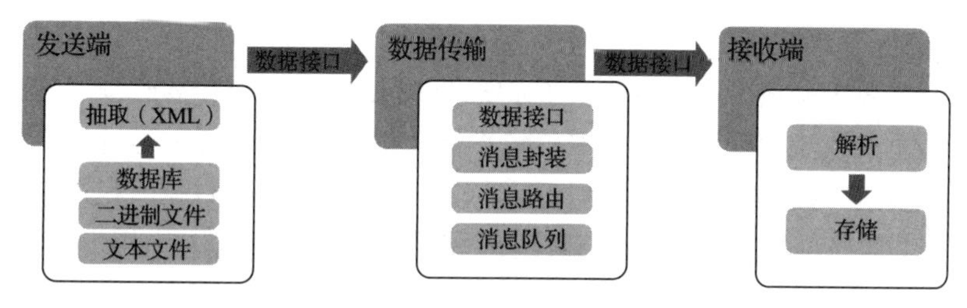

图 28-2　数据传输流程图

在发送端，数据抽取组件从数据库、文本文件、二进制文件中抽取需要传输的数据，数据交换模块把抽取出来的数据按照要求转换成 XML 文件，然后利用数据传输模块所提供的传输接口把待传输的数据提交给数据传输通道。在接收端，数据接收端从数据传输通道中获得数据，然后根据需要对数据进行解析并将其存储到相应位置。

4. 数据加工子系统

在将各部门的异构数据信息汇集到数据资源中心的交换库中后，需要进行加工处理，然后存储到集成与共享平台的共享数据库中。数据加工子系统的功能有数据识别、数据清洗、数据转换、数据映射等。

（1）数据识别

根据确定的交换共享原则，从各部门现有业务系统中抽取交换共享数据，主要抽取生产库的结果数据。同时根据数据属性特征识别数据分类，建立数据标签，将数据存储到基础数据库、主题数据库、专题数据库的相应位置。

（2）数据清洗

数据清洗是对数据进行检查和校验的过程，是发现并纠正数据文件中可识别错误的最后一道程序，包括检查数据一致性、处理无效值和缺失值等。需要制定两种数据检查规则：一是技术逻辑性检查，包括数据格式检查、数据长度检查、区间范围检查、完整性检查和一致性检查等，制定数据清洗和过滤规则；二是业务逻辑性检查，建立数据比对、数据质量检验规则，通过多源数据比对、数据使用效果反馈等方式，检查数据的业务逻辑是否准确。

（3）数据转换

对抽取的所有共享交换数据资源进行数据关系梳理，确定数据资源整合的统一数据视图，根据数据标准进行数据转换和加载。将进行不一致的数据转换、数据粒度的转换和一些业务规则的计算。将从源数据源获取的数据按照业务需求转换成目的数据源要求的形式，并对错误、不一致的数据进行加工。

（4）数据映射

制定多源数据比对规则，并根据确定的权威数据源，对各数据表进行重新组织；规范各数据库表的主键；根据数据资源映射表，从各来源系统数据表中将对应字段提取到交换共享库的数据表内。

5. 管理与监控子系统

管理与监控子系统集成中心前置交换子系统及部门前置系统中需要管理与维护的业务，提供以下功能：数据交换流程配置、交换中心服务器和交换节点服务器的运行状况监控、节点数据交换情况（如发送、接收、转发的数据量）监控、交换数据源的数据交换情况（如发送数据量、接收数据量）监控、数据库运行状态监控、适配器运行状态等监控、用户访问情况监控等。

28.3 目录服务系统

目录服务系统包括目录编目管理、目录注册管理、目录发布管理、目录查询管理等功能模块，提供编目、注册、发布、查询等功能。

1. 目录编目

目录编目功能的主要作用是为数据资源和封装的服务建立分类目录和索引，提供数据和服务资源元数据的编辑和管理功能，主要包括以下功能。

（1）提取特征信息

提取数据资源和数据服务的相关特征信息，并在此基础上结合企业业务需求适当增加所需要的元数据，形成数据和服务资源元数据。

（2）赋值

对数据和服务资源元数据中的分类信息进行赋值，系统根据核心元数据标准为数据资源和服务元数据赋予唯一标识符。

（3）唯一标识符赋码

对数据资源和服务组件进行唯一标识符赋码。按照国家标准，支持唯一标识符的分配和赋值，包括提供前段码分配管理功能，支持后段码的自动生成和管理。

（4）用户权限验证

系统需在编目管理功能之上增加用户权限验证模块，一方面保证数据的安全性，防止数据被恶意监听、窃取；另一方面，要对系统用户进行身份验证，并对其相应的权限进行检验，防止用户的操作超出权限范围。

2. 目录注册

目录注册功能的主要作用是方便数据和服务资源目录内容提供者向目录体系注册数据和服务资源元数据，主要包括以下功能。

（1）目录提交

提供者需要明确数据资源的分类、名称、摘要、提供方、格式、共享类型（无条件共享、有条件共享、不予共享）、发布日期等元数据内容。目录注册管理模块可直接根据提供者提供的数据库内容自动获取所需要的注册信息，完成目录提交。

（2）目录审核

对于目录注册信息的审核，系统支持对数据和服务资源元数据的自动审核，确认提供者提交的数据和服务资源元数据是符合标准要求的。未通过审核的元数据自动返回给提供者修改。

针对提供者未进行信息资源唯一标识符赋码的情况，系统通知管理者对信息资源的唯一标识符进行赋码，并自动将该标识符的赋码返回给提供者。

（3）目录入库

针对已经通过审核的元数据，实现元数据的入库管理，形成正式的目录。这里的“库”指的是管理者向使用者提供数据资源目录服务的元数据库。

3. 目录发布

目录发布功能的主要作用是发布数据和服务资源目录内容，保证目录内容的一致性，避免信息冲突。

（1）目录发布

通过目录服务器，把数据和服务资源目录库里的内容发布到交换共享系统中，对外提供目录信息服务。

（2）发布设置

数据和服务资源目录发布的管理对象是目录服务器，它控制目录服务的发布任务，且利用自身的管理功能，能够自定义设置特定部分的元数据是否可对外提供服务。

4. 目录查询

系统支持目录的查询和导航服务，可以灵活地管理导航模式，动态添加、删除导航方式，并且可以动态修改已经存在的导航方式。目录查询的主要功能有目录检索、目录统计、目录导航、个性化目录定制等。

（1）目录检索

支持对数据和服务资源元数据的检索查询，检索结果以列表形式展现，可根据列表中每一关键字进行排序。

（2）目录统计

支持对数据和服务资源目录中数据元的定位跟踪，即能够定位数据元的原始产生来源（由哪个生产系统产生该数据元），跟踪该数据元的流向（该数据元供哪些生产系统使用）。支持对上述过程的统计分析，方便管理者掌握哪些数据元属于高共享性数据元，有助于优化对数据元的规范管理。

（3）目录导航

根据数据和服务资源目录服务需求生成各种固定导航目录。系统支持按数据类别、业务系统、服务以及自定义关键字等分类，生成相应主题类别的固定目录。

（4）个性化目录定制

每个用户登录后，后台会为此用户定制一棵目录树，用户可以根据自己的需要对数据和服务资源的目录树进行灵活的划分，按照自定义方式进行导航。系统支持按照用户访问频率对数据和服务资源自动排序，支持用户自定义排序。

28.4 数据管理系统

数据管理系统的作用是对交换库、共享库、目录库统一管理，主要提供元数据管理、数据质量管理等功能模块。

1. 元数据管理

能够按数据的特性对其进行分类，能够通过主题域、概念实体、逻辑实体、属性、数据血缘关系追溯、度量定义对数据进行分层分级管理。

（1）元模型管理

提供元模型管理功能，授权用户浏览、新增、修改、删除元模型，能持续满足用户在不同时期对元数据的不同需要。用户可定制适合自己的元模型，并随着业务的不断发展扩展元模型，如建立新的类、增加属性、定义新的关系等。

（2）元数据管理与维护

提供元数据维护和管理的基础功能，支持以可视化的方式增加、删除、修改、发布、订阅元数据；支持元数据浏览、版本管理、元数据关系维护等功能；支持对元数据任意粒度的权限控制，使各项信息在权限控制下共享。

（3）元数据导入 / 导出

元数据管理系统提供元数据批量加载功能，实现 XLS、XMI 格式元数据的批量加载。

元数据管理系统提供元数据批量导出功能，将指定元数据导出为 XLS 或 XMI 格式。XLS 格式元数据方便用户浏览或分发各种信息资源标准以及库表字典、指标定义、基础数据和编码等，XMI 格式元数据方便其他系统接收。

（4）隐私保护和安全规则定义

系统支持对隐私保护和安全规则进行定义和设置管理，包括规则的添加、修改、删除等。

（5）元数据分析

元数据分析包括系统数据元数据的血缘分析、影响分析、ETL 映射分析、表重要程度分析、元数据差异分析等功能。

2. 数据质量管理

根据事前预防、事中监控与控制、事后评估和改进的设计思路，通过技术加管理的手段，覆盖重点的数据实体和数据处理过程，基于数据标准进行数据质量的监控、评估和优化。

数据质量管理功能包含检查规则定义、检查任务监控、数据治理知识库管理、标准规范校验等功能，通过数据质量问题集中监控和管理，提供全方位的数据质量分析评估能力，为提升企业数据质量提供支撑。

（1）检查规则定义

提供指标数据、维度数据、文件数据、库表数据、作业数据的采集和检查规则管理等规则定义。

（2）检查任务监控

提供图形化界面对检查任务进行监控，用户可实时查看检查进度和检查情况。

（3）数据质量知识库管理

提供接口问题、数据抽取问题、数据转换问题、数据加载问题、数据仓库问题、数据集市问题、应用汇总问题和指标问题等问题解决经验的知识管理功能。

（4）标准规范校验

系统支持类型校验和长度校验，并提供权重来帮助用户划分不同校验类型所占的比重。系统最终需要出具校验报告，明确告知用户什么表的什么字段的什么类型校验是否匹配，整体校验的通过率是多少、是否合格等信息。

（5）数据质量评估

数据质量的评估是通过测量和改善数据综合特征来优化数据价值的过程。数据质量评估至少应该包含以下三方面的基本评估内容。

- **数据可信性**：对用户必须是可信的，包括精确性、完整性、一致性、唯一性等指标。
- **数据可用性**：数据对用户必须是可用的，包括时间性、有效性等指标。
- **数据价值**：评估数据是否频繁、多次被其他单位或部门应用，是否被多个其他单位或部门应用，加权后以价值指数衡量。

28.5　本章小结

数据集成与共享工具实际上是一个工具集，它通过将数据桥接、数据传输、数据处理、目录服务、元数据管理、数据质量管理等工具进行整合应用，围绕企业内信息的纵向汇聚和传递、部门间在线实时信息的横向交换等需求，为各部门的业务管理和辅助决策等提供数据集成与共享服务。

Chapter 29 第29章

数据治理工具选型建议

在笔者看来，数据治理项目能否成功不在于数据治理工具的强弱，而在于数据治理策略与企业人员、流程和工具的融合。尽管如此，拥有趁手的平台和工具无疑能够让你的数据治理工作事半功倍。近来有不少朋友向笔者咨询，数据治理工具该怎么选，要注意些什么。针对这个话题，本着公平公正的原则，笔者给出以下数据治理工具选型的相关建议，希望能够对你有所启发。

29.1 供应商综合实力

为什么要考察供应商的综合实力？这一点其实不必多说，供应商综合实力的强弱是决定供应商能否长期提供优质服务的重要指标。选型过程中要重点考察供应商是有真材实料，还是只会炒作概念。

在2012年大数据被炒起来之后，迅速涌现出了一大批做大数据的公司，而现在我们回过头来看，当年那些大数据公司还剩下多少？可见选择供应商时一定要慎之又慎。企业的数据治理是一项长期持续的工作，所以对于数据治理工具要尽量选择能够长期合作的、可靠的供应商。尤其是要当心那些概念炒作一流但拿不出“真货”的供应商，如果选择了这样的供应商，你的企业很有可能成为被拿来试验的“小白鼠”。

考察供应商综合实力时可参考如下指标：

- 企业知名度，比如国际知名、国内知名、区域知名；
- 企业市场地位，比如年产值10亿元以上、年产值5亿～10亿元、年产值1亿～5亿元；
- 企业信用，比如无不良信用信息、无法院执行信息；

- 财务信息，比如现金流情况、资产负债情况、公司利润情况等；
- 企业资质，比如营业执照、双软认定、CMMI 认证、信息系统集成认证等；
- 专业资质，比如软件产品著作权、软件质量认证情况、软件国产化适配认证、软件获奖情况等；
- 研发能力，比如研发人员数量、研发人员占比情况、产品发版情况、产品的技术先进性等。
- 服务能力，主要考察供应商在数据治理方面的咨询规划能力、项目管理能力、售后服务能力、专业业务和技术能力，以及服务团队在相关领域的服务经验等。

小贴士 数据相关的项目都是重服务项目，如果你的企业技术和业务能力都足够强大，不需要太依赖供应商的话，该环节可以忽略。对于供应商服务能力的考察，可重点考察行业内类似案例、服务团队项目经验、服务团队人员能力等。

29.2 产品的架构考察

产品架构包括数据架构、技术架构、应用架构、安全架构、部署架构等。通过产品架构可以对产品的技术先进性、功能完整性、系统安全、系统性能等有一个整体的认知。

（1）数据架构

在数据治理项目中，数据架构更多是需要根据企业的现状和需求进行规划设计，这点可以通过供应商案例进行考察，比如数据的分层分级、存储、读取、安全控制等。

（2）技术架构

对于技术架构，重点考察供应商产品的技术先进性。微服务架构、人工智能、区块链、大数据、云计算等都是当下流行的技术，如果你考察的产品用的技术架构比较老旧，则它与主流架构生态的融合可能会存在一定的障碍。

（3）应用架构

应用架构是从功能组件的适用性、易用性、关联性等方面进行考量的。在实际的选型过程中，应用架构往往与系统功能一起作为重点考察内容。

（4）安全架构

对于安全架构，重点考察产品在数据安全防护和个人隐私数据保护层面的功能设置和功能成熟度。

（5）部署架构

对于部署架构，重点考量是公有云部署、混合云部署还是私有本地化部署，部署方式是单机部署还是分布式集群部署。不同部署方式的成本投入、后续运维、系统升级等方面都会有所不同，企业可以根据实际现状和需求选择不同的部署方式。

29.3 产品的功能考察

对于数据治理工具功能的考察要结合企业自身的业务需求，笔者认为工具并不是越强大越好，而是要看谁最适合企业的现状和发展要求。就拿DAMA体系来说，它涉及25个数据管理的过程域，难道企业都要做一遍吗？显然不是。在数据治理领域，目前有两个学术流派，一是全面的数据治理体系，二是面向主题的数据治理，这两套体系个人认为没有高低之分，企业可以选择适合自己的策略和适合的工具。

假如你的企业中没有技术人员或者技术人员不足，那么你选择的数据治理工具一定要简单易用，并且功能点能覆盖企业的业务需求，且定制开发的功能要尽可能少。假如你的企业技术实力雄厚，那么你可以选择一个稳定、部分功能可定制开发的框架，这样会更加易用和适用。

在功能指标上，对于不同的数据治理主题，如元数据管理、数据质量管理、数据标准管理、主数据管理等，我们关注的功能和工具不同。前文已经对上述各数据治理工具的功能架构和主要功能进行了说明，可以将其作为你选型的参考。

此外，在进行数据治理工具选型时还应考察以下功能指标。

（1）工具的自动化程度

在进行数据治理工具选型时一定要了解其工作方式及自动化程度，以及完成特定任务可能需要的特定功能（如数据采集、数据清洗、数据集成、数据血缘、数据共享等）的可配置程度和灵活性。

（2）支持的数据类型

面对复杂的数据环境，数据治理工具要能够处理各种类型的数据，不限于对不同数据结构（如结构化数据、半结构化数据和非结构化数据）的功能支持。如果企业很看重对数据类型的处理能力，则需要考虑产品对Hadoop生态的支持情况。

（3）支持的数据来源

数据治理工具还需要考虑支持处理不同来源的数据，如企业信息系统（ERP、CRM）中产生的数据、IoT中产生的实时数据、从互联网上采集的数据、云中应用的数据等。

（4）产品规划路线图

产品规划路线图，或称产品路标，能够反映出产品市场定位、产品各版本的迭代情况、产品技术的应用路线和功能发展路线，以及未来的产品规划。产品规划路线图可让你深入了解所考察产品的成熟度、未来升级和扩展的空间，以及供应商产品管理团队的成熟度。

（5）技术配套文档

产品的技术配套文档（或其他文本材料）一般包括产品手册、产品章程、产品规格说明、数字媒体、产品白皮书等，可以将它们永久保存以供后续使用或查看。目前很多成熟的数据治理工具将以上技术配套文档以“系统帮助”的功能存储在数据库表中，方便用户查询。技术配套文档能够对产品的使用和运维起到很大的帮助作用，它是否齐全是对产品成熟度的一个重要考量。

小贴士　评估和选择数据治理工具不仅取决于功能，还取决于你如何使用这些工具来增加业务价值。例如，如果你对元数据管理有要求，那么就要确保在使用具有该功能的数据治理工具之前，搞清楚为什么要用元数据工具，它能为企业带来什么业务价值。

29.4　产品的性能考察

数字化时代，企业的数据环境变得多样而复杂，大数据的 4V 特征（体量大、多样化、速度快、密度低）已经展现得淋漓尽致。考虑到需要处理的大量数据以及业务需求的日益复杂，对于任何正在选型的新技术和工具，都必须考虑性能和可伸缩性。可以参考以下指标：

- 性能指标，比如支持的最大用户数、单节点最大并发数、页面的平均响应速度、不同类型页面的最高响应速度、高压下的系统文档运行情况等；
- 可靠性指标，比如支持分布式集群部署、支持资源动态伸缩；
- 易用性指标，比如功能可配置性、操作灵活性、页面友好性等；
- 安全性指标，比如身份认证、授权、密码策略、系统访问安全、数据传输安全、数据存储安全等安全功能的完整性；
- 可扩展性指标，主要考察系统的集成能力、二次开发支持能力等。

在进行数据治理产品选型时，还要看产品是否获得过业界权威机构关于性能、安全性或可靠性的测评证书。

29.5　工具选型与成本预算

关于数据治理工具的选型，最后要注意也是至关重要的是成本和预算。这里笔者要重点提一个指标：TCO（Total Cost of Ownership，总体拥有成本）。TCO 能够帮助组织考核、管理和削减在一定时间范围内组织获得某项资产的所有相关成本。TCO 并不等同于软件的购买费用，它还包括软件购进后的运营和维护费用。

笔者观察到，大多数企业只关注购置成本，并试图将其最小化，而不是以 TCO 为标准。当然每个人都希望“花最少的钱，买到最好的产品和服务”，但这在商业社会中是不存在的。要相信“一分钱一分货”，永远不要指望用买单车的钱买到轿车。

比如前两年的云计算项目的招投标中，出现了很多“0 元中标”情况。事实上，这种看似购置价为“0”的项目，每年都需要投入大量服务费、运营费，TCO 一点也不低。要相信羊毛出在羊身上。

29.6 本章小结

数据治理都是“重实施”的项目，在数据治理工具选型的时候，除了对数据治理工具的功能和性能的考察，还需要对供应商综合实力、咨询能力、实施能力、服务能力的考量。当然，如果你的企业有足够强的 IT 实力，完全可以自主研发数据治理涉及的各种工具和产品。自主研发的产品更能与企业的实际业务相匹配，并且能够预防未来被供应商“卡脖子”。

第六部分 Part 6

数据治理实践与总结

谈到数据治理，我们会说它是一个涉及企业战略、组织机制、数据标准、管理规范、数据文化、技术工具的综合体。没有数据治理实践经验的人会说："哇，数据治理好高端呀！又是战略，又是标准，又是文化的，听起来很高深嘛！"然而，只有真正做过数据治理的人才知道，数据治理不仅都是苦活、累活，还是个吃力不讨好、不容易让领导看见价值且需要经常"背锅"的活。

本部分就来介绍在数据治理实践中有哪些成功经验可供借鉴，有哪些坑可以避免。

Chapter 30 第 30 章

企业数据治理实践案例

数据治理是所有企业数据项目的基础，数据仓库、数据中台、数据资产管理、主数据管理等数据项目都离不开数据治理。本章重点介绍两个数据治理实践案例，以供借鉴。

30.1 案例 1：某电线电缆集团的主数据管理实践

主数据管理是企业数据治理的核心。统一主数据标准，实现主数据的“一处维护，多处共享”是企业实现业务协同的基础，为企业的管理决策提供了重要的支撑。

本案例所涉及公司的主数据治理在主数据标准化、主数据清洗、单源头数据治理、多源头数据归集等方面均具有一定的代表性和借鉴意义。

30.1.1 企业简介

我国电线电缆行业飞速发展，已经成为国民经济发展中重要的基础性配套产业之一。我国电线电缆总产值超过万亿，已超越美国成为世界上第一大电线电缆生产国，2019 年销售收入超过 2.7 万亿元。但是，该行业仍走在粗放式发展的道路上，尤其在品牌管理和新技术研发、应用等领域亟待提高。此外，国内电线电缆行业“大而不强”问题突出，市场集中度极低。

某电缆股份有限公司（以下简称“S 公司”）是国内电缆行业领军企业。“十三五”期间，企业在“中国制造 2025”战略方针指引下，加快“百亿企业，百年企业”的发展步伐，着力打造电线线缆智能制造领域的数字化企业。

当前大数据、云计算、智能制造等新技术、新模式风起云涌，企业新一轮的转型升级浪潮袭来。企业更需要借助最新互联网信息技术，顺势而上，抓住发展契机，围绕“数字化战略”实现跨越式发展。S 公司的信息化现状与先进对标企业还有不小的差距，尤其在线缆产品的精细化管理、成本优化、质量控制、产销计划衔接、交期应答客户服务等方面提升空间巨大，需要全面实施数字化平台，打造协同敏捷供应链、制造体系，进一步降本与提效，提升竞争力。

30.1.2　项目建设背景

经过多年的信息化建设，S 公司在企业的各项业务领域都完成了业务系统的建设，包括人力资源管理系统、OA 系统、ERP 系统、CRM 系统、SRM 系统、生产管理系统等。这些信息系统在一定时期内对企业的管理和业务发展起到了很大的支撑作用，但随着企业业务的不断发展和扩张以及信息技术的不断进步，S 公司的信息化暴露出一些问题，比较突出的问题有：缺乏统一的信息化规划，各事业部信息化各自为政；多系统独立应用，数据标准不一致，数据集成共享困难；各个单位系统应用层次、深度、宽度不一，应用水平参差不齐，造成数据孤岛现象。以上问题导致 S 公司集团化管控的诉求没有信息化能力支撑，集团各级公司、各部门间的纵向、横向工作协同效率不高。

S 公司亟须建设符合企业生产运营管理需求的数据管理平台，统一数据标准，统一数据管控模式，统一数据管理流程，实现企业核心主数据从分散式管理到集中化管控，为企业的各应用系统集成、数据的统计分析提供重要支撑，解决企业系统独立应用、集成困难、分析维度不统一等问题，并实现企业管理水平提升、规范业务操作、降低运营成本、提高运营效益的业务目标。

30.1.3　主数据普查情况

通过对 S 公司的信息化基本情况的探查和摸底，我们发现，S 公司的核心主数据主要分布在 HR 系统、ERP 系统、CRM 系统、SRM 系统、生产管理系统、OA 系统等应用系统中。S 公司的核心主数据现状如下。

（1）人力域

人力域包括组织、部门、人员等核心主数据，这部分数据的统一源头为 HR 系统，HR 系统为全集团应用的系统，其数据管理比较标准、规范。通过将 HR 系统与 AD 域及 OA 系统集成，已实现多个业务系统组织、人员数据的打通。

（2）客商类

客商类主数据主要包括客户主数据和供应商主数据。客户主数据主要分布在 ERP 系统、CRM 系统和网上订货系统中，这三个系统目前进行了一定的集成，能够满足相关部门的业务需要。

但是由于 ERP 系统、CRM 系统目前都是单体应用，各事业部的 ERP 系统、CRM 系统中的数据标准都不一致。同一个事业部 ERP 系统中的客户数据质量也不容乐观，存在严重的数据重复、数据不完整、数据不正确等数据问题。数据填写不规范的问题突出，例如将正确的信息填在错误的栏位，在正确的栏位填上错误的信息，在客户名称上加备注等。

供应商主数据在各单位的系统中，质量相对较好，但是同样由于是 ERP 单体应用，各事业部分散管理，在集团层面存在大量的重复数据。另外，SRM 系统中的供应商还没有与 ERP 打通，目前是通过手动的方式进行维护。

（3）物料类

物料类主数据主要包括产成品、原材料、半成品、备品备件、设备等。存在的问题与客商主数据比较相似，数据分散管理，缺乏统一标准，物料的“一物多码”问题严重。同一物料在不同事业部的规格描述规则不相同，特殊字符的使用不规范。

30.1.4 主数据管理解决方案

1. 管理组织建设

目前 S 公司没有成立主数据管理组织，集团层面各类主数据没有统一的归口管理部门，由各事业部的业务部门自行管理，导致没有人对主数据整体负责。

对此，我们结合业界最佳实践，根据企业的业务需求和管理现状，建立了覆盖集团范围的集中的主数据管理组织体系，持续提升集团公司对主数据的管控能力。组织体系规划主要包括企业各类主数据的归口管理部门、管控模式、角色与职责规划，通过组织体系规划建立明确的主数据管理机构和组织体系，落实各级部门的职责和可持续的主数据管理组织与人员，如图 30-1 所示。

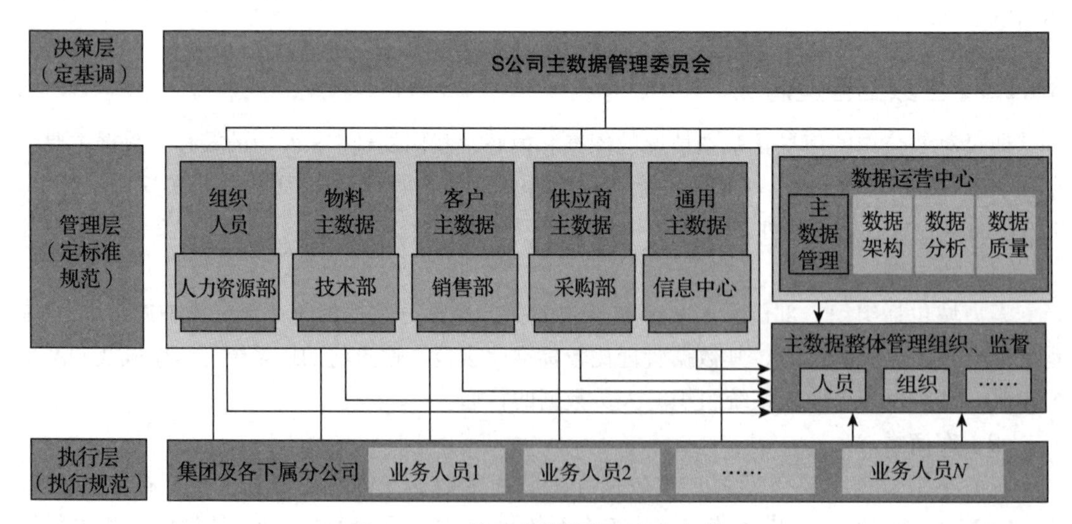

图 30-1 S 公司主数据管理组织机构

（1）组织机构

S 公司主数据管理组织机构分为三层。

- 决策层：设置主数据管理委员会，由其负责整体主数据项目的推进、主数据管理目标和方向的确定、过程汇总重大问题的协调等。

- 管理层：由信息中心牵头、各业务部门安排业务骨干组成主数据管理小组，负责主数据的各项标准、主数据管理制度和流程的制定。
- 执行层：由各分 / 子公司及相关业务部门的业务人员组成，负责执行主数据标准，并对主数据管理过程中遇到的问题进行反馈。

（2）归口部门

- 组织、人员主数据归口人力资源部管理；
- 物料主数据（产成品、半成品、原材料）归口技术部管理；
- 客户主数据归口销售部管理；
- 供应商主数据归口采购部管理；
- 其他通用主数据（行政区划、计量单位）归口信息中心管理。

（3）管控模式

组织、人员、物料、客户、供应商以及其他通用的主数据均采用集团集中管控模式，任何单位创建主数据必须向集团发起申请，集团审批完成后主数据编码才能生效。

通过明确每个主数据管控模式和管理归口部门，企业可以建立统一的主数据管理流程，规范主数据的申请、审批、使用等各个环节，实现集团主数据从分散式管理向集中化管理转变，促进集团的业财一体化融合以及人、财、物的集约化管理。

2. 主数据标准建设

通过梳理和分析企业已有的主数据资源，企业形成了一套科学的、标准的、符合企业管理现状且满足企业未来管理要求的主数据标准体系，能够满足各部门、各系统的数据应用，落实“一数一源”“一物一码”，将主数据作为企业业务和管理的基准数据，促进业务集成化和管理精细化。

（1）物料分类标准

主数据分类是物料主数据编制的依据。主数据分类要以物料的自然属性为第一分类原则，兼顾企业管理要求与实用性相结合的原则，涉及的业务部门有财务部、技术部、采购部、销售部等。

在确定物料分类标准的过程中，S 公司参照《电器电缆行业产品分类标准》《电线电缆行业上市公司年报中的产品分类》《企业 2020 年财务年报中的产品分类》，并结合企业的业务特点，进行科学分类，确定合理的分类层级，形成了满足各事业部业务需要和集团统一管理要求的物料分类体系。

（2）物料编码标准

物料编码是标识物料唯一性的代码，由系统自动生成。物料编码规则采用分类码 + 流水码组合的编码方式，如图 30-2 所示。

物料主数据编码采用大类码 + 中类码 + 小类码 + 流水码，共 11 位字符，流水码取值范围为 000001～999999。

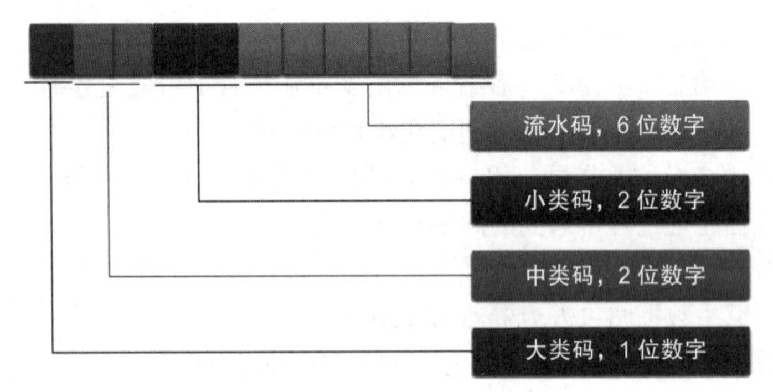

图 30-2 S 公司物料编码规则

（3）物料命名标准

- 凡有国家标准、行业标准的物料，使用标准名称；无国家或行业标准的，以企业标准、技术资料上的名称或商业上的习惯名称为准。物料名称要尽可能采用准确、正规、通行的全称，避免使用简称、俗称、别名、音译名等。
- 物料名称统一使用中文名称，有特殊符号、字母、数字的统一用半角字符。
- 不同属性之间使用“-”连接，电压属性需要带电压单位（“V”或“kV”）。如果产品中无电压等级或其他属性，则该项不用填写。

示例：KVV-450/750V、FTYKR-0.6/1kV。

（4）物料描述规范

物料描述也称物料长描述，是唯一定义物料所有属性的组合，物料描述的统一规则为“物料名称＋规格＋颜色”，不同属性之间统一使用“-”连接。

物料描述由系统根据描述规则自动生成，系统根据物料描述进行唯一性识别，杜绝一物多码的情况。图 30-3 所示为 S 公司的物料描述模板。

物料品类：布电线（示例）										
物料分类										
编码规则	一级分类		二级分类		三级分类		四级分类		流水码	
	代码	名称	代码	名称	代码	名称	代码	名称	代码	名称
	2		01		01				000001~999999	
	大类码+中类码+小类码+6位流水码，共11位，分类码不足用“0”补位							示例:	20101000009	
描述标准										
属性名称	标准定义	元属性名称	元属性值	连接符	是否必填	唯一属性	是否长描述	字段名称	字段长度	备注
名称		名称	VV32-0.6/1kV	-		否				
规格型号		厚度	0.5	×						
规格型号		宽度	25	/						
规格型号		芯数		-						
规格型号		颜色	黑色							
规格型号		材质								
自定义										
自定义										
计量单位	km									
控制属性		是否批次								
控制属性		是否内销			附加说明	规格型号描述				
控制属性		是否外销								
控制属性		生产耗用								
描述范例:	VV32-0.6/1kV-0.5×25-黑色									

图 30-3 S 公司物料描述模板

3. 主数据清洗方案

为了保障来自各下属提报单位的主数据能够作为初始存量高质、高效地纳入企业主数据管理平台，我们根据已制定的主数据标准对企业 1 万多条客商数据、10 万多条物料数据进行了统一清洗，形成了标准化的期初数据代码库。

（1）主数据的清洗范围

客商主数据清洗范围：有尾款、近三年有业务交易并且确定会继续合作的所有客商。

物料主数据清洗范围：有库存、近三年有采购或销售业务的所有物料。

（2）客商主数据清洗注意事项

- 客商的名称必须是工商注册的企业名称，企业税号等关键信息要填在关键栏位。如果为个人客户或供应商，则必须正确填写姓名、手机号。
- 按照填报模板要求，关键属性不能为空。
- 填报完成后，企业客户应在工商网站或天眼查、企查查等平台对填报的数据内容进行逐一核验。

（3）物料主数据清洗注意事项

- 凡有国家标准、行业标准的物料，使用标准名称；无国家或行业标的，以企业样本、技术资料上的名称或业务上的习惯名称为准。
- 物料名称统一使用中文名称，有字母、符号、数字的统一用半角字符。
- 规格等参数不要写在物料名称中，应填在对应的规格型号栏位。
- 规格描述中要对在同一属性中使用的符号进行统一，例如所有乘号都统一用 ×，不能使用 X、x 或 * 等。
- 基本计量单位为瓶、包、袋等，在规格中必须标明重量、数量或容量。

4. 单源头主数据管理方案

S 公司主数据管理的一个核心诉求是通过建设主数据管理平台，统一企业内部的客户、供应商、组织机构、人员、物料等核心主数据，形成集团范围内的单一可信视图。为达成这一目标，统一数据来源是一种非常直接有效的方法，在实施的过程中需要识别每个主数据的来源和去向，并且尽可能确定其权威数据源。

S 公司的物料主数据以 ERP 系统为唯一数据来源，主数据编码的申请、审批、冻结等操作统一在 ERP 系统中进行，主数据系统作为物料主数据装载、转换、分发的一个数据总线（Hub）来使用，主要实现方式如图 30-4 所示。

物料主数据的统一归口维护部门为技术部，实施过程如下。

1）由技术部人员根据已定义的物料主数据标准，在 ERP 系统中进行物料编码的申请和审核。

2）审核通过后，ERP 系统调用 MDM 系统的主数据装载接口，将该条物料信息装载至 MDM 系统中，MDM 系统根据物料长描述规则进行物料的唯一性校验，并生成物料编码。同时，MDM 系统将该物料编码反写至 ERP 系统中。

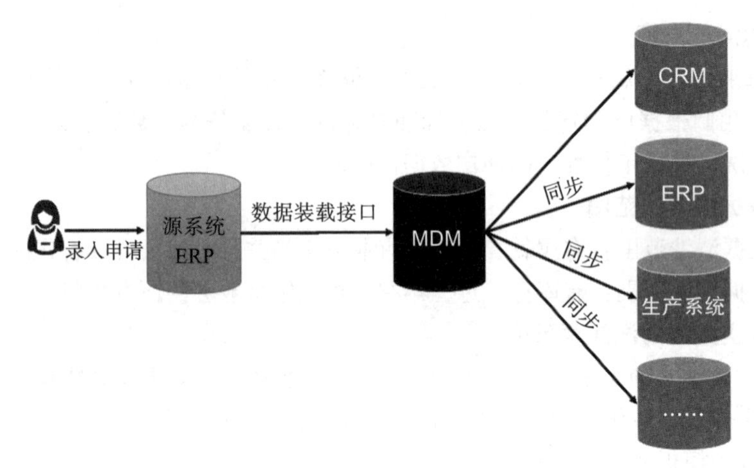

图 30-4 S 公司单源头物料主数据管理方案

3）MDM 系统自动将该物料信息分发给已订阅的各个物料主数据消费系统。

4）物料主数据对接统一以 MDM 系统的物料编码为主，实现与各相关业务系统的对接。各相关消费系统也统一使用 MDM 的物料编码与 ERP 系统进行业务流程的对接，以实现业财一体化。

5. 多源头主数据管理方案

S 公司营销模式包括直销和经销两种，客户主数据包括经销商、零售商和直接客户，其数据来源主要有 CRM 系统和 ERP 系统，其中 CRM 系统主要管理所有的直销客户，ERP 系统管理所有的经销客户，并且 CRM 系统中的数据需要同步到 ERP 系统中进行统一财务核算。S 公司的客户主数据有两个来源，并且无法一刀切，统一为唯一数据来源，这种情况下，企业采用了多源头归集的主数据管理方案，实现方式如图 30-5 所示。

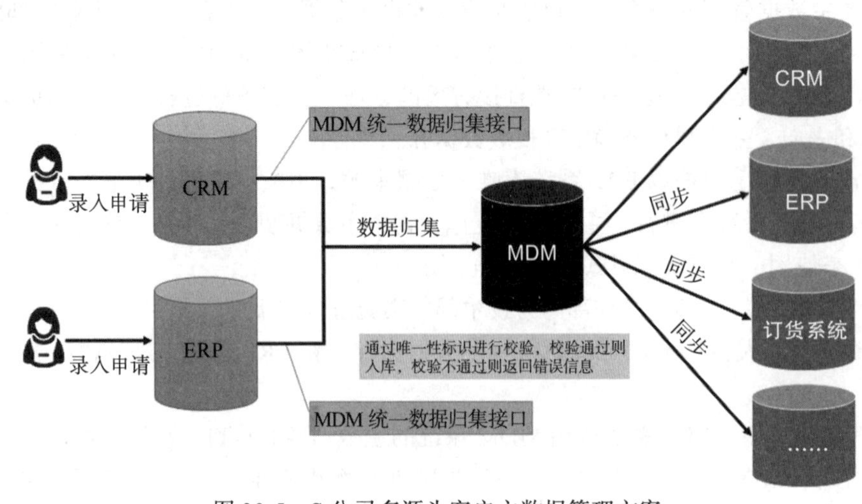

图 30-5 S 公司多源头客户主数据管理方案

客户主数据来源系统（CRM 或 ERP）调用 MDM 系统的客户主数据归集接口，将客户信息写入 MDM 系统中，在该过程中，MDM 系统通过客户主数据的唯一性验证规则进行客户信息的唯一性识别。如果该客户信息已存在，则将对应的 MDM 系统中的客户编码返回给请求的系统；如果该客户信息不存在，则在 MDM 系统中生成客户档案和客户编码，同时将 MDM 系统中的客户编码返回给请求的数据源系统。

下游的主数据消费系统订阅 MDM 系统中的客户主数据，由 MDM 系统自动将客户主数据分发给它使用。

30.1.5 项目建设成效

S 公司通过建立主数据管理体系，搭建主数据管理平台，并进行主数据治理，提高了企业主数据质量，实现了企业内部的降本增效和管理创新。

（1）促进业务数字化、集成化

在信息集成方面，借助主数据管理平台、企业服务总线等工具实现各系统主数据的集成共享。通过建立统一的主数据标准，规范主数据的输入和输出，为业务系统的集成对接提供支撑，打通企业营销、计划、采购、生产、仓储、质量、设备、财务、行政管理等各业务领域数据通道，打破事业部之间、信息系统之间的数据孤岛和信息壁垒，为跨部门、跨系统的业务集成、管理协同奠定基础。

（2）促进业务管理规范化

在管理模式方面，改变了现有的分散式数据管理模式，实现主数据的统一集中管控。

在管理组织方面，成立了主数据运营小组，集中管理主数据，定期对数据质量进行审查，持续提升企业数据质量。

在管理流程方面，建立了符合企业管理和业务现状的数据管理维护流程，实现了主数据的规范化管理。通过建立统一的、标准的主数据管理模式，形成标准、一致的主数据代码库，并实现集团层面核心数据的集中共享，消除数据不一致、不完整、不正确等数据问题，消除“一物多码”，使经营活动更加科学、规范、精细、透明，实现“纵向数据贯通、横向数据共享”的良好机制。

（3）促进业务管理精细化

在数据标准方面，建立统一的主数据分类、编码、数据模型标准，为各系统核心数据的互联互通奠定基础。通过对企业的核心主数据进行标准化定义，统一主数据编码规则、统一主数据管理颗粒度，保证财务信息与业务信息的实时同步，使成本核算和财务管理更加清晰。同时，准确、标准、一致的主数据是实现企业的业务协同和决策分析的重要基础，使企业的生产经营活动全过程、全方位受控。

（4）促进管理决策科学化

数字化时代，数据是企业核心生产要素，主数据作为企业的核心数据资产，其数据质量的“好坏”直接影响着企业管理决策的准确性。大量案例证明，糟糕的主数据不会仅影响数据的统计分析，甚至会误导用户的决策。

30.2 案例 2：某新能源汽车公司的数据资产管理实践

在大数据时代，“数据即资产”已成为社会的共识。数据是企业的重要资产，而有效的数据治理是实现从数据资源向数据资产转化的必要条件。本案例所涉及公司就是通过实施有效的数据，实现了企业数据资产的“可查、可管、可用”。

30.2.1 企业简介

某新能源汽车公司（以下简称“B 公司”）由世界 500 强企业某汽车集团发起并控股，是目前国内纯电动汽车市场占有率最高、规模最大、产业链最完整的新能源汽车企业。B 公司是一家新时代下的国有控股高科技上市公司和绿色智慧出行一体化解决方案提供商，致力于为用户创造电动化、智能化、个性化的驾乘体验，构建汽车与能源、互联网、人工智能产业融合发展的新生态、新格局，打造面向未来的绿色智能科技服务平台。

30.2.2 项目建设背景

国务院于 2015 年 5 月出台“中国制造 2025”，大力推进由制造大国向制造强国的转变。创新是“中国制造 2025”的核心驱动，未来随着新一代信息技术与制造业的深入融合，制造业生产方式、企业组织、产品模式等都将发生巨大变化。中国制造业企业同时面临着内部挑战和外部环境变化的双重压力。从企业内部看，生产成本上升、研发投入不足、生产组织方式较为传统都是目前亟待解决的具体问题。从外部环境看，大数据、云计算、移动互联网、社交网络、机器人等技术将颠覆旧有的制造模式，跨界融合、制造业服务化的趋势日益清晰。

在这样的大环境下，B 公司同样面临着创新生产模式、提升运营能力的问题。大数据时代，数据成为重要生产要素，企业对数据治理、数据质量提出了更高的要求。

但是以 B 公司为代表的离散型制造企业，由于业务模式复杂，其数据具有多样性、再利用率低、价值密度低、共享和交换难度大等特点。离散型制造企业的数据治理当前无成熟模式可套用，需要开展研究性探索。对此，B 公司拟通过开展数据资产管理体系研究，建立数据资产管理平台，制定数据资产管理制度及流程，保证数据信息的质量，提高数据资产的“存管控用”能力，提升内部的数据整合效率，从而提升企业整体的竞争力。

30.2.3 企业数据管理现状

B 公司于 2014 年初开始统筹数据管理的工作，并成立数据应用管理处。数据管理应用处作为公司数据管理的单位，主导建设了数据仓库、BI 等项目，但在建设过程中遇到了很多难题，主要问题如图 30-6 所示。

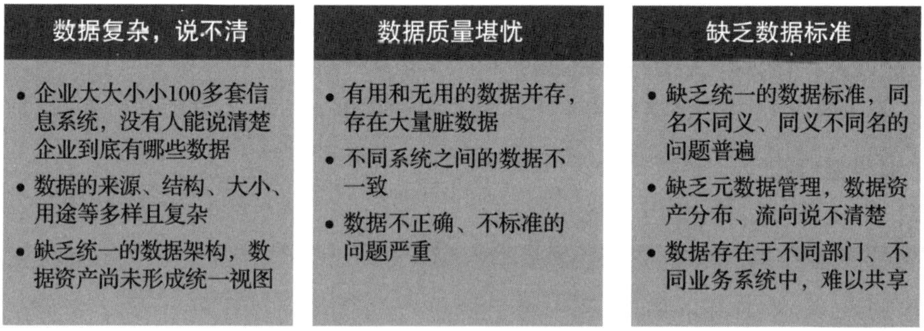

数据复杂，说不清

- 企业大大小小100多套信息系统，没有人能说清楚企业到底有哪些数据
- 数据的来源、结构、大小、用途等多样且复杂
- 缺乏统一的数据架构，数据资产尚未形成统一视图

数据质量堪忧

- 有用和无用的数据并存，存在大量脏数据
- 不同系统之间的数据不一致
- 数据不正确、不标准的问题严重

缺乏数据标准

- 缺乏统一的数据标准，同名不同义、同义不同名的问题普遍
- 缺乏元数据管理，数据资产分布、流向说不清楚
- 数据存在于不同部门、不同业务系统中，难以共享

图 30-6　B 公司数据管理现状

（1）数据复杂，说不清

B 公司目前已建有 100 多个信息系统，并且数量还在不断增加。作为信息系统建设的核心，元数据模型目前由各个信息化建设项目组自行维护，导致数据模型的维护不统一，缺乏管控标准。企业尚未建立统一的数据架构，数据资产尚未形成统一的全景视图。

企业数据资产负责人和各个业务系统的负责人都不知道自己有多少数据，分布在哪里，从哪里来，到哪里去，质量如何。尤其是数据仓库系统，由于数据仓库系统已经上线 5 年，经过了多次升级改造，管理维护人员频繁调动，当前数据仓库系统连项目经理、开发人员、运维人员都不清楚数据的现状，导致在每次业务系统的人需要知道数据仓库系统某个数据位置和含义的时候，数据仓库系统的负责人很难说清。

（2）数据质量堪忧

- ❑ B 公司的数据资源存在较为严重的数据质量问题。数据资源可用性差，数据质量不可控，很难实现跨部门、地区、业务线的数据共享，数据价值的挖掘和利用困难。
- ❑ B 公司数据仓库中存在大量的“脏数据”，例如：同一个客户在数据仓库中有三条数据记录，原因只是一个用了全称，一个用了简称，还有一个用了半角括号。糟糕的数据质量严重影响了数据分析的效果。
- ❑ B 公司不同系统之间的数据不一致，大量的“无效”数据存在于数据库中，给数据分析造成了很大困扰。
- ❑ 虽然 B 公司多年来积累了大量数据，但这些数据都沉淀在各自的应用系统或业务人员的个人电脑中，处于“沉睡”状态，再利用率非常低。
- ❑ B 公司数据不准确的问题明显，例如：对某些金额的小数位的设计不一致，导致在统计分析时出现严重的数据汇总误差。

（3）缺乏数据标准

- ❑ B 公司缺乏统一的数据标准，统计口径不规范，指标含义欠明晰，数据收集与处理效率低，各系统独自进行数据模型设计，导致数据标准不统一，功能重复建设，耗费大量资源。
- ❑ B 公司缺乏元数据管理，数据资产分布、流向说不清楚，没有明确的数据分布和流转信息，无法支持数据血缘分析，导致无法定义可信数据源。这给开发人员和分析人员进行系统开发、维护和数据分析带来诸多不便。

- B 公司缺乏统一的数据标准，不同源系统的数据不一致，导致系统间接口开发、信息交互的难度很大，这让数据的集成共享变得困难。

因此，B 公司亟须通过数据资产管理项目的建设，有效管理企业数据资产，统一数据标准，解决数据的质量问题，让企业数据资产能够看得见、管得住、用得好。

30.2.4 数据资产管理解决方案

1. 数据资产管理总体蓝图

B 公司的数据资产管理体系建设借鉴了实物资产的管理思想，通过建立相应的管理组织、运作流程、指标体系和管理平台，将数据资产化，对数据的生产、管理和应用开展全生命周期的管理工作。

B 公司采集数据资产的总体规划设计分为四部分，即数据资产调研及梳理、数据管理成熟度评估、数据资产管理体系建设和数据资产管理平台建设。企业数据资产管理的总体目标为：**数据资产台账化、数据关系脉络化、数据服务集中化、数据标准可落地、数据质量可度量、数据安全可监控。**

B 公司的数据资产管理蓝图如图 30-7 所示。

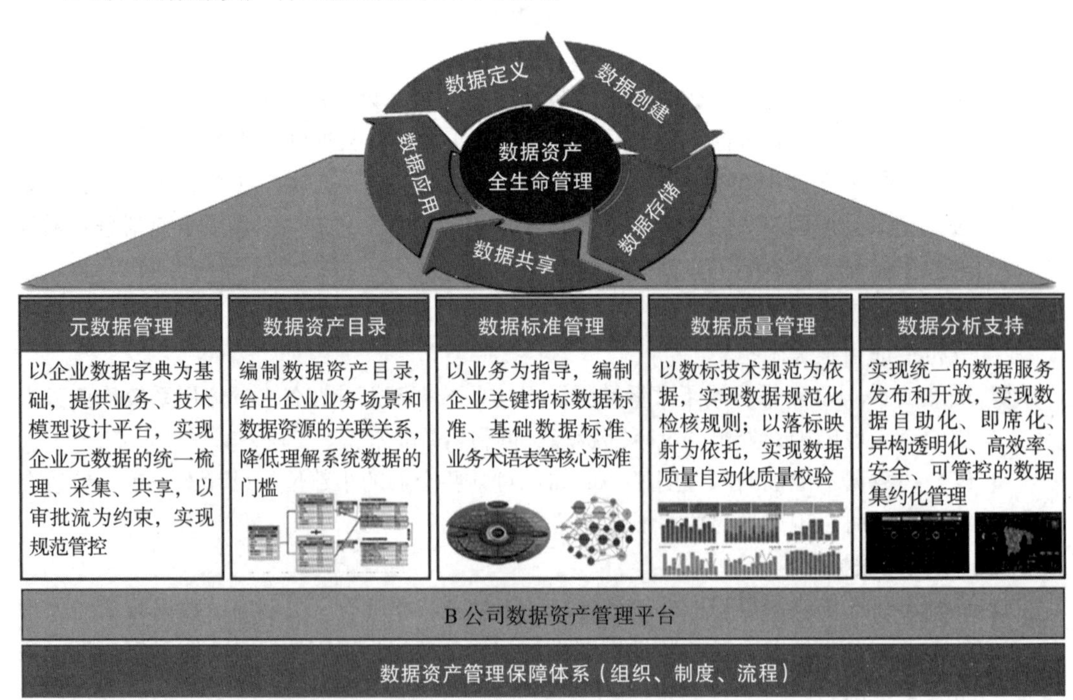

图 30-7 B 公司数据资产管理蓝图

根据 B 公司数据管理中存在的问题和主要的应用需求，本次数据资产管理平台的建设重点关注三个方面：元数据管理、数据标准管理和数据质量管理。

（1）元数据管理

根据 B 公司的需求，元数据管理是本项目的基础，要建立一套高效、易用、实用的元数据管理系统，实现全集团统一的数据字典，全面共享元数据，当发现上游系统发生变更并且对下游系统有影响时，可以进行变更同步及变更通知。通过对企业数据资产的业务元数据、技术元数据和操作元数据进行全面管理，面向数据资产管理人员、开发人员和业务用户提供元数据服务。通过数据资产管理平台提供的血统分析、影响分析等应用功能，实现数据标准可查询、数据质量可追踪、业务语义歧义减少、数据质量提升，在业务和技术之间形成有效的沟通渠道。

（2）数据标准管理

采用急用优先的原则，数据标准的制定结合了 B 公司业务需求和技术的发展要求，优先解决普遍的、紧急的问题。梳理了 80 多项常用业务术语，在集团范围内统一了业务术语表。通过对企业市场、销售、采购、研发、生产、财务等核心业务域的梳理，建立企业级的数据指标体系。搭建数据资产管理平台，提供数据标准体系的浏览、数据标准体系的查询、数据标准检核、数据标准发布等功能。

（3）数据质量管理

基于已制定的数据标准，利用元数据管理技术建立企业统一的数据质量检核体系，采用数据去重、校验、规则比对等数据治理技术，实现数据采集、整合加工、存储共享、传输交换等数据处理各环节的数据质量控制与改进，以提升数据质量。

2. 数据管理成熟度评估

参考数据管理能力成熟度模型（DMM），对企业的数据管理成熟度进行评估，以了解企业数据管理的现状和水平，找到数据管理的改进路径，逐步提升企业的数据管理能力，促进企业数据管理水平向高成熟度转变。

依据 DMM 模型，企业数据管理的成熟度可以分为初始阶段、基本管理阶段、主动管理阶段、量化管理阶段和持续优化阶段五个等级。B 公司从组织机构、支持环境、制度流程、产品支持和实施能力五个方面对自身的数据管理能力进行了自评，并聘请了业内专家进行现场评估，找到了企业在数据资产管理方面与先进企业之间存在的差距，明确了改进内容和路径。

经过评估可知，B 公司的数据管理能力目前处于主动管理阶段，在同行业中属于中等管理水平。有待加强的部分主要如下。

- B 公司虽然已建立起数据资产管理组织，并分配了管理人员，但组织角色分工和职责不明确，对于数据资产的管理仅仅围绕数据仓库开展，缺乏对源头数据质量的治理能力。
- 缺乏统一的数据标准，关键数据语义不统一，数据质量问题较大，导致数据集成共享困难，数据分析误差较大。在数据标准管理、数据质量管理方面有待加强。

- 有待加强数据资产管理平台的建设，厘清数据资产的数据分类、数据结构、数据分布，形成统一的数据资产地图。

3. 数据资产调研及梳理

数据梳理的结果可以作为数据质量和数据整合的基础。在数据梳理过程中，可以直接建立数据修改、确立和确认程序。这些有助于把数据检查和整改阶段结合起来，有助于建立科学的数据管理体系。B 公司的数据资产梳理步骤及内容见图 30-8。

1）分析企业主价值链，分析主价值链上涉及的业务域和业务主题，并明确每个业务主题的含义与内容
2）企业业务域梳理，明确每个业务域下包含的业务主题，分析相关业务主题的数据模型、数据现状
3）结合企业数据管理现状分析每个数据实体对业务的重要程度和实施的难易程度，给出项目实施的数据域范围
4）梳理企业数据模型中的相关实体清单，探索数据，分析表、字段的真实业务含义，并补齐业务含义
5）基于企业数据资产分类体系框架，梳理、整合各级各类运营数据资源，形成企业数据资产目录
6）按主题分析数据源，筛选出重要的关键实体，建立与实体目录映射关系

图 30-8 B 公司数据资产梳理步骤及内容

（1）价值链梳理

在大数据时代，B 公司价值链已不再是企业内部的研制过程，还包含项目前期论证、需求设计、生产制造、试车、完工交付、维修保养等全生命周期过程。通过价值链梳理，共梳理出 B 公司的 28 个业务域、57 个数据主题。

（2）业务域梳理

对每一业务域包含的所有相关信息进行梳理，例如产品研发阶段包含的数据主题有产品信息、仿真信息、试验信息、试制信息等产品研制过程信息，生产业务域包含的数据主题有产品信息、车间信息、设备信息、质量信息、原材料信息、人员信息、计划信息等。

（3）确定数据域

对于数据资产的梳理需要，充分结合了 B 公司的业务架构和系统架构、信息化的现状、未来的使用需求等，结合企业数据管理现状分析每个数据实体对业务的重要程度和实施的难易程度，给出项目实施的数据域范围。针对 B 公司亟待解决的问题，选择了营销域、采购域、财务域、生产域四个核心数据域进行试点建设。

（4）设计数据模型

对 B 公司现有数据进行调研，包括核心系统、数据表、数据流转流程等。理清 B 公司数据资源的来源和脉络，明确数据资源分类、内容、存储方式、数据质量、数据加工和使用方式、数据生产流程等，构建企业数据资产的元数据模型，制定数据标准。

（5）建立数据目录

规划 B 公司数据资产管理体系，形成数据资产目录。基于企业数据资产分类体系框架，梳理、整合各级各类运营数据资源，形成企业数据资产树。

（6）映射源数据

基于上一步形成的数据分类管理体系框架，按照不同数据细类制定相应的工作模板，对指标数据和明细数据进行梳理和归并。针对企业关注的数据仓库系统的数据表进行了统一梳理，按主题分析数据源，并建立了数据资产台账与源数据的映射关系，实现基于数据资产目录树的数据资产查询、浏览、下载、共享。

4. 数据资产管理体系建设

结合 B 公司的业务特点、信息化现状及未来发展趋势，通过对 B 公司数据资源进行统一梳理和规划，形成了符合 B 公司当前需求和未来发展需要的数据资产管理体系，包含组织机构、数据标准体系、数据管理办法与流程等，从而打造高效的数据生态环境，为企业的各类业务应用提供高效的数据保障。

（1）组织机构

重新设立了企业数据资产管理的组织机构，明确了数据资产的归口部门、主责岗位，明确由相关业务部门对整体的数据标准、数据质量负责，包括维护业务系统参数、基础数据，申请、审核、检查、整改业务数据，以便在数据的源头提高数据质量。

建立了**数据资产管理委员会，**由公司领导、IT 部门负责人和相关业务部门负责人组成，负责制定数据治理的目标、制度、规范、流程、标准等，沟通协调，解决相关人员责、权、利问题。

对现有的数据资产管理人员的职责进行了重新划分，主要负责数据资产管理和应用的技术支撑，负责开发数据质量检测规则、监控数据质量、批量修改数据等工作；负责系统数据的备份、恢复、安全、审计等工作，并负责数据资产管理知识的宣传和培训，使整个企业建立起数据质量意识。

（2）数据标准体系

数据资产管理的成效，很大程度上取决于数据标准的合理性和统一实施的程度。B 公司数据标准的制定参考了国际、国家和行业的相关标准，并结合企业的实际应用需求，形成了既能满足当前的实际需求，又能着眼未来与国家及国际标准接轨的数据标准体系。

（3）数据管理办法与流程

基于 B 公司数据标准制定的规范性文件，建立了数据资产管理和使用的相关管理流程和管理办法，以确保重要数据资产在企业内共享和交换中的一致性和准确性。通过制定数据质量管控规范，使相关人员明确在数据产生、存储、应用整个生命周期中数据治理包含的工作内容和工作流程，形成企业数据资产的统一管理体系。

5. 数据资产管理平台建设

根据数据治理体系整体规划，为落实 B 公司数据标准，规范数据质量管理，持续优化数据质量，使数据管理工作实现系统化和线上化，建设数据资产管理平台，B公司从数据标准管理、元数据管理、数据质量管理三个层面进行数据资产管理项目建设和实施。

（1）数据标准管理

数据标准管理是数据资产管理平台的核心功能模块之一。B公司的数据标准管理功能包括数据标准制定、数据标准执行、数据标准执行监控的全体系、全过程管理。同时，提供了业务术语查询和维护功能，实现了按主题、按分类进行数据标准和业务术语的查询、浏览。通过数据标准管理将信息的获取、转换、组织、存储、检索、开发、使用直到用户的利用等环节紧密有效地衔接起来，既有利于深层次的开发和利用数据资源，又能发挥B公司海量数据的整合利用效果。

（2）元数据管理

基于数据资产管理平台建立统一、完善的元数据管理功能，实现企业级元数据的集中管控，确保技术部门、业务部门对数据仓库系统中元数据的规范使用。

通过元数据增删改查功能，统一管理基础元数据；通过元数据血缘分析追踪数据，解决数据质量、版本信息等问题，匹配相应的预警和监控功能，实现元数据问题预警，操作监控。用户可通过元数据管理平台查看数据资产清单、绘制数据地图，全视图了解企业整体数据情况。

数据资产管理平台提供了元数据整合和存储能力，支持不同源的元数据在同一元模型的规范体系下整合存储，主要功能包括元数据对象整合功能、元数据关系整合功能，以及元模型设计器、元数据抓取配置功能。通过元数据管理帮助领导及业务人员掌握数据资产的现状，通过元数据管理实现数据质量问题全链路溯源，提升企业数据资产的应用水平。

（3）数据质量管理

数据资产管理平台提供数据质量规则定义、数据质量检核任务管理、数据质量检核执行和数据质量问题管理等功能；实现在数据计划、获取、存储、共享、维护、应用、消亡的整个生命周期中对数据质量问题进行识别、度量、监控和预警，形成完善的数据质量管理框架；通过数据去重、校验、规则比对等数据质量管理技术，实现了数据质量的问题定义、问题发现、问题处理、问题跟踪、问题评估及统计的闭环管理；主动、探索式地排查和挖掘隐藏的数据质量缺陷，确保企业数据高品质，从而实现数据资产价值最大化。

30.2.5 项目建设成效

B公司以提升企业数据管理水平和数据资产的使用效率为目标，搭建数据资产管理平台，并围绕“数据标准、元数据、数据质量”三大核心应用展开。通过数据资产管理平台，将全部数据资产管理工作纳入一个可视化的统一管理界面，实现了统一的、自动化的、开放的数据资产管理。

通过数据资产管理项目的实施，完成了以下内容建设。

- ❑ 建立了数据资产管理体系，形成组织、流程、策略、标准、安全和技术支撑有机结合的数据资产管理方案，为企业信息化建设提供全方位的监管。

- 建立了数据资产管理平台，从企业的“产供销”主价值链出发，对企业的数据资产进行全面的梳理和盘点，形成数据资产地图，通过元数据的影响分析 / 血缘分析，支撑企业业务指标的追踪和溯源，为企业管理和决策提供重要支撑。
- 建立了数据标准及数据标准管理体系，明确数据治理责任主体，统一数据规划和数据标准，并通过数据资产管理平台，实现数据标准的管理、维护和持续更新。
- 建立了数据质量规则定义、数据质量检验、数据质量问题分析、数据质量问题整改的数据质量全周期管理模型，提供数据生产、交换、存储、管控全链的数据质量监控，以提高数据资产的存管控水平。

30.3　本章小结

在传统企业的数字化转型进程中，数据治理是必经之路。本章中介绍的 S 公司的以主数据驱动的数据治理和 B 公司的全面数据资产管理，是当前传统企业数据治理的两种典型模式，非常具有代表性。随着技术的不断发展和企业业务的变化，企业数据治理也不会拘泥于哪一种模式或套路，在新技术的加持下，未来数据治理场景将更加灵活和敏捷。

Chapter 31 第31章

企业数据治理总结与展望

至此，企业数据治理的战略、方法、技术、工具和实践已全部介绍完毕。本章我们来对企业数据治理做个总结，再次回顾一下企业数据治理应做好的准备和应避免的误区。同时，当下新技术不断发展，必然会对数据治理产生影响，让我们一起展望数据治理技术的未来。

31.1 数据治理的6项准备

数据治理不仅能建立企业的共识，让企业认识到数据的重要性以及数据对企业的价值和意义，而且能盘活企业数据资产，让企业中的每一个利益干系人都了解有哪些数据资产，这些数据资产怎么用，用得怎么样。

每一家企业都应该为数据治理做好准备，那么企业数据治理需要具备什么样的条件？应该从哪些方面着手准备呢？

1. 管理层对数据治理价值的理解

企业准备启动一个数据治理项目，需要管理层、业务层、技术层就数据治理的目标和价值达成一致，而不是只有IT部门“烧火棒子一头热”。与其让IT部门花大量时间、费劲口舌地宣贯数据治理的价值和优点，不如让业务人员告诉你企业的业务痛点以及数据问题对业务的困扰，这更加有效！

企业管理层不仅要关注数据质量以支撑基于数据的决策和洞察力，还要关注数据的保护、安全和合规性。数据治理是否成功的衡量依据是它在改进用数风险、改善数据质量和数据可访问性方面增加的价值。

数据治理绝不是为了治理数据而治理，而是为了解决企业中各种管理问题、业务痛点，进而为企业带来切实的收益。有远见的做法是：在管理层认识到数据问题或同意数据治理解决方案之前，就将数据治理目标与当前迫在眉睫的业务痛点需求建立关联，并以此作为说服领导层启动数据治理项目的依据。

2. 合理评估企业数据管理的现状

有两个主要因素可衡量数据治理计划的价值和有效性，一个是数据治理对业务价值影响的必要性，另一个是企业数据治理现状评估。

对企业数据治理现状的评估一般参照行业标杆企业的最佳实践，对企业的现状与最佳实践进行对比分析，识别企业数据治理的优势和机会。阐明企业数据治理所处阶段、存在的问题、与标杆企业的差距、明确的改进方向等，这将为企业制定一个适合企业现状和发展要求的数据治理路线图奠定基础。

3. 选定数据治理"领头羊"

企业需要组建一个专业的数据治理主导团队，由其带领和指导企业的数据治理工作，这个团队一般由企业 CIO、CDO 牵头，甚至 CEO 直接挂帅，以专注于数据治理项目的规划、开发、交付和部署。

数据治理对人才的要求非常高，数据治理团队的人数不是主要因素，关键在于团队成员必须对实现数据治理价值和目标有坚定的信心和强烈的责任心，且具备强大的业务、技术、沟通协调和项目管理能力。

数据治理主导团队在企业数据治理实施过程中能够起到"领头羊"的作用，他们不仅是企业数据战略的制定者，也是企业数据战略的执行者，还是数据治理方法和技术的布道者、企业数据文化的传播者。

4. 业务与 IT 的深度融合

成功的数据治理离不开业务人员与 IT 人员的协作。数据治理的参与者必须对企业数据治理目标、要解决的问题、执行的方案、职责的分工等内容达成共识，并在执行过程中荣辱与共、通力协作。如果将数据治理的组织视为一种政治上的权力分配或是遇到问题推卸责任，则数据治理工作注定会失败。

业务与 IT 的融合是获得凝聚力的关键。IT 人员通过数据治理保障业务人员能够在合适的时间、合适的地点获取合适的数据。业务人员通过数据治理清晰定义数据，规范地输入数据，保证数据质量和数据的合规使用。

5. 数据治理工具的选型

导入一套合适的数据治理工具能够让企业的数据治理工作事半功倍。数据治理是一个比较宽泛的话题，从数据治理的战略设计到数据结构、字段属性的规范，涵盖的内容十分广泛，如数据模型管理、元数据管理、数据质量管理、数据标准管理、数据安全管理、主数据与参考数据管理、数据集成与处理、数据仓库等。

目前业界还不存在一套完整的数据治理工具，企业应该考虑结合使用多个工具，或者根据企业需求和发展要求定制解决方案。

如果有人在不了解你的企业业务需求和数据现状的情况下，和你说他的数据治理平台有多么强大，能够满足你的所有数据治理需求，那你可就要当心了，他可能是个骗子。

6. 数据治理咨询与实施专家

值得注意的是，不是每个人都了解或擅长数据治理的方法和技术。数据治理涉及元数据管理、数据质量管理、数据标准管理、数据集成与共享、主数据管理、数据安全管理等十大专业领域。

企业最好拥有具备企业数据治理经验的内部或外部咨询专家。他们不仅可以帮助企业确定要使用的数据治理技术和方法，而且可以帮助企业避免数据治理过程中的各种误区，例如处理IT与业务的配合问题、意外的数据丢失、复杂环境下的治理方案、标准体系的设计、业务流程优化的建议等，从而有助于推进数据治理的落地，达成数据治理目标。

31.2 数据治理的6个误区

"数据是资产"的观念已成共识，然而不是所有数据都可以被称为数据资产。数据要产生价值，需要经过一定的加工和处理，成为被企业拥有或控制，并能给企业带来未来经济利益的数据资产。数据治理是企业系统集成、业务协同的基础，是实现企业业财一体化融合、加强集团管控等经营管理目标的重要手段，是企业实现数字化转型的必经之路。

下面笔者根据自己多年在制造、能源、金融、零售等行业的数据治理项目经验，谈一下企业数据治理的常见误区。

1. 技术部门主导的盲目治理

技术部门驱动的数据治理项目常常有三大坑：

- 驱动力不足，为了治理而治理；
- 目标不聚焦，贪大求全；
- 需求失控，范围蔓延。

对于这三大坑，可以采取以下措施来解决。

（1）明确进行数据治理的原因和核心驱动力

数据治理不能为了治理而治理，而要为更好地实现企业管理和业务目标服务。数据治理项目与业务系统建设项目不同，数据治理是一个涉及技术面、业务面、系统面的大课题，需要相关的业务部门、技术部门和高级管理人员充分参与才有可能成功。

可以说，数据治理是一个牵一发而动全身的项目。所以，应明确数据治理的核心驱动力，如果数据治理驱动力不足，缺乏高层领导的支持，往往会遇到很多阻力。

（2）目标聚焦，切勿贪大求全

在技术面，数据治理涉及元数据管理、数据质量管理、数据安全管理、主数据管理、数据标准管理等领域，每一领域都可以是一个独立的数据管理体系，也都有其解决问题的侧重点。寄希望于通过一个项目将全部数据管理域的能力都建立起来是不现实的。数据治理应聚焦在数据治理的管理或业务目标上，一切围绕治理目标展开，选择适合的技术领域迭代实施，有效推进。

例如：要解决企业信息系统研发过程中的数据定义、结构、模型等在开发、测试、生产各环节的一致性问题，就要重点实施元数据管理；要制定数据仓库建设过程中指标和分析要素的标准，实现统计数据血缘分析、影响分析，就要实施元数据管理和数据标准管理；要解决企业各系统核心基础数据的不一致、不完整、不正确等问题，实现系统集成和业务系统，就需要实施主数据管理和数据质量管理。

（3）严控范围，不可漫无边际

数据治理项目的范围可从三个层面考量。

组织层面，明确数据治理影响的组织范围，尤其是对于大型集团公司。数据治理与其管控力度、管控模式息息相关，首先需要根据数据治理目标明确组织范围，才能确定数据治理的推进策略。

数据层面，要明确有哪些业务领域和数据需要纳入治理范围，需要围绕治理目标涉及的数据开展治理。

系统层面，需要明确数据治理项目的应用系统范围，纳入数据治理的应用系统必须严格执行数据治理要求的各项标准，包括数据标准、管理标准、技术标准等。

我们经常碰到客户对数据治理范围不明确，认为做得越多越好。殊不知，数据治理不只是技术层面的事情，如果组织机构、管理流程、管理制度等保障体系没有建立起来，数据治理范围越大，失败的风险就越大。

2. 业务部门牵头的局部治理

业务部门主导的数据治理项目往往都只关注自己的“一亩三分地”。业务部门更多的是依据以往的习惯做法和操作层面的期望改进思路来进行业务梳理的。这样的设计缺乏全局观，只关注部门业务流程的实现，而很少关注整体流程是否合理、数据结构是否合适。

来看一个案例。某公司旗下有多个品牌公司，在建设 CRM 系统时，为了区分客户是哪个品牌下的，就在客户视图设计时将品牌名称 + 客户名称作为一条客户档案信息进行了存档，当不同品牌都有某一个客户时，这个客户的信息就重复了，而且由于其中有些品牌的业务十分相近，CRM 系统中就存储了大量的重复客户信息。对于单一的品牌公司来说，这种情况不影响任何业务和数据统计，而且这种数据结构很方便财务记账，每笔销售订单通过客户名称就能知道是哪个品牌公司卖出的。直到这家公司做集团数据治理时，才发现集团层面竟然没有一个人知道企业到底有多少客户。

业务部门牵头，协调更加困难了。业务部门主导项目时，往往从自己部门的利益出发，而数据治理项目本身不是以某一部门为中心来设计“游戏规则”的，而是以集团利益为中心整体设计的。因此，对于业务部门主导的数据治理项目，往往需要更高层面的领导出面进行权力的再分解和制衡。只有从全局管理的角度建立各部门之间相互制约、相互配合的机制，才能保证整体利益的最大化，而不是各个部门“各自为政”。

核心业务部门固然重要，但是离开与其他部门的合作及协同，其业务也是无法开展的。在数据治理项目的人力资源配备上，最好能够交叉配置，数据治理团队不仅要有懂业务的业务人员，也要有懂技术的IT人员，更要有懂管理的管理人员，站在企业的全局角度，通盘考虑，最大化数据治理效能。

小贴士 企业的数据治理应以业务为主导，以共享协同为重点，以优化流程为关键，以技术创新为支撑，以组织制度为保障，建立起数据治理的长效运行机制。这里，以业务为主导并不等于以业务部门为主导，以业务为主导的数据治理是以企业的业务发展为主导，以业务协同、流程优化、降本增效为目标，来进行数据治理活动的组织和开展。

---

3. 重项目建设，轻持续运营

任何企业都需要从企业发展的角度出发，根据数据治理能力成熟度评估，确定数据治理的重点和方向，并建立起符合企业发展要求的数据治理体系。由于各行业业务性质不同，信息化程度各异，不同企业对于数据治理的重视程度也不尽相同。

很多企业实施数据治理是通过项目外包的方式进行的。借助外部力量进行信息化建设本身无可厚非，从投资收益比上来说，信息化项目外包成本低、质量高、见效快，对企业来说何乐而不为。但数据治理与其他信息化项目不同，是需要持续运营的，并不适合项目外包。多数企业领导虽然明白这个道理，但在执行的过程中往往只重视当前的治理效果，缺乏持续运营的长远考虑，这就导致数据治理的成效大打折扣。

笔者认为，数据治理其实就像我们给房间做大扫除一样，将房间打扫干净固然重要，而让房间保持干净则更重要。将数据治理融入企业日常业务，将数据思维融入每个员工的血液里，这才是真正的数据治理之道。

拿元数据来说，不能脱离日常应用系统的研发管理流程，一旦脱离，久而久之，其元数据管理就会变成食之无味、弃之可惜的鸡肋。

拿主数据来说，不将主数据管理以流程驱动起来形成一项日常的业务，只靠个人能力和素养来管理主数据，只会越干越累，而且稍有不慎就要“背锅”。

拿数据质量管理来说，不将数据质量管理形成质量规则定义、质量问题发现、质量问题改进、质量问题追踪的闭环管理的持续改进过程，想通过一个项目就解决所有数据质量的问题，都无异于天方夜谭。

数据标准、数据安全、数据资产管理也是同样的道理。

4. 唯工具论

“工欲善其事，必先利其器。”不论在工作中还是生活中，做任何事情，如果有趁手的工具往往会达到事半功倍的效果，事实上也确实如此。所以，企业在做数据治理的时候往往会将产品功能放在第一位考虑：供应商够不够知名，产品的功能是否够多、够全，产品灵活性、扩展性、易用性、健壮性如何，等等。

选择一套好的产品和工具固然重要，但是数据治理不是有了好工具就万事大吉了。这里再次强调：**数据治理是一个集方法、标准、制度、流程、技术与工具为一体的解决方案，这些要素缺一不可。**

很多企业在做数据治理时，往往侧重于技术侧，如数据标准、技术工具，而忽视管理和业务侧的流程、制度。殊不知，没有配套的管理制度和流程，工具的功能再强大，其发挥的空间也有限。

据统计，企业 80% 的数据质量问题是由业务和管理引起的。

一方面，数据治理往往会倒逼企业优化业务流程，改进管理模式，加强操作约束。不论是管理层面、业务层面还是操作层面的改变，都可能会涉及利益、矛盾和冲突，人们往往安于现状，不愿意做出改变。

另一方面，数据治理是需要利益相关方（高层领导、业务部门、技术部门）共同参与的，而往往数据治理组织不善或没有将数据治理的价值、方法宣贯到位，导致相关人员认为数据治理是信息部门的事情，与他无关，从而导致数据治理项目失败。

可见，数据治理工具不是万能的，有好的工具固然很重要，但更重要的是将其用好。

5. 重结果，轻过程

老板在看不同人给出的数据报表时，如果看到对于同一指标“一季度销量”，每张报表的结果都不一样，那他一定会非常不满。而这种情况下，往往被怪罪的是报表开发人员。

然而，根据笔者的经验，这种问题，排除计算错误的情况，大多数是由数据指标定义不同、数据颗粒度不一致、统计口径 / 计算公式不一致造成的。“销量”这个指标如果缺乏标准定义，不同公司、不同部门甚至不同人的理解可能都是不一样的，比如：

- 只要客户下单了就算销售出去了；
- 客户下单并付款才算销售出去了；
- 收到客户付款并发了货才算销售出去了；
- 客户收到货后 7 天内没有退货才算销售出去。

同样的问题在大型集团公司也常有发生。某公司是一家跨地区、多业态的大型集团企业，由于缺乏统一的数据标准，其下属的每个子公司对于“员工”的定义是不同的：有的公司是按在职员工数（不含外协）计算的，有的公司是按发工资的人员数计算的，还有的公司是按在岗员工数（含外协、借调）计算的，等等。在集团层面，很难说清楚这家公司到底有多少“员工”！

以上问题都是数据标准不统一造成的，企业需要从以下方面改善：

- 建立标准的数据模型，统一企业元数据；
- 建立企业级数据字典，统一业务术语和数据语义；

- 建立统一的指标库，明确指标命名规则、业务含义，统一指标统计口径、计算方法；
- 建立主数据与参考数据标准，保证企业核心数据资产的一致性、完整性、准确性。

企业数据治理不能只注重数据分析的结果而忽视数据治理的过程，数据治理过程本质上就是建立企业各部门人员共识的过程，就是让大家“讲普通话，写规范字”，在企业范围内形成对数据标准的共识。

6. 数据多源，适配困难

数据治理执行过程中经常遇到的一个难点是多数据源的适配问题。同样是数据多源问题，在不同的治理场景下，其解决方案是不同的，不能“一刀切”，都一样处理。常见的数据多源问题主要出现在数据仓库治理和主数据治理方案中。

数据仓库的数据治理中，数据源是不确定的，有可能是MySQL、SQL Server、DB2、Oracle等关系型数据库，也有可能是MongoDB、Redis、HBase等非关系型数据库。而数据要汇聚到数据仓库，就需要适配各种数据源，实现数据的统一查询。同时，还需要对采集来的数据进行清洗、去重、合并、转换，才能形成可靠的数据资产。数据源系统也会时常升级改造，数据库表结构发生变更，导致抽取的数据不对、缺失等问题。

对于主数据管理的多源问题，相同的主数据来源不同，数据库、数据结构、数据视图、管理维护方式、管理维护人员都不一致，如何形成单一的数据源、统一的数据标准，一直是主数据管理的难点。如果是在主数据平台汇集，业务系统是否需要回写数据？如何解决回写过程中的数据变更问题？

数据仓库中的数据多源问题与主数据的多源问题解决方案并不相同。

数据仓库的建设必定是面向多源数据的，对于多源数据的汇聚问题主要考虑两个方面：一是要求数据仓库的数据采集工具具备强大的数据转换能力，可以适配多数据源，并且能够进行不同数据格式的转换，再存入数据仓库；二是要做好元数据的管理，完整记录数据的来源、加工处理过程，对于出现的数据问题可以利用元数据的影响分析和血缘分析能力来分析和找到问题原因。

一般来说，主数据的多源问题有两种情况：一是一个主数据的不同属性分布在不同的业务系统中；二是一个主数据的数据记录来源于不同的业务系统。企业的主数据多源问题更多的是指后者。主数据管理的最佳实践是单一数据源、统一数据视图。如何统一数据源？不同场景下解决方案是不同的，可以简单粗暴地定义单一数据源，也可以通过流程驱动实现多源数据的归集和融合，还可以采用中台思维通过公共接口承接业务系统的数据录入。

小贴士 缺乏驱动力的盲目治理，缺乏大局观的局部治理，重建设、轻运营，唯工具论，重结果、轻过程，以及对数据多源问题“一刀切”，这些误区只是企业在数据治理过程中会遇到的坑的冰山一角！或许有些观点不好理解，因为的确需要经历无数的试错和挖坑自埋后才能真正领悟数据治理的真谛。

31.3　数据治理的5个技术展望

不知道大家有没有注意到，近年来数据领域出现了很多新概念、新技术，比如大数据、人工智能、物联网、区块链、数据湖、数据中台、数字孪生、数字化转型。这些新概念、新技术的应用加速了企业数据治理理论体系的完善、技术体系的发展和实践经验的积累。

1. 大数据下，主数据管理是否已死

纷至沓来的新概念、新技术在推动社会数字化发展的同时，也给相关领域的从业人员造成了困扰：一个新概念还没来得及吸收和消化，更新的概念就来了。再加上一些“别有用心”的厂商不遗余力地忽悠和炒作，让很多人变得更加迷茫、困惑、心浮气躁。有的人一味追求新概念、新技术而脱离了业务，脱离了实际，认为新概念（如数据中台）能够“包治百病”。一些企业花费巨资买来数据中台解决方案之后才发现：在别人那里是治病的良药，而到了自己这里却成了“埋人”的深坑。

2020年年初，笔者所在的一个微信群里有人讨论了一个非常有趣的话题：“现在大家都用上大数据、数据中台了，主数据管理是否已死？”面对层出不穷的新技术、新概念以及日趋复杂的企业数据环境，不论是企业还是IT从业人员，都要保持初心，坚守初衷，冷静看待，才能不被迷惑。要问“主数据管理是否已死”，我们不妨先看看主数据管理的本质是什么吧。

就技术本身而言，主数据管理是为了实现数据的标准化，提升数据质量。事实上，我们看到的企业数据标准还有很大空白，数据质量还存在严重的问题，跨部门和跨行业数据治理还没真正开始。因此，**主数据管理没有死，也不会死**！只是管理主数据的环境、思路、技术可能会有所变化。

新的技术浪潮下，主数据管理需要有个现代化的视角。例如：哪些新技术的使用可以增强主数据管理的能力？在复杂的数据环境下，哪些数据应作为主数据来管理？我们用什么标准来选择和定义主数据？真正的分歧在这里！

“主数据＋人工智能”将是主数据管理的升华，也是一个必然趋势。人工智能技术将应用于主数据的建模、清洗、转换、融合、共享、数据关系管理、运营管理、统计分析，以及一些我们还未触及的主数据应用领域。

1）人工智能可以帮助企业自动识别主数据。传统主数据识别是采用定义识别法、特征识别法等偏主观的主数据识别方法。人工智能技术的使用将根据数据使用的频度、热度，自动识别出哪些数据应纳入主数据管理，并能够完整构建出主数据管理视图。这将增强在数据环境越来越多样化、复杂化的条件下企业主数据管理的能力。

2）人工智能可以用来清理数据，确保必要的数据是准确和完整的。利用机器学习、自然语言处理等技术帮助建立重复识别匹配规则和匹配链接规则，在识别字段重复的主数据之后不进行自动合并，消除重复记录，确定与主数据相关的记录，建立交叉引用关系。

3）在主数据运营管理方面，利用自然语言处理从普通文本中识别和收集与主数据相

关的附加信息，并自动给主数据实体打上数据标签，从而实现主数据管理的自动化，从而最大限度减少手动输入数据的需要，解决人工管理的低效问题，并降低数据不准确的可能性。

2. 大数据下，企业数据如何治理

对于大数据，我们都知道它有4V特点：Volume（大量）、Velocity（高速）、Variety（多样）、Value（低价值密度）。由于这4V特点的存在，大数据的处理和利用模式与传统的结构化数据不同。正如研究机构Gartner给出的定义：大数据是需要新处理模式才能具有更强的决策力、洞察发现力和流程优化能力来适应海量、高增长率和多样化的信息资产。

大数据治理在概念上与数据治理没有差别，也包含元数据管理、数据质量管理、数据安全管理、数据标准管理、数据全生命周期管理等领域。但由于大数据的4V特点，传统的数据治理模式和技术并不完全适配大数据治理。

首先，传统数据治理重点是建立数据标准，然后在数据的全生命周期中执行数据标准，从而提升数据质量。而对于大数据治理，数据来源多样化、数据结构多样化、数据传输存储形式的多样化等，导致我们就很难为其定义数据标准。对于小数据治理，如果我们不清楚数据的定义、数据的价值，是没有必要将其纳入数据治理范围的；而大数据治理就是在大量看似没有关系的数据中找关系，在看似没有价值的数据中挖掘价值，这就是大数据治理的魅力所在。

其次，传统的小数据治理更多的是侧重于样本数据的治理，数据库的模式是读时模式，即在数据治理之前要先定义好数据的结构，包括数据库的表、视图、存储过程、索引等，以及每个数据库条目对应的映射关系等，其采集、处理的过程是基于定义的数据结构进行的。而大数据治理关注的是全量数据，数据库的模式是写时模式，即在采集各类数据时不需要定义各种数据库对象，整个采集和存储过程中不涉及任何转置，原始数据不会因为需要结构化或匹配差异系统而遭到破坏。

对于大数据环境下的数据治理，笔者给出了“采、存、管、看、找、用”的六字方针。

（1）采数据

很多数据价值的发现来自对多源、异构数据的关联以及对关联在一起的数据的分析。将多个不同的数据集融合在一起，可以使数据更丰富，使大数据分析、预测更准确。然而，由于缺乏统一的数据标准设计，多源数据抽取和融合面临的困难是巨大的，人工智能技术的应用就显得十分重要。

在数据实体识别方面，利用自然语言处理和数据提取技术，从非结构化的文本中识别实体和实体之间的关联关系。例如：基于正则表达式的数据提取，将预先定义的正则表达式与文本匹配，把符合正则表达式的数据定位出来。

基于机器学习模型进行文本识别，预先对一部分文本进行实体标注，产生一系列分词，然后利用这个模型对其他文档进行实体命名识别和标注。在这个过程中，指代消解是自然语言处理中与实体识别关联的一个重要问题。比如：一名医生，除了其姓名、职务、专业外，在文本中可能还会使用某医生、某大夫、某专家等代称，如果文本中还涉及其他人物，且也用了相关的代称，那么把这些代称应用到正确的命名实体上就是指代消解。

（2）存数据

与传统的数据治理不同，大数据环境下数据发展呈多样化，传统数据治理强调的建目标、建体系似乎很难适应大数据的多变。

在大数据环境下，常常采用关系数据库和NoSQL数据库的混搭架构，数据库模式是读时模式，在数据采集、存储过程中并不关注数据的结构，而是在数据分析的时候再为数据设置结构，这就导致为大数据建立统一的结构标准是行不通的。在大数据治理过程中强调的是数据的关联性，数据标准是被弱化的。

（3）管数据

利用新技术增强企业数据管理的能力。利用机器学习和人工智能技术，使数据管理过程能够自我配置和自我调整，以便高技能的技术人员可以专注于更高价值的任务。例如：在主数据管理中，利用人工智能技术，实现自动化主数据标签体系的建设，构建全面的主数据视图；在元数据管理方面，利用自然语言处理、语义分析等技术自动识别和提取非结构化数据，建立非结构化数据业务词语库；在数据质量和数据安全管理方面，利用深度学习、知识图谱、语义分析等技术自动实现数据分类，自动识别和处理数据质量问题、数据安全问题等。

（4）看数据

传统数据治理从理数据、建标准到接数据、抓运营的整个过程中，都是技术+管理共同推进的。也有人说，数据治理太过技术化，做完以后领导看不到效果。大数据治理不仅让大数据能被管起来，还能被看到。

在大数据治理项目建设过程中，利用数据可视化技术，将底层的数据以可视化的方式展示出来，让用户能够看到，在一定程度上也标志着项目的成功。大数据治理中可视化应用包括数据资产地图、数据流动分析、数据热度分析、数据血缘分析、数据质量问题分析等。

（5）找数据

如何在业务场景或业务环节中准确、高效地找到想要的数据是大数据治理需要研究的一个课题。一般来说，通过技术元数据查找相应的数据是比较容易实现的，但是数据治理目标是为业务服务的，业务人员对技术元数据并不熟悉，要让业务人员像用搜索引擎一样找到自己想要的数据，这就需要建立业务元数据和技术元数据的匹配关系。

在大数据环境下，业务元数据和技术元数据的匹配关系显然不是通过人工的方式可以完成的，这需要借助人工智能技术。在找数据的应用中，知识图谱的应用无疑是最佳解决方案。知识图谱通过从各种结构化数据、半结构化数据（如HTML表格、文本文档）中抽取相关实体的属性-值对来丰富实体的描述，形成实体-属性-值和实体-关系-实体的图谱描述，从而实现数据的快速定位和精准查询。

（6）用数据

大数据治理对大数据采、存、管、用的规范化管理，是不仅要让数据能够管得住、找得到，还要让数据能够用得好。

事实上，大数据的治理从来都是与大数据的应用相伴相生的，离开应用实施大数据治理行不通。智能数据服务就是一个集治理与应用为一体的数据服务形式，通过数据服务的形式对外提供数据。也就是说，通过数据接口你就能够找到想要的数据，将数据接口嵌入各个想要的业务系统中，遇到数据质量问题时也能直接定位到问题所在，而不再需要等进入数据治理系统里才能判定血缘关系。

数据只有在看得见、找得到、管得住、用得好的情况下，才能发挥其真正的价值。大数据在为企业带来巨大发展机遇的同时，也为企业数据采集、数据处理、数据再利用等管理模式带来了一定的挑战。企业应树立正确的管理观念，建立完善的数据治理体系，并在用数、治数方面给予相应的政策鼓励，以盘活企业的数据，让数据用起来。数字化时代，数据驱动未来，数据正一步步改变着我们的工作和生活模式，企业应抓住这一发展机遇，深入挖掘数据蕴含的大量有价值信息，以提升企业竞争力。

3. 微服务下，企业数据如何治理

基于微服务技术体系构建业务中台已经成为当前很多公司 IT 治理的首选解决方案。传统架构与微服务架构的对比如图 31-1 所示，微服务架构的优势是独立部署和运行、服务自治、敏捷试错等，但是在微服务架构下，拆分的不仅是应用，还有数据库。微服务如何拆分，数据如何分区，如何保证拆分后数据的一致性，这是考验微服务架构师经验和水平的试金石。如果拆分逻辑的设计不周密，将来的数据环境将变得复杂。

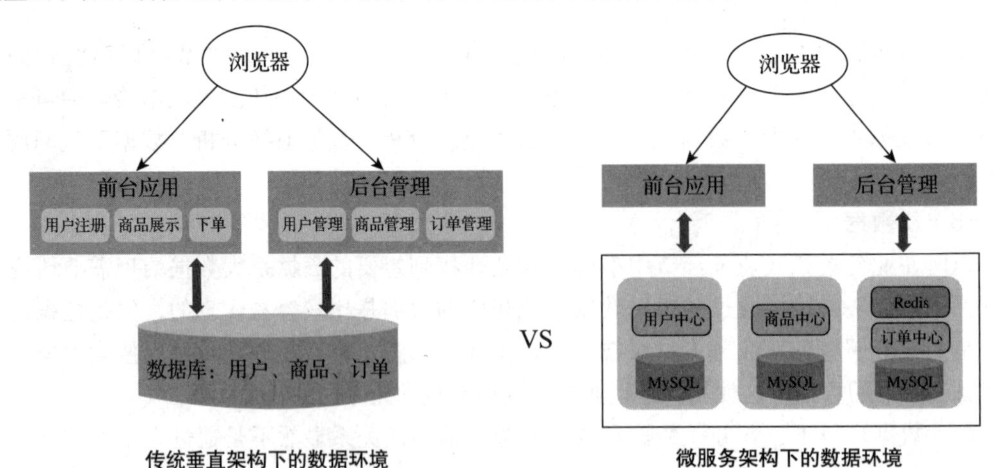

图 31-1 传统架构下与微服务架构下的数据治理环境比较

在微服务架构中，将单体应用基于一定的业务抽象、拆分为多个服务，每个服务独立部署和运行，同时，每个服务都有自己的独立数据库。需要考虑以下问题：

- 用户、组织、区域等基础数据可能在每个服务中都需要，数据库怎么设计?
- 每个微服务的数据库独立设计，跨多个服务的联合数据查询，怎么做?
- 如何进行进一步的数据分析和挖掘? 数据如何集中管理、统一分析?
- 如何监控和保证不同微服务中数据的质量? 如何遵循统一的企业数据标准?
- 分散的日志与配置文件如何管理?
- 如何针对微服务中的特殊指标进行监控?
- 数据的最终一致性如何保证?

这些问题有些是架构设计就可以避免的，有些是需要进行微服务治理的，也有些属于数据治理的范畴。那么在微服务环境下，数据治理到底治什么? 在哪儿治? 怎么治?

- What，治什么，即治理哪些数据。
- Where，在哪儿治，即是在单个微服务中实施数据治理，还是集中到一个数据平台进行治理。
- How，怎么治，即微服务下的数据如何汇集，如何标准化，如何保证数据的一致性。

（1）治什么

微服务下，数据治理的内容也无外乎元数据、主数据、指标数据、业务数据。当然，也有处理非结构化数据、半结构化数据、实时数据的微服务，但数据治理的内容没有变。

（2）在哪儿治

微服务下，数据治理在哪儿治的问题要分两个层面考虑。

一个层面是关于主数据或基础数据的治理，其重点应该放在数据源头治理上。例如：用户中心微服务管理了用户主数据，商品中心微服务管理了商品主数据，那么对于用户和商品这两个主数据就应该从用户中心、商品中心这两个微服务入手，控制好数据的入口。

另一个层面是关于分析数据、业务数据、日志数据的治理。对于分析数据以及一些实时性要求高的业务数据、日志数据，应放在数据中台或数据湖中治理。

（3）怎么治

微服务下，数据治理体系和方法与传统架构下并没有什么区别，我们主要从技术层面来看。从技术层面来讲，微服务下的数据治理一般有两种选择：在线处理数据和离线处理数据。

第一，在线处理数据方案：按照微服务的标准接口进行，后端服务或系统需要哪个数据，就调用某个微服务提供的接口来获取，然后在对返回的数据进行处理后将数据返回。

我们以“用户”数据治理为例。首先，在数据标准方面需要定义好数据管控的要素，如三元素法（姓名、手机号、身份证号码）；其次，通过微服务提供用户的注册服务、查询服务、登录服务等，供其他服务或系统调用，以达到数据统一的效果；最后，其他服务或系统调用这个微服务的接口，返回数据处理后再返回给该微服务。

这种方式与传统主数据管理的不同之处在于，微服务下的主数据管理不需要建立主数据管理平台这样的中心化系统，而是直接调用微服务接口提供数据服务。但去中心化的微服务有一个弊端，如果微服务调用过于频繁，会给微服务本身造成很大的压力，因此需要对使用频率高的微服务进行分布式和集群处理。

第二，离线处理数据方案：将业务数据准实时地同步到另一个数据库中，在同步的过程中进行数据整合处理，以满足业务方对数据的需求。

在这个层面，微服务和传统架构下的数据治理模式和技术没有区别，离线数据处理对微服务正常业务处理没有影响。这种方式的重点是借助数据湖的能力进行分层治理，一般包括数据源层（可以将每个微服务都当作一个数据源处理）、数据集成层（采集和处理不同类型数据的中间件，如 Kettle、Kafka、Spark、Storm、Flume、Sqoop 等）、数据存储层（MongoDB、Redis、Elasticsearch、HBase、Spark、Hive、HDFS、MySQL 等）、数据应用层（Elasticsearch、Spark SQL、Pig、Impala 等）。技术选型有很多，以适合公司业务为目标，不同的业务场景选择合适的数据处理组件。

4. 区块链，助力企业数据资产管理

企业数据资产管理有三大难题：

- ❑ 数据资产的确权问题；
- ❑ 数据资产安全和隐私保护问题；
- ❑ 数据资产的流通和共享问题。

区块链本质上是一种去中心化的分布式数据库，在数据加工流转过程的透明性方面具有天然的优势，为解决当前数据资产的管理和流通的关键问题提供了可行性。

（1）基于区块链技术的数据资产确权

区块链具有不可篡改性和可追溯性，它以一种去中心化的方式在全网获得共识并确保数据资产的唯一性。区块链将数据资产封装为可上链的数据对象（数据区块，是区块链系统下的最小可用数据单元），通过唯一的赋码机制确保资产唯一性，为每个数据资产确权。

区块链技术可以确保权属的连续性和可追溯性。在数据生产方及使用加工方通过区块链技术将各类资产上链、确权、定价、交易等后，数据资产的唯一性将确保这些资产不会被复制或篡改，其价值因而能得到保障。

数据资产只有确权之后才有流转的基础，区块链技术能够完美地解决数据资产确权难的问题。

（2）基于区块链技术保护数据资产安全

数据的完整性和保密性是数据安全的重要内容。

在数据的完整性方面，区块链技术采用分布式数据存储方式，所有区块链上的节点都存储着一份完整的数据，任何单个节点想修改这些数据，其他节点都可以用自己保存的备份来证伪，从而保证数据不被随意篡改或删除。同时，区块链采用时间戳技术记录读取数据的时间，当任何一方发现不合理时，可以随时随地通过区块数据和时间戳来追溯历史数据，提高数据库的容错性和安全性。

在数据的保密性方面，区块链需要搭配非对称加密、哈希算法等密码学知识和技术来实现数据安全与隐私保护。例如：采用非对称加密算法能验证数据来源，保护数据的安全可靠；采用哈希算法等匿名算法能保护数据隐私，防止数据泄露；基于区块链的数据不可篡改、可追溯及智能合约机制，构建隐私数据授权和验证体系等。

（3）基于区块链技术提高数据质量

在提高数据质量方面，区块链主要采用分布式数据系统来管理和存储数据，通过智能合约技术，由事件驱动，自动处理数据的访问和写入事件。数据的访问和写入需要通过全链的广播、匹配、核查和认定，如果数据不实或不被认可，系统将自动拒绝写入，这有助于保证数据系统的真实性与完整性。

区块链的智能合约技术支持对数据的持续验证，让数据更加精确、可靠和值得信赖。

（4）基于区块链技术加速数据资产共享

基于区块链技术可以构建行业型、区域型的数据联盟，行业或区域内的相关组织以节点的形式加入区块链联盟网络，利用区块链的数据加密、隐私保护及终端用户授权等机制解决企业之间数据共享难的问题。

作为一种去中心化的分布式数据系统，区块链中的每个参与主体都能单独写入、读取和存储数据，并在全网迅速广播和及时查证，经全体成员确认核实后，数据作为某一事件的唯一、真实的信息在区块链全网实现共享。基于区块链的智能合约技术打破各自为政的数据统计标准和方法，取代传统的数据协议，对流通的数据进行统一的分级分类管理，为数据资产的共享和流通提供可靠支撑。

5. 人工智能，为企业数据治理插上翅膀

人工智能（AI）包括自然语言处理、智能搜索、机器学习、知识获取、组合调度、模式识别、神经网络等，其目标是让机器具备感知、理解、学习、行动的能力，实现原来只有人类才能完成的任务。借助更大的数据量、更快的算力、更强的算法，AI 在各行业、各领域得到广泛应用并成为新一轮科技革命中的领军技术。

在数据治理技术领域逐渐出现了与 AI 的结合使用场景，随着数据治理技术和人工智能的不断融合，数据治理将变得更加主动和智能。

在 Gartner 2020 年发布的“数据与分析领域的十大技术趋势”中给出了这样的预测：“增强型数据管理利用 ML（机器学习）和 AI（人工智能）技术优化并改进运营。它还促进了元数据角色的转变，从协助数据审计、沿袭和汇报转为支持动态系统。增强型数据管理产品能够审查大量的运营数据样本，包括实际查询、性能数据和方案。利用现有的使用情况和工作负载数据，增强型引擎能够对运营进行调整，并优化配置、安全性和性能。”

实际上，很多企业很早就已经开始探索人工智能技术在数据治理中的应用了，举例如下。

1）在数据采集方面，利用图像识别、语音识别、自然语言处理等 AI 技术自动化采集各种半结构化和非结构化的数据，例如文本、图像、音视频等。基于知识图谱、机器学习

技术，从历史数据中自动发现数据存储结构、表关系及数据与业务关系，构建包含主体、属性和客体的知识图谱数据集。

2）在数据建模方面，通过知识图谱、机器学习、图数据库等新技术，帮助企业对结构化数据、半结构化数据、非结构化数据进行文本识别、语言识别、全面梳理，将其自动转为结构化数据，自动化捕获元数据进行数据建模，通过数据解析、结构化建立数据标准和数据关系，让企业暗数据无处藏身。帮助设计出更加符合现实的业务概念模型，并将概念模型转化为数据库可识别的物理模型，进行数据的管理和存储。

3）在元数据管理方面，人工智能技术可以帮助企业更好地管理和整合元数据。将机器学习和 NLP 植入元数据管理工具，对以往难以检索的丰富数据类型自动创建高质量的元数据，可以提高这些数据的可发现性，如非结构化数据的元数据采集，基于语义模型、分类聚类算法、标签体系的自动化数据目录等。

4）在主数据管理方面，利用人工智能技术对数据集进行监控，可以帮助自动鉴别和筛选出主数据。监控主数据的数据质量，可以维护和确保主数据的“黄金记录”。在主数据维护管理过程中的数据校验、数据查重合并、数据审核等业务中，均可以植入人工智能技术，让主数据管理变得自动和高效。

5）在数据标准方面，通过机器学习算法可以自动识别出数据标准的使用频度和热度，找出那些没有使用或使用过程中存在问题的数据标准，以便企业对数据标准进行评估和优化。

6）在数据质量管理方面，通过将监督学习、深度学习、回归模型、知识图谱等 AI 技术与数据质量管理深度融合，实现对数据清洗和数据质量的评估，进而定位数据治理问题的根本原因，帮助企业不断改善和提升数据质量。例如：利用自然语言处理、分词算法从海量的数据中提取特征关键词并进行词频分析，找到重复的数据记录并自动合并或进行去重处理；利用聚类、分类、决策树等人工智能算法，找出数据集中的异常值，并进行自动替换、补全或删除处理。

7）在数据安全方面，利用人工智能、机器学习技术，可以帮助企业识别、清洗、转换、处理数据集中的敏感数据，例如通过分类、聚类神经网络等算法模型及自然语言处理、智能搜索等技术实现对敏感数据的实时、动态识别，自动化生成标注，自动化分类分级，加强敏感数据的安全防护。

8）在数据分析方面，将机器学习技术应用到数据建模、数据处理、数据质量等环节，实现数据的自动清洗与处理，减少人为干预；利用机器学习、人工智能技术将传统的分析模型（如杜邦分析）在大数据环境下进行“锤炼”，形成适合企业且更加智能、可靠的数据模型。利用人工智能技术自动执行比较耗时的手动任务，如数据分类、数据标记，识别数据集之间的关系以及相关业务术语的连接，提升对业务人员的友好度，支撑业务人员自助进行数据管理和数据分析。

未来，随着技术的不断成熟，数据治理将变得更加自动和智能，当前大多依靠人工的数据治理现状将会得以改变。

31.4　企业数据治理与数字化转型

数据被称为数字化时代的“新石油”，其重要性不言而喻。对企业来说，数据是一项宝贵的资产，不仅能够提升企业的竞争力，甚至还可以再造企业的商业模式。

1. 数据治理，企业数字化转型的必经之路

信息化浪潮方兴未艾，利用更先进的数字技术进行的管理变革和业务创新浪潮已然强势来袭。

通过深化数字技术在生产、运营、管理和营销等环节的应用，基于数据驱动的模式实现企业层面的数字化、网络化、智能化发展，不断释放数字技术对经济发展的放大、叠加作用，是传统企业实现业务创新、管理变革的重要途径，对推动企业或产业的转型升级具有重要意义。

用数据说话，用数据管理，用数据决策，用数据创新，一个由“数据驱动”的企业转型升级的新模式无疑站在了“浪潮之巅”（见图 31-2）。

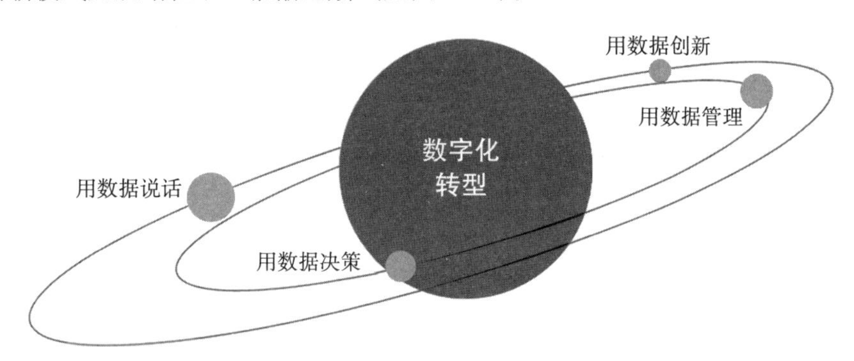

图 31-2　数据治理是驱动企业数字化转型的引擎

企业数字化转型中的一个典型标志是从流程驱动到数据驱动，这一过程中数据是重要资源和生产要素。然而，企业的数据却普遍存在如下亟待解决的问题。

- 黑暗数据：数据被收集、处理和存储，但是业务上根本没有用到。
- 数据孤岛：信息系统各自为政，数据孤立，标准不统一，缺乏关联性。
- 数据质量：系统中数据的不一致、不完整、不准确、不真实、不及时等问题严重。

高效利用数据、提升企业业务效率、创新业务模式是企业的福音，但这一福音是建立在高效利用数据的基础之上的，如何才能高效利用数据成为企业在数字化转型过程中不得不研究的课题。

如果把数据比作“石油”，那么数据也只能是原油，其本身没有太大的价值。原油需要经过加热、催化、蒸馏、分馏等一系列淬炼、提纯的过程，才能成为不同型号、不同规

格的产品。数据也一样，原始数据放在那里并没有什么作用，只有经过采集、转换、清洗、加载等一系列加工处理过程，才能形成可信的、高质量的、可被利用的数据资产。这一过程，我们称之为“数据治理”。

数据驱动数字化转型的时代已经来临，数据治理成为企业数字化转型的必经之路。通过数据治理，企业可以对自己拥有的数据有一个全面的了解，比如有哪些数据，数据质量如何，数据之间是什么关系，分别在哪个业务流程中涉及等。同时，数据治理为数据的合规和有效使用奠定了一个坚实的基础。

2. 浪潮起，开启企业数据治理新常态

数字化时代，数据不仅呈指数级增长，而且形式多样，来源广泛，数据环境日趋复杂。很多企业在面对越来越复杂的数据时常常无计可施，只能把几个应用整合到一起，期望这样能让业务变得更高效一些，让管理变得更智能一些。但这只是个暂时性的解决方案，并没有解决根本的问题。数据问题不解决，数据体量再大也只是数据，并不能为企业产生价值，不能成为企业的数据资产，反而有可能成为拖累企业的“数据包袱”。

IT 领域有一个很出名的说法是“垃圾进，垃圾出”，意思是当面对一些无意义的输入时，即使你拥有最好的算法、最强的算力，输出的结果也是无意义的。缺乏高质量的数据支撑，数字化转型只能是一句口号。因此，在企业数字化转型的过程中，我们在讨论人工智能、数据驱动、数据智能之前必须把注意力转向数据治理。

数据化时代，随着国家数据安全法律制度的不断完善，各行业的数据治理也将深入推进。**如果说企业对提高市场竞争力的渴望是驱动数据治理复兴的内因，那么数据安全合规就是将数据治理推向高潮的外力。**数据采集、使用、共享等环节的数据滥用现象得到遏制，数据的安全管理成为各行各业自觉遵守的底线，数据流通与应用的合规性将大幅提升，健康、可持续的大数据发展环境将逐步形成。

数据化时代，数据治理的复兴源自企业对提高市场竞争力的渴望和数据的安全合规需求，而这两个因素是数字经济时代企业的特征，只要存在这两方面的诉求，数据治理就是一个持续化、常态化，并且与其他业务线同等重要的业务。**或许可以将数据治理作为企业业务的组成部分，而不是技术支撑部分。**

企业需要将数据治理与企业战略相结合，形成一个自上而下的整体框架。当然，在数据治理方面也不宜冒进，要在企业业务需求与数据安全风险控制之间达到良好的平衡，如此才能有效推进数据治理进程，起到良好的护航作用。

数据化时代，信息技术日新月异，引领生产生活方式发生重大变革。全球数字经济的发展，在为经济社会注入新活力的同时，也催生了一系列革命性、系统性和全局性变革，尤其是数字经济的数据化、智能化、生态化等特征，在深度重塑经济社会形态的同时，也对传统的数据治理理念和数据治理工具提出了新要求。

首先，要通过数据治理解决数据资源的共享、融合与流动问题，这样才能更加有效地释放数据红利。

其次，将人工智能、区块链、移动互联网、IoT 等新技术与数据治理技术深度融合，让数据治理工作自动化程度更高，更智能。

最后，还需要进一步加强数据管理的立法，确定数据所有权，让数据使用安全合规。

31.5　本章小结

本章中，我们总结了企业数据治理应做好的 6 项准备以及在数据治理过程中应避免的 6 个误区。这是笔者多年数据治理的实践总结，可作为企业开展数据治理工作的参考。

在当下企业数字化转型的浪潮下，数据治理是每个企业数字化转型的必经之路，将会成为企业的一项常态工作。企业应当充分利用不断发展的新技术，让数据治理这项工作的自动化程度更高，变得更加智能，为企业的数字化变革提供支撑。

推荐阅读

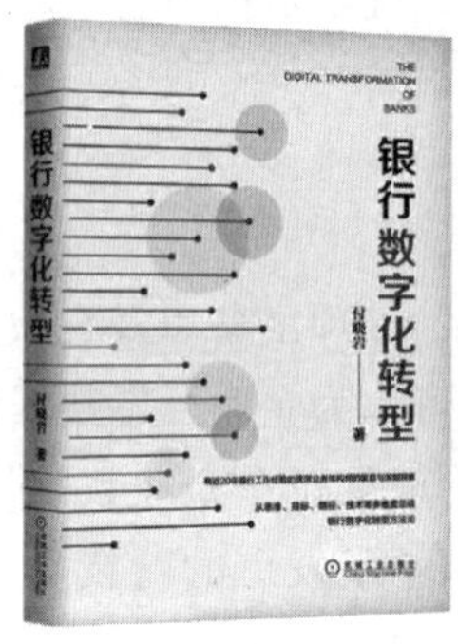

华为数据之道

华为官方出品。

这是一部从技术、流程、管理等多个维度系统讲解华为数据治理和数字化转型的著作。华为是一家超大型企业，华为的数据底座和数据治理方法支撑着华为在全球170多个国家/地区开展多业态、差异化的运营。书中凝聚了大量数据治理和数字化转型方面的有价值的经验、方法论、规范、模型、解决方案和案例，不仅能让读者即学即用，还能让读者了解华为数字化建设的历程。

银行数字化转型

这是一部指导银行业进行数字化转型的方法论著作，对金融行业乃至各行各业的数字化转型都有借鉴意义。

本书以银行业为背景，详细且系统地讲解了银行数字化转型需要具备的业务思维和技术思维，以及银行数字化转型的目标和具体路径，是作者近20年来在银行业从事金融业务、业务架构设计和数字化转型的经验复盘与深刻洞察，为银行的数字化转型给出了完整的方案。

用户画像：方法论与工程化解决方案

这是一本从技术、产品和运营3个角度讲解如何从0到1构建用户画像系统的著作，同时它还为如何利用用户画像系统驱动企业的营收增长给出了解决方案。作者有多年的大数据研发和数据化运营经验，曾参与和负责多个亿级规模的用户画像系统的搭建，在用户画像系统的设计、开发和落地解决方案等方面有丰富的经验。

企业级业务架构设计：方法论与实践

这是一部从方法论和工程实践双维度阐述企业级业务架构设计的著作。

作者是一位资深的业务架构师，在金融行业工作超过19年，有丰富的大规模复杂金融系统业务架构设计和落地实施经验。作者在书中倡导“知行合一”的业务架构思想，全书内容围绕“行线”和“知线”两条主线展开。“行线”涵盖企业级业务架构的战略分析、架构设计、架构落地、长期管理的完整过程，“知线”则重点关注架构方法论的持续改良。